JN434455

전력시스템 연계

신재생에너지

차준민 | 국경수 | 김진오 | 박한석 | 안민철 | 오용택 | 최장영 | 최준호 | 허견 공역

LEON FRERIS DAVID INFIELD

도서출판 그린

Authorized Translation from the English language edition, entitled Renewable Energy in Power Systems, by Leon Freris, David Infield, published by John Wiley & Sons Ltd, Copyright © 2008

All rights reserved. No part of this publication may be reproduced, stored in a retrieval system, or transmitted, in any form or by any means, electronic, mechanical, photocopying, recording or otherwise, except as permitted by the UK Copyright, Designs and Patents Act 1988, without the prior permission of the publisher.

Renewable Energy in Power Systems

Leon Freris, David Infield

KOREAN language edition published by John Wiley & Sons Ltd and Green Publishing Company, Copyright © 2011

이 책은 John Wiley와 도서출판 그린 간에 한국어판 출판 · 판매에 대하여 독점 계약되었습니다. 따라서 본사의 허락 없이 어떠한 형태로든 일부 또는 전부에 대한 무단 번역이나 번안출판 및 판매를 할 수 없습니다.

머리말[저자]

지금 세계는 온실가스를 감축해야 한다는 것에 공감하고, 이를 달성하기 위해 지역적이고도 전세계적인 여러 정책들을 발전시켜가고 있다. 2007년 1월 10일 EU 집행위원회는 유럽 이사회가 승인한 에너지 패키지 법안을 공표하였다. 이 법안은 2020년까지 온실가스를, 전세계적인 합의가 있을 경우 30%까지, 그렇지 않을 경우 20%까지 감축하는 것을 목표로 한다. 이 목표를 달성하기 위해서 절대적으로 필요한 요소 중 하나는 전체 EU 국가들의 에너지원의 20%를 신재생에너지로 공급한다는 의지를 표명한 것이다.

현재 신재생에너지원의 선도적인 역할을 하고 있는 것은 풍력이다. 전세계의 풍력발전량은 지난 수십 년간 평균 누적하여 30%의 비율로 급격히 성장하고 있다. 2007년도에 약 20 GW의 신규 발전기가 설치되어 전세계적으로 총 94GW에 이르게 되었다. 이런 연간 투자액은 약 250억 유로에 달하며 약 200,000명의 고용효과를 얻고, 약 2,500만 세대에 전기를 공급할 수 있다는 것을 의미한다. 이와 같은 급격한 성장은 General Electric, Siemens, ABB와 같은 글로벌 기업체 뿐만 아니라, 상당수의 전력회사 이를테면, E,ON과 스코틀랜드 Power와 같은 기업까지도 투자하도록 이끌게 되었다. 향후 20년 동안의 풍력 전망은 지극히 밝다고 할 수 있다.

태양으로부터의 전력생산은 태양전지(PV)를 통해서 직접하거나, 또는 태양열 집열장치를 통해서 얻은 증기를 이용하여 기존의 터빈을 회전시켜 얻을 수 있다. 지난 몇 년간, 태양광발전 비용 절감에 대한 상당한 진전이 있었으며, 2006년도의 신규설비 투자액은 150억 유로에 달하며, 전세계 cell 생산량은 그해에 2.5GW에 이르게 된다. 향후 기술발전과 발전비용감소를 통하여 대규모의 경쟁력있는 태양을 이용한 발전이 기대되고 있는 실정이다.

해양에너지는 매우 흥미롭지만, 현재까지는 기술발전이 더딘 상태이다. 조력발전, 조류발전 터빈과 파력에너지장치 등이 실험적이고 비상업적 단계에 있으나, 앞으로 2015년경에는 괄목할만한 성장이 기대되고 있다. 지열에너지는 현재 아이슬란드와 같은 나라에서 상당히 접근이 용이한 에너지원으로 확립되고 있으며, 기술 개발에 따라 더욱 광범위하게 사용될 것이다. 마지막으로 중요한 것이 바이오에너지와 바이오연료이다. 왜냐하면, 이들은 화석연료의 장점을 제공해주며 특히, 비축이 용이하기 때문이다. EU와 북미 양쪽에서 정책입안자들과 연구자들로부터 주목을 받고 있다.

이러한 대부분의 신재생에너지는 전기로 변환된다. 신재생에너지원은 지리적으로 널리 분포되어 있으며, 날씨와 기후변화에 상당히 의존하기 때문에 기존의 화석연료처럼 직접 제어하기는 어렵다. 전력망은 석탄, 가스, 또는 우라늄이나 국제시장에서 즉시 구입 가능한 연료를 사용하는 대형 발전기로부터 다양한 정도의 제어가 가능한 범위내에서 운전가능하도록 설계되어 있다. 신재생에너지원으로부터의 발전 증가는 기존의 전력계통이 이런 다양한 에너지원을 잘 사용할 수 있도록 수정되어야 한다.

본 도서의 내용은 Loughborough 대학교의 신재생에너지시스템기술연구소(CREST)에서 10여년 이상 석사과정에서 강의된 내용을 기본으로 하고 있다. 전체적인 과정은 주요 신재생에너지발전원과 이들의 전력망에서의 연결에 대한 일반적인 기술교육을 제공하도록 설계되어있다. 본 교재로 공부하는 학생은 물리학이나 공학으로부터 환경과학에 이르는 여러 주제에서 첫 번째 단계를 습득하게 될 것이다. 그러므로 학습단위는 자신의 전공에 매우 지식이 있는 학생일지라도 다른 분야에는 아주 초보인 학생들을 위해서 만들어졌다.

마찬가지로 본 교재는 전력계통공학의 사전지식 없이도 어떻게 전력시스템이 엮여지는지, 그것이 어떻게 소비자 수요와 즉시 일치하도록 확보될 것인지를 설명할 것이다. 기존의 발전원과 신재생 에너지원의 다양한 특징, 신재생 에너지원의 예시와 그 이용, 그로 인한 영향도 함께 설명할 것이다. 신재생 에너지원은 전기형태로 변환되거나 또는 계통에 공급되기 전에 그 품질이 조절되어야 한다. 본 교재는 이러한 관점을 망라하고, 전력품질유지의 과정에서 전력전자기술의 중요성을 강조할 것이다. 전력망에서 전력조류는 적절히 조절되어야 하는데, 본 교재는 다양한 신재생 에너지원들이 결합될 때 이러한 문제를 해결할 수 있는 방법에 대해 심도있는 설명을 할 것이다. 신재생 에너지원의 경제성은 시장의 수축원리에 따라 결정될 것인데, 이런 주제에 대해서도 자세히 언급할 것이다. 마지막으로, 미래 신재생 에너지 기술의 발전이 목전에 있고, 전력계통도 이들을 수용하기 위하여 진화하고 있으며, 전력이 발생되고 전송되며 소비자에게 배분되는 방법에 대한 수학적 설명까지 본문과 부록에서 설명할 것이다.

머리말[역자]

최근 전 세계는 신재생에너지 열풍이 불고 있다고 해도 과언이 아닐 정도로, 다양한 신재생에너지원을 활용하여 실생활에 사용하고 있다. 탄소배출에 의한 지구온난화 걱정을 넘어서, 석유와 석탄으로 대표되는 화석연료에 의존해 오던 에너지 소비 형태를 과감하게 바꾸고 있는 시점이다. 예를 들어 선진국의 하나인 독일의 경우에는 전체 소비 에너지 가운데 신재생에너지가 차지하는 비율이 계속 증가하여 2010년에는 풍력, 태양광, 바이오매스에 의한 전력생산량이 2810억kWh로 전체 에너지 소비의 10.5%에 해당된다고 알려져 있다.

이와 같은 세계적인 신재생에너지 열풍에 비해 우리나라는 신재생에너지와 관련된 제도와 기술개발이 상대적으로 늦었던 것이 사실이다. 하지만, 최근 다국적 컨설팅전문회사인 맥킨지는 "한국은 녹색산업에 늦게 관심을 보이기 시작했지만 정부의 정책이나 기업의 투자 측면에서 가장 공격적인 국가"라면서 "아직 기회는 있다"라고 평가하고 있는 실정이다. 이는 우리나라에 다양한 산업부문의 세계적 기업이 많아 대규모 투자도 가능하고, 기술력이 뛰어난 우수 인력이 많아 신재생에너지 관련 기술을 자체적으로 확보할 수 있어 경쟁력이 충분하다는 사실에 기초한 것이다.

전력시스템은 전기에너지를 발생하여 소비자에게 전달하는 총체적인 시스템을 말하며, 이는 다양한 분야의 첨단기술이 접목된 최첨단 기술의 집약체이다. 우리가 사용하고 있는 전기는 전압, 주파수 등이 일정한 범위 안에서 공급되어야 한다. 하지만 특성이 다른 다양한 신재생에너지원이 연결되었을 때, 어떤 특성이 발생하는지 신중히 파악해야 할 필요가 있다. 위에서 말한 신재생에너지원은 필연적으로 기존의 전력시스템에 연계되어 소비자에게 전달된다. 이와 관련하여, 기존의 전력시스템에 신재생에너지원이 연계되었을 경우 전력의 공급 신뢰도와 품질 등에 영향을 미치는 것은 분명한 일이다.

이에 본서에서는 기존의 전기에너지 발생 특성과 신재생에너지원의 특징을 비교분석하고, 다양한 신재생에너지원이 전력시스템에 연계될 경우, 전력의 품질 변화와 이를 유지하기 위한 방법 등에 대해 다루고 있다. 또한, 전력시스템 해석과 전력시스템에서의 신재생에너지 발전 과정과 신재생에너지원이 포함된 전력시스템의 전력경제와 전력시장 변화에 대해 언급하고 있다. 이를 통해 신재생에너지원이 미래의 전력시스템과 연계하여 지속가능한 에너지원으로 중요한 역할을 하는데 도움을 주고자 한다. 본서의 마지막 부분에는 전력시스템을 이해하기 위한 기본적인 원리와 설명을 추가하였다.

끝으로, 우리가 유용하고 편리하게 사용하고 있는 전기에너지를 공급해주는 전력시스템이 새로운 신재생에너지와 결합하여 인류의 미래에 큰 도움을 주는데 본서가 작은 역할이라도 가능하다면 더할 나위 없이 기쁠 것이다.

2011년 2월

역자 씀.

CONTENTS

01 에너지와 전기

02 기존 에너지 발전과 신재생 에너지 발전의 특징

03 전력수급/주파수제어

04 전력생산 및 조절

05 전력계통 해석

06 전력계통에서의 신재생에너지 발전

07 전력경제 및 전력시장

CHAPTER 01

에너지와 전기

1.1 세계 에너지 상황

1.1.1 역사

산업사회 이전의 에너지 수요는 인간과 동물의 힘에 의해 얻어졌고 난방, 조리 및 금속을 녹이기 위해 목재를 태우는 제한적 범위에 한했다. 풍부한 석탄의 발견과 함께 그것을 이용하는 기술진보가 산업혁명을 이끌었다. 증기기관, 기계화된 생산과 개선된 운송수단은 석탄에 의해 직접 연소되는 것으로 빠르게 발전되었다.

세계대전 중에 원유의 탐색 및 사용이 증가를 보였다. 이렇게 중요한 연료에 대한 접근은 제2차 세계대전 동안 핵심 화제가 되었다. 전쟁 후 개인차량 이용의 증가와 함께 산업팽창과 번영을 원유가 이끌었다. 더욱 최근에는 천연가스가 새로운 경제성장 형세의 버팀목이 되었다.

석탄과 가스 생산량의 상당 부분이 전기 에너지를 발생하기 위해 사용되며, 지금도 전기는 1세기 이상 널리 사용되고 있다. 전기 에너지는 유연성과 전송의 용이성으로 인해 최고의 에너지 형태라고 알려져 있다. 전기 에너지는 전자기기 사용자들의 증가, 관련된 산업활동과 발전하는 현대사회의 소비자들에게 쉽게 접근할 수 있음으로 인해서 세계적으로 수요가 증가하고 있다.

1.1.2 세계 에너지 소비

현재 전 세계 연간 1차 에너지[1] 소비는 개략적으로 약 500EJ이다[2]. 이것은 약 1.4×10^{17} Wh 또는 140000 TWh와 같다. 이 수치를 연간 시간 수로 나누면 전 세계 평균 소비전력은 16 TW 또는 16000 GW로 주어진다. 그림 1.1의 원그래프는 국제 에너지 기구(IEA) Key World Energy 통계(2006)에서 발췌한 자료에 따른 것으로 각각의 에너지원으로부터 얻어지는 전세계 1차 에너지 비율을 백분율로 나타내

1) 1차 에너지는 전기에너지와 같은 더 유용한 형태로의 변환 전의 총체적 에너지이다

2) SI 단위계에서 에너지 단위는 Joule의 배수형인 KJ, MJ, GJ, TJ(T 는 10^{12}이며 E는 10^{18}이다)로 표현된다 그리고 전력의 단위는 Watt(W) 이고 이것은 초당 줄의 일률을 나타낸다. 전기 에너지는 일반적으로 Wh (또는 kWh)로 표시하고 Joule은 3600으로 나눔으로써 Wh로 변환 가능하다

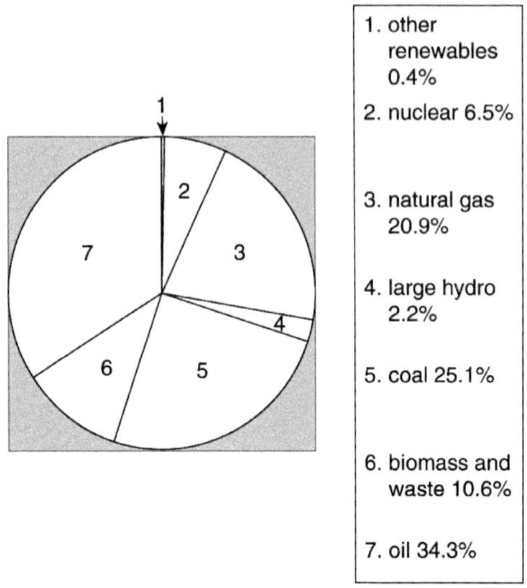

그림 1.1 전 세계 1차 에너지의 백분율

고 있다. 전 세계적으로 원유와 가스의 수요는 매년 현저하게 증가하고 있다. 산업화와 소비재 수요가 전례 없이 급상하고 있는 중국과 인도가 현재 이러한 증가의 대부분을 차지하고 있다. 2006년 전 세계 에너지 소비량은 영국 총 연간 에너지 사용량의 두 배 이상 증가했으며 이것은 연간 최고의 증가로 기록되었다. 중국은 그 증가분의 대략 40%를 차지한다. IEA는 2030년까지 에너지 수요가 지금보다 60% 이상이 될 것이라 예측하고 있다.

1.1.3 한정된 자원

화석연료의 유효매장량을 정확히 계산하여 결정하는 것은 극히 어렵다. 주요 원유 및 가스관련 기업들에 따르면, 여전히 중요한 새 원유자원이 개발되고 있거나 발견되지 않은 채 있다. 신뢰할 수 있는 평가에서는 기존 유전으로부터 30년 간 현재 수요를 공급할 수 있는 충분한 원유가 있다는 것이다. 가스 매장량에 대한 최근 수치는 현재 수요를 기준으로 할 경우 약 60년 분량으로 원유보다 약 50% 이상임을 나타내고 있고, 가스는 원유만큼 탐사되지 않았으나 아마도 더 많이 발견될 것이다. 그러나 중유 그리고 역청, 혈암유(頁巖油), 혈암류 가스(shale gas) 및 석탄층 메탄과 같은 독특한 탄화수소 자원의 전 세계 총 보유량은 종래 원유 및 가스자원 규모보다 대략 세 배 정도 많은 것으로 평가되었다. 이러한 자원들을 추출하는 데는 많은 비용이 들지만 더 용이하게 접근할 수 있는 보유자원의 꾸준한 고갈로 인한 화석연료의 가격상승에 따라 개발하게 될 지도 모른다. 운좋게 화석 연료에 의존한 경제를 위한 석탄 매장량은 원유와 가스 매장량의 수십 배이며, 몇 백 년 지탱할 수 있을 것으로 생각된다. 석탄의 단점은 높은 탄소 함유량이며, 이는 후에 논의 될 주제이다.

현재 많은 논의가 소위 원유 및 가스의 최고가가 언제 발생하는가에 초점을 두고 있다. 이것은 원유와 가스추출 비율속도가 감소할 때이며 자원이 고갈되기 전에 발생할 것이다. 결과적으로 큰 가격상승을 수반하며 수요가 가장 충분히 만족되지 않을 것이라는 신호를 보내는 것이므로 중요하다. 확실히 영국 북해 원유와 가스 보유량은 이미 2003년도에 추출 정점을 지나 빠르게 감소하고 있다. 추출에 막대한 투자와 공급기반 그리고 창출될 수익을 고려한다면, 이미 이윤이 확보된 그러한 투자들이 이 자원에 대한 신뢰를 유지하는 것이 어렵다고 하면 놀라울 것이다.

핵분열 연료는 무한하지 않기에 수십 년 전부터 연료의 수명을 연장하는 데 효과적인 고속증식 원자로에 대한 관심을 촉진시켰다. 그러나 전쟁용 무기급의 플루토늄을 만들어내는 고속증식 순환은 정치적으로 고유한 위험성으로 주요 동작에 문제점을 일으킨 몇몇 새로운 초기형 원자로 개발에 국한되었고 지금은 사용되지 않는다. 현재 사용 중인 전통적 핵분열에 의한 우라늄 보유량의 수명은 50년 정도로 예측된다. DTI 사이트 OECD/NEA 'Red Book'은 우라늄 보유량을 2004년 수준에 기초하여 주장한 것으로, 그러한 계산은 추정에 불과하다. 우라늄 보유량은 85년 정도 지속될 것이다. (참고문헌 [1, 2])

1.1.4 에너지 안보와 불균형

에너지 분야의 보안은 전 세계적으로 주된 관심사이다. 전 세계 원유의 많은 부분이 중동지역과 또한 다른 정치적으로 불안한 나라들에 존재한다. 서양과 이슬람 문화 간의 갈등이 현재 에너지 공급 불신을 넘어 불안을 악화시키고 있다. 러시아는 주요 가스 생산지이나 최근 우크라이나에서의 사건들로 인해 유럽나라들이 얼마나 하나의 공급원에 의존하고 있는지를 알게 하였다. 미국은 전 세계적으로 가장 큰 에너지 소비국이며 원유 수입에 가장 의존적인 국가이다.

또 다른 혼란스런 면은 부국과 빈국 간의 소비 격차이다. 지구상에서 가장 가난한

10억명이 4% 남짓한 에너지를 소비하는 반면, 가장 부유한 10억명이 전 에너지의 50%를 소비한다. 여기에는 긴장국가 에너지와 선진국 에너지의 과다 사용과 같은 남용이 추가된다. 이러한 고 산업 활동의 이유로 높은 소비를 허용한다면 솔직히 말해 올바르지 않다고 할 수 있다. 예를 들면 일본은 전 세계에서 두 번째로 큰 경제국이나 1인당 에너지 소비량은 미국의 절반 정도이다.

1.2 에너지 사용으로 인한 환경적 영향

1.2.1 문제점

화석연료는 공통적으로 한 가지 문제점을 안고 있다. 바로 연소시킬 때 화석연료는 이산화탄소를 생성한다. 지구의 상당부분이 열대성 기후였고, 대기 중 이산화탄소 농도가 아주 높았을 때 화석연료는 지질시대에 걸쳐 쌓여왔던 지구의 오랜 탄소 사이클의 핵심이다.

이러한 식물의 성장을 통한 탄소저장은 석탄과 석유, 이탄, 천연가스로의 변화로 이어지게 된다. 대기 중 이산화탄소 농도는 극도로 줄어들었고, 지구의 온도는 좀 더 진화된 생명체의 탄생을 가능케 할 수준으로 떨어진 것이다. 문제는 땅속에 저장된 탄소 에너지를 꺼내어 사용함으로써 심각한 수준의 온실효과가 발생하게 되고, 지구의 온도가 다시 올라가고 있다는 점이다.

극지의 빙하 분석결과에 따르면, 산업혁명 이전 지난 수천 년간의 대기 중 이산화탄소 농도는 280ppm 정도로 일정한 것을 알 수 있다. 하지만 석탄이 처음으로 사용되면서 이산화탄소 농도는 천천히 증가하기 시작하였고, 2차 세계대전 후 화석연료의 사용이 광범위하게 확대됨으로써 급격히 가속이 붙게 되었다. 현재 이산화탄소 농도는 380ppm이고 빠르게 증가하고 있는 추세이다.

화석연료의 사용으로 문제가 되는 것은 이산화탄소뿐 만이 아니다 : 대기 중의 78%는 질소로 구성되어 있기 때문에 필연적으로 NOx로 대표되는 일산화질소, 이산화질소, 아산화질소 등 산화질소가 발생한다 : 연료에 황이 포함되어 있을 경우 SOx도 역시 발생한다. 산화질소와 산화황은 산성비의 원인이 되기 때문에 화력발전소에서는 연료에서 황을 제거하는 과정을 거치는 것이 일반적이다. 그러나 이러한 과정에서 열역학적 효율이 감소하고, 이산화탄소 발생이 약간 증가한다는 단점도 있다.

전 세계적으로 석탄 매장량은 상당하지만, 이산화탄소의 발생이라는 관점에서 볼 때 좋은 연료라고 할 수 없다. 물론 채굴하기도 까다롭다. 가장 저렴한 석탄은 노천 광산에서 얻을 수 있지만, 이 과정에서 주위 환경이 훼손된다. 모든 형태의 발전은 환경에 영향을 주는데, 이러한 점들은 보통 전기요금에 반영되지 않는다 : 그렇기 때문에 추가적으로 발생하는 환경비용을 '외적요인'이라고 표현한다.

외적요인은 보통 경제 분석에 해당되지 않는 활동의 결과로 발생한다 : 예를 들면, 특정 발전소에 의한 환경파괴와 이로 인한 사회적 의료비용을 해당 발전소에서는 부과하지 않는다. 다시 말하면 발전소 운영에 관한 미시경제의 외부에 있는 것이다. 많은 유럽 국가들이 환경세나 탄소세의 형태로 이러한 외적요인을 전력생산의 비용으로 되돌려 놓으려는 시도를 하고 있다. 7장에서 다루게 될 탄소거래도 그 시도 중 하나이다.

경제적인 핵에너지도 환경비용에서 차이는 있지만 외적요인의 예외가 아니다. 핵폐기물의 처리, 방사능의 발생, 핵반응으로 인한 부품의 손상 등이 완벽하게 계산되지 않기 때문에 역시 외적요인의 범주에 놓이게 된다. 석탄과 마찬가지로 우라늄 채굴과 관련된 환경 문제도 있다. 만약 핵 발전이 이산화탄소 발생을 완화할 수 있다면, 그 양을 정확하게 계산해 볼 필요가 있다. 이것은 논쟁이 많은 주제이다. 가스기반의 화력 발전소는 386g CO_2/kWh를 발생시킨다는 것이 정설이다. OECD에 따르면 핵 발전에 의한 이산화탄소 발생은 11~22g CO_2/kWh 정도이지만, 시드니 대학교 ISA는 10~130g CO_2/kWh을 주장하고 있다(참고문헌[3]). 이 수치가 정확하다면, 핵 발전으로 인한 이산화탄소의 경감은 상당한 수준이 될 것이다. 이러한 문제는 보다 확실하게 다루어 질 필요가 있다.

1.2.2 과학

기후변화와 관련한 과학은 상당히 잘 정립되어 있으며, 이러한 과학의 목표는 이산화탄소와 기타 온실가스 그리고 기온상승의 연관성을 철저히 이해하는 것이다. 1988년 세계기상기구(WMO)와 UN 환경프로그램에 의해 설립된 국제기후변화위원회(IPCC)가 연구를 진행 중이다. 위원회에는 169개국의 과학자들이 참가하고 있다.

그림 1.2는 1850년에서 2005년 사이의 지구의 평균온도를 나타낸다. 막대그래프

는 개별적인 1년간 평균온도를 나타내며, 진한 곡선은 이를 완만하게 나타낸 추세선이다. 온도는 1861 ~ 1900년 사이의 평균 지구온도와 대비해서 나타낸 것이다. 지구의 기온은 1900년 이후 0.7℃ 상승하였으며, 이는 지난 12,000년 중 최고치에 해당한다. 상위 10개의 높은 기록이 1990년 이후에 나타났으며, 기후변화가 일어나고 있다는 물리적, 생물학적 증거가 상당히 많이 보고되고 있다. 많은 기후 모델들은 산업화 이전의 온실가스 기준으로 양이 두 배가 되면 지구의 평균기온이 2 ~ 5℃정도 오를 것으로 예측하고 있다. 그 시기는 2030 ~ 2060 년 사이가 될 것이다. 최근 보고에 의하면, 아무런 조치가 없을 경우 2100년이 되면 온실가스 량은 3배로 증가하게 되고, 기온은 3 ~ 10℃가 상승할 것으로 보고 있다.

이산화탄소 농도와 기온변화 그리고 바람직하지 않은 기후변화의 관계는 상당히 복잡하고 정확하게 예측하기가 힘들다. 하지만 위협적인 지구 온난화를 막기 위해서는 이산화탄소 농도가 안정되어야 할 것으로 믿고 있다.

2001년, 국제기후변화위원회는 대부분의 온난화 과정이 인간활동에 의해서 발생한다고 결론을 내렸다(참고문헌[4]). 이는 과학회의 공동성명(Joint Statement of Science Academies, 2005)과 미기후변화과학프로그램(US Climate Change Science Programme, 2006)의 보고에 의해 뒷받침된다. 국제기후변화위원회의 2007년 보고서는 좀 더 정확한 근거를 제시한다. 최근 과학연구의 결과는 참고문헌[5]를 통해 확인할 수 있다.

기후예측 연구소인 영국의 해들리 센터(Hadley Centre)가 개발한 기후모델에서, 지구온난화가 인간활동에 의한 것임을 뒷받침하는 간단한 근거를 찾아볼 수 있다. 20세기 초반 이후 측정한 지구의 온도가 그림 1.3의 진한 선으로 나타나 있다. 이

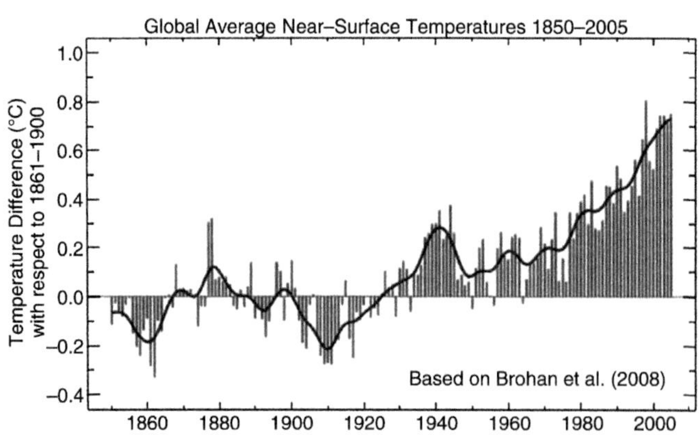

그림 1.2 온도상승 기록(ⓒ Crown copyright 2007, the Met Office)

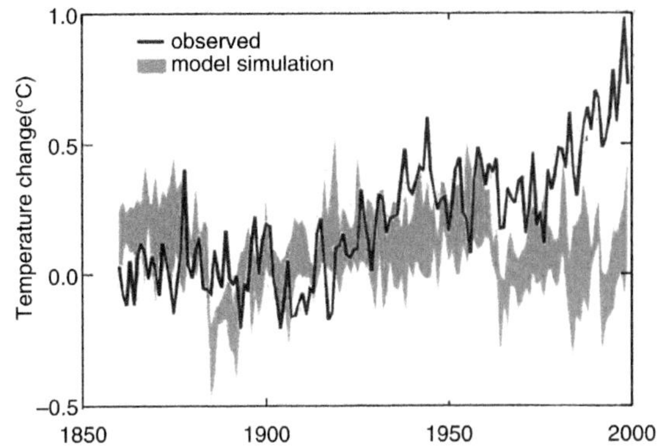

그림 1.3 자연요인은 현재의 온도상승을 설명하지 못함.
(© Crown copyright 2007, the Met Office)

기후모델은 태양의 광량, 화산활동에 의한 대기 광학적 두께, 대기와 바다간의 상호작용 같은 자연적 요인을 바탕으로 한다. 희미한 밴드는 모델의 계산 값을 나타낸다. 1970년 이후에서는 계산 값과 측정값이 확연히 차이를 보이는데, 측정값이 약 0.5℃ 정도 높다. 그러나 같은 기간 동안 자연적 요인에 의한 시뮬레이션 결과는 전혀 변하지 않았다.

이 기후모델에 자연적 요인과 인간활동에 의한 요인 (온실가스와 황산염 입자의 농도 변화)을 같이 포함시킬 경우, 그림 1.4에서 볼 수 있듯이 계산값과 측정값이 더 잘 일치하게 된다. 다른 연구기관이 제시한 여러 기후모델들도 비슷한 결과를 보이고 있다.

1.2.3 교토 의정서(The Kyoto Protocol)

기후변화의 효과는 지구에 전반적으로 영향을 미치기 때문에, 이를 막기 위해서는 국제적인 협력이 필요하다. 1997년에 체결된 교토 의정서는 2008~2012년 동안의 온실가스를 1990년 대비 5.2% 낮추는 것을 목표로 하고 있다. 교토 의정서는 미국의 온실가스 감축 목표량을 7%로 제시하였지만, 현재는 1990년에 비해 20%가 증가한 실정이다. 그러나 기후변화가 야기할 최악의 결과를 확실히 막기 위하여 선진국들은 2050년까지 60%의 감축을 고려하고 있다. 이것은 개인과 국가 나아가 세계적으로 매우 어려운 일이다. 물론 인구 1인당 이산화탄소 배출이 많은 나라가 더 큰 책임을 져야 할 것이다. 표 1.1은 주요국가의 인구 1인당 온실가스 배출량과 국민소

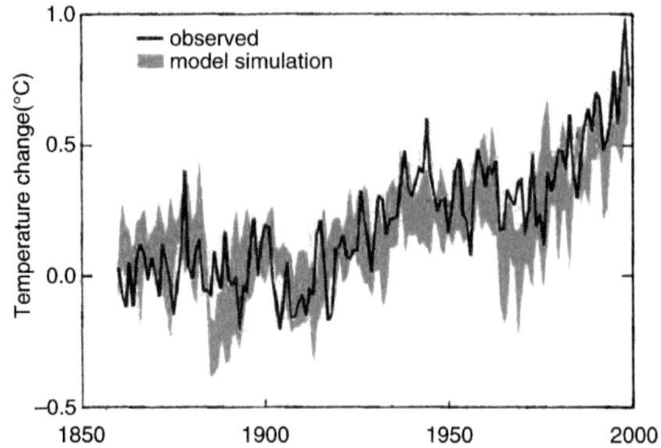

그림 1.4 인간활동에 의한 온도상승은 시뮬레이션이 가능함.
(ⓒ Crown copyright 2007, the Met Office)

표 1.1 이산화탄소 발생에 관련된 에너지(Climate Analysis Indicators Tool(CAIT)의 허가에 의해서 재 산정됨. World Resources Institute, 2007, http://cait.wri.org)

Country/grouping	CO_2 per head (tCO_2)	GDP per head ($)
USA	20.4	34430
EU	9.4	23577
UK	9.6	27276
Japan	9.8	26021
China	3.0	4379
India	1.1	2555
World	4.0	7649

등을 보여준다. 2025년이 되면 중국의 온실가스 배출량이 미국을 앞지를 것으로 예상되어 문제가 쉽지 않을 것으로 여겨진다.

1.2.4 스턴 보고서 (The Stern Report)

기후변화 완화의 경제학은 합의된 목표를 최적으로 달성하기 위해 중요하다. 스턴 보고서가 이러한 부분을 다루고 있다(참고문헌[6]).

많은 전문가들이 기후변화가 발생한다는 점에서는 동의하고 있지만, 기후변화가 미칠 영향에 대해서는 정확하게 이해하지 못하고 있다. 스턴 보고서는 각각 다른 안정화 수준에서 특정한 온도 한계점에 도달할 확률을 조사하였다는 점에서 특별하다. 이러한 확률은 최근에 와서야 비로소 계산되었으며, 온실가스 감축을 위한 조치에

드는 비용과 위험에 관한 경제학에 토대를 제공한다.

스턴 보고서의 주요 내용을 요약하면 다음과 같다.

- 기후변화 과정을 지연시켜야 한다는 점을 인지하여야 한다. 다음 20~30년간 일어날 일들은 이미 결정되었고 되돌릴 수 없다. 이 기간 동안의 노력은 그 다음 수십 년간 일어날 일들은 결정하게 된다.
- 기후변화는 물, 음식, 건강, 대지와 자연의 이용과 같은 삶의 기본적인 요소들을 위협한다.
- 즉시 조치를 취한다면 기후변화가 가져올 최악의 사태를 피할 수 있는 시간이 있다.
- 모든 온실가스를 550ppm에서 안정화시켜야 하는데, 이것은 강력한 대책이 수반되어야 한다.
- 기후 안정화를 위한 비용(국제 총생산의 1%)은 상당한 양이지만, 감당할 만한 수준이다. 대책을 빨리 세우지 않으면 위험할 것이고, 비용도 훨씬 늘어나게 되는데, 국제 총생산의 20%까지 필요할 수 있다.
- 국제적인 협력이 요구된다.

주요대책은 다음과 같다.

- 에너지 사용에 대한 효율의 증대
- 저탄소 성장으로의 전환을 위한 엄격한 온실가스 거래법
- 재생 에너지와 기타 저탄소 기술의 광범위한 활용
- 기술협력과 5배 증가한 저탄소 기술의 연구개발
- 산림훼손의 감소

스턴 보고서의 핵심은 기후 안정화의 경제학에 있다. 그림 1.5는 2015, 2025, 2050년에 사용될 이산화탄소 배출을 줄이기 위한 저탄소 기술비용의 예상치이다. 비용은 중심 추정치와 편차로 표시되어 있으며, 해당년도의 화석연료 대체비율을 의미한다. 기술의 개발로 인해 비용은 시간이 지남에 따라 감소하게 된다. 편차는 화석연료 가격의 단위가격과 변화량에 대한 확률을 반영한다. 0%선은 해당 화석연료와 가격이 같은 경우를 나타낸다. 예상할 수 있듯이 단기 예측에 대해서는 불확실성이 대단히 크다. 해풍의 이용이 특히 관심의 대상이며, 2025년 이후로는 태양전지의 활용이 아주 유리하게 된다.

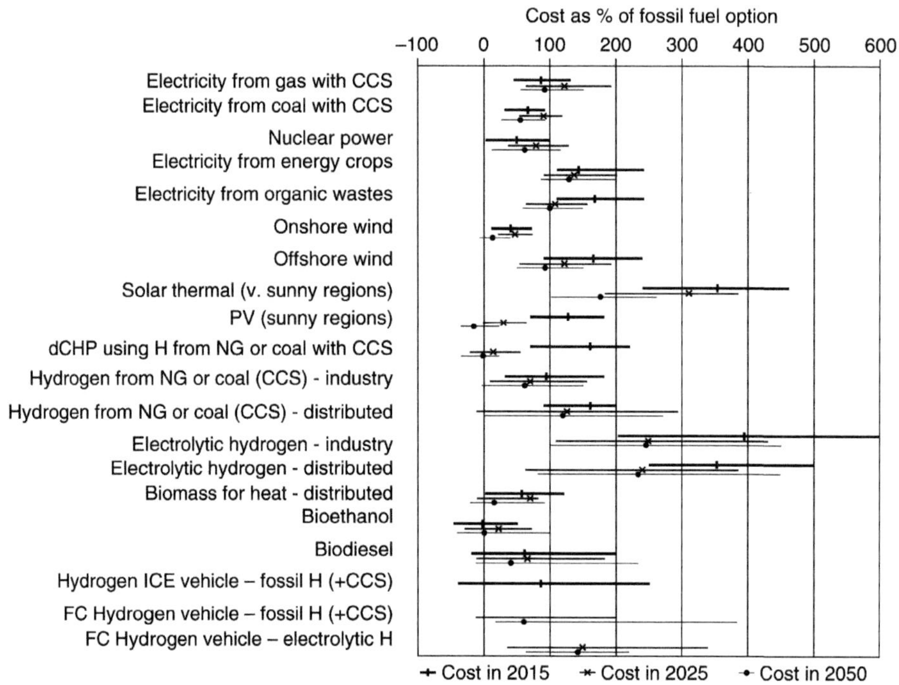

그림 1.5 저탄소 기술 비용의 예상치 : 탄소저장 및 집진기술(CCS)은 carbon capture and storage를 dCHP는 distributed heat and power를 나타낸다(Reproduced from Stern review website, copyright Cambridge University Press)

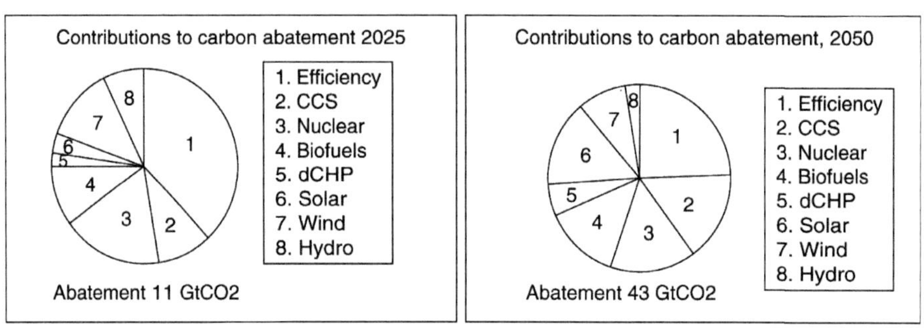

그림 1.6 각종기술에 의한 온실가스 감축량의 분포(Reproduced from Stern Report, copyright Cambridge University Press)

저탄소 기술비용과 시간에 따른 가능한 활용률을 근거로 하여, 스턴 보고서는 기후안정에 필요한 550ppm에 해당하는 2025년과 2050년도의 온실가스 감축량의 분포를 예상하였고 그것은 그림 1.6에서 확인할 수 있다. 이 과정에서 이 장 뒤에서 다룰 에너지 효율성의 증대와 이산화탄소 포집 및 저장기술(CCS)이 중요해 질 것이다.

풍력, 태양광, 바이오연료, 수력, 분산형 열병합발전(dCHP)을 이용한 발전이 큰 역할을 할 것이다 : 이러한 기술들은 이 책의 후반부에서 다루게 된다.

1.2.5 효율적인 에너지 사용

그림 1.6은 효율적인 에너지 사용이 기후변화를 늦추는 데 가장 큰 역할을 한다는 것을 강조하고 있다. 효율적인 에너지 사용이 지속 가능한 성장을 위해 가장 경제적인 방법임에도 불구하고 많은 나라에서 크게 노력하지 않음은 놀라운 일이다. 실제로 대부분의 국가에서 규제와 인센티브를 통해 효율적인 에너지 사용을 장려하고 있지만 그 효과는 미미하며 에너지 소비량은 해가 갈수록 증가하고 있는 실정이다. 효율적인 에너지 사용은 앞으로의 어떠한 에너지 관련 전략에서도 핵심이 되는데 그것은 다음과 같은 이유 때문이다(참고문헌[7]).

- 에너지를 가능한 효율적으로 사용하는 것은 늘어나는 에너지 수요에 대처하는 가장 효과적인 방법인 동시에 탄소배출을 줄이는 방법이다. 에너지를 절약하는 것은 에너지를 만드는 것보다 경제적이다.
- 가스와 전력전송 네트워크 수요의 감소로 인해, 에너지 효율성은 이러한 네트워크의 관리와 보수를 개선시킬 것이고, 수입 에너지에 대한 의존성을 낮출 수 있다.
- 에너지 비용절감을 통해, 기업들은 보다 생산적이고 경쟁력을 갖추게 된다.
- 가정에서의 효율적인 에너지 사용은 에너지 사용요금을 줄일 수 있는 중요한 방법이다.

에너지 효율이 증가하는 것은 매출과 이익의 증대를 목표로 하는 에너지 회사들에게 불리하다. 따라서 정부는 에너지 회사의 동기 부여를 위한 정책을 만들 필요가 있다. 예를 들면, 전력회사들이 소비자들에게 전기를 효율적으로 사용하도록 유도할 수 있도록 규정을 만드는 것이다. 좀 더 과감한 방법으로는 전력회사들이 가정에서 사용하는 전기기기들을 관리하는 에너지 서비스 공급자로 하게 하는 방법이 있을 수 있다. 그러면 전력회사들은 전기기기의 효율성을 극대화하도록 노력하게 될 것이다. 결국 어떤 제도가 채택되더라도, 이산화탄소 경감 프로그램의 핵심은 바로 에너지 소비를 줄이는 것이다.

1.2.6 전력 부문

그림 1.7은 전력을 생산하는데 사용되는 연료의 비율을 나타내고 있다. 화석연료는 이 부문에서 사용되는 연료의 64%를 차지하고 있으며, 그 중 석탄은 약 40%에 이르는 주요 연료로 사용되어 전체 이산화탄소 발생량의 3/4을 방출하고 있다. 현재, 대용량 수력 발전소가 재생 에너지 부문의 상당량을 담당하고 있다. 전력의 절반 정도는 건축물에서, 1/3정도는 산업체가, 10%는 에너지 발생과정에서, 그리고 10%미만의 에너지가 송전과 배전에서 소비된다.

전 세계의 연간 총 전력 발생량은 18000TWh이며 약 2000GW의 평균 사용치를 보이고 있다. 이 전기 에너지는 화석연료를 사용하는 대용량의 발전소에서 만들어진다. 전력생산은 온실가스 방출이 가장 빠르게 성장하고 있는 요인이며, 2050년에는 지금의 4배까지 증가할 것으로 추정된다. 스턴 보고서에 따르면, 기후변화에 따른 재앙의 위험을 줄이기 위해서는 대기농도가 550ppm에서 안정화되어야 하며, 2050년까지 전력부문에서 60%의 탄소 저감이 필요하다고 한다.

1.2.7 가능한 해결책과 지속가능성

근본적인 대책이 수년 안에 시행되어야 한다. 현대 사회는 늘어나는 화석연료 소비에 의존하고 있다. 단기간에 이런 의존성을 없애는 것은 현실적으로 불가능하다. 지난 20년간 전력발생과 난방을 위한 주된 화석연료 소비가 석탄에서 가스로, 그리고 보다 적은 양의 석유를 사용하는 방향으로 변해 왔다. 가스는 석탄보다 단위에너

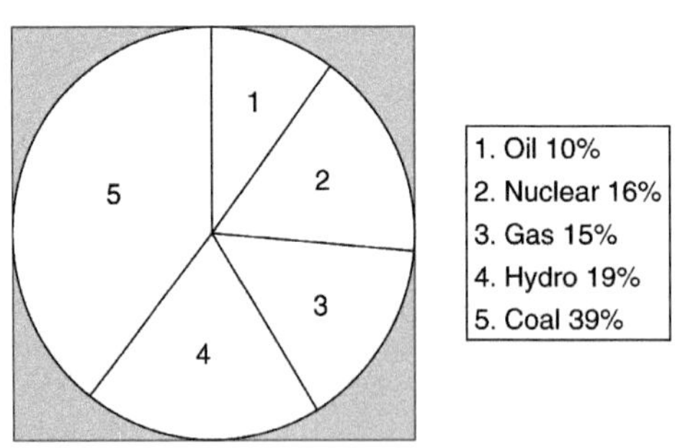

그림 1.7 전력발생에 사용되는 연료의 비율(Data from Boyle, G., Renewable Energy, Oxford University Press, 2004)

지당 이산화탄소 발생량이 적기 때문에 이산화탄소 발생을 줄이는 데 도움이 된다. 그러나 가스연료에 대한 의존성이 늘어나면서 유럽과 다른 지역에서의 정치적인 분쟁들이 불안감을 조성해 왔다.

한 가지 대안은 다시 석탄을 사용하는 것이다. 석탄은 미국, 호주, 여러 유럽 국가들, 캐나다, 러시아 등 선진국 뿐 아니라 중국, 남아프리카, 터키 등 개발도상국에서도 매장량이 풍부하다. 최근 들어 개발된 이산화탄소 포집에 관한 기술은 석탄이 보다 환경 친화적인 자원이 될 수 있다는 가능성을 보여주고 있다.

탄소가 없는 여러 자원들도 존재한다 : 여기에는 핵분열(아마도 먼 미래에는 핵융합)과 바이오연료, 풍력, 태양에너지(태양열, 태양광), 수력발전, 해양에너지 등 태양에서 직간접적으로 얻을 수 있는 에너지가 있다. 지열과 조력에너지도 탄소가 없는 에너지로서 재생 가능하며 거의 무한한 에너지로 알려져 있다. 2장에서 이런 에너지의 특성과 새로운 기술들에 대하여 자세히 알아 볼 것이다.

마지막으로 지속가능성을 위한 다른 접근법으로는 에너지 수요를 줄이고 에너지 효율성을 높이는 것이 중요하다. 에너지 효율성을 높이는 것에는 효율적인 발전이 포함된다. 이러한 주제들은 이 책의 핵심내용은 아니지만 간단하게 다룰 것이다.

지구에 있는 화석연료와 광물의 매장량은 유한하며 장기적인 관점에서 볼 때 석탄, 석유, 가스, 우라늄의 이용은 지속가능하지 않다. 다행히 자연적으로 발생하는 에너지 흐름에서 얻을 수 있는 신재생 에너지는 무한하며 환경에 오랫동안 해로운 영향을 주지 않는다. 따라서 결국 에너지 공급체계의 기반은 신재생 에너지들로 이루어지게 될 것이고, 아마도 전력을 생산할 수 있는 유일한 수단이 될지도 모른다.

1.3 전력 생산

1.3.1 다른 에너지형태에서의 변환 – 효율의 중요성

그림 1.8은 여러 가지 형태의 에너지가 전기 에너지로 변환되는 과정을 보여준다. 현재 전 세계의 대용량 전력발생은 진한 선으로 표시되어 있는데, 이는 연소를 통해서 화학에너지가 열에너지로, 열에너지가 역학적 에너지로, 그리고 다시 전기 에너지로 변환되는 과정이다. 이 과정은 카르노 순환의 열역학적 효율한계로 제한된다. 이

전의 열기관들은 35 ~ 45% 정도의 효율이었는데 비해 지난 20년 동안 기관의 효율은 50% 이상으로 향상되었다. 이는 2장에서 다룰 복합화력 가스터빈(CCGTs)의 개발로 가능해졌다. 석탄, 석유, 가스는 원 에너지의 35 ~ 50% 정도만 변환이 가능하며, 나머지 에너지는 열의 형태로 방출된다.

카르노 순환의 한계를 넘어설 수 있는 방법 중 하나는 열손실을 활용하는 것이다. 이것은 스칸디나비아 지역에서 광범위하게 사용되는 열병합 발전(Combined Heat and Power : CHP)의 원리이며 다른 지역에서도 그 중요성이 커지고 있다. 발전과정에서 발생하는 폐열에너지는 발전소를 거쳐 인근의 산업체나 가정으로 보내진다. 이러한 과정은 상당한 기반시설이 필요하기 때문에 발전소가 에너지 소비자의 인근에 위치한 경우에만 가능하다. 최근에 개발된 다른 기술은 열병합 발전설비를 소비자 측에 설치하여 연료(주로 가스)를 보내는 것이 가능해졌다. 이런 시스템을 초소형 열병합 발전(micro-CHP)이라고 하며, 8장에서 다룰 것이다.

카르노 순환의 한계를 직접 넘어서는 것도 가능하며 머지않아 상업화가 가능할 것으로 보이는 연료전지가 좋은 예이다. 연료전지의 형태는 고체 산화물, 용융탄산염, 수소 이온교환막(PEM)이 있다. 태양광을 이용한 발전 역시 열역학 한계에 제한되지 않는 유망한 방법이다.

그림 1.8에 나타나 있는 여러 가지 과정에서의 변환효율은 2장에서 자세히 다루게 된다.

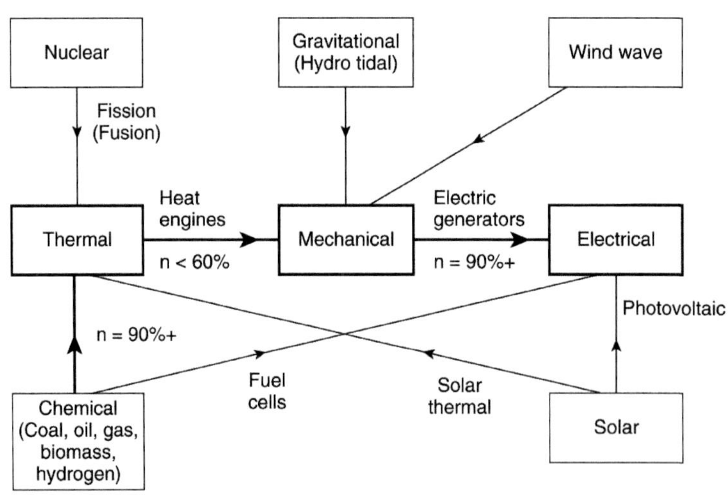

그림 1.8 다양한 에너지 형태에서 전기 에너지로의 변환

1.3.2 원자력

원자력을 통해 전기를 발생시키는 것에 대하여는 의견이 분분하다. 이 책을 쓰는 시점에서, 원자력 발전으로 발생되는 전력은 전 세계 주요 에너지의 5.7%밖에 되지 않지만, 이것이 크게 확대되어야 한다고 보는 사람들도 있다. 그들은 원자력이 전기를 생산하는 아주 좋은 방법이며 탄소배출량도 아주 적다고 주장한다.

스리마일 섬(Three Mile Island)과 체르노빌(Chernobyl) 사고 이후, 거의 10년 동안 원자력 발전소가 건설되지 않았었다. 하지만 최근에 들어서 화석연료 고갈에 대한 우려로 많은 국가들이 원자력 발전소 건설을 고려하고 있다. 중국과 인도가 각각 수십 기의 원자로를 계획하고 있으며 미국 역시 비슷한 계획을 가지고 있다. 이와는 대조적으로, 유럽에서는 핀란드만이 핵발전소를 건설 중이며 스웨덴, 스위스, 독일은 핵시설을 단계적으로 폐기하고 있는 입장이다. 프랑스의 경우, 현재 전력수요의 80%를 맡고 있는 원자력 발전을 유지하고 있다.

2003년 영국정부 백서에 따르면 원자력에 비판적인 입장이었던 정부가 2006년이 되자 에너지 부족을 염려하며 입장을 바꾸었다. 현재는 원자력 발전 프로그램을 지지하고 있는 상황이다. 문제는 원자력 프로그램에 대한 대규모 투자가 재생 에너지원에 대한 투자를 방해할 수 있다는 점이다. 그렇기 때문에 원자력 발전에 대한 논쟁은 광범위하게 진행되고 있으며, 이에 관한 것은 여러 가지 참고문헌에서 확인할 수 있다. 관심이 있으면 참고문헌[8]을 살펴보길 바란다.

1.3.3 탄소 집진과 저장

그림 1.6을 보면, 스턴 보고서에 의해 기술 경제적 문제와 환경문제가 원만히 해결되었을 경우 탄소 집진 및 저장 기술(CCS)의 개발로 2025년과 2050년에 각각 20, 40%의 탄소 감소가 이루어질 것으로 예상된다. CCS는 화석연료 사용의 필요성과 이산화탄소 배출량 감소의 필요성을 동시에 만족 시킬 수 있다는 점에서 중요하다.

BP, Shell 그리고 ConocoPhilips사는 합작투자를 통해 스코틀랜드 북동부 지역에 대규모 실험계획을 준비했었다(참고문헌[9]). 유감스럽게도 이 계획은 폐기되었지만 세계적으로 이 기술에 대한 여러 프로젝트가 진행되고 있다. 그림 1.9는 이산화탄소의 지질학적 저장을 보여준다.

가스와 석유가격이 폭등하면서 석탄에서 이산화탄소를 제거한 에너지를 추출하는 기술이 많은 관심을 끌고 있다. 이러한 기술에는 여러 가지가 있지만, 그 중에서 가스화 복합 발전(Integrated Gasification Combined Cycle : IGCC) 기술이 선두를 달리고 있다. 이것은 석탄을 가스화시켜 합성가스(syngas)를 생성시키는 방식이다. 합성가스는 주로 수소와 일산화탄소로 구성되어 있으며, 복합 순환식으로 작동하는 고효율 발전의 연료원으로 사용할 수 있다. 네덜란드의 Buggenum 지역에 253 MW급 발전소가 이 원리를 이용하여 가동되고 있으며, 유럽에서 가장 청정한 석탄 기반의 발전소로 알려져 있다. 탄소집진이 가능한 IGCC는 아직 없지만, 미국 에너지부가 출자한 275MW급 탄소배출제로 발전소가 이 원리를 기반으로 하여 건설 중이며 2013년이 되면 발전을 시작하게 된다.

1.3.4 신재생 에너지

그림 1.10은 지속가능한 전기를 생산할 수 있는 지구의 주 에너지 흐름이 도식화되어 있다. 가장 용이하게 이용할 수 있는 재생 에너지원은 바로 태양이다. 지구의 표면까지 도달하는 평균 태양복사 에너지는 전 세계적인 평균 에너지 소비량보다

Geological Storage Options for CO_2

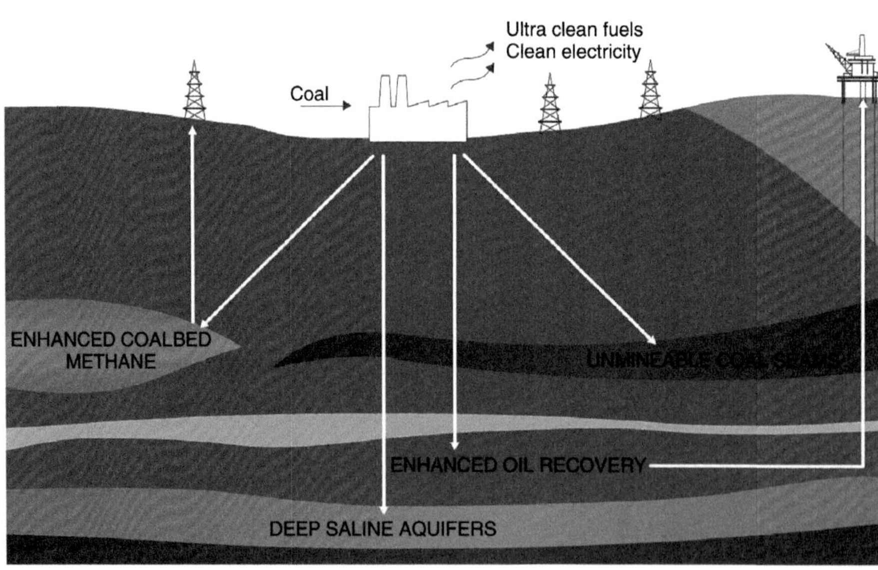

그림 1.9 이산화탄소의 지질학적 저장(Source: World Coal Institute)

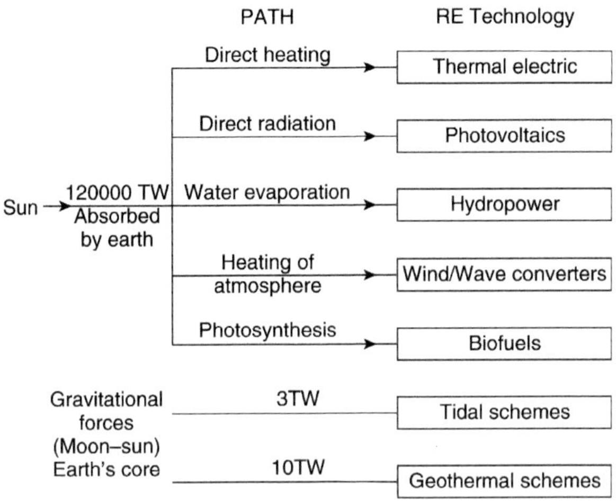

그림 1.10 신재생 에너지 흐름

8000배 크다. 현재 지구 전체인구를 기준으로 하면 이 양은 무려 1인당 20MW의 전력에 해당한다.

그림에서 알 수 있듯이 이 에너지는 태양열, 태양광 발전을 통해 직접 이용할 수도 있고, 풍력이나 파력, 수력, 바이오연료의 형태로 간접적으로도 이용이 가능하다. 또한 지속가능성인 관점에서 두 개의 다른 형태의 에너지가 재생 가능성이 있다 : 달과 태양의 중력 때문에 생기는 조력 에너지는 댐을 쌓거나 조류기술을 통해 이용할 수 있다 ; 그리고 지구의 중심부에서 발생하는 지열 에너지는 온천이나 시추공을 통해 추출할 수 있다. 이런 에너지원에서 얻을 수 있는 에너지는 태양으로부터 이용 가능한 에너지의 작은 부분에 지나지 않는다.

태양의 복사 에너지는 상당 부분이 반사되어 우주로 되돌아 간다. 산업혁명이 시작되기 전 수천 년 동안 지구로의 에너지 입 출입은 평형을 이루어, 생태계에 적절한 지구온도를 유지하고 있었다. 신재생 에너지 기술을 통하여 지구로 유입되는 복사 에너지를 이용하는 것은 이런 균형을 깨뜨리지 않는다. 예를 들어, 복사 에너지를 전기로 변환시키고 다시 소비자는 이 전기 에너지를 역학적, 화학적, 빛 에너지로 이용하게 되면 이 모두는 결국 열로 소실된다.

대부분의 신재생 에너지는 간단하게 전기 에너지로 바꿀 수 있다. 태양 에너지, 지열 에너지, 바이오매스는 모두 열원으로 사용 가능하다. 신재생 에너지는 원칙적으로 기존 에너지원의 모든 형태로 이용할 수 있다 : 난방, 냉방, 전기, 어떤 어려움과 추가비용이 있더라도 차량연료로, 또한 어디서나 존재하기 때문에 에너지 수송설비가

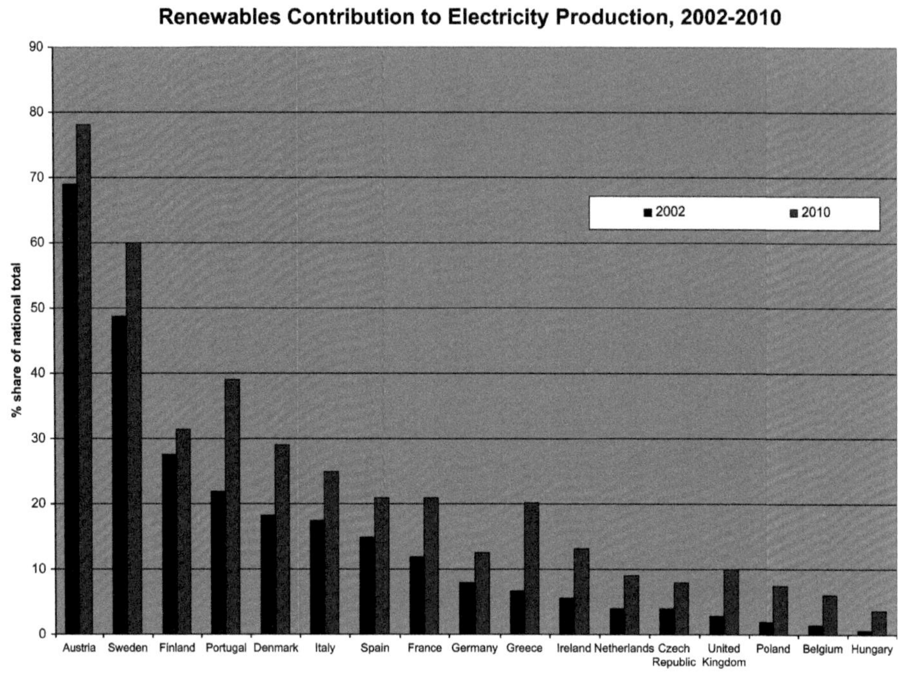

그림 1.11 유럽 각국의 전기 에너지 생산에 대한 신재생 에너지 기여도
(Source: Oxford Intelligence)

필요 없다는 장점이 있다. 신재생 에너지를 항상 전기의 형태로 바꿀 필요가 없다는 점에 주목하자. 태양열을 이용하여 물을 데우거나 풍력을 이용하여 물을 양수하는 것은 전기 에너지 변환 없이 작동하는 좋은 예이다. 그러나 역시 인간의 주요 목적에 부합하는 것은 신재생 에너지를 전기 에너지로 바꾸는 것이다.

신재생 에너지는 현재 빠르게 성장하고 있다. 풍력 발전과 태양광 발전이 시장을 주도하고 있다. GE나 Siemens사가 풍력 에너지 시장에 뛰어 들었으며, BP와 Shell는 일본회사(Sharp and Sanyo)들과 나란히 태양광 발전을 주도하고 있다. 중국에서는 최근 전기와 항공우주, 발전 설비분야 상위 5개 회사가 풍력터빈 기술을 개발하기 시작했다. 대부분의 거대 정유사는 바이오매스로부터 에탄올과 바이오디젤을 추출하는 연구로 관심분야를 확장하고 있다. 가장 빠르게 성장하고 있는 신재생 에너지 기술은 계통 연계형 태양광 발전이며, 연간 40%의 성장을 보이고 있다. 그러나 이전의 수력 발전을 제외하면, 현재까지 가장 널리 사용되고 있는 신재생 에너지 기술은 풍력 발전이다. 여러 유럽 국가에 걸쳐 60GW 이상의 전력을 생산하고 있고, 2007년 말 경 세계적으로 95GW 가량의 생산이 가능할 것이다.

표 1.2 전기 에너지 생산에 대한 신재생 에너지의 기여도(1995-2020)
(Source: Eurostat http://epp.eurostat.ece.eu.int)

	1995 Eurostat	2000 Eurostat	2010 Projections	2020 Projections
Wind (TWh)	4	22.4	168	444
Photovoltaics (TWh)	0.03	0.1	3.6	42
Biomass (TWh)	22.5	39.2	141	282
Hydro (TWh)	290	322	355	384
Geothermal (TWh)	3.5	4.8	7.0	14
Total RES in EU 15	320	388	675	1166
Total electricity[a] (TWh)	2308	2574	3027	3450
Share of RES (%)	13.9	15.1	22.3	33.8

유럽연합의 25개국을 포함하여 적어도 48개국이 신재생 에너지 공급을 계획하고 있다. 그림 1.11은 유럽국가들의 2002~2010년의 전력 생산에서 신재생 에너지의 비중 증가를 나타낸 것이다. 유럽연합은 2010년까지 신재생 에너지의 비중이 전체 에너지의 12%, 전력의 21%가 될 것을 기대하고 있다. 표 1.2는 유럽이 다양한 신재생 에너지 기술을 통해 연간 TWh급 전력량 발생을 목표로 하고 있음을 보여준다.

1.4 전력 시스템

1.4.1 전력 시스템의 구조

전기는 우수한 가변성 때문에 널리 이용되고 있다. 전기는 다른 에너지 형태로 쉽게 변환할 수 있으며 효율적으로 전송할 수 있다. 모터를 이용하면 역학적 에너지를 얻을 수 있고, 조명설비로 빛을, 저항을 이용하면 100% 효율로 열을, 전력변환 장치를 통해 가전기기, IT기기에 전력을 공급할 수 있다.

그림 1.12는 발전소에서 소비지까지의 일반적인 전력 시스템의 구성을 도식화한 것이다. 그림에서는 전 세계 발전소의 대다수를 차지하고 있는 석탄화력 발전소를 다루고 있다. 에너지 변환과정은 그림 1.8에 나와 있듯이, 화학→열→역학→전기로 이루어진다. 석탄은 먼저 가루로 분쇄되어 보일러 속으로 들어간 후에 공기와 혼합되어 연소된다. 보일러는 연소된 연료에서 에너지를 추출하는 여러 단계로 구성된 복합체이다. 배기가스는 황(탈황과정은 그림에 나와 있지 않다)과 고체입자들을 제거

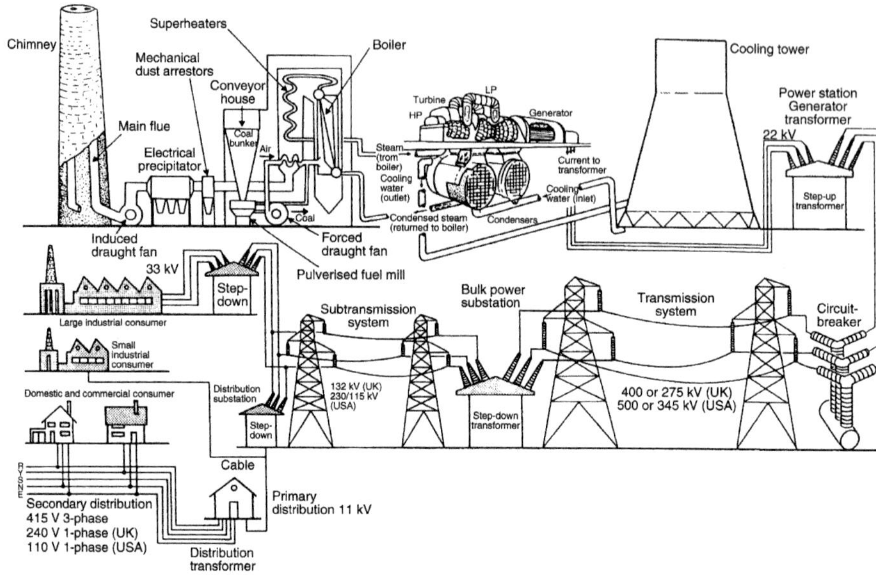

그림 1.12 대전력 시스템의 구성요소

한 뒤 대기 중으로 방출된다. 보일러 속의 고순도 물은 과열된 증기로 변환되고 터빈 발전기의 여러 터빈 단계를 거치게 된다. 터빈을 빠져나온 저압 저온의 증기는 다시 물로 응축하게 되고, 보일러 속으로 유입되어 폐회로를 완성하게 된다. 그러나 응축과정에서 상당량의 외부 냉각수가 필요하다. 그림에서 냉각수는 냉각탑(cooling tower) 아래에 있는 저수탱크에서 공급되고 있다. 응축기에서 발생한 뜨거운 물은 탑의 상부에서 분사되고 공기 중으로 열을 전달한다. 이어서 뜨거워진 공기는 벤츄리형 탑을 빠져 나간다. 냉각수의 손실분은 인근 강 같은 외부에서 보충되어야 한다.

발전소에서 발생된 에너지는 전기저항을 가진 가공 송전선, 지하 케이블을 통해 부하에 전달된다. 송전선과 케이블의 저항발열은 전류의 제곱에 비례한다. 또한, 주어진 전력에서 전류는 전압에 반비례 한다 (다른 조건이 같다면). 따라서 에너지 손실은 전압의 제곱만큼 감소하게 된다. 고전압 운영의 불리한 점은 절연문제와 전력 시스템 장비의 비용이 상당히 올라간다는 것이다. 따라서 장거리 대용량 송전은 고전압이 유리하고, 적절한 전력을 가까운 여러 곳으로 분배하는 경우는 저전압이 경제적이다. 또한 여러 단계의 중간전압을 거치는 것이 경제적으로 유리하다. 이런 복합적인 전압운영으로 송전손실을 전체 전력의 5 ~ 10%로 제한할 수 있다.

전 세계 전기의 대부분은 20kV의 전압으로 500MW 이상의 대용량 발전소에서 발생된다. 발생된 전기는 변압기를 거쳐 400kV 이상의 초고압(EHV)으로 승압되어 여러 공급지점으로 송전된다. 여기서 전압은 100kV 근처의 고압(HV) 수준으로 감압된다. 소수의 대형 산업체 규모의 부하는 이 정도의 전압에서 연결되지만 대부분의 전압은 30kV의 중전압(MV) 수준으로, 다시 10kV로, 그리고 400V 수준의 저압(LV)으로 내려간다. 단상일 경우에는 소비자에게 230V로 공급되게 된다. 미국과 기타 여러 국가에서 저압은 3상 200V, 단상 115V를 의미한다. 전압은 국가마다 다르게 사용하지만 전력 시스템 구조는 그림 1.12의 구성과 거의 유사하다.

그림 1.12는 회로차단기가 승압변압기 다음에 위치하는 것을 보여 준다. 이것은 모든 전력 시스템에 사용되는 광범위한 네트워크 보호 장치이다. 네트워크 문제로 저 저항 통로가 발생하면 과전류가 흘러 설비에 손상이 생길 수 있다. 고전압에서는 회로 차단기, 가정집 수준의 전압에서는 퓨즈 같은 보호장치가 있어 문제가 발생한 네트워크 부분을 고립시키고 설비의 손상을 막는다. 신재생 에너지원에 관한 보호 시스템의 효과는 6장에서 논의한다.

1.4.2 신재생 에너지의 전력 시스템으로의 연계

'그리드(gird)'란 말은 네트워크 전체를 묘사하기 위해 막연히 사용되어 왔다. 특별히, '연결된 그리드(grid connected)'란 용어는 네트워크의 일부를 연결한다는 의미이며, '내셔널 그리드(national grid)'는 주로 초고압 송전망을 의미한다.

연계(integration)는 구체적으로 시스템의 안전한 운영을 고려한 발전기와 네트워크의 물리적 연결을 의미한다. 따라서 에너지 자원이 최적으로 활용될 수 있게 한다. 발전기를 전력 시스템에 적절히 연계하기 위해서는 전기공학의 체계적인 지식이 필요하다. 신재생 에너지를 이용한 발전을 시스템으로 연계하는 것은 화석연료 발전방식과 유사하며 같은 원리에 기반하고 있다. 그러나 신재생 에너지원은 다양하며 지리적으로도 분산되어 있다.

신재생 에너지를 이용한 발전은 단독형(standalone) 혹은 그리드 계통연계형(grid-connected)으로 구별된다. 단독형 시스템에서 신재생 에너지 발전기(보조 발전기와 저장장치의 유무에 관계없이)는 전력수요의 대부분을 공급할 수 있다. 계통연계형 시스템에서 신재생 에너지 발전기는 큰 규모로 상호 연결된 그리드로 전력을 공급하거나, 다수의 외부 발전기로 부터 공급받을 수 있다. 근본적인 차이점은 개별 신재생 에너지 발전기로부터 공급받은 전력은 그리드 전체의 입장에서는 작은 부분에 불과하다는 것이다. 단독형과 계통연계형의 차이점은 분명하지는 않다. 그리드라는 용어가 상대적으로 작은 단독형 전력망을 묘사하는데 쓰이는 경우에는 가끔 혼동이 생길 수 있다. 이것이 꼭 잘못된 것은 아니지만, 그리드가 언급될 경우의 의미에 대해서는 확실히 할 필요가 있다.

나중에 설명하겠지만, 신재생 에너지 발전기가 연결되는 네트워크상 지점을 접속점(Point of Common Coupling: PCC) 이라고 부른다.

1.4.3 분산발전

전력 시스템은 화석연료와 핵연료를 이용한 중앙집중식 발전을 통해, 오랫동안 다양한 수요에 맞춰 발전해 왔다. 향후 50년 동안에, 만약 핵융합발전이 성공적으로 이루어지지 않는다면 이번 세기말에는 전기 에너지의 대부분은 신재생 에너지에서 공급받을 것이라는 의견이 지배적이다.

재생 에너지원을 기반으로 한 발전기(대형 수력 발전소와 대형 풍력 발전소는 제외)는 오늘날 주 발전설비인 화석연료와 핵연료 기반의 발전기에 비해 크기가 매우 작다. 작은 발전기는 고압 변압기와 개폐기 비용의 문제로 인해 전송시스템에 연결할 수 없다. 또한, 발전기의 지리상 위치가 제한되어 있기 때문에 전송 시스템이 원거리에 떨어져 있게 된다. 따라서 작은 발전기는 분산 네트워크에 연결되어야 한다. 그러한 발전을 분산발전(distributed or dispersed generation)이라고 한다. 혹은, 분산 네트워크 속에 포함되어 있기 때문에 임베디드 발전(embedded generation)이라고도 한다.

지금까지의 전력 시스템에서는 대용량 중앙집중식 발전소에서 생산된 전력이 초고압, 고압, 저압 네트워크를 거쳐 분산된 소비자에게 전달된다. 그러나 분산발전 시스템에서의 전력은 분산된 시스템 내부의 다른 지점으로 이동하게 된다. 이 특이한 흐름은 분산된 네트워크의 보호와 효율적인 운영이라는 측면에서 중요한 의미가 있다. 분산발전에 대해서는 6장에서 다룰 것이다.

현재의 전력 시스템은 가까운 시일 내에 다양한 재생 에너지원을 이용한 분산 발전 시스템으로 점진적인 변화를 할 것이다. 신재생 에너지원의 효율을 극대화할 수 있는 전력전자 인터페이스의 용이한 사용법과 공급의 안정성을 보장하기 위한 전력 흐름의 원활한 제어 등이 전력 시스템의 변화에 필요할 것이다. 이러한 주제는 마지막장에서 다루게 된다.

1.4.4 신재생 에너지 점유율

신재생 에너지원에서 공급받는 전기 에너지나 전력의 비율을 점유율(penetration)이라 하고 보통은 백분율로 표시한다. 연료나 이산화탄소 감축을 고려할 때는 평균 점유율을 사용하는 것이 유리하다.

$$\text{평균점유율} = \frac{\text{재생에너지에 의해 발생되는 에너지(kWh)}}{\text{부하에 공급되는 총 에너지(kWh)}}$$

이 경우, 에너지(kWh)는 1년 정도의 오랜 기간에 걸쳐 측정된다. 분모 자리에 모든 발전기로부터의 총 에너지(화석 연료 기반의 발전 포함)가 들어가는 것이 더 자연스러워 보인다. 그러나 단독형 시스템에서 에너지가 열로 버려지는 부하(dump loads)를 고려해야할 경우가 있으며, 계통연계형 시스템의 경우는 특정 지역에서의 용량에 관심이 있을 수 있다. 그런 경우 지역 점유율(local penetration)이라는 말을 사용할 수 있다.

시스템 제어 등 다른 목적을 위해서는 순간 점유율을 정의할 필요가 있다.

$$\text{순간점유율} = \frac{\text{재생에너지에 의해 발생되는 전력(kW)}}{\text{부하에 공급되는 총 전력(kW)}}$$

신재생 에너지원을 이용한 발전은 가변적이기 때문에 최대 순간 점유율은 보통 평균 점유율에 비해 훨씬 높다.

참/고/문/헌

[1] Barnaby, F. and Kemp, J. 'Too hot to handle? The future of civil nuclear power', Briefing paper, July 2007, Oxford Research Group.

[2] Cited in 'The future of nuclear power', DTI/Pub 8519/4K/05/06.NP, p.156: www.dti.gov.uk/files/file39197.pdf.

[3] Wee www.pmc.gov.au/umpner//docs/commissioned/ISA_report.pdf.

[4] IPCC, Third Assessment Report of the IPCC, Cambridge University Press, 2001.

[5] Schellnhuber, H.J. (ed). Avoiding Dangerous Climate Change, Cambridge University Press. 2006

[6] Stern Review Report on the Economics of Climate Change, Cambridge University Press, 2006. Following criticisms of the report a rebuttal was published by Stern and his team and can be found in http://www.hm-treasury.gov.uk/media/5E1/FB/stern_reply_worldeconomics.pdf.

[7] 'Plan for action on energy efficiency', April 2004, UK government follow-up to the 'Energy White Paper'.

[8] 'The role of nuclear power in a low carbon economy', Sustainable Development Commission, UK, March 2006.

[9] Gordon, S. 'Carbon cure', IEE Power Engineering, December 2005/ January 2006.

CHAPTER 02

기존 에너지 발전과 신재생 에너지 발전의 특징

와 같이 수력자원이 풍부한 국가에서 위와 같은 이유로 진행되고 있다.

댐은 높은 수두(낙차)를 이용할 수 있음으로써 매우 좋은 시설이며 이러한 댐 건설이 가능한지는 그 지역의 지형에 달렸다. 강은 물이 위치에너지를 자연스럽게 소비하는 통로이고 적은 형태의 저 위치에너지를 추출할 수 있는 방법이라고 할 수 있는 것이다. 이러한 생각을 응용해서 댐이나 수로[8] 없이 강에 터빈을 설치해서 물의 흐름을 이용해 위치에너지에서 운동에너지로 전력을 생성할 수도 있는 것이다. 이러한 터빈은 수두낙차가 없을 때도 효과적으로 작동하고 설치는 자류식 수력 형태로 설치 운전된다.

2.3.1 대수력

대수력 발전은 매우 발전되어 있고 널리 사용되고 있는 발전 방법이다. 예상치에 의하면 전 세계의 20%에서 25% 정도 잠재성이 있는 위치에 대수력 발전이 이미 개발되었으며, 이미 널리 설치되어 전력수요가 많은 곳에서 위치적으로 적합하면 사용되고 있다. 현재 전 세계 발전량의 20%를 대수력 발전이 차지하고 있다. 대수력 발전은 다른 신재생 에너지 원천과 비교했을 때 공급에 있어 가장 융통성이 있으며 원활하기 때문에 매우 선호되고 있다.

위에서 설명했듯이 물은 저수지에 저장이 가능하고 필요할 때 사용이 가능하므로 저수지가 크거나 전력 요구량에 맞으면 되는 것이다. 이러한 에너지 저장방법은 짧은 시간 몇 분 이내로 전력 요구량이 늘거나 줄 때 공급할 수 있는 능력에 있어 훌륭한 이점을 가진다.

따라서 이러한 발전소는 예측 가능하거나 예측 불가능한 소비자들의 전력요구량에 적절히 맞출 수 있는 모델인 것이다. 이러한 특징은 영국과 같이 대수력 발전시설이 적합지 않은 지형을 가진 국가에서도 매우 중요한 가치를 가지게 되고 양방향 사용 가능한 양수 발전이 개발되었다.

대수력 발전의 단점은 초기 높은 건설비용을 투자하여야 하고 매우 오랜 기간에 걸쳐서 투자비 회수가 가능하다는 것이다. 또한 이러한 대수력 발전소의 개발은 자연적으로도 옳지 않기 때문에 중국 삼협발전소 건설현장과 같은 넓은 지역에 대홍수를 야기할 수도 있으며 인구유입도 제한된다. 그러나 이러한 선정된 재생에너지 기

8) 수로는 터빈(수차)으로 물을 인도하기 위한 파이프와 함께 물을 제어하기 위한 조절문이나 수문을 말한다.

술은 수력의 많은 적합한 장소가 선점된 이후 미래에 기여할 수는 없을 것 같으나 구소련 지방과 개발도상국들에서 많은 개발 가능성이 예상되고 있다[2]. 전력시스템에서 이러한 기술을 접목하는 최적의 방법을 각종 책과 자연과학 논문이 오랜기간 많이 편찬되었으므로 대수력 발전에 관한 내용은 이것으로 마치겠다. 참고문헌[3]은 최근 수력 발전 현황을 보여준다.

2.3.2 소수력

흔히 5MW 이하 발전을 소수력 발전이라고 정의한다. 그리고 100kW이하인 저출력은 초저수력이라 불리고, 이러한 초저수력도 물의 저장 공간이 없는 댐 방식과 자류식 발전으로 나누어진다. 그리고 더 분류를 하게 되면 수두의 높이가 높고 낮음으로 분류할 수 있다.

현재 전 세계 발전량의 5분의 1인 500GW가량을 소수력 발전이 담당하고 있다. 소수력 발전의 장점으로는 도시로부터 멀리 떨어져 기존의 발전 전력을 공급받기 힘든 산간지방이나 농촌등지로서, 마을의 규모나 에너지 수요가 일정한 곳에 적합하다. 강의 흐름은 일 년 동안 항상 다를 것이고 특히 북반구 지역은 겨울에는 강의 유량이 풍부하고 여름에는 부족할 것이다. 열대기후가 있는 곳은 우기에 상당한 영향을 받을 것이다. 이러한 계절적인 영향은 매우 중요한데 예를 들어, 영국지방에 있는 작은 발전량의 소수력 발전소는 여름에 충분한 전력을 공급할수 있는 물을 확보하지 못하기 때문에 대다수 소수력 발전은 다른 전력망과 연계되어 있다.

그림 2.1은 1980년 1월부터 12월에 거쳐 Somerset주의 Barle 강의 하루 유량을 보여주는 차트이다. 아래에 그림을 분석해 보면

- 여름 두달간 1㎥/s 이하인 유량으로써 매우 낮은 수치이다.
- 강이 몇차례 범람했다.(20㎥/s가 넘는 유량)
- 강의 수위가 빠른 속도로 급히 오르고 이러한 수위가 점차적으로 낮아진다.

즉, 유량이 천천히 줄어드는 구간 이후에 급격히 유량이 상승하는 구간이 항상 따라오는데 이것이 일반적인 강의 특징이다.

소수력 발전체계에서 시시각각 변하는 출력특징의 변동률은 작은 편이지만, 시간 혹은 하루에 따라 소나기 등의 갑작스런 강우에 의해 급격히 변할 수도 있다. 이미

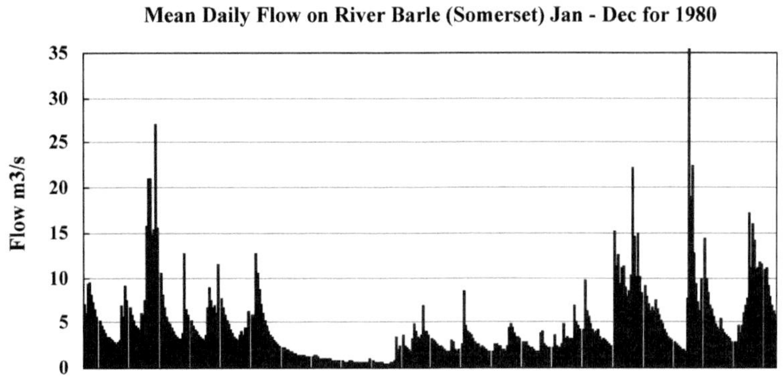

그림 2.1 1980년 Dulverton Somerset주 Barle 강의 일평균 유량
(1998년 Loughborough 대학의 CREST MSc 기록(Robin Cottoton 제공))

언급했다시피 소수력 발전의 출력은 연도에 따라서도 매우 민감하게 반응을 한다.

만약 많은 수의 소수력발전이 전력망과 통합적으로 연결되어 있다면 매분마다 이들의 영향은 전력시스템에서 무시해도 될 만한 수준이다. 왜냐하면 짧은 시간의 변화는 이러한 변화와 상관관계가 별로 없기 때문이다.

≫ 수차(터빈) 설계

모든 수력발전 시스템은 물의 위치에너지를 이용한다. 엔지니어들은 물이 떨어질 수 있는 높이를 표현하는 수두 H라는 용어를 사용하는데, 실제로는 손실을 고려한 순수한 혹은 실제의 높이로 사용되고 있다. 위치 에너지는 간단히 말해 mgH 즉, g는 중력가속도, V는 물의 체적 질량, 물의 밀도 ρ은 $V\rho gH$ 으로 표현된다. 초당 물의 용량인 유량 Q=㎥/s 와 높이 H가 곱해져서 킬로와트 전력이 도출된다.

$$P=Q\rho gH$$

터빈 설계에는 두가지의 접근법이 존재한다. 터빈 휠에 달려있는 컵에 가해지는 충격으로부터 얻어내는 운동에너지를 이용하는 Pelton 수차 방식의 충동터빈과 이와는 다르게 물속에 잠긴 채로 기동되는 Francis나 Kaplan 설계의 반동 터빈이 있다. 충동 터빈은 높은 압력과 댐의 높은 높이에서 사용하기 적당하며 약 90%의 효율을 갖지만 반동터빈은 빠르게 회전하며 낮은 수두 높이에서 사용하기 적당하고 높은 효율을 가진다. 터빈 효율을 그림 2.2에 도식했다. 비속도는 $Ns=n(P)H^{5/4}$ 이고, 여기서 P는 출력 kW이며, H는 유효낙차(m), n은 회전속도(rpm)이다. 이 속도 함수에 정격

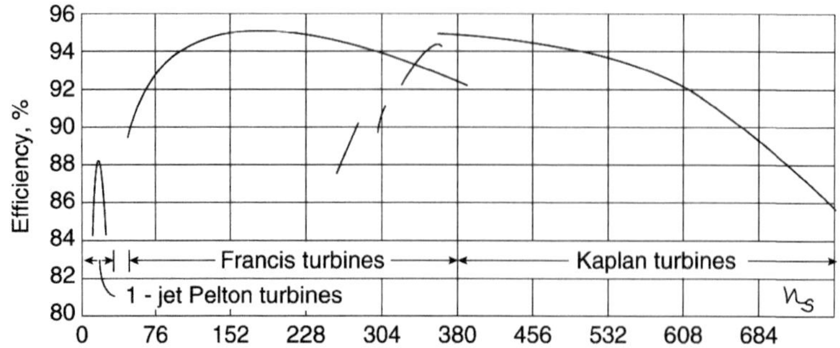

그림 2.2 터빈 종류에 따른 효율 곡선

1kW에서 수두 높이를 1m로 하면 비속도는 Ns = *n* 으로 쉽게 이해할 수 있다.

그림 2.2는 여러 다른 종류의 터빈에 따른 효율곡선을 보여준다. 터빈의 회전수는 회전날개와 물의 충돌과 연관이 높으며, 이것은 터빈의 효율에 있어 매우 중요한 요소이다. 프로펠러타입의 터빈은 날개의 끝이 물보다 빨리 회전할 때 최대의 효율을 만든다. Kaplan터빈의 경우 물의 유속이 약 2배가량 빨리 회전할 때인 반면 프란시스 수차는 두 개의 속도가 거의 같을 때 최대 효율을 만든다.

Pelton 터빈은 물의 유속 절반의 속도로 회전날개가 회전할 때 최대의 효율을 나타냄을 이론적으로 증명했다.

반동터빈은 전기적 부하에 맞게 다양한 축 출력을 발생시키기 위해 안내날개(가이드베인)를 회전자 입구에서 사용하여 물 인입의 방향과 양을 조절한다. 터빈 러너는 복잡하게 기하적으로 된 설계조건에서 최대의 출력을 만들도록 설계된 날개를 일렬로 연결한다. 이러한 날개들은 순간적으로 이동될 수 없으며 터빈으로부터 전력품질에 대한 적용에 있어 중요한 역할을 한다. 고속의 제어가 필요한 독립형 터빈에서는 부하의 전자 제어가 터빈 속도를 유지하기 위해 사용된다.

그림 2.2는 효율이 특정속도에 절대적으로 종속적임을 보여주고, 이것은 또 유효낙차의 높이와 관련있음을 보여준다. 따라서 효율적인 수두 낙차의 변화가 클수록 회전자의 속도 또한 높은 효율을 유지하기 위해 조정되어야 한다. 그러나 대부분의 터빈은 정해진 속도에서 작동하고 효율은 약간의 변화만 있다.

소수력 시스템은 적정한 크기의 유도 발전기에 의해 충분한 전력조류제어로서 전력계통과 연계할 수 있다(4장 참조). 이러한 전력조류는 발전기의 정격인 출력한계를 적절한 값으로 맞추기 위해 안내날개(가이드베인)에 의해 제어되어야 한다.

2.4 풍력

2.4.1 자원

바람은 대기 중에서 공기의 이동에 의해 생기는 결과이다. 둥근 지구에 서로 다른 태양열 차이로 인해 범지구적으로 공기의 움직임이 생성된다. 따라서 풍력 에너지는 수력에너지와 같이 태양열 에너지에 간접적인 영향을 받는다. 적도지방의 공기는 다른 위도의 공기보다 더 강하게 가열되고 이 차이가 더 가볍고 덜 무거운 차이를 야기한다. 이러한 따뜻한 공기는 높은 고도로 상승하고 북향과 남향 즉 표면이 차가운 극점으로 이동한다. 이러한 움직임은 공기가 시원해지고 가라앉으며 차가운 공기가 돌아오는 대기의 가장 낮은 층이 있는 북위 30°나 남위 30°에서 발생한다.

대기가 하강하는 지역은 고기압이 형성된다. 반대로 대기가 상승하는 곳은 저기압이 형성되는데, 이러한 수평적인 대기압의 변화는 고기압에서 저기압으로의 공기의 흐름을 유도하고 이것이 바람의 방향과 속도를 결정한다. 기압차가 클수록 공기 중에 큰 힘과 높은 속도를 가진다. 힘의 방향이 높은 곳에서 낮은 곳으로 향하기 때문에 초기 바람이 등압선에 수직적으로 불게 되는 것이다. 그러나 바람의 방향이 정해지면 지구의 자전으로 인해 편향풍이 불게 되고 이러한 지구의 자전이 바람의 방향을 바꾸게 된다. 이러한 힘이 코리올리의 힘(Coriolis force)으로 널리 알려져 있다. 세계의 바람이 많이 부는 곳에서는 코리올리의 힘이 매우 중요하나 적도 부근에서는 미미한 역할을 한다.

게다가 지구의 바람 시스템에는 지역적인 영향도 있다. 서로 다른 땅과 바다의 가열은 일반적인 공기 흐름을 바꾸어 놓는다. 그리고 산에서 협곡, 빌딩과 나무 같은 장애물 조차도 중요한 역할을 한다. 대기의 경계층은 대기의 가장 아래 부분을 의미하고 지표면의 저항으로 인해 바람의 속도가 느린 부분을 말한다. 그 결과 바람의 속도는 고도가 올라갈수록 올라가고 이 사실은 약 1000m 정도되는 경계층까지는 대기의 조건에 달렸다. 이러한 고도에 따른 바람의 속도 변환은 풍속 감쇠(wind shear)라고 알려져 있다.

그것은 사용 가능한 자원이 터빈의 중심축 높이에 따라 변한다는 것이 분명하게 증명되어 왔다. 이것은 현재 100m 이상 되는 수 MW 기계의 허브 높이와 풍력 터빈 기술의 발달로 반영되어 최근 몇 년간 증가하고 있다.

유럽에서 4800TWh/년인 풍력발전기를 육지에 설치해서 풍력 터빈의 효율을 늘리는 것을 계획하고 있으며 육지와의 거리에 종속적인 3000TWh/년의 해상풍력단지를 건설하는 것을 입안하고 있다. 최근 보고서에 따르면 EU는 2030년까지 965TWh 해상풍력과 육상풍력을 통해 전력을 생산할 수 있을 것이고, 이 양은 총 전기 수요량의 22.6%가 될 것이라는 제안을 했다. 전 세계적으로 육지에서 풍력발전을 통해 생산 가능한 전기의 양이 53000TWh/년 정도 된다. 이러한 수치를 보기 위해 영국의 일 년간 전력 요구량이 350TWh이고 미국의 요구량은 3500TWh이다. 현재 해상풍력 발전에 관한 자료 제시가 가능하지 않고 이것은 해안으로부터 가능한 거리에 설치되는 것을 말한다.

풍력 발전은 가장 진보한 신재생 에너지 발전원이다. 바람이 많이 부는 곳의 풍력단지에서는 기존의 발전기를 사용해서 발전하는 것보다 더 경제적으로 전기를 생산할 수 있다.

이러한 기술의 발전으로 인해 경제의 크기인 총 생산과 경험의 축적에 의한 풍력발전은 전기 생산 부분에 있어 향후 몇십 년간 큰 도움을 줄 것이라고 예상한다. 그러기 위해 다른 신재생 에너지 자원보다 더 많은 연구가 풍력자원의 통합을 위해 진행되어야 하고 이러한 관점에서 본 책에서도 많은 부분을 반영했다.

2.4.2 바람의 변화

특정한 장소에서의 풍속는 계속 변한다. 풍속의 변화는 일 년간 계절이 변하고 기후 시스템이 변화함에 따라 변하고 일일단위로 매 초간 변한다. 이러한 모든 변화는 시간에 따라 다르고 한 지역에서의 풍력 에너지 획득을 예측하기에 문제를 야기시킨다. 그리고 이러한 풍력발전의 변화량은 터빈이 지역 전기 네트워크와 연결하는데 불리하지 않게 하여야 한다.

그림 2.3의 각각의 그래프는 특정 기간 동안 바람의 속도를 보여준다. 풍속은 첫 번째에 보여주는 그래프는 100일간 계속 측정된 것이며, 더 작은 윈도우로 자세히 보여준다. 범위를 넓게 해서 긴 시간 동안의 풍속의 변화량을 살펴보는 것이 시간별로 보여주거나 더 짧은 시간범위의 풍속변화량을 비교하는 것보다 훨씬 쉬울 것이다. 이러한 정보는 그림 2.4에서 스펙트럼으로 보여진다. 스펙트럼 그래프에서 높이는 주어진 발생횟수에서 변화분포를 보여준다. 대수 스케일은 정규화로 사용되었으며 발생횟수/시간 스케일로 넓은 범위를 쉽게 보여준다. y축은 어떠한 변화량과 곡선이 있으

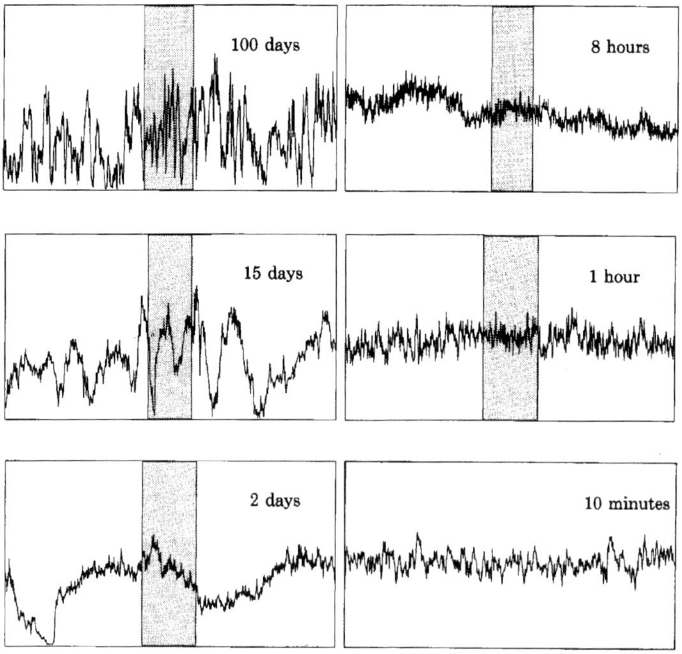

그림 2.3 평지대 지상 30m에서 측정한 풍속 : 수직축은 0–20m/s 풍속

면 이러한 연결을 가진 n으로 스케일된다. 곡선으로 되어있는 부분은 총 변화량을 뜻한다. 가장 큰 분포를 개략적인 변화율로 보여주고 있으며 그림 2.3으로부터 도출된 것이다. 다행스럽게도 이러한 변화는 3~5일간의 전형적인 기간의 특징을 보여주며 큰 전력 시스템 운용에 있어서 늦은 변화율이다.

분명히 더 까다로운 점은 그림 2.4의 오른편에서 정확히 보여주듯이 짧은 기간의 난기류에 의한 바람의 변화는 영향을 미친다. 그러나 이후에 이러한 변화가 집합체 효과로 인해 문제는 줄어들 것이다. 다행스럽게도 적은 변화의 시간스케일인 스펙트럼에서 10분과 한시간 혹은 두시간 사이의 스펙트럼 갭은 전력 시스템 운용에 있어서 좋은 효과를 발휘한다.

발생횟수 확률 분포는 오랜 시간 풍속변화에 있어 역시 매우 유용하게 사용되어진다. 그림 2.5는 10분간 풍속 발생횟수 확률 분포의 1년간 평균을 보여주는 그래프로써 영국 Oxfordshire Rutherford Appleton 연구소에서 기록되었다. 그래프의 외형은 전형적으로 전 세계에서 바람이 많이 부는 지역의 특징을 보여주며 선형의 값은 풍속의 평균값 이하이고, 길게 늘어선 꼬리같은 그래프는 많은 관측 지역이 때때로 돌풍과 같은 굉장히 강한 풍속을 가졌음을 보여준다. weibull이라는 편리한 수학

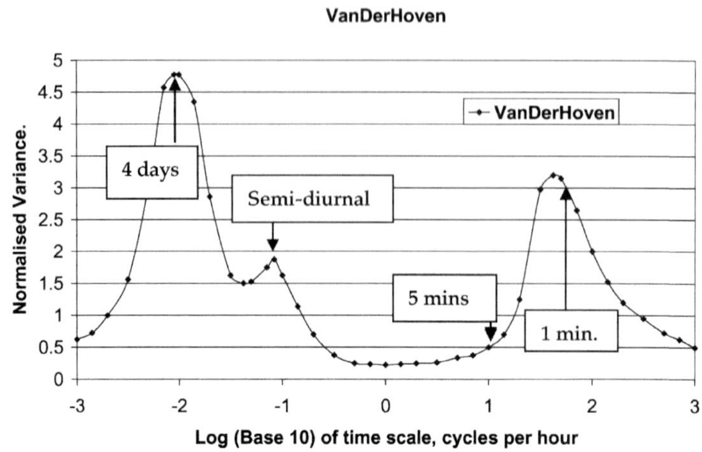

그림 2.4 풍속 변화에 대한 통계 스펙트럼

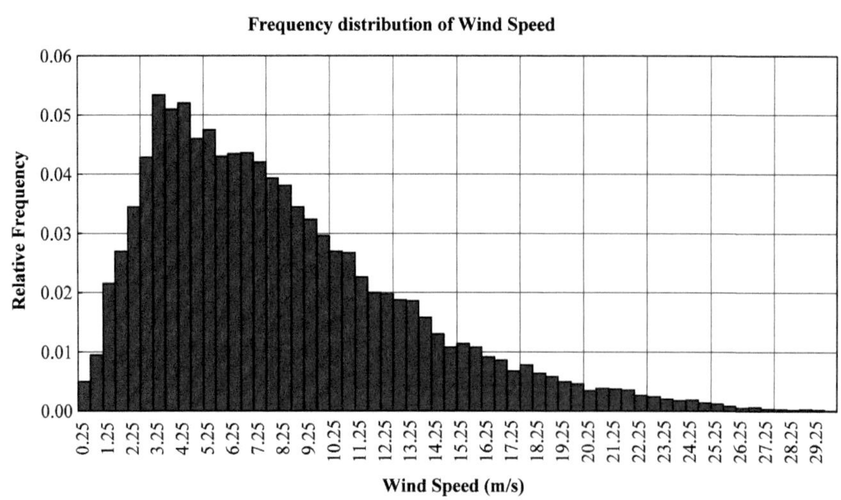

그림 2.5 풍속 발생 횟수 확률 예

분포확률이 이러한 데이터에 적합하다. 이 방법은 두 개의 매개변수 k(수치의 형태), C(범위의 형태)로 나누어져서 오랜 시간 동안의 풍속의 평균을 근사하여 보여준다. 이러한 매개변수는 풍속데이터와 가장 적합하게 정해진다. 다양한 수학적 접근법이 존재하고 참고문헌[5,6]에서 참조할 수있다.

그림 2.6 Vestas V90, 3MW 풍력 터빈

2.4.3 풍력 터빈

풍력 터빈에서 추출할 수 있는 출력은 바람 속도의 세제곱에 비례하며, 단위는 W이다.

$$P = \frac{1}{2}\rho A U^3 C_p$$

여기서 ρ는 공기밀도, A는 회전단면적, U는 풍속, Cp는 회전자 풍속 계수이다. 풍력발전 터빈으로부터 출력의 다양성은 그림 2.3에서 보여주다시피 변동성을 과장해서 예측할 수 있다. 풍력 터빈은 정격 출력이나 정격 풍속 Ur값에 맞는 발전량을 얻도록 설계되었다. 돌입풍인 Uci보다 낮은 속도의 풍속을 가졌다면 풍력터빈은 충분한 풍력 토크를 가지고 있지 않아서 전력을 얻을 수 있게 가동되지 않는다. 풍속이 정격보다 높은 경우 한계점인 Uco에 도달해 터빈이 꺼지기 전까지 출력은 유지되며 공기역학적으로 제어되며 운전이 가능하다. 출력과 풍속의 관계는 출력의 곡선을 통해 알 수 있다. 그림 2.6에 보여지는 3MW 풍력 터빈에 대한 출력의 곡선이 그림 2.7에 나타나 있다.

이 기계의 경우 Uci=3.5 m/s, Ur=15m/s, Uco=25m/s 이고 이런 자료는 전형적으로 큰 터빈이다. 이러한 특징들과 그림 2.5에서 발생횟수나 분포곡선을 통해 오랜 시간 풍속변화율을 보여줬듯이 풍속의 순간적인 변화율이 합해져서 시간에 따른 전기발전량을 제공한다. 이러한 결과는 출력의 변화가능성과 전체적인 평균 터빈 출력을 보여주기 위해 힘의 곡선과 합해질 수 있다. 이러한 절차의 자세한 정보는 참고문헌 [7]에서 찾을 수 있다.

평균 출력은 전형적으로 0.25~0.45 범위에 존재하며 이 출력은 그 지역의 풍속평균에 따라 다르다. 이런 것을 부하율 (load factors 혹은 capacity factor)라 부르고 기존의 발전기보다 매우 정확한 수치를 보여준다. 이에 관한 내용은 3장에서 자세히 다룰 것이다.

공기역학적으로 풍력 터빈회전자가 바람으로부터 에너지를 추출하는 법이 참고문헌[8~10]에 나와 있다. 회전자의 Cp 공기역학효율 계수의 상한값을 구하는 방법이 있다. Betz 값이라 불리고 대략 0.59의 값을 가진다. 의미는 회전자 안으로 들어가지는 못하나 회전자 주변에 맴도는 공기수치를 말하는 것이다. Cp는 날개 끝의 속도 비 λ($\lambda=\Omega R/U$로 정의되고 여기서 Ω은 회전자의 각속도, R은 반지름, U는 인입풍속)이다. 속도비 λ 일반적으로 발전터빈의 성능을 대표하는 수치이며 인입풍속과 회전자의 회전속도의 조합 결과로 볼 수 있다.

전형적인 Cp-λ특성 곡선은 그림 2.8에서 볼 수 있다. 최고의 효율을 내기 위해서는(Cp의 범위가 0.4~0.5인 터빈) 날개 속도비는 항시 최대의 출력을 위해 고정값을 가지고 있어야 하며, 이러기 위해서는 회전자의 속도가 풍속에 의해서 제어되고 있어야 한다.

이러한 연유로 최근 큰 풍력 터빈이 다양한 속도에서 작동되게 설계되었다. (4장에서 자세히 설명한다.) 풍력이 짧은 시간 바뀌면서 로터가 그에 맞게 가감속을 하면서 에너지를 배출하고 흡입하는 관성을 가질 수 있는 것은 터빈 회전자의 훌륭한 장점이다. 그 결과 전기 출력의 변화율은 더 작고 더 쉽게 전력시스템에 연계될 수 있는 것이다.

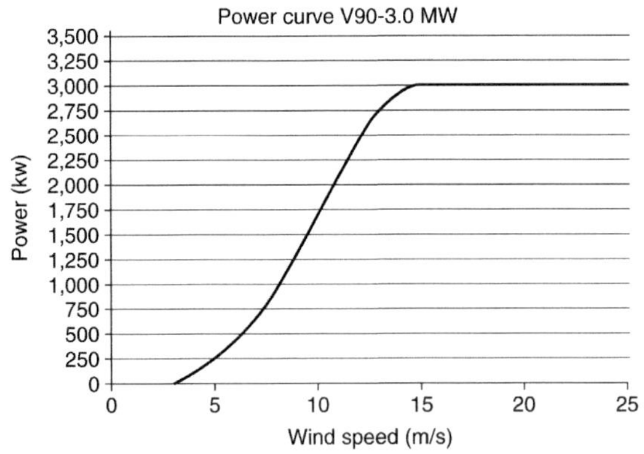

그림 2.7 Vestas V90, 3.0MW 터빈 풍속 대 출력 곡선

그림 2.8의 Cp-λ 특성곡선에서는 회전날개 수치를 고정한 채 나타내었다. 만약 회전날개의 수치가 변경된다면 효율 또한 바뀌기 때문이다. 실제 만일 회전날개에는 각도 경사 혹은 수평으로 펴는 것과 같은 것이 있다면 바람 사이의 각도와 합성 풍을 줄이기 위해 자신의 축에 대해 회전하여, 토크를 발생시키는 날개의 상승력을 감소하게 한다. 이러한 결과가 Cp-λ 특성 곡선에 나타나게 되고 그림 2.8에서 잘 보여준다.

더 많은 날개가 이상적인 위치에서 벗어날수록 적은 출력이 바람과 회전자의 속도에 의해 유도되는 것이다. 풍력터빈은 피칭 컨트롤이라 불리는 회전날개의 피칭을 조절하는 방법으로써 제어가능하다. 풍력터빈의 출력을 제어하는 다른 방법으로써는 stall을 진행시키는 방법이 있다. 이러한 stall 조정기기에서는 고정된 회전 날개 피치가 있으며 공칭 정격회전수에 회전자속도를 가지고 있어서 풍속이 회전날개의 stall 결과보다 높은 수치에 있으며 그 결과 정격 수치에 이르는 출력 제한을 둘 수 있는 것이다. Stall은 (50~500kW)작은 터빈에서 널리 사용되며, 그러나 수동식 접근법은 전력제어에 있어 잠재적으로 운전자가 터빈의 출력을 외부 조건에 맞추어 조절하기에 문제가 있다. 이러한 결과로써 모든 MW 규모의 풍력 터빈은 현재 피치 제어법을 사용하고 있다. 능동형 stall 제어라 알려진 접근법은 피치와 stall을 함께 사용한다. 동적 전력 제어는 stall에 의해 운용되고 알맞은 전력 단계에서 stall이 발생하기 위에 회전 날개는 천천히 회전 조절을 한다.

기계적 축 동력은 풍력 터빈의 회전자에 의해 생성되어 큰 발전기일 경우 98%의 효율로 전기 발전기에 의해 다시 전기로 변환된다. 다양한 작동 속도는 전력 전자 컨버터에 의해 주파수가 변환이 되어야 하며 이 동작은 전체적인 효율을 떨어뜨

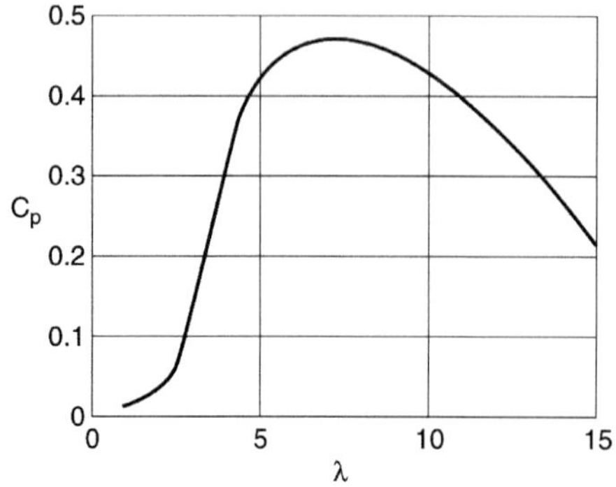

그림 2.8 3날 로터의 Cp-λ 곡선

린다. 발전기와 주파수 변환기의 특징은 제 4장에서 자세히 언급될 것이다.

2.4.4 풍속의 변동성

그림 2.3에 나온 풍속의 변화율이 짧거나 중간정도이거나 길 경우 전력시스템의 동작에 다른 방법으로 영향을 미친다. 다양한 전력 시스템에서 바람의 양이 많고 적음과 분포도의 증가는 굉장히 중요한 사실이므로 이에 관한 내용을 자세히 알아본다.

≫ 초당 풍속의 변동성

중저속 풍속에서 하나의 풍력 터빈에서 생성되는 전기적 출력은 대체로 판이하다. 제 5장에서 이러한 상황이 전력시스템에 어떻게 해로운 영향을 미치는지 보여줄 것이다.

그러나 풍력 터빈이 풍력 발전 단지에서 가동되고 있고 각 터빈간의 간격과 터빈의 크기가 다르고 각각의 터빈에서 난류가 생김으로써 서로 상관관계를 가지지 않는다. 따라서 풍력 발전 단지는 한 개의 터빈으로만 가동시키는 풍력 발전에 비해 대체로 변동성의 문제를 가지지 않는다. 계획 단계에서 적절한 분석 연구 작업이 진행되어서 특정 풍력단지로부터 예상되는 변동성의 문제를 확인함으로써 전력 시스템에 악영향이 미치지 않도록 해야 한다.

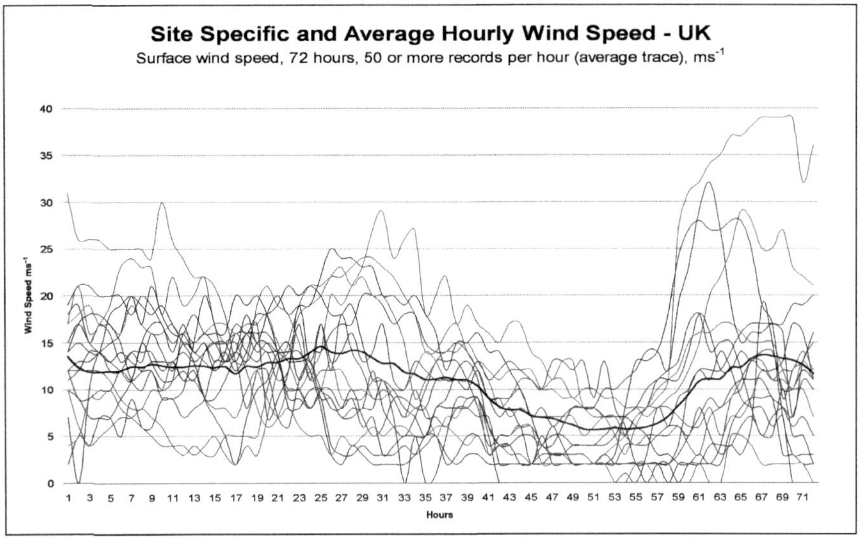

그림 2.9 72 시간 영국 풍속 기록 (매시 50개 이상의 기록)

분당 풍속의 변동성

그림 2.3과 2.4는 초단위로 변하는 난류가 제거되면 평균 풍속이 10분간 효과적인 일정한 값을 가지는 특징을 보여준다. 제 3장에서는 전력 네트워크에서 전기를 생성하는 바람이 이러한 난류를 통합함에 있어서 특별히 자연적인 지속성이 중요하다는 것을 보여줄 것이다.

실제로 터빈의 출력은 분 단위의 시간변화율과 무관계한 것으로 보일 수 있으나 더 빠른 변화가 높은 발생횟수를 가진 바람의 변화는 완화하는 것으로서 취급되고 있다.

시간, 일별 풍속의 변동성

그림 2.9는 영국의 풍력발전소 13개의 다른 위치에서 실제 풍속을 기록한 자료이다.

그림 2.4에서 예상되듯이 각각의 위치에서 매우 변동이 심한 풍속이 72시간에 걸쳐 기록되었다. 이러한 풍속의 변동성으로 인해 이제 전력망에서 풍력을 통합하는 것이 매우 중요한 일이 되었고, 만약 어떤 곳의 풍력 에너지원이 불안정하게 요동칠 때 이것은 문제가 될 수 있다. 다행스럽게도 이러한 사실은 풍력발전이 설치된 위치의 지형적 다양성 문제로 인한 것이 아니다. 그림 2.9의 굵은선은 모든 지역의 평균

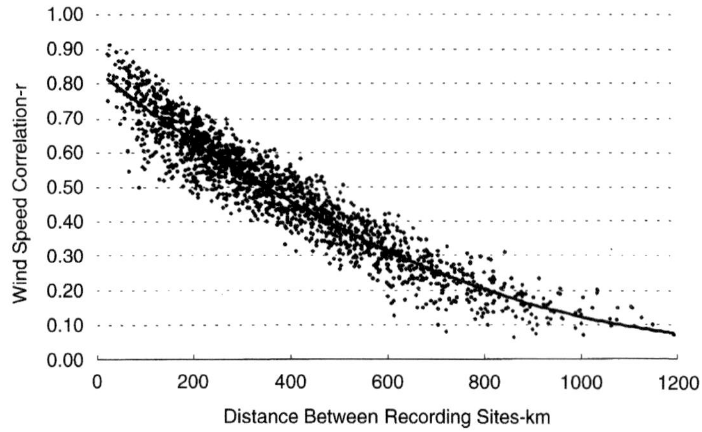

그림 2.10 장기간 평균값에 근거한 지역간 상호관계의 영국 풍력 상관도

풍속을 보여주는데 이것은 지형적 다양성의 이점이 확실히 묘사되어 있다. 개별적으로 풍력발전기가 설치된 곳의 풍속보다 이 모든 곳의 평균 풍속이 더 부드러운 곡선으로 이어져있다는 것을 알 수 있다.

대규모의 풍력단지는 지리적으로 분산되어 있는 곳에 풍력발전단지가 설치될 수 밖에 없다. 위에서 제안한 대로 풍속의 총 변동성이라는 점에서 이렇게 하는 것이 가장 뛰어난 장점이 되기 때문이다. 풍력단지로부터의 출력은 단 한개의 풍력 터빈이 설치된 곳의 풍속의 다양성보다 더 적은 수치를 가지게 되는 것도 풍력단지에 걸쳐 있는 난류 때문인데 다시 말하면 지형적으로 생긴 난류에 의해 생성된 풍력단지 출력의 집합은 한 개의 풍력발전소에서의 출력보다 더 변동율이 낮은 것이다. 이것은 떨어져 있는 지역의 바람변동성이 기후의 변화와 별개의 상황으로 인해 발생되었다는 것을 보여준다. 그림 2.10은 영국에 있는 육지의 풍력발전소간의 상호관계를 발전소간의 거리를 통해 보여주며 아주 멀리 떨어진 곳은 낮은 상호 관계를 보여준다. 참고문헌[11]의 데이터는 15~20년간에 걸쳐 기록된 것이다.

≫ 계절별 변동성

계절별, 월별 평균 풍속은 전 세계에 걸쳐 매우 다양하다. 그림 2.11은 미국 몬타나주의 빌링에서 계절별 월별 평균 풍속을 보여준다. 겨울 풍속은 여름 풍속에 비해 빠르며 이 사실은 북반구의 전형적인 특징을 보여준다. 또한 그림은 연도별 풍속의 변동성 또한 보여준다.

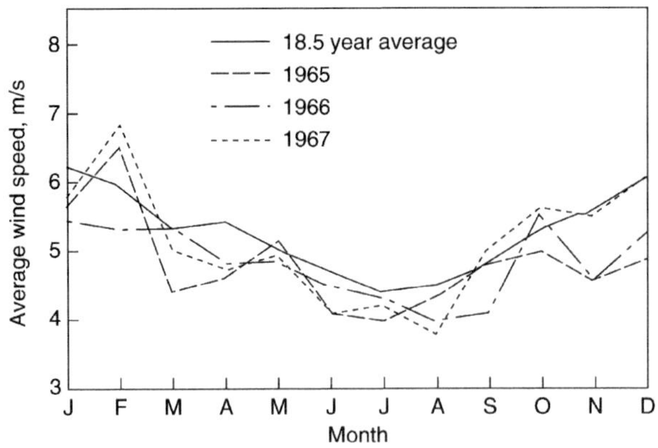

그림 2.11 매월 평균 풍속의 계절적 변화

2.5 태양광 · 태양열 발전

2.5.1 자원

대기 중 평균 빛의 세기(태양 상수)는 1353W/m^2에 달한다. 대기에 의한 에너지의 감소는 해수면에서 1kW/㎡에 달한다는 결과가 있으며, 이것은 24시간씩 연평균 0.2kW/㎡ 만큼 지구 표면에 조사된다. 전반적으로 퍼지는 에너지에서 상당량의 에너지 생산을 위해서는 넓은 지역을 필요로 한다. 예를 들어, GW급의 전력을 생산하기 위해서는 약 5㎢ 정도의 지역(변환 효율 20%)이 필요하다. 그러나 영국과 같은 나라(낮은 조사량[9] 과 높은 인구 밀도)에서는 기존에 사용하고 있는 지붕에 발전 원리를 적용하여 전력을 생산하는 것으로도 충분한 전력수요량을 감당할 수 있다.

일반적으로 사람들은 계절변화와 시각에 따른 태양 고도 변화에 의한 지역별 조사량의 변동에 대하여 말한다. 많은 지역이 음영이 진다. 특히, 구름은 상당량의 순 복사량을 감소시키며, 수분에서 수초동안 다양한 조사량 변화를 야기한다.

아래 비교표에서 두 지역의 계절적인 변화에 따른 지표 변화를 알 수 있다. 이러한 수치들은 지역마다 다르지만 기본적인 전력생산 원리는 동일하다는 것을 보여

9) 태양 휘도, 방사 밀도, 일사량들이 사용되나 복사량이 가장 폭넓게 사용되고 SI 단위는 W/m^2이다.

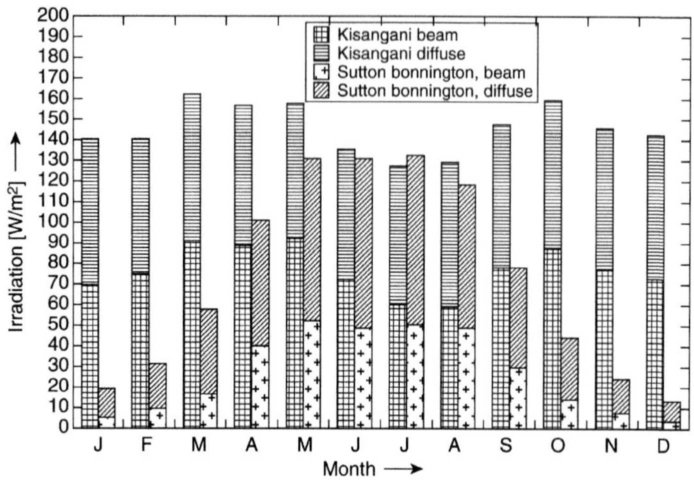

그림 2.12 Sutton Bonnington(영국)과 Kisanggani(콩고)에서 일사량의 비교

준다. 이론적으로 비슷한 위도 지역은 비슷한 조사량을 가진다.

지구의 기울기에 의하여 계절별 다양한 복사량이 발생한다. 그림 2.12는 적도에 근접한 Kisangani(콩고, 위도 -0.31°)와 고위도 지역인 Sutton Bonnington (영국, 위도 52.5°)의 월 평균 일사량의 차이를 보여준다. 그림에서 Kisangani의 연간 일사량은 두 배 가량 많을 것으로 예상된다. 반면에 Sutton Bonnington은 일사량이 계절별 연평균 ±13%정도 변하는 Kisangani에 비해 아주 큰 ±73%의 변화를 보인다.

연평균 일사량이 가장 높은 지역은 북동아프리카로 약 300W/m²이다. 조건이 좋은 다른 지역으로는 아프리카 전역과 남아메리카의 북쪽, 북아메리카 남쪽, 서남아시가 있다. 오스트레일리아는 지역의 절반 가까이가 250W/m²의 일사량을 갖는다. 일반적으로 적도에서 많이 떨어져 있는 지역의 조사량이 적다. 이러한 지역 대부분은 하루 평균 100W/m² 이하의 일사량을 가진다. 물론, 이런 수치는 연평균에 대한 것이며, 계절별 일사량의 평균은 상당히 다양하게 측정된다. 마지막에 언급된 북유럽, 북아메리카, 북아시아 지역의 사람들은 230V에서 115V의 전력계통망으로 연결되어지며, 현재 뿐만이 아니라 앞으로도 kW급의 설비들이 지붕위에 설치 연결될 것이다.

2.5.2 관련기술

태양에너지를 전기적으로 변환하는 것에는 두 가지 기술이 있다. 태양광을 전기적으로 변환하는 Photovoltaic(PV)셀은 어떤 반도체 장치를 사용하느냐에 따라 효율이 달라진다. 시험 단계에 있는 셀은 30% 이상의 효율이 발생되나, 현재 주로 사용되는 수정 PV셀의 경우에는 12~18% 정도의 효율을 갖는다. 이와는 대조적으로, 태양열 시스템의 효율은 터보 발전기를 구동하는데 사용하는 증기를 발생하기 위한 열교환기에 영향을 받는다. 고온을 가질 수 있도록 태양열 시스템에서는 예외 없이 포물선 모양의 골이나 탑 형태의 집열장치를 사용한다. 현재에 두 방법에 의한 전기의 발전은 전통적인 방법에 비하여 훨씬 비용이 비싸다. PV시스템은 잠재적으로 상당한 비용이 감소할 것으로 기대되기 때문에, 아마도 10년 안에 PV시스템은 신재생에너지 분야에서 상당한 비율을 차지 할 것이다.

일본, 독일과 같은 몇몇 나라들은 상당한 가정용 PV셀 시장을 창출해 왔으며, 유럽에서는 지난 2년 사이에 MW규모의 설비가 눈에 띌 정도로 급격하게 성장하였다. 이런 흐름에도 불구하고, 현재 PV시스템의 높은 설치비용은 당면한 미래의 전력공급에 있어 큰 장애요소이다. 여름철 수많은 관광객과 높은 에어컨 사용량으로 인하여 전력수요가 급증하는 캘리포니아, 오스트레일리아, 북아프리카, 지중해 지역은 일조량이 많아 특히 대형 MW급의 태양광 또는 태양열 발전 시스템이 적합하다. 무엇보다도 태양열과 태양광 발전의 전력생산 시장에서의 비중을 높이기 위해서는 주요 기술, 비용과 관련된 해결책이 가장 중요하다.

태양광 발전과 태양열 발전의 특징은 많은 차이가 있으며, 다음에는 이러한 발전의 개요들에 대하여 말하고자 한다.

2.5.3 태양광 시스템(PV Systems)

태양광 시스템에서 가장 중요한 것은 태양광 모듈이다. PV 기술과, 태양전지(solar cell)의 작동 원리의 차이와 관련된 자세한 설명은 책의 다른 참고문헌, 예를 들어 참고문헌[13]과 [14]에서 찾아 볼 수 있다. 태양광 모듈의 출력은 태양복사량에 의하여 결정된다. 이 출력은 그림 2.13의 I-V곡선으로 보여진다.

전력(IV)은 동작점에 의해 결정되며, 최대 전력 생산점은 MPP(Maximum Power Point)로 알려져 있는 특성곡선의 무릎에 가까운 부분이다. 인버터는 PV모듈에서 생

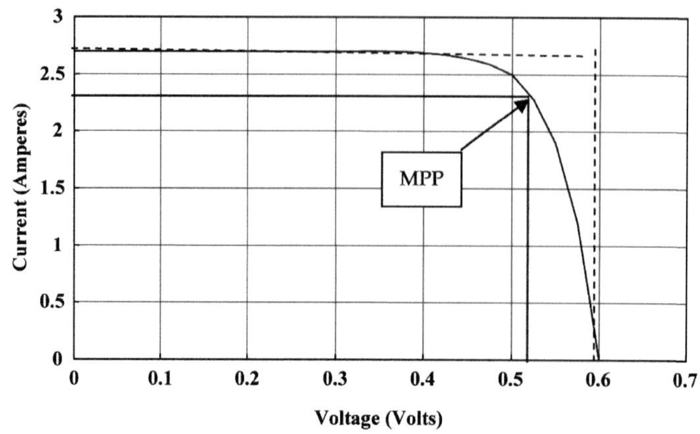

그림 2.13 전류–전압 곡선 예

산된 DC(직류 전류)를 AC(교류 전류)형태로 전력계통(자세한 것은 3장에)에 공급하기 위한 변환장치로 사용된다. 모듈에서 셀의 품질은 I-V특성의 사각형 형태의 크기에 따라 결정된다. 이것은 개방회로 전압(I-V곡선이 전압축과 만나는 점)과 단락회로 전류(I-V곡선이 전류축과 만나는 점)이 만들어 내는 구간에 대한 것으로, 이때 구간을 나누는 기준점은 최대전력점이다. 이것이 알려져 있는 만율(Fill Factor)이다.

그림 2.14는 태양 복사량과 온도가 I-V곡선 형태에서 MPP발생 전압에 어떤 영향을 끼치는지를 보여준다. 컨버터는 동작전압이 MPP점에 가능한 가깝도록 전압을 조절하는데 사용되며, 또한, 태양복사량과 모듈의 온도에 따른 영향을 최소화 하는데

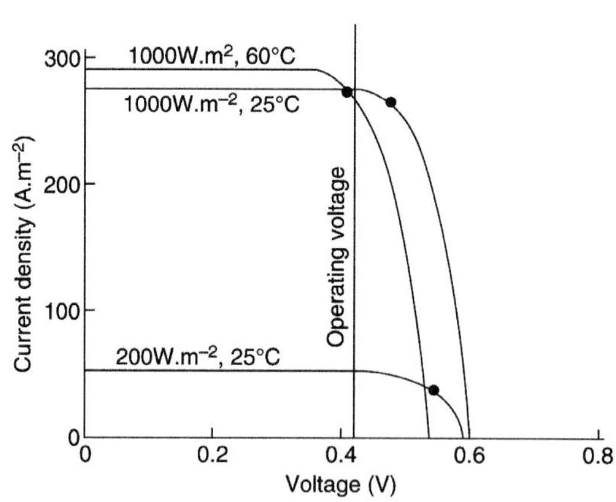

그림 2.14 I–V 특성 곡선에서 복사량과 온도의 영향

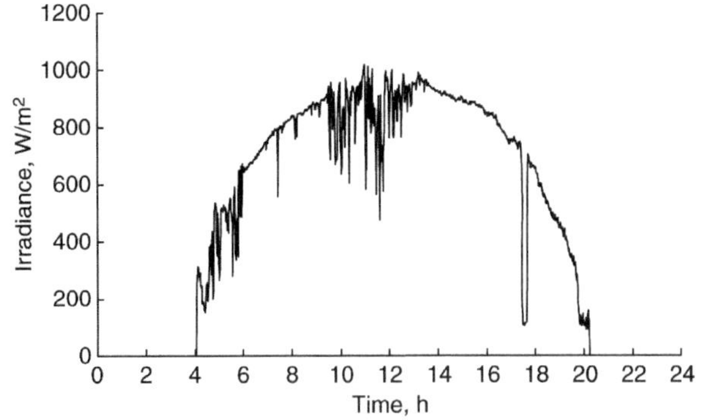

그림 2.15 영국(Loughborough)에서 여름날 복사량의 시간적 변화

그림 2.16 Spain Andasol에 있는 50MW 포물선형의 열저장장치

사용한다.

이러한 원리와 관련된 함수는 일반적으로 판넬의 연결에 사용되는 인버터에 결합되어 있다. PV모듈은 아주 작은 전력용량을 가지고 있으며, 태양복사량의 변화에 따라 즉각적으로 전력시스템의 출력에 영향을 준다. 이러한 이유로 구름이 지나가는 동안 그림 2.15에서 18:00 근처에서 발생한 것처럼 갑자기 태양광시스템의 출력은 급감할 것이다. 풍력발전과 마찬가지로, 지정학적으로 퍼져 있는 PV시스템들은 짧은 시간동안 발생하는 위와 같은 효과를 경감할 수 있을 것이다.

현재의 유럽과 같이 전력시스템으로의 연결이 점점 더 확대되고, 일 복사량의 변화에 따른 PV출력[10)]과 관련된 영향도 결국 자연스럽게 해결 가능할 것이라고 예상되고 있다. 예를 들어 대륙 간 전력계통이라는 관점에서는 엄청난 태양광 어레이가

사하라 사막에서 낮 시간동안 발전을 하면 지구의 밤을 없앨 수 도 있는 일이 발생할 것이다. 물론 이것은 지구의 상당한 부분을 전력 계통구간으로 포함 할 것이며, 이런 상황은 비용효과를 생각하였을 때 절대로 발생하지 않을 것이다.

2.5.4 태양열 전력생산 시스템

태양열 발전은 효율적으로 열기관을 운영 할 수 있는 높은 온도를 생산하기 위해서 태양열 집열장치를 사용한다. 지금까지 큰 규모의 발전을 위한 주된 두 가지 발전 방식은 직접적으로 열을 사용하는 방식과, 탑을 이용하여 복사열을 사용하는 방식이다. 이러한 이유로, 태양복사열이 많이 분산되는 구름이 끼거나 흐린 날씨는 이러한 기술에 알맞지 않다. 두 개의 기술은 다음과 같다.

- 그림 2.16에서처럼 포물선 모양에 골 형태의 반사장치들의 집합체(또는, Solar Farm)는 태양복사열을 열변환장치가 있는 수신부에 비춘다. 이 변환장치는 열 연료를 사용하는 것으로, 고온에 견딜 수 있으며, 또한 물을 가압하는데 사용된다. 이렇게 모아진 열은 터빈에 공급하기 위한 증기가 발생하는 열교환기나 보일러로 통한다. 동작 온도는 350℃~400℃까지 다양하며, 설비 용량도 거의 80MW까지 만들어져 있다. 보다 높은 효율을 위해서는 증기 터빈의 온도의 동작온도를 높게 하여야 하며, 이러한 이유로 태양열시스템에서 발생되는 증기를 다른 연료를 이용하여 가열하기도 한다.

- Solar Power Tower(Solar Two)의 중심탑 꼭대기에는 중앙을 기준으로 원형 형태로 설치된 태양복사열을 집중 시키는 거울(반사 장치)에 의하여 한 곳에 모인 열을 수용하는 집열장치가 설치되어 있다. 거울은 빛을 반사시키며, 소금물이나 그 밖의 높은 온도에 견딜 수 있는 다른 물질로 구성된 용액이 들어가 있는 열 교환 장치에 의하여 흡수하는 집열장치로 집적된다. 온도가 1000℃정도의 높은 경우에 도달할 수도 있다. 태양열시스템의 크기는 200MW까지 고려되었으나, 지금까지 큰 규모로 구상된 시스템들은 별로 없다. 그림 2.17은 현재 동작되고 있는 대형 태양열 시스템으로 스페인 Sanlucar la Mayor의 11MW PS10 Solar Tower 발전소이다. Solar Power Tower는 100MW이상의 대단위

10) 계통연계의 장점은 전력계통 운영의 중심이고 이 책에서 계속 반복될 것이다.

그림 2.17 Spain Sanlucar la Mayor에 있는 11MW PS10 태양열 타워형 발전소 전경

규모에서는 집합형(Solar Farm)시스템에 비하여 더 경제적일 것으로 기대된다.

두 가지 기술 모두 효율적인 가동을 위한 직접적인 태양열을 사용하는 방법에 달려 있는데, 이것과 관련된 기능은 단지 가동시간을 조절하는 것으로, 또한 이에 따라 항상 최대출력을 낼 수 있는 것이 아니다. 그러나 이 기술들은 중간단계를 거치기 때문에, 이 단계에서 시스템은 화석연료를 이용한 장치, 또는 설계 변경에 의한 축열조의 통합기능이 고안될 수 있을 것이다. 이러한 조절장치의 주요장점은 태양열이 공급되지 않는 시간에도 전력공급을 할 수 있는 것으로, 다시 말해 언제나 전력공급이 가능하다는 것이다.

10 ~ 50kW 정도의 작은 규모에서는 포물선 형태의 집열방식으로 사용이 가능하다. 이런 방법 또한 600 ~ 1000℃의 높은 온도에서 동작하며, 전력 소모가 적은 가구에 분배하는 것에는 적당하다.

열-전기 방식의 효율은 시스템의 구조에 따라 20 ~ 40% 이며, 주로 사용하는 태양열-전기 생산방식의 변환효율은 13~25%이다.

표 2.1은 포물선 형태의 집열방식(Parabolic trough)과 Power Tower 방식을 비교한 것이다.

표 2.1 포물선형과 타워형 집열방식 성능 비교

	Parabolic trough	Power tower
Size	30–320 MW	10–200 MW
Operating temperature (°C/°F)	390/734	565/1049
Annual capacity factor	23–50%[a]	20–77%[a]
Peak ef ciency	20%(demonstrated)	23%(predicted)
Net annual ef ciency	11(demonstrated)–16%	7(demonstrated)–20%
Status	Prototype	Demonstration
Storage available	Limited	Yes
Hybrid designs	Yes	Yes

[a]The top end capacity factors are for systems including substantial thermal storage.

2.6 조력

2.6.1 자원

달과 태양의 중력장은 해수의 상승과 하강을 일으킨다. 비록 달은 훨씬 가볍지만 지구에 더 가깝기 때문에 수위의 상승과 하강에 더욱 영향을 미친다. 달이 태양에 비해 2.2배 더 영향을 미치기 때문에 조력은 달의 에너지의 한 형태로 생각될 수 있다.

지구는 축을 기준으로 매 24시간 동안 한 바퀴를 돈다. 지구의 관점에서 보면 지구를 기준으로 태양은 지구를 매 24시간동안 한 바퀴 돈다. 달은 지구를 약 29일마다 한 바퀴 돈다. 지구를 기준으로 하였을 때 달은 24시간 50분마다 지구를 도는 것처럼 보인다. 태양과 달의 궤도에 따른 기간의 차이는 변화단계들을 야기한다. 달과 태양이 영향을 미칠 동안은 사리(Spring tides)가 일어나며 달과 태양의 영향이 없을 때는 조금(neap tides)가 일어난다. 사리는 조금의 2배 정도의 크기일 수 있다.

1991년 EU에 요청에 의해 연구된 자료에 따르면 기술적으로 가능한 EU에 걸쳐 있는 조수 댐으로부터의 에너지 자원은 일 년에 105TWh(64GW 설비용량으로부터) 만큼 많을 수 있다. 그 자원은 불균형적으로 유럽에 분배된다. 거대한 양을 영국과 프랑스가 차지하는데 영국은 47.7% 프랑스는 42.1%이며 나머지 대부분을 (7.6%) 아일랜드 공화국에서 사용한다.

영국의 모든 가능한 하구를 사용한다면 영국과 웨일즈의 전기 요구량의 약 20%

까지 발생할 수 있다고 추정되어 진다.

2.6.2 조수의 증가

해수 표면에서 조수의 범위(해수가 상승과 하강 시 수직 범위)는 비교적 좁다. (보통 1미터보다 적다.) 그러나 특정 장소에서는 범위의 증가가 있다. 증가는 다음에 소개하는 것에 따른 것 일 것이다.

≫ 깔때기 통로 현상(Funnelling)

천천히 조수가 가둬지고 높이가 올라간다. 혹은 이 사이클의 반대일 경우는 높이가 줄어든다.

≫ 공진현상(Resonance)

하구는 조수 시간 때와 유사한 시간인 공진주기를 가지고 있다. 하구의 길이와 깊이는 공진현상에 매우 중요하다.

≫ 코리올리 효과(Coriolis Effect)

지구의 자전으로 인해 편향된 힘을 갖는 Coriolis Effect를 일으킨다. 조수는 코리올리 효과에 영향을 받고 몇몇 지역에서는 증가한 조수의 범위에 따른 연쇄효과로 해수 상승 시 높이가 증가하는 경향이 있다. 그리고 해수가 낮아질 때 해안으로부터 물이 빠지게 된다.

이 증가는 매우 예측적으로, 조수 계획에 따른 출력을 몇 년 앞서 결정할 수 있게 한다.

2.6.3 조수 댐

하구에 댐을 짓고 해수가 수문을 통해 채워지고 터빈을 통해 이것을 내보내면 에너지를 발생할 수 있다. 하구에 건설되는 댐은 수문들과 터빈들로 구성되어 있다. 하구의 상부 부분에 배의 이동이 유지되어야 하는 장소에서는 항로 갑문 설치가 요구되어 진다.

조수 댐은 현재 가능한 기술이다. 하지만 전 세계적으로 매우 적게 사용되고 있다. 예를 들면 프랑스의 La Rance(240MW)가 있으며 작은 규모의 것들은 Nova Scotia, 러시아, 중국에 있다. 영국은 높은 조수 범위의 매력적인 많은 장소들을 가지고 있는데 가장 큰 잠재성을 가지고 있는 것은 Seven 하구와(8600MW 용량) Mersey(700MW)하구이다. 그러나 큰 규모와 건설 후 늦게 이익을 얻는 점은 민영 전기 회사들이 투자를 하지 않도록 하는 원인을 제공하였다. 더욱이 환경제약은 큰 규모의 조수 발전에 제한을 만들었다.

2.6.4 운용 전략

썰물발전은 조수 댐 전략의 가장 간단한 형태이다. 운전 사이클은 4단계로 구성된다.

- 물탱크에 물을 채우기 위한 매우 높은 해수의 상승에서의 물의 흐름이 필요.
- 썰물 때까지 물을 가둬놓고 대기.
- 해수가 차올라 최소작동지점까지 오를 때까지 채워놓았던 물을 바다로 터빈을 통해 방출.
- 조류가 첫 단계를 반복할 수 있을 정도로 오를 때까지 물을 가둬두기.

펌핑에 의한 썰물발생은 증가된 에너지 출력을 가능하게 한 변화의 한 형태이다. 펌프로 터빈을 반대로 이용하면서 물을 저장하는 곳의 레벨의 수두 부분이 상승할 수 있다. 펌핑에 요구되는 에너지는 외부에서 인가되어야 하고 펌핑은 높은 해수 때 작은 헤드부분에 대해 수행되어야 하므로 이것은 약간의 재 출력의 가능성과 함께 에너지 이득 망을 생산할 수 있다. 이 에너지 이득은 작을 수 있으나 유용하고 보통 3-13%이다.

밀물발전은 썰물발전의 반대 형태이다. 독자적으로 사용되는 것이 권장되지 않는데 그 이유는 이것은 물 저장장소가 보통 강으로 채워져 작은 저장을 할 수 밖에 없기 때문이다.

썰물과 밀물발전을 같이 하는 발전 방식도 가역 터빈으로 가능하다. 그리고 이 발전은 La Rance에서 사용되고 있다. 추가로 얻는 에너지는 추가 비용과 터빈의 복잡성을 생각해 보면 합리적이라 생각할 수 없다.

대부분 이론은 썰물 발전을 제안한다. 모든 자원은 단지 만약 댐이 급속으로 물을

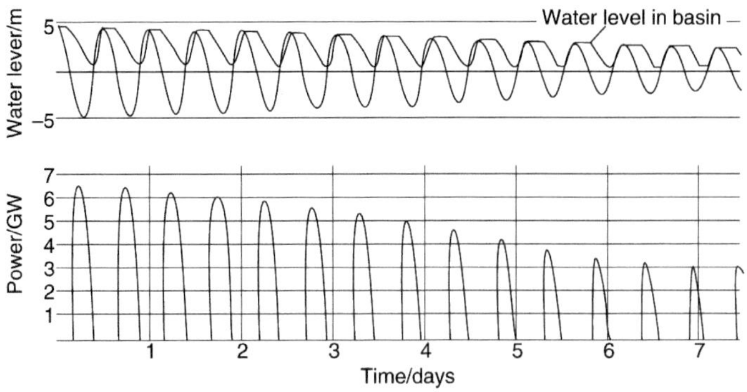

그림 2.18 Seven 둑의 물 레벨과 전기적 출력

채우고 방출할 수 있도록 매우 큰 밀물 그리고 썰물 발전 용량을 가지고 있다면 사용되어질 수 있다. 실제로 이것은 경제적이지 못할 뿐 아니라 충분한 터빈을 설치할 물리적 장소도 부족하다. 전체출력의 삼분의 일만이 사용되어질 수 있다. 따라서 터빈과 발전기의 손실 후 전기 출력은 최대로 전체 출력의 약 사분의 일 정도이다.

썰물발전을 선호하는 다른 이유는 물 저장 탱크의 수위가 평균수위 아래로 떨어지지 않아서 물 저장 장소는 육지의 물탱크와 같이 사용 가능하다는 것이다. 하지만 썰물 시 새들을 위해 음식을 제공하는 갯벌이 사라져서 좋다고만 할 수 없다. 막대한 건설비용과 환경변화를 일으킬 것이라는 의견은 조력을 이용한 방법이 가능한 단계로 더 나아가는 것을 방해한다. 조력 에너지 댐은 오랜 수명을 가진다. 예를 들면 40년 간격으로 터빈 발전기를 유지 교체하면 약 120년의 수명을 가질 것이다

≫ 출력 변동

조력 이용의 단점 중 하나는 전기적 출력이다. 그림 2.18는 Seven 하구에서 썰물 발전기만을 사용한 7GW로부터의 전기적 출력을 보여준다.

전력은 사리동안 5 ~ 6시간 동안 발생되고 조금 시 세 시간동안 발생된다. 이 형태는 전력계통의 요구에 부합한다. 이 이론으로부터의 파워 이용가능성의 긍정적인 것은 매우 예측 가능하다는 것이다. 영국과 같은 대형 단일 연계시스템에서 이와 같은 예측은 조류 계획으로부터의 출력이 0으로 떨어질 때 계획된 대체 발전으로서 일을 용이하게 할 수 있다.

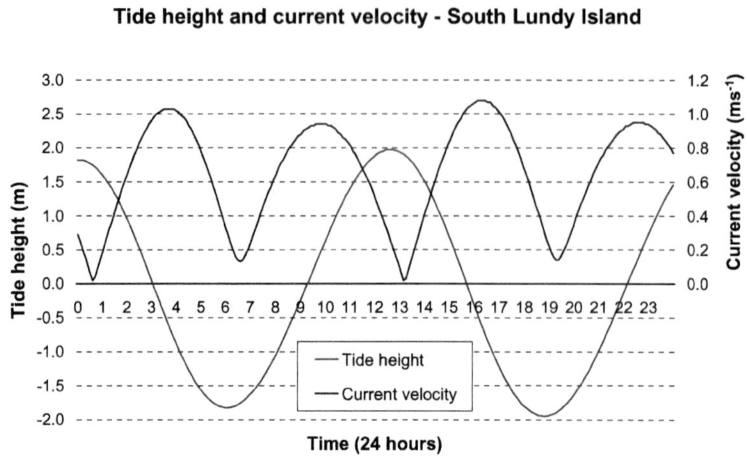

그림 2.19 조류의 높이와 조류 속도

2.6.5 조류의 이용 형태

조류의 흐름을 이용한 전력발생은 새로운 개념이다. 이 이론은 기존의 조류 댐 이론과 다른 접근을 요구하며 거대한 투자비를 요구하지 않기에 매력적인 장점을 지닌다.

조류의 흐름을 이용하는 기술은 썰물과 밀물시의 흐름으로부터 에너지를 직접적으로 뽑아낸다. 보통 이 흐름은 1m/s의 느린 속도를 가진다. 그러나 지형에 의해 증가될 수 있다. 특히 속도는 섬들 사이 혹은 섬과 육지 사이에서 크게 증가할 수 있다. 조류는 매우 정교하게 예측될 수 있다. 따라서 한 장소에서 측정이 이루어진 후에 이용 가능한 에너지가 정교하게 예측될 수 있다.

그림 2.19에서 조류 사이클과 조류 흐름의 속도를 보여준다. 조류의 높이는 사인파 형의 다양한 값을 가진다. 그리고 이미 언급하였듯이 거의 예측가능하다. 어느 지역이든 해수의 흐름의 속도는 그림에서 보듯이 하루에 4개의 최고점과 최저점을 갖는다.

조류로부터 에너지를 추출하는 기술은 개념적으로 간단하다. 터빈이 적당한 해수의 흐름이 있는 곳에 배치되고 이 흐름은 그림 2.20과 같이 발전기를 돌린다. 이것은 풍력 터빈과 유사하다 하지만 물의 거대한 힘에 따른 결과로 훨씬 높은 에너지 밀도를 같은 속도의 바람을 이용한 것보다 많이 얻을 수 있다. 하지만 물의 속도는 (보통 좋은 지역에서는 2 ~ 3m/s) 풍력터빈에 사용되는 바람의 속도보다 훨씬 느리다. 조류를 이용하는 발전기의 회전자는 물의 밀도 때문에 같은 크기의 풍력 터빈보다

그림 2.20 축류 조류 터빈의 상상도

훨씬 큰 출력을 일반적으로 만들어낸다. 바람과 비교하여 물의 흐름 속도는 덜 역동적이다. 따라서 회전자의 부담을 줄이고 매우 작은 단기 변화로 전기를 발생하게 한다.

다른 지역에서 최고점과 최저점을 갖는 횟수가 다르다. 조류속도의 세제곱에 출력이 비례하기 때문에, 각기 다른 시간대에 최대 최소 발전을 할 수 있음을 의미한다. 여러 장소들의 발전을 합하여 낮 동안의 변화를 적게 하는 것이 가능하다. 조류흐름 자원은 매우 한정적이다. 영국의 가장 조류를 사용하기 알맞은 장소에서의 이용 가능한 자원은 약 36TWh/year로 추정된다. 전력의 다양성은 조류 댐으로 부터의 전력과 유사하다.

두 번째 형태의 다양성 역시 조류 속도에 영향을 끼친다. 조금은 14일 동안 일어나고 조류범위(해수가 상승했을 때와 하강했을 때의 높이 차이)를 최소에서 최대 그리고 다시 최대에서 최소로 변화시킨다. 낮 시간 때와 달리 조금 때는 같은 시간 같은 방식으로 모든 지역에 영향을 미치므로 많은 곳의 발전소를 조합해도 변동을 줄일 수 있는 방법이 없다.

조류의 흐름을 이용한 출력 형태들은 전기 수요 사이클과 매우 다르다. 최대 출력은 최대 수요시에 발생하여야 하지만 최소 출력과 동시에 일어난다. 그러나 이 자원으로부터 변화율 크기는 수요 변동에 대해 매우 작다.

표 2.2 기술적 이용가능 파력자원

	UK potential (GW)	World potential (GW)
Shoreline	0.03	1–50
Near shore	0.3–0.7	10–500
Offshore	7–10	200–5000

2.7 파력

2.7.1 자원

바다 표면의 바람은 파도를 생성하여 물로 에너지 전환이 점차적으로 일어난다. 그래서 태양 에너지의 간접적 형태라 할 수 있다. 바람 에너지는 보통 1.2에서 1.8kW/m^{2}의 밀도를 가진다. 미터당 50kW의 파워밀도를 가진 파도는 사실 태양에너지의 집중된 한 형태이다. 파가 발생하는 과정이 일어나는 거리를 경로(fetch)라 부르고 경로가 길수록 크고 강한 파와 바람이 만들어진다. 파도는 파의 높이(H)와 주기(T) 그리고 파장에 따라 특성을 가진다. 파고의 단위 길이당 출력은 파고(H)의 제곱과 주기에 비례한다.

파의 기록은 바다 파도의 높이와 길이가 계속적으로 변화하는 것을 보여준다. 그리고 이것은 파력의 계속되는 변화를 야기한다. 그러나 파력의 에너지를 전기 출력으로 변화는 파력의 변동성을 부분적으로 완화하는 경향이 있다. 이 같은 불규칙함 때문에 파워밀도 계산 시 평균화가 요구된다. 파도의 높이 H_S는 파고 최대 높이의 약 삼분의 일의 평균과 유사하고 영점 주기 T_e는 평균 수위를 열 번 이상을 넘는 동안의 평균시간으로 정의된다. 파고치의 미터 당 평균 전력은 T_e 그리고 H_S의 제곱과 비례한다는 것을 보여준다.

세계의 파도 에너지원에 대해 완전히 분석되지 못한 상태이나, 크다는 것에는 의심할 여지가 없다. 표 2.2는 기술적으로 가능한 자원의 잠재량을 보여준다.

그림 2.21 Pelamis 배열의 상상도

2.7.2 관련 기술

파력을 전기로 바꾸는 데에 파도의 에너지를 가로채는 장치가 필요하다. 그리고 에너지를 우선 기계적 에너지로 바꾸고 이후에 전기적 형태로 바꾼다. 파도 에너지를 기계적 에너지로 바꾸는 것은 파도에 의한 강압력으로 움직일 수 있는 동작요소를 중앙 구조물로 안정되게 동작되도록 요구하고, 기계력을 생성하는 변위나 힘을 생성하기 위해 중앙 구조물에 대응하도록 반작용 할 수 있어야 한다.

파력의 연구와 발전은 25년 동안 이루어져 왔다. 바다의 큰 잠재적 에너지를 사용할 수 있는 기술의 방향으로 큰 진전이 이루어져 왔다. 바다의 파도는 보통 강력하다. 그러나 약 0.1Hz의 극도로 낮은 저주파를 가지고 있다. (6rpm과 같다) 그리고 전기가 발생하려면 주파수를 500에서 1500rpm까지 올려야 한다.

파도 에너지의 변환 기술은 태양광이나 풍력에 비해서 여전히 초기발전단계로서, 다양한 접근법들이 연구 추진 중이다. 풍력의 특성 때문에 그리고, 효율적인 변환을 위하여 파력 발전장치의 파도량은 장치 넓이의 1m당 수십 m^3의 양이 되어야 한다. 고로, 물리적으로 크고 드물지만 일어날 수 있는 강한 파도에 의한 손상 없이 견딜

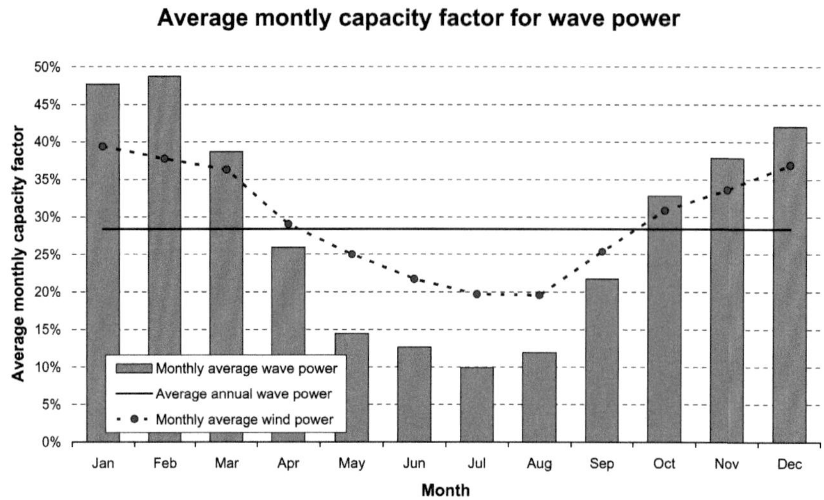

그림 2.22 영국의 월별 평균 파력발전 설비이용률

수 있게 설계 되어야 한다. 실험실 탱크에서 연구된 모델에서 시험용 시스템으로의 개념 변화는 많은 예산을 요구하며 정부로부터의 막대한 자금이 계획된 것은 최근이고 관련 산업이 육성될 것으로 확신한다.

다양한 개념과 연관된 하드웨어에 대해 상세하게 묘사하고자 하는 것은 아니다. 장치들은 의도한 지역이나 지형에 따라 다양한 방식으로 분류될 수 있다. 적어도 12개 장치들이 세계적으로 개발되고 있고, 그들 중 어느 것이 에너지를 경쟁력 있게 안정적으로 제공할 수 있을지 여전히 추측하기 이르다. 그림 2.21은 예술가 Pelamis 배열의 영감에 대해 표현한 것이다. Pelamis 구조는 관절부와 연결된 네 개의 실린더로 구성된다. 실린더들 사이의 상대적인 움직임은 고압탱크에 넣어지는 펌프오일이 전기 발전기에 사용되는 유압 피스톤에 의해 조절된다.

영국은 좋은 기후를 가지고 있지만 항상 정치적으로는 기술에 우호적이지 않다.

하지만 화석 연료를 대체하는 장기적 자원으로써 혹은 파도 에너지의 증가하는 경제적 경쟁수단으로 인식하는 태도는 변화하고 있다. 영국의 연구개발팀은 많은 작업을 수행하고 있다. 그러나 다른 나라들은 최근에 파도 에너지 발전에 연구 활동을 보인다. 현재 사업적 참여가 중요하며, 네덜란드, 노르웨이, 호주, 스웨덴, 덴마크, 영국, 미국으로 부터의 계획 혹은 개념이 개발되고 있다.

2.7.3 다양성

하나의 파력발전장치로부터 출력은 파력과 파고 사이의 제곱 관계에 따라 실제보다 파고의 여파에 많은 변동이 따를 것이다. 해상 풍력단지와는 달리 일련의 파력장치 설치는 그런 장치들의 배열로 구성되고, 공간적인 효과로서 합쳐진 장치의 출력이 하나의 장치 출력보다 상대적으로 더욱 완만하다. 만일 장치들 간의 간격을 멀리하여 수 백개로 확장된다면 총 출력은 여전히 완만해질 것이다. 파력 변환장치의 단기 출력 변동은 전력망에 약영향 없이 흡수 가능한 가변 발전전력의 전력망 전압에 연결한다면 현재는 문제가 발생하지 않을 것 같다. 파력 자원은 풍력 자원과 달리 날마다 그리고 계절마다 다르다. 일반적으로 파도의 상태는 그림 2.22에서 보듯 12월, 1월, 2월 겨울에 더욱 역동적이다. 또한 그림 2.22는 바람의 계절적 변화에 대한 설명을 하고 있다.

파력 수위[16]는 여러 가지 시간대별로 변화정도가 예측가능하다. 짧은 예상기간에(몇 시간) 해상 파도의 상태에 대한 정보는 앞선 시간의 파형장치로부터 미래의 출력을 예측할 수 있다. 장기적 예측 기간을 위한 파형모델은 5일 앞선 파력의 출력 예측치를 제공한다.

2.8 바이오매스(Biomass)

2.8.1

바이오매스는 연료의 형태로서 저장하고 화석연료의 방식과 유사한 연료의 형태를 띄고 필요시에 전기 발생에 사용된다는 점에서 다른 신재생에너지원과 상당히 다르다. 그러나 화석연료와 달리 바이오매스는 종종 저장된 연료의 에너지 밀도에 제한을 받는다. 따라서 이것은 지역적으로 생산되거나 소비되어야 한다. 장거리 운송에 필요한 에너지가 연료 그 자체 보다 많을 수 있기 때문이다. 이것은 바이오매스 발전 설비가 기존의 발전소와 비교하여 상대적으로 적고, 소형 분산 발전설비의 특성을 갖고 있다는 것을 의미한다.

고체의 바이오매스를 전기 생성을 위한 주요 연료로 사용하는 세 가지 기본 열

표 2.3 여러 작물에 대한 에너지 비

Crop	Ratio
Miscanthus	32.5
Willow	30.0
Hemp (straw)	8.5
Wheat (grain)	8.8
Oilseed rape	3.8

화학적 변환기술인 직접 연소, 가스화, 열분해 등이 있다. 더해서 혐기성 생물분해에 의한 매탄을 생성하기 위한 액체 바이오매스(하수슬러지)의 사용은 크게 증가하고 있다.

고체 바이오매스를 사용한 전기 생산은 여전히 발전 산업이고, 결과적으로 가격측면에서 어떤 종류의 정책적인 국고나 정치적인 지원 없이 화석연료로 전기를 생산하는 것에 비해 경쟁적이지 못하다. 정책적인 지원으로 최근의 영국에서 석탄연소와 결합한 바이오매스는 상품적으로 매우 매력적이다. 장기적으로 바이오매스 발전은 갈수록 경쟁력이 있을 것이다. 가장 큰 잠재력은 고속 스팀엔진이나 가스화나 열분해를 사용하는 작은 규모의 분산 발전이다. 단기적으로 100에서 500kWe의 농장이나 지역 경제에 상용되는 작은 규모 공장은 최고의 잠재력을 가진다. 중기적으로 전기에 대한 증가한 수요가 전력계통의 불안전과 초과부하를 일으킬 수 있다. 그때 바이오매스 공장이 매력적인 대안이 될 수 있을 것이다.

2.8.2 자원 지속가능성

바이오매스는 산업화된 나라들에게 점점 덜 중요해지고 있고 선진 개발 국가에서는 에너지의 3%미만이다. 반대로 개발도상국들은 에너지의 30%이상을 나무와 다른 자연 바이오매스에 높게 의존하고 있다. 물론 늘어나는 인구로 이 공급은 지속적일 수 없다. 역설적으로 산업화된 나라들이 바이오매스의 사용이 필요하게 되고 있고 미 발달된 지역은 이 자원의 사용량을 제한하고 있다.

바이오매스의 핵심사항은 이 에너지는 성장하고 있다는 것이다. 즉, 나무, 물, 곡식의 수확량을 증가하기 위해서 화학물과 농약의 사용은 무시할 수 없다. 특히, 운송을 위한 연료로서 에탄올 생산을 위해, 정유공장들은 수확물을 발효하기 위해 화석연료를 사용하고 발효물로부터 에탄올을 정제하기 위해 화석연료를 사용한다. 미국

농무부는 옥수수 바이오 에탄올로부터 에너지를 추출하기 위해 입력 생산 에너지의 8%을 초과한 것을 발견하였다[15]. 발효로 부터가 아닌 셀룰로스로부터의 바이오 에탄올을 생산하려는 노력이 현재 이루어지고 있다. 이 방법은 1헥타르마다 2배의 에탄올 생산을 약속한다.

바이오매스가 전기를 생산하기 위해 사용된다면 특히, 소규모 분산 발전소인 CHP에서 훨씬 좋다. 만약 작물이 유기적으로 길러지면 장점은 배가된다. 작물의 선택 또한 CO_2 저감 효과에 필수적이다. 표 2.3은 DTI 리포트[16]에서 여러 작물에 대한 에너지 비율을 비교했다. 다년생풀(Miscanthus)과 버드나무는 유럽에서 선호되는 작물이다. 현재 영국에서 다년생풀의 주된 사용은 기존의 발전소에서 석탄과 동시 연소에서이다.

대규모 생물연료 생산은 에너지 집약일 뿐 아니라 좋지 않은 환경과 사회에 반향을 일으킬 수 있다. 그러한 발전은 조밀한 경작 면적에서 물 자원은 허용할 수 없는 수준으로 낮춰서 일련의 물 자원을 요구한다. 생물연료 작물의 확장은 또한 CO_2 흡수량을 낮춤으로써 산을 황폐화시키고, 동물과 식물 수천종을 파멸시키는 위협을 촉진시킨다. 만일 그러한 수확물이 충분히 확대되어 곡식물의 생산량이 저하되면 식량 부족현상이 발생할 수도 있다. 바이오매스는 이처럼 현명히 사용하지 못하였을 때 심각한 환경 문제를 일으킬 수 있다.

2.9 발전 특징 요약

이 장에서는 전기 발생의 주요형태를 복습하는 것이었다. 이 교재의 주제인 신재생 에너지에 대하여 자원의 특성들이 설명되고, 이들 에너지원들이 전력계통에 연계되는 방법들에 대해서 상세히 다루어졌다. 표 2.4에서 다양한 형태에 대한 핵심 특성을 요약하였다.

이 표에서는 각기 다른 형태의 일반적인 용량을 갖는 발전기의 특징에 대해 설명한다. 이들 발전기는 일차 원동기/발전기의 정격으로 사용하였다. 발전소는 한 개 혹은 몇개의 발전기들로 구성된다. 이 표는 또한 가능성이 있는 에너지원에 대해 서술하였다. 석탄 중유, 가스 혹은 핵 에너지원으로 공급받은 기존의 전통적 발전기는 주 에너지 자원들이 계속적으로 이용 가능하므로 높은 점수를 받는다. 하지만 그들의

표 2.4 에너지원별 발전기 특성

Energy source	Typical unit size	Variable[a]	Predictable	Dispatchable
Coal	500 MW	No	Yes	Yes
Nuclear	500 MW	No	Yes	No
Gas CCGT	Up to 500 MW	No	Yes	Yes
Gas open cycle	100 MW	No	Yes	Yes
Hydro with reservoir	Up to 500 MW	No	Yes	Yes
Pumped storage hydro	Up to 500 MW	Yes	Yes	Yes
CHP	Up to 100 MW	Usually	Usually	No, because it is heat led
Energy crops and municipal solid waste	Up to 40 MW (at present in UK), in future larger units	No	Yes	Yes
Wind	Up to 5 MW	Yes	Not accurately	No
LandÞll gas	1 MW	No	Yes	Yes
Run-of-river hydro	kW (in UK)	Yes	Not accurately	No
Photovoltaic cell	1 kW, domestic up to 100 kW commercial	Yes	Not accurately	No
Wave	No commercial examples yet	Yes	Not accurately over long term	No
Tidal	No recent	Yes	Yes	No

[a] Whether output varies in time.

능력은 출력을 자동적으로 변화시키거나 부하의 변화에 따라 운전자가 제어함으로서 급전할 수 있으며 전적으로 열과 기계적 성질에 의존하고 3장에서 기술하였듯이 발전소마다 다르다.

바이오매스와 조류이용을 제외하고 자연 에너지원들이 공유하는 하나의 특성은 다양성과 예측할 수 없는 것이다. 이것은 그러한 자원들을 전기에너지 망으로 연계하는데 어려운 문제를 의미한다. 실제로 어느 발전도 완벽히 이용가능하지 않다. 항상 거기에는 고장 가능성이 있고 유지보수가 필요하다. 이 주제는 복잡하고 종종 오해되어져 왔다. 이것은 3장에서 상세히 다룰 것이다.

2.10 에너지원의 조합

현재의 많은 전력 계통은 신재생 에너지를 사용하고, 특히 수력과 풍력을 사용한다.

앞서 언급하였듯이 풍력원에 대한 지형적인 다양성은 계통의 연계을 요구한다. 지형적 다양성은 또한 다른 신재생 에너지원에도 적용되며 전력 시스템으로의 연계는 중요하다 할 수 있다. 다른 신재생 에너지원에 대한 관계는 공간적으로 혹은 일시적으로 또한 직접적으로 계통연계의 주제에 연관되어 있다. 조류 흐름 속도는 풍력속도와 유사점이 있지 않고, 파력 에너지는 풍력에너지의 합쳐진 형태지만 파력(wave)에너지 10분 혹은 한 시간 동안 바람 속도와 상호 관련성이 아주 많지는 않다. 태양에너지는 자신만의 고유한 다양성를 가지고 있고, 바이오매스는 융통성이 있다. 어떻게 신재생 에너지원을 이용한 발전으로 부하수요를 충족할 수 있는가가 주요 문제이며 다음 장에서 다룰 것이다.

참/고/문/헌

[1] Star, F. 'Flexbility of fossil fuel plant in a renewable energy scenario: possible implacations for the UK', in *Renewable Elelcticiy and the Grid*, (ed. G. Boyle), Earthscan, 2007.

[2] Moreira, J.R. and Poole, A.D. 'Hydropower and its constraints', in *Renewable Energy*, (ed. T.B Johansson et al.), Earthscan, 1993.

[3] Bardsley, W.E. and Choudhry, S. 'An approach to estimating hydro power system income gain from computerized water scheduling', *Natural Resources Research*, September 2000, 9(3), 215-222.

[4] 'Wind energy: a vision for Europe in 2030', Report from TPWind Advisory Council, European Wind Energy Technology Platform, 2007.

[5] Conradsen, K. and Nielsen, L.B. 'Review of Weibull statistics for estimation of wind speed distributions', *J. Climate and Applied Meteorology*, August 1984, 23, 1173-1183.

[6] Seguro, J.V. and Lambert, T.W. 'Modern estimation of the parameters of the Weibull wind speed distribution for wind energy analysis,' *J. Wind Engineering and Industrial Aerodynamics*, 2000, 85, 75-84.

[7] CREST MSc Wind I notes, Loughborough University, 2007.

[8] Shape, D. Chapter 3 in *Wind Energy Handbook* (eds T. Burton, D. Sharpe, N. Jenkins, E. Bossanyi, et al), John Wiley & Sons, Ltd,

Chichester, 2001.

[9] Hansen, M.O.L. *Aerodynamics of Wind Turbines*, James & James, London, 2000.

[10] Manwell, J., McGowan, J. and Rogers, A. *wind Energy Explained*, John Wiley & Sons, Ltd, Chichester, 2001.

[11] Sinden, G. '*Wind power and the UK wind resource*', Environmental Charge Institute, University of Oxford, 2005.

[12] Green, M.A. *Solar Cells: Operating Principles, Technology, and System Application*, Prentice-Hall, Englewood Cliffs, New Jersey, 1982.

[13] Nelson, J. *The Physics of Solar Cells*, Imperial College Press, London, 2003.

[14] http://www.eere.energy.gov/consumerinfo/pdfs/solar_overview.pdf.

[15] Farrell, A., et al. 'Ethanol can contribute to energy and environmental goals', *Science*, January 2006, 311, 27.

[16] UK DTI report URN 01/797

CHAPTER 03

전력수급/주파수제어

3.1 개요

전력시스템의 필수기능은 소비자들의 전력수요를 만족시키는 것이다. 본 장은 이러한 전력수요의 특징을 기술하고, 다양한 화력 및 신재생 발전원들로부터 생산된 전력을 소비자들에게 신뢰적으로 공급하기 위한 기술 및 운영측면의 원칙들을 다룬다. 전력시스템의 규제완화가 진행된 각 나라에서 전력시스템의 제어와 운영을 위해 채택된 규제 측면의 논점들은 7장에서 상세히 소개한다.

3.1.1 전력수급의 논점

단일 발전기와 단일 부하로 구성된 전력시스템을 가정해보자. 4장에서 다루어지겠지만 발전 전압의 주파수는 발전기 회전속도에 직접적으로 비례하게 된다.

발전기는 회전 관성이 있고 원동기는 조속기를 갖추고 있는 것으로 가정한다. 조속기의 기능은 속도변동을 감지하여 원동기에 공급되는 연료의 양을 조절함으로써 속도(곧 주파수)를 제어한다.

에너지 보존법칙에 따라 매 순간마다 수요 또는 부하로 표현되는 전력수요가 발전기와 전력시스템에 저장된 에너지에 의해 공급된다. 만일 부하가 갑자기 증가하게 되는 경우 이때 초과된 에너지수요는 발전기가 일시적으로 속도를 줄임으로써 발전기의 회전관성에 의해 공급된다. 이러한 속도의 감소는 이에 비례하여 주파수 감소로 나타난다. 주파수가 정확히 얼마나 낮아질지, 얼마나 빨리 회복될지 그리고 새로운 평형점에서의 주파수가 얼마가 될지는 조속기의 특성과 부하의 주파수 의존도에 따라 달라지게 된다. 이러한 내용들은 뒤에서 더욱 자세히 다루기로 한다. 우선은 전력수요와 주파수 사이의 관계를 이해하는 것으로 충분하다.

다수의 소비자들에게 전력을 공급하는 여러 대의 발전기들로 구성된 복합전력시스템은 시스템을 구성하는 모든 발전기들과 부하들이 하나의 발전기처럼 부하의 변동에 대해 응동을 하게 된다. 따라서 복합 전력시스템의 주파수는 단일부하를 공급하는 단일 발전기와 같이 전력망의 모든 위치에서 동일한 값을 가지게 된다. 우선은 이와 같이 주파수가 전력시스템 전체에서 동일한 값을 갖는 것으로 가정하고 이는 4장에서 다시 설명된다. 물론 소비자들이 소비하는 전력이 계속 변하기 때문에 전력

시스템은 평형점에 머무르지 못한다. 따라서 전력시스템 주파수는 특정 순간에 전력의 공급과 수요사이의 균형을 나타내는 지수라고 할 수 있다. 전력수요가 공급을 초과하면 주파수가 하강하고 전력공급이 수요를 초과하면 그 반대가 된다.

전통적으로 전력시스템은 주파수가 매우 좁은 운영범위 이내로 유지될 수 있도록 운영되는데 그 이유는 다음과 같다:

- 이를 통해 전기모터가 거의 일정한 속도로 동작할 수 있다. 이러한 정속도는 교류 모터를 사용하여 기기를 거의 일정한 속도로 운전하는 소비자 제품(즉, 세탁기의 펌프 또는 산업 작업장의 선반기기)에 필요하다.
- 주파수가 다양한 동작절차에서 시간을 측정하는 기준으로 사용되는 전기기구에서. 변압기는 주파수 변동에 민감하며 주파수가 규정값에서 크게 벗어나는 경우 변압기에 과부하가 유발될 수 있다.
- 마지막으로 가장 중요한 것은 기존의 발전소에서 발전기의 성능이 보조 전기모터의 성능에 따라 크게 달라지는데 이러한 모터들이 보일러에 연료와 공기를 공급하고 베어링에 윤활유를 공급하며 시스템들에 냉방을 제공하기 때문이다. 만일 이러한 모터들이 낮은 주파수에 의한 저속도로 인해 제 기능을 발휘하지 못할 경우 발전소의 출력 자체가 감소할 수 있다. 뒤에서 논의되겠지만 이러한 현상은 발전소들의 연속적인 운전정지와 광역정전으로 이어질 수 있다.

주파수를 매우 일정하게 유지하기 위해서는 전력공급이 부하의 변동을 정확하게 추종할 필요가 있다. 이러한 전력수요가 어떻게 그리고 왜 변동하는지에 대해서는 다음 절에서 다루기로 한다.

3.2 전기수요

3.2.1 수요곡선

그림 3.1은 영국의 전형적인 가정집에서 하루 동안 전력수요가 크게 변동하는 특성을 보인다. 이 전력수요의 최소 값은 수 와트이고 평균은 0.5~1kW, 최대값은 5~10kW로 평균치의 10~20배에 해당된다. 따라서 이러한 가구를 한 발전기가 단독

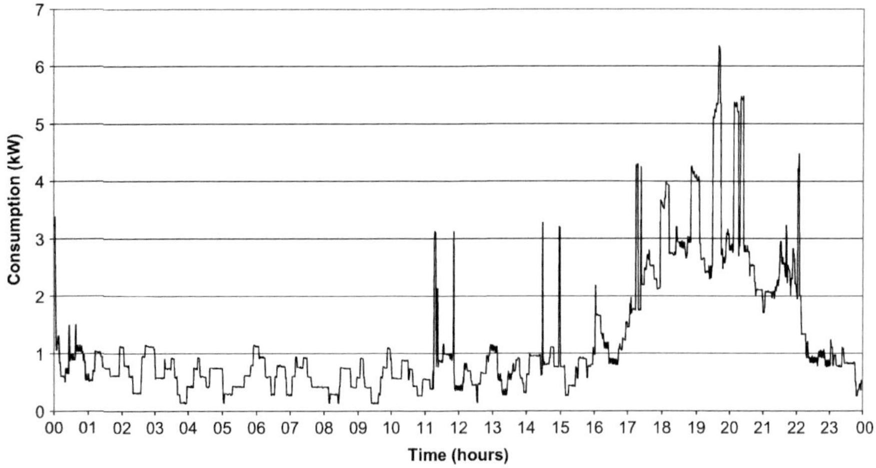

그림 3.1 한 가구의 부하곡선

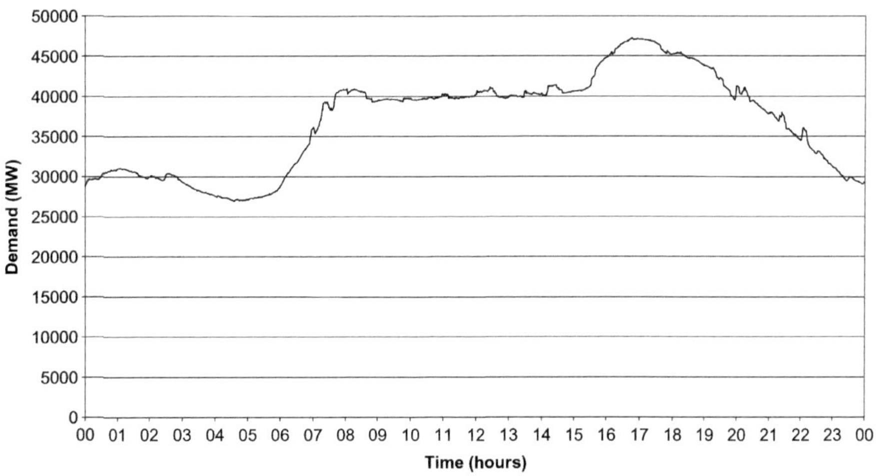

그림 3.2 집단부하의 평활화 효과 예시(출처: National Grid plc)

으로 공급하는 것은 불행히도 매우 비효율적이다. 발전시스템은 최대수요를 공급할 수 있을 정도로 용량이 충분해야 하지만 대부분 나머지 시간 동안에는 이러한 정격용량의 일부분만이 사용 될 것이기 때문이다. 이러한 방법으로 운전되는 화력발전기는 매우 비효율적이다. 충전기와 같은 에너지 저장장치는 발전기의 효율성을 향상시킬 수 있지만 그 용량이 매우 커야 하기 때문에 매우 비싸게 된다. 만일 영국 내 각 가구별로 최대 부하인 5kW를 만족해야 한다면 이를 위해 100GW의 발전소가 필요하게 될 것이다.

3.2.2 집단화

집단화를 통해 얻을 수 있는 평활화 효과는 전력회사들에게 매우 중요하다. 소비자들간의 수요에 상호연관성이 커질수록 전체적인 평활화 효과는 더욱 커지게 된다.

대규모 전력시스템의 경우 통계적인 효과가 매우 크게 나타나게 되며 이는 다음 그림 3.2에서와 같이 수요 프로파일 특성으로 나타난다. 이는 잉글랜드 웨일스 전 지역에 대한 전형적인 일간부하를 나타내며 그림 3.1과 대조된다. 평균부하에 대한 첨두부하의 비율이 상당히 감소했을 뿐만 아니라 이 곡선은 각 가구별 부하곡선보다 훨씬 더 평활함을 알 수 있다. 따라서 이러한 집단화된 부하를 공급하는데 필요한 발전량을 예측하는 것은 훨씬 더 쉬어져 뒤에서 설명되듯이 발전계획과 제어가 효율적으로 이루어 질 수 있다.

이제 대규모 전력시스템을 구성하기 위해 계통연계가 중요함을 알 수 있을 것이다. : 이를 통해 부하의 집단화가 가능하고 이에 따라 전력수급의 균형을 유지하는 것이 더욱 용이하게 되는 것이다. 신재생에너지를 제안하는 사람들은 이러한 발전기가 전기소비자들과 더 가까운 곳에 위치하게 되면 국가의 전력망에 여유가 생길것으로 주장하지만 이는 에너지 저장장치 분야에 기대 이상의 큰 기술발전이 이루어지지 않는 한 옳은 주장이라고 할 수 없다. 더욱이 많은 분산 신재생에너지원들이 출력에 큰 변동성을 가지고 있는 계통연계의 가치는 향후 더욱 중요하게 대두될 것이다.

3.2.3 수요관리 – 응답가능 부하

서로 연결된 중요한 두 가지 개념이 응답가능부하와 수요관리이다. 응답가능부하는 서비스를 제공하기 위해 특정 양의 에너지를 소비하지만 에너지가 필요한 시간이 매우 유연한 경우인데 이는 내부의 저장장치나 대용량 발전기의 관성을 활용하거나 소비자가 에너지 서비스가 필요한 시간에 대해 매우 유연한 경우가 된다.

수요관리는 전력의 가용량이나 비용에 따라 응답가능부하에 따른 수요를 전력회사가 원격으로 조정하여 전력망과의 접속을 조정할 수 있는 기술이다. 야간시간에 대한 비첨두 전기요금은 영국에서 매우 흔한 예로써 이는 야간시간대와 주간시간대 사이의 수요차이를 줄여 더 많은 발전량이 일정한 출력으로 운영되는데 도움을 준다. 상업 및 산업용 전기사용자들에게도 유사한 인센티브가 제공되지만 자원이 풍부한 국가들의 고 신뢰도 대규모 전력시스템에 접속된 소비자들은 전기를 사용할 때 많은 생각을 하지 않는 것이 대부분이다. 대부분의 경우 이러한 시스템에서는 발전기가 부하를 만족시키기 위해 설계되고 제어되며 그 반대의 경우는 고려되지 않게 된다.

반대로 독립된 전력시스템의 사용자들은 자신들의 전기사용 시간을 발전시간에 맞추게 된다. 화력발전을 위주로 하는 전력시스템에서는 대개 부하를 평준화하는 것에 초점을 맞추며 풍력이나 태양광 발전에 많이 의존하는 시스템에서는 전기의 사용시간이 발전자원의 가용성에 크게 영향을 받게 된다.

부하의 응답가능성을 확보하는 것은 어느 전력시스템에서도 유용한 수단이 된다; 특히 변동이 심한 신재생에너지원에 크게 의존하는 시스템에서 이러한 부하의 응답성은 매우 유용하며 에너지 저장장치를 이용하는 것보다 훨씬 경제적인 수단이 될 수 있다

3.3 발전기 조속기

3.3.1 전력의 변환

전력시스템에 대한 신재생에너지원의 영향을 이해하기 위해서는 화력발전기들이 제어되는 방법을 이해하는 것이 필요하다. 이는 대개 화력발전소와 유사한 바이오매스 연료 시스템에도 직접 적용될 수 있다.

그림 3.3은 간단한 화력 발전기에서 전력의 흐름도를 나타낸다. 에너지는 우선 화

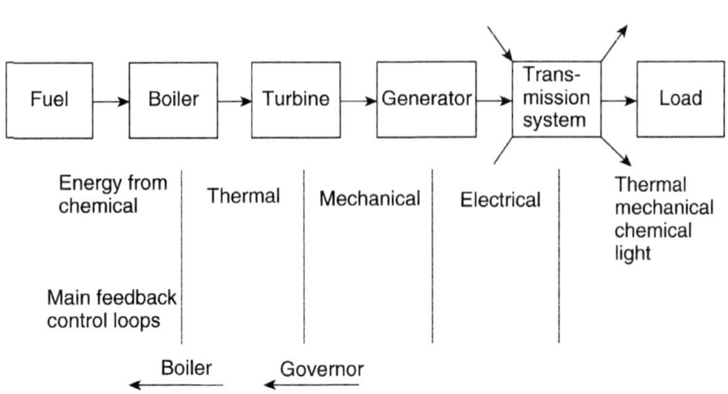

그림 3.3 화력발전소의 전력흐름도[1]

석원료에서 보일러의 열 형태로 변환되고 이로부터 터빈의 기계적인 형태로 변환된 후, 이로부터 발전기의 전기적인 형태로 변환되고 마지막으로 소비자들의 활동에 의해 열, 빛 또는 화학적인 형태로 되돌아 가게 된다. 주파수가 일정하게 유지되기 위해서는 보일러로의 연료투입이 변동하는 소비자 전력수요와 균형을 이루도록 제어되어야 한다.

그림 3.3에서 전력변환기들의 순환구조는 내부에 두 가지의 에너지 저장장치를 가지게 된다. 보일러는 고온 고압의 증기를 공급하는 수 킬로미터 길이의 파이프로 구성된다. 이 파이프는 그 크기가 매우 크기 때문에 잠재적인 열을 저장하게 되며 이는 수 분 동안 발전기의 정격출력을 공급할 수 있을 정도의 양이 된다. 터보발전기는 회전관성과 고속의 회전속도로 인해 그 자체에 에너지를 저장하게 되는데, 이 경우는 수초 동안 정격출력을 공급할 수 있다. 이러한 에너지는 단시간 동안 부하의 변동을 추종하는데 사용될 수 있다. 터보발전기의 회전에너지는 계통의 주파수가 낮아질 경우 이에 따라 즉시 사용될 수 있다. 전력수요가 갑자기 증가하면 주파수가 낮아지게 되고, 이에 따라 동기운전중인 회전자의 질량으로부터 저장된 에너지가 공급되게 된다. 보일러에 저장된 에너지도 시간지연을 가지고 사용되는데, 이는 조속기의 동작에 따라 전기적인 출력의 증분을 공급하게 된다.

3.3.2 조속기

대규모 화력발전기의 보일러에서 터빈까지의 증기 흐름은 매우 크고 무거운 밸브에 의해 조정된다. 출력을 증가시키거나 감소시키기 위해 빠른 응답이 필요한 터보발전기에서 이러한 밸브는 가능한 신속히 열리거나 닫혀야 하기 때문에 유압식 장치에 의해 조작된다. 유압식 장치에 대한 제어신호는 조속기에 의해 제공된다. 과거 조속기는 기계적인 특성을 가졌으나 최근의 발전기들은 전기적인 조속기를 갖추고 있다. 조속기의 기능은 발전기의 회전속도를 측정하여 이를 기준값(50Hz 또는 60Hz)과 비교한 후 오차를 기준으로 유압설비를 통해 증기 밸브를 열거나 닫도록 하는 것이다.

그림 3.4는 50Hz 교류계통에서 부하를 공급하는 단일 발전기의 조속기 동작을 보인다. 조속기는 비례제어기에 의해 운전되도록 설계되는데, 즉 조속기가 연료나 증기의 공급을 조절하기 위해서는 기준 주파수와 실제 주파수 사이의 오차가 발생해야 한다. 이러한 비례 제어는 그림 3.4에서 보여지듯이 운전범위에서 4%의 드룹 특성

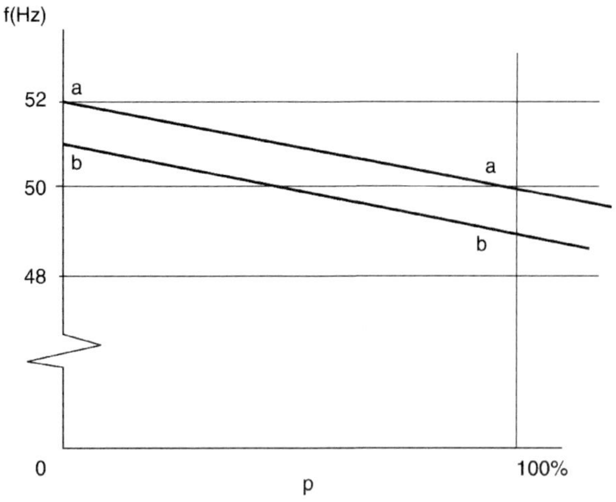

그림 3.4 주파수/조속기 특성

을 가진다. 이러한 4% 값은 경험을 통해 조속기의 안정운전에 적합한 것으로 선정된 값이며 널리 사용되고 있다. 조속기는 운전자가 특성곡선이 주파수 축과 만나는 점인 설정치를 조정할 수 있도록 하는 장치가 갖추어져 있다. aa 선의 경우 이러한 설정치는 52Hz이다. 이 설정치에 따라 발전기가 공급하는 부하가 없을 경우 계통주파수가 52Hz가 되고 공급부하가 발전기의 정격으로 증가되었을 때에는 계통주파수가 50Hz로 낮아지게 된다. 설정치를 51Hz로 변경하면 특성곡선이 bb로 이동하게 된다. 이러한 설정치 조정은 매우 중요한데 이를 통해 전력시스템 운영자가 전력시스템 발전기들 간에 전력 수요를 어떻게 분담할지를 결정할 수 있기 때문이다. 이에 대한 자세한 설명은 뒤에서 다룰 것이다.

3.3.3 발전기 2기의 병렬운전

발전기 2대가 병렬로 연결된 작은 전력시스템에서 전력수요를 동시에 공급하는 경우 전기부하는 각 조속기들의 설정치에 따라 배분하게 된다. 이러한 부하분담 매커니즘과 이에 따른 전력시스템 주파수의 결정은 예제를 통해 살펴볼 수 있다.

그림 3.5(a)에서 전력시스템은 정격이 각각 50MW와 100MW인 발전기 A와 B로 100MW의 부하를 공급하고 있다. 두 발전기 모두 4%의 드룹 특성을 갖는 조속기가 설치되어 있으며 무부하 설정치가 52Hz에 맞추어져 있다. 그림 3.5(b)에서 aa선

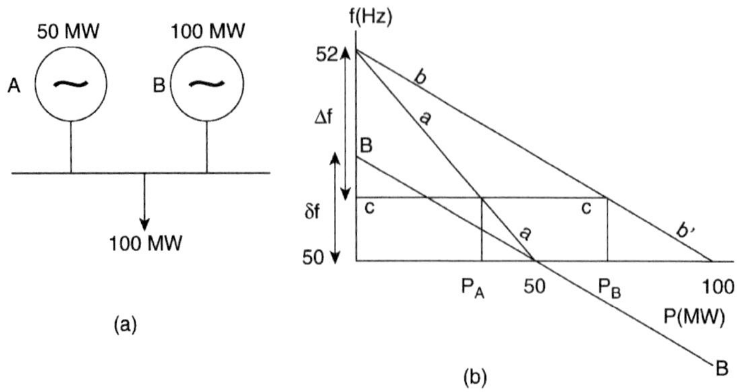

그림 3.5 병렬운전

과 bb 선은 두 발전기의 주파수-출력 특성을 나타낸다.

이제 100MW를 공급하는 두 발전기의 출력배분이 결정된다. 52Hz으로부터 Δf 떨어진 주파수를 나타내는 cc선은 이러한 출력배분이 이루어진 상태에서 주파수를 나타낸다.

(a) 삼각법에 의해 $P_A/\Delta f$ = 50/2 그리고 $P_B/\Delta f$ = 100/2가 된다. 따라서 P_A/P_B = 1/2이 되며 P_A +P_B = 100MW를 만족해야 하므로 P_A = 33.3 MW이 되고 P_B = 66.6 MW이 된다. 이러한 경우 전력수요는 발전기의 정격에 비례하여 배분되었다.

(b) 전력시스템의 주파수를 결정하기 위해 $P_A/\Delta f$ = 50/2에 따라 Δf = 33.3×2/50 = 1.33로 계산되어 cc선이 주파수 축과 교차하는 주파수는 f = (52 − 1.33) = 50.67Hz와 같이 계산된다.

(c) 만일 발전기 A가 보다 우수한 성능을 가져 발전 전력량 당 연료소비가 더욱 효율적이라고 가정해보자. 이때 조속기의 설정치 조정을 통해 발전기 A가 더 많은 전력을 생산하도록 하여 더욱 경제적인 부하배분을 할 수 있다.

이를 구현하는 방법은 발전기 B의 설정치를 이동하여 특성선이 bb에서 BB로 이동하게 함으로써 각 발전기가 50MW씩 전력을 공급하게 하는 것이다. 이에 따라 전력시스템 주파수는 50Hz가 되고 발전기 B의 새로운 설정치는 $\delta f/50$ = 2/100와 같이 계산될 수 있다. 따라서 δf = 1로 계산되어 새로운 설정치는 51Hz가 된다.

3.3.4 다기 발전계통

2기 발전기 계통의 부하배분 패러다임은 다수의 발전기가 송전망을 통해 연계되어 다수의 부하에 전력을 공급하는 전력시스템의 운영특성으로 확장될 수 있다. 모든 발전기들이 표준적인 조속기 드룹 특성을 가지고 있고 공통의 설정치를 가진다면 발전기들은 그 정격에 비례하여 전력수요를 배분받게 될 것이다. 하지만 그림 3.5의 예에서도 보여지고 7장에서도 논의되겠지만 경제적인 이유로 인해 가장 발전단가가 낮은 발전기들이 정격출력을 낼 수 있도록 설정치가 조정되게 된다. 하지만 정격출력을 발전하는 발전기들은 출력의 증발이 되지 못하기 때문에 그 조속기들은 수요의 증가에 대해 응답을 할 수 없게 된다. 반면 경제성이 다소 떨어진 다수의 발전기들은 출력이 정격보다 낮은 값으로 운전되도록 조속기 설정치가 정해진다. 따라서 이러한 발전기들은 수요증가에 대해 응답을 할 수 있게 된다. 구성이 우수한 전력시스템에서는 상당한 정확도를 가지고 조속기 응답이 가능한 모든 발전기들을 매우 큰 단일 발전기로 등가화할 수 있으며, 이때 이 발전기의 정격은 모든 발전기들 정격의 합이 되며 전형적인 4%의 드룹 특성으로 표현된다. 이러한 등가발전기는 전력시스템에서 전형적인 발전기 정격의 수배에 달하는 정격을 가지게 된다. 이러한 등가발전기의 f-P 특성은 그림 3.6과 같으며, 이때 f는 현재의 전력수요 P_d를 발전기가 공급할 때 전력시스템의 주파수가 된다. 이러한 등가 발전기는 크기가 매우 크기 때문에 aa선은 훨씬 더 오른쪽에서 P축과 만나게 된다. 4%의 드룹 특성을 bb선으로 나타낼 때 전력망에 발전기 한 대가 추가된다고 가정해보자. 추가된 발전기는 전력시스템 주파수 f에서 전력시스템에 ΔP의 전력을 주입하게 된다. 전력수급 균형에 따라 전력시스템 주파수는 등가발전기에 의한 전력주입이 ΔP만큼 감소되도록 상승하게 된다. 이에 따라 그림에서와 같이 주파수가 소폭 상승한다. 따라서 대규모의 연계 전력시스템에서 단일 발전기에 의한 전력의 증감은 전력시스템 주파수에 미미한 영향만을 미치게 되는 것이다.

단일 발전기 보다 훨씬 큰 정격을 가진 조속기 응답이 가능한 발전기에 의해 공급되는 전력시스템을 무한모선이라고 한다. 이러한 계통의 주파수는 단일 발전기의 전력주입에 영향을 받지 않는 것으로 간주 될 수 있다. 그림 3.6에서 독립적인 주파수가 f로 주어지게 된다. 따라서 각 개별 발전기에 의해 주입된 전력은 주파수 f와 각 발전기 특성 사이의 관계에 따라 결정된다. bb선을 평행하게 이동함으로써 즉, 조속기 설정치를 조절함으로써 각 발전기에 의해 주입된 전력은 원하는 값으로 조정되게 된다.

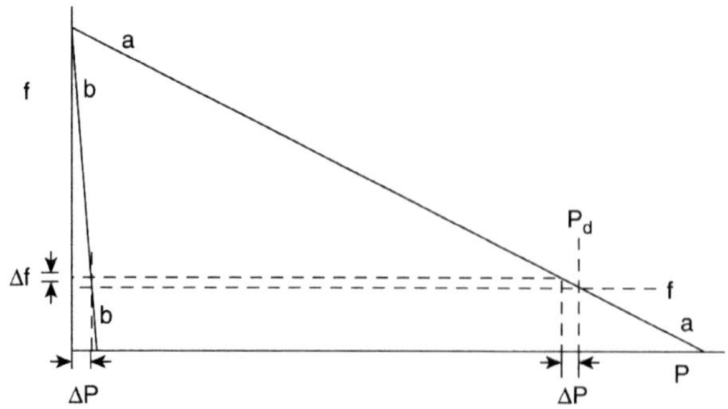

그림 3.6 무한모선의 주파수–전력 특성

3.3.5 정상상태 전력–주파수 관계

전력의 공급이나 수요의 갑작스러운 변동 후에 전력시스템이 안정화되는 단계에서 새로운 전력시스템 주파수는 다음에 따라 달라지게 된다.

(a) 모든 조속기 응답가능 발전기들의 복합적인 효과.

(b) 계통의 총 부하와 부하의 주파수 의존성.

전력시스템에서 주파수-전력에 대한 증분 관계는 간단한 수학적 관계에 의해 개략적으로 표현될 수 있다.

(a) 주파수가 Δf 만큼 변경될 경우(예를 들어 갑작스러운 수요증가에 따른 주파수 하강) 조속기 동작에 의해 발전기 출력이 ΔP_G만큼 증가된다.

(b) 소비자 전력수요는 다양한 부하로 이루어진다. 컴퓨터와 같은 전자기기 뿐만 아니라 전열기와 조명기와 같은 모든 저항성 부하는 일반적으로 작은 주파수 변동에 민감하지 않다. 하지만 대부분의 전기 구동기는 가정용이든 산업용이든 전력전자설비를 통해 전력망에 연결되어 있지 않는 한 주파수에 민감하다. 대용량의 유도전동기는 낮은 주파수에서 다소 낮은 속도로 운전되어 기계적인 출력이 저하됨으로써 전력을 다소 적게 소모하게 되는 것이다. 총 계통 부하의 감소는 주파수 감소 $-\Delta f$ 에 대한 $-\Delta P_D$로 정의된다.

주파수 감소 -Δf에 대한 전력의 감소분 -ΔP는 발전기 출력의 증가와 부하의 수요 감소에 의해 나타난다. 따라서 주파수 변동 Δf에 대해 $\Delta P = \Delta P_G + \Delta P_D$ 로 계산된다.

만일 작은 변동량 ΔP가 주파수 변동분 Δf와 선형적인 관계를 가진다면 전력-주파수 관계는 다음 식과 같이 주어진다.

$$\Delta P = -K\Delta f \tag{3.1}$$

이때 K는 MW/Hz로 표현되는 상수이며 전력-주파수 또는 주파수응답특성 또는 계통이득이라고 한다. 위 식에서 음의 기호는 주파수 강하가 계통에서 이용 가능한 전력의 증가로 나타나는 것을 의미한다. 이러한 관계는 대용량 발전기의 탈락이나 발생확률이 더 낮은 수요 급증의 경우에 과도기간이 지난 후에 도달되는 계통 주파수의 값을 대략적로 계산할 수 있도록 해 준다. 이러한 관계는 계통 고장 발생 후 1분 정도의 시간에서 나타나므로 K는 회전 관성 효과와는 관계가 없게 된다. 특정 전력시스템에 대한 K값은 발전기의 조속기 특성과 부하의 복합적인 주파수-전력 민감도에 따라 결정된다. 그 값은 하루 동안 부하의 구성이 주파수 민감 부분과 그렇지 않은 부분사이에서 변함에 따라서도 달라지게 된다.

이러한 K값은 대용량 발전기를 탈락시킨 후 과도기간이 지난 후에 주파수를 측정함으로써 예측해 볼 수 있다. 만약 임의의 시간에, 고장에 의한 발전기 탈락이 일어나고 이후 전력시스템의 응동이 측정된 것으로부터 K값이 계산될 수 있으면 더욱 정확한 값을 알 수 있다. 전력회사가 발생 가능한 것으로 가정하는 가장 가혹한 상정사고 이후에도 전력시스템의 안정 운전을 보장하기 위해서는 K값이 발전소 제어기들의 심각한 성능저하를 유발할 정도까지 전력시스템 주파수가 낮아지지는 않는 값이 되어야 한다. 물론 전력회사들은 대용량 발전기 2기가 동시에 탈락되는 것과 같이 확률이 매우 낮은 상정사고까지 고려하여 전력시스템을 운전할 수는 없다. 만일 그러한 고장이 일어난다면 일부 소비자에 대한 정전을 통해서라도 전력시스템 전체를 유지하도록 하게 될 것이다. 이에 대한 자세한 내용은 뒷부분에서 설명될 것이다.

3.4 대규모 전력계통의 동적 주파수제어

3.4.1 수요 공급

그림 3.2는 전형적인 전력회사의 부하 전체에 대한 일간 변동을 나타낸다. 야간의 경부하 패턴과 오전 및 오후의 첨두부하는 이러한 부하곡선의 특징이다.

전통적으로 전력시스템운전은 수초에서 일간에 이르는 시간영역에 따라 구분된다.

초단위에서 분단위에 이르는 부하변동은 출력에 여유가 있는 발전기들이 조속기 동작을 통해 추종하게 된다. 이러한 시간영역에서 응동하는 발전기들은 상정사고 서비스 또는 주파수응답을 제공한다고 할 수 있다.

그 다음 시간영역은 부하추종인데 이는 예측된 부하의 증감을 추종하기 위해 발전기를 접속하고 분리하는 것이 해당된다. 이 시간영역은 대개 10분에서 수 시간이 되며 이때 발전기의 경제적 운영을 기준으로 수요추이를 추종하기 위한 의사결정이 이루어진다. 예를 들어 수요가 증가하는 이른 아침에 전력시스템 운영자는 직접 또는 입찰 메커니즘을 통해 대량이지만 상대적으로 느리면서 예측 가능한 수요변화를 만족시키기 위해 충분한 발전량을 확보해야 한다.

화력발전기 특히 석탄 화력발전기가 부하추종을 하도록 운전될 수 있다. 이러한 발전기들은 비용 효율성과 유연성에 따라 증가되는 수요를 공급하도록 기동된다. 이에 따라 그림 3.7과 같이 발전기들의 급전순위가 결정된다. 유연성이 부족한 원자력발전기가 기저를 담당한다. 복합화력과 고효율 석탄화력이 다음 순서가 된다. 이러한 두 발전기 군이 부하추종을 위해 인근 계통으로 부터 수입된 전력 및 석탄화력과 함께 기저부하를 공급한다. 양수발전기는 수요가 낮을 때 에너지를 저장하여 첨두부하시에 전력을 공급하게 된다.

이러한 부하추종을 효율적으로 하기 위해서는 정확한 수요곡선의 예측이 필수적이다. 이러한 시간영역에서 발전계획을 수립하는 것을 기동정지계획 또는 발전계획이라고 한다.

그림 3.7의 발전기 우선순위를 이해하는데 오해가 없어야 한다. 예를 들어 사무실 조명과 같은 고정 부하가 원자력발전소로부터 공급되고 토스터의 전력은 화력발전으로부터 공급된다고 생각하는 것은 잘못된 개념이다. 전력시스템은 물이 채워지는 욕조와 같이 모든 발전기가 부하에 전력을 공급한다. 이때 욕조의 수위는 전력시스

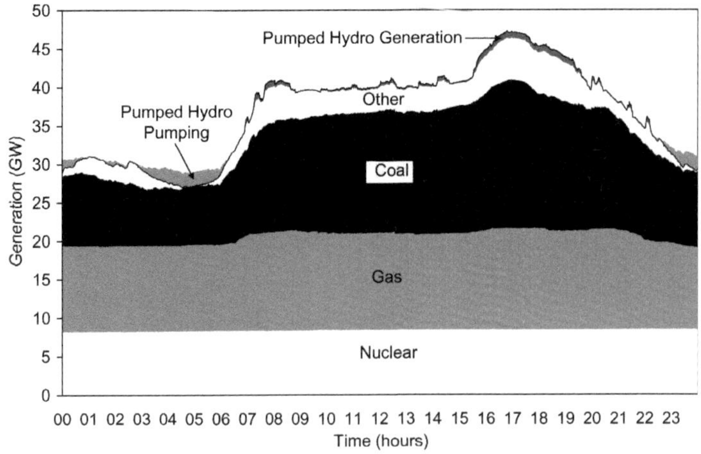

그림 3.7 잉글랜드 웨일스 전력시스템의 수요곡선

템 운영자가 일정하게 유지하려고 하는 주파수와 같다고 할 수 있다. 원자력 발전기와 같은 발전기들은 물을 항상 일정량 공급하는 것과 같고 다른 발전기들은 수위가 낮아질 경우에 물을 더 공급하도록 지시된다. 따라서 이러한 운영방법에서는 누구도 어떤 발전기가 어떤 부하를 공급하는지 알 수 없게 되는 것이다. 즉 전기는 꼬리표가 붙을 수 없다.

3.4.2 수요예측

수요에 대한 정확한 예측이 필요한 이유는 다음과 같다:

- 아직까지 전기에너지는 경제적인 방법으로 저상되지 못한다.
- 발전기의 가장 큰 비중은 화력발전이다. 이러한 발전기의 특징은 불행히도 전력시스템에 연계하기 위해 식어있는 발전기를 기동하는데 상당한 시간지연이 있고, 증기로 운전되는 터보발전기가 접속 후에 출력을 내는데 증발율에 제한이 있다는 점이다. 이러한 운전상의 시간지연은 대용량의 보일러와 터보발전기의 열적/기계적 안정도 요구사항에 따라 나타난다.
- 증기 터빈을 사용하는 화력발전기들은 정격과 같은 발전출력의 상한이 존재하지만 또한 증기량이 매우 낮은 상황에서 밸브를 개폐하는데 어려움이 생기기 때

문에 최소발전출력조건 또한 존재한다. 결국 터보발전기가 접속되었을 때 발전기는 제조사에 의해 추천된 최소 발전량(정격 출력의 30~50%) 이상으로 출력이 유지되어야 한다.

그림 3.7은 하루 중 수요증가율이 상당히 큰 시간대(오전 6시에서 7시)가 있음을 보여준다. 전력시스템의 주파수를 유지하기 위해서는 주입되는 전력이 수요곡선을 근접하여 추종해야 한다. 하지만 화력발전 운전의 시간지연으로 인해 이러한 부하 추종은 몇 시간 전에 미리 준비된 조치가 취해지지 않으면 불가능하게 된다.

따라서 필요에 따라 발전기를 준비하여 기동하기 위해서는 수요예측이 반드시 필요하게 되는 것이다. 전력회사들은 수요의 일간패턴을 예측하는데 상당한 노력을 투자한다. 전력회사들은 수년간의 경험을 통해 전력수요를 국가적 특성과 기상과 같은 다른 요소들에 연관시켜서 예측하기 위한 복합적인 수학적 기법을 개발해왔다.

모든 방법들은 수요가 일정한 패턴을 보인다는 사실에 기반을 두고 있다.

이러한 수요예측기술은 과거의 수요를 현재의 기상과 다른 조건들에 맞추는 데에 기온, 풍속, 습도, 구름 및 시정 등에 대한 기상정보를 변수로 사용하며 이는 이러한 정보들이 난방 및 조명 수요를 결정하기 때문이다. 부하예측의 기술은 고도로 발달되어 그 오차가 ±3%를 거의 넘지 않으며 영국 시스템의 경우 평균 오차가 ± 1.3% 이내로 나타난다.

수요예측기술은 계속해서 발전되고 있으나 예측하지 못한 환경요인들이 수요를 높이거나 낮추는 경우는 언제나 발생된다. 영국 시스템에서 계산된 한달동안의 일간

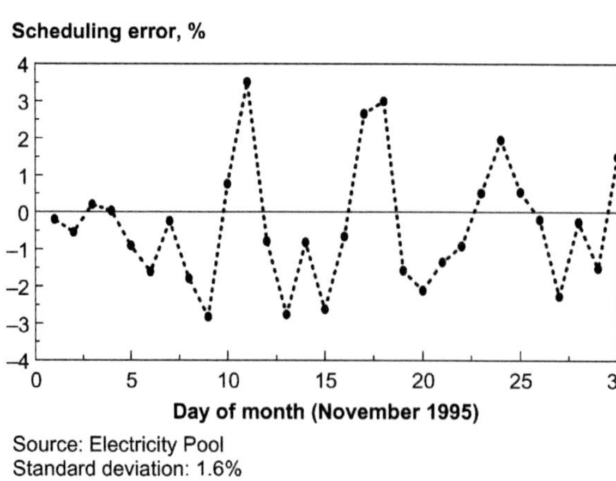

그림 3.8 잉글랜드 웨일스 전력시스템의 발전계획 오차

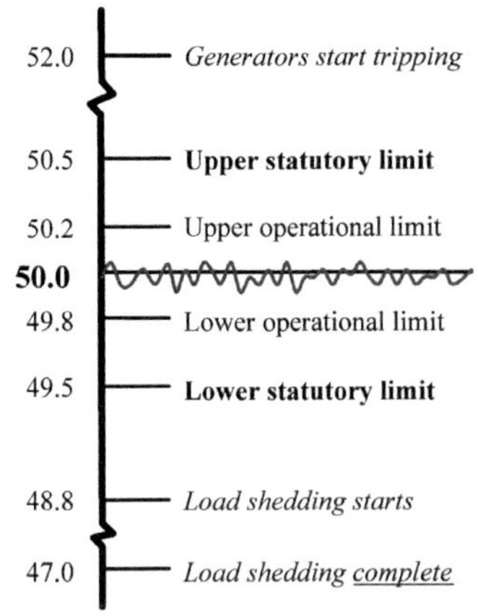

그림 3.9 영국 전력시스템에서 주파수의 운영범위

평균 수요예측 오차가 그림 3.8에 보인다. 이 기간 동안 수요예측의 최대 오차는 4%미만이고 평균 오차도 1.53% 이하로 나타난다. 이 기간 동안 표준편차는 1.6%이며 평균 수요가 32GW임에 따라 이는 300MW에 해당된다. 11월 11일에는 수요예측이 3.5%로 커졌으며 이는 최대 오차가 1GW 이상임을 나타낸다. 결론적으로 모든 발전기들이 100%의 신뢰도를 가진다고 하여도 예비력은 여전히 요구되며 이는 전력시스템의 수요를 정확히 예측하기 못하기 때문이다.

3.4.3 주파수 제약

전력수급의 균형이 완벽하게 이루어지지는 못하더라도 정상상태에서는 주파수가 운영범위를 벗어나지 않을 수준으로 전력수급이 유지되어야 한다.

그림 3.9는 영국의 경우 허용가능한 주파수 변동 범위가 ±1%이고 비상상황의 경우 +4%와 −6% 사이가 되는 것을 나타낸다.

하지만 영국 전력회사의 일반적인 운영범위는 법률적 요구조건보다 엄격한 ±0.4%가 적용되고 있다. 하지만 전력수요의 대규모 탈락과 같은 비정상적인 상황에서는 주파수가 제어되지 못하고 상승하게 되는데 이러한 경우 주파수가 52Hz에 도달하면 발전기에 설치된 과주파수 보호설비가 발전기를 탈락시키게 된다. 발전기 탈락이나, 자주 발생되지는 않지만 예상치 못한 수요증가가 발생되는 경우, 주파수가 한계치 이하로 낮아질 수도 있다.

대부분의 일반 부하는 저주파수 계전기가 설치되어 48.8Hz에서 부하차단이 시작되어 47Hz에서 완료되게 된다. 주파수가 더욱 낮아지게 되면 발전소의 연속적인 탈락을 유발할 수 있다. 이러한 연속적인 탈락은 알려지지 않았지만 과거 수십년 사이에 선진국에서 발생된 경우가 있다. 이러한 전력공급의 중단이나 대규모 정전은 우연히 일어나지만 수백만 명에게 피해를 주게 되며 전력공급을 완전히 회복하기 위해서는 며칠이 소요될 수 있다. 따라서 주파수 제어는 신재생에너지의 수용율이 높은 계통에서 특히 더 중요하다

3.4.4 발전계획 및 예비력

수요예측은 24시간 이후에 대한 부하를 상당히 정확하게 예측하여 부하예상치와 예비력을 공급하기에 충분한 발전기들을 미리 준비할 수 있도록 해준다. 하지만 이러한 절차는 계통 발전기들의 특징이 서로 다르기 때문에 복잡해지게 된다.

7장에서는 발전기들이 다양한 제약조건 하에서 경제적인 기준에 의해 어떻게 급전되는지를 다루게 된다. 수요의 증가가 예측 될 때 전력회사는 가용한(어떤 발전기들은 유지보수를 위해 가용하지 않을 수 있다) 발전기 중에서 정지되어 있던 어느 발전기가 기동(예열, 동기화 및 발전)될지를 결정하고, 수요가 줄어들 경우에는 어떤 발전기를 정지시킬지를 결정해야 한다. 이는 복잡한 경제적이고 기술적인 선택의 문제가 된다. 민영화된 전력시장에서는 단일 기관, 일반적으로는 송전망을 소유하고 있는 기관이 이러한 발전기 선택에 대한 기능을 수행하게 되지만, 이러한 결정은 전력시장의 다양한 시장 참여자들 간에 계약적 관계에 의해 이루어지게 된다. 7장에서 수요의 공급을 확보하기 위해 이러한 환경에서 사용되는 규제제도, 요금제도 및 입찰 시스템을 다룰 것이다.

3.4.5 시간대별 주파수 제어

전력시스템의 주파수 유지는 수초에서 수분에 이르는 시간대에 일어나는 발전기들의 응답과 관련된다. 이러한 응답은 매초 일어나는 수요의 빠른 변동과 다소 늦은 일간변동을 추종하기 위해 요구될 뿐만 아니라, 계통 고장 동안과 같이 발전과 수요 사이에 발생 할 수 있는 수급불균형을 위해서도 필요하다.

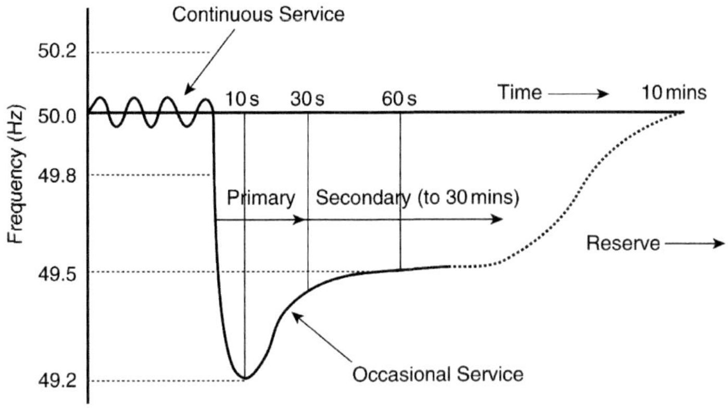

그림 3.10 주파수응답 요구조건

그림 3.10은 비선형적인 시간대로 표시한 전력시스템 주파수의 전형적인 궤적을 나타낸다. 그래프의 원점에서 8초 사이에 나타나듯이 주파수는 연속적인 수요의 변동과, 조속기 동작을 통해 이를 추종하는 발전기 사이의 미소한 불균형을 나타낸다. 하지만 8초에는 예측하지 못한 어떠한 사건에 의해 심각한 주파수 변동이 발생한다. 이것은 발전기를 전력망에 연결하는 가공선로가 심한 바람과 적설에 의해 기계적인 문제를 일으켜 대규모 발전기가 탈락되는 것일 수도 있다. 이러한 상정사고는 순간적으로 큰 발전력 부족을 야기할 수 있다. 이에 따른 측정 자료는 주파수의 이력자료와 주파수 변동을 기준범위 이내로 제한하기 위해 취해진 조치들의 응답을 나타내게 된다. 전력회사들은 이를 위해 다양한 방법들을 취하게 되고 이는 다양한 명칭들로 제공된다. 그림 3.10에 보인 명칭들은 영국에서 채택된 것들을 나타내고 있다.

전력시스템은 다양한 특성을 갖는 여러 개의 발전기들로 운영된다. 이러한 발전기들은 아래에 설명될 것과 같이 다양한 시간대에서 발전에 적합한 우선순위에 따라 운영된다.

발전기의 출력을 주파수 변동에 따라 제어하는 조속기 시스템이 있는 발전기들이 주파수 응답을 제공하며 이는 수요나 발전에서 상대적으로 작은 변화량에 대한 응답이 된다. 전력시스템에서 대규모 발전기들은 기술적이고 경제적인 우선순위에 따라 운전여부가 결정되고 계통운영자는 이러한 서비스를 제공하기 위해 주파수-응답모드로 발전기를 운전하도록 지시한다. 이를 위해 일부 발전기들은 정격 출력보다 낮은 값으로 운전된다.

또한 전력수급에 갑작스러운 불균형이 발생하여 주파수가 크게 변동하는 것에 대비하여 예비력이 준비된다[2]. 정격이하로 운전되는 대규모 동기발전기들과 주파수 응동 계전기를 갖추고 수요응답이 가능한 부하가 이러한 예비력을 제공한다.

예비력은 1차와 2차 범주로 구분된다. 그림 3.10에서 8초에 발생된 고장이후 주파수가 하강하는 속도는 전력시스템의 모든 감속 발전기들로부터 제공되는 관성에너지에 의해 제어되고 제한된다. 이는 일부 발전기들의 빠른 조속기 응답이 이루어지기 위한 시간적 여유를 제공하게 된다. 조속기 응답을 위해서는 큰 증기 밸브가 유압에 의해 열리고 증가된 증기 흐름이 보일러에서 터빈으로 전달되어야 한다. 따라서 조속기 응답에는 저장된 에너지기가 보일러에서 밖으로 나오기까지 걸리는 시간이 필요하게 된다.

1차 예비력은 가장 빠른 발전기 응답이 필요하다. 이 예비력을 제공하는 발전기들은 사전에 설정된 주파수 변동이 발생된 후 10초 이내에 유효전력 출력을 증가시킬 수 있어야 하고 이러한 응답을 20초 동안 유지할 수 있어야 한다[2].

2차 예비력은 응답속도가 좀 더 늦지만 더 오랫동안 유지되어야 한다. 따라서 30초 이내에 유효전력의 출력을 증가시킬 수 있어야 하고 이러한 응답을 30분 동안 유지할 수 있어야 한다[2]. 이러한 빠른 응답능력은 정격출력 이하로 운전되는 수력발전기나 양수발전기가 제공할 수 있으며 이러한 발전기들은 화력발전기들에 적용되는 제약조건들의 적용을 받지 않는다. 수력발전소는 주파수가 기준값보다 낮아질 경우 수 분 안에 응동하여 자동으로 기동되게 된다.

주파수 응답과 예비력, 즉 운영예비력을 제공하는 발전기들의 핵심적인 특징은 발전기들이 출력을 올릴 수 있는 여유가 있어야 한다는 점이다. 이러한 운영예비력은 가용발전량과 실제 수요사이의 차이가 된다. 따라서 이러한 서비스를 제공하는 발전기들은 정격 출력이하로 운전된다. 수력과 양수 발전 외에 이러한 서비스를 제공할 수 있는 발전기는 주로 출력조정이 가능한 대용량 석탄화력 발전기가 있다.

1차 및 2차 예비력에 추가하여 전력시스템은 대기 예비력을 보유한다. 이 예비력은 20분 이내로 출력을 지시 값으로 출력할 수 있는 비동기 대기 발전기들이 제공하게 된다[3]. 전통적으로 대기예비력은 개방사이클 가스터빈 발전기나 피스톤식 내연기관을 가진 발전기들이 제공하게 된다.

과 주파수 응답 서비스는 큰 부하가 갑자기 손실되는 경우 계통 주파수가 과도하게 상승하는 것에 대비하여 요구된다. 이러한 경우는 거의 일어나지 않으며 발전기 출력을 줄이거나 정지시키는 조속기 동작을 통해 작동된다.

끝으로 전력회사들은 전압제어를 구현함으로써 수요에 대한 제어기능을 가지게 된다. 계통 전압은 계통주파수와 같이 정격값을 정확히 유지하기는 힘들기 때문에 제어범위 이내로 변동하는 것을 허용하게 된다. 전압 강하도 수동적인 조작에 의한 것이든 자동적으로 일어난 것이든 발전기 탈락에 대한 응답 중에 하나가 된다. 계통의 총 부하는 부하의 특성에 따라 전압이 낮아짐에 따라 감소하게 된다. 전압과 주파수 하락은 예외적인 상황에서는 최소나 최대값까지 변동할 수 있지만 수요나 발전량의 변동에 잘 대처함으로써 방지할 수 있다.

3.4.6 수요공급 및 신뢰도 확보

초기단계의 전력시스템에서는 단일 발전기가 다수의 부하를 공급하는 지역 전력망에 전력을 제공하였다. 이러한 계통에서 발전기는 매우 유연하게 운전되어야 하고 최소 수준의 수요에서 최고 수준의 수요까지 모든 부하수준을 공급할 수 있어야 했다. 하지만 이러한 발전기가 고장이 날 경우에는 그 출력을 100% 감당할 수 있는 예비력으로써 유사한 발전기가 존재하지 않는 한 정전이 발생될 수 밖에 없다. 하지만 이러한 독립 계통들을 서로 연계하여 전력을 상호 교환하게 함으로써 발전기 고장의 위험도가 분담되어 같은 수준의 신뢰도를 유지하기 위한 발전기 용량을 최소한으로 유지할 수 있게 되는 것이다.

앞에서 언급되었듯이 전력시스템의 전력수급은 예상치 못한 수요변동과 발전기 탈락에 대비하기 위해 다양한 예비력을 필요로 한다. 이러한 예비력들은 수요예측의 오차한계와 시스템에서 발생하는 고장의 확률을 고려한 확률적 기준에 따라 결정된다. 이러한 예비력 유지의 목표는 이력자료에 의해 소비자들에게 허용가능한 것으로 받아들여지는 특정 수준의 신뢰도를 유지하는 것이 된다. 100%의 신뢰도를 유지하는 것은 비용적인 측면에서 매우 바람직하지 못하다. 병원과 컴퓨터 네트워크와 같은 중요한 부하들은 충전기나 개별 엔진 발전기 기반의 무정전 전원장치에 의한 지원이 필요하다.

주파수 안정도를 유지하기 위해서는 제공된 운영예비력이나 수급용 예비력이 다음 사항들을 고려하여 결정되어야 한다.

1. 전력시스템에서 발전기 탈락에 의해 갑자기 일어날 수 있는 최대 공급부족량

2. 전력망에 접속된 모든 발전기들의 가동용량 기대치

3. 수요예측의 오차

영국 계통의 경우 송전망 운영자가 현재 2.5GW의 수급유지용 예비력을 운영하고 있다[4]. 같은 제약에서는 주파수 응답 발전기가 더 많은 출력 여유를 가질수록 전력시스템의 신뢰도가 높아지게 될 것이다. 하지만 정격 이하로 출력하는 발전기가 많아질수록 계통의 연료비는 크게 증가하게 된다. 정격 이하로 출력하는 발전기의 효율성은 대기 손실로 인해 매우 낮게 된다(발전기가 낮은 출력으로 운전될 때 발생되는 고정손실).

수요가 공급되지 못할 위험도는 공급부족확률(LOLP)로 정의된 확률적 정량지수로 측정된다. 영국의 경우 민영화 이전에는 9%의 LOLP가 적용되었는데 이는 각 소비자들에게 정전이 발생할 확률이 1세기당 9회의 겨울에 일어날 수준의 확률이 된다. LOLP는 얼마나 많은 부하가 얼마나 오래 정전이 일어날지에 대한 정보는 제공하지 못한다. 현재 선진국의 민영화 시스템에서도 같은 수준의 신뢰도가 예상되는데 구체적인 수치를 얻는데에는 어려움이 있다. 앞서 논의된 단기 예비력에 더해 그러한 신뢰도를 유지하기 위해서는 계통이나 발전기의 예비력이 유지되어야 한다. 이는 전력의 수출입을 포함한 설비용량과 실제 연간 최대 첨두부하사이의 차이가 된다.

이러한 예비력은 발전기들이 고장나거나 유지보수를 위해 정지될 수 있기 때문에 필요하다. 신뢰성 있는 운전을 위해 전력시스템은 운영예비력보다 큰 설비예비력을 확보해야만 한다. 예를 들어 겨울 첨두부하가 70GW인 계통의 경우 산업화된 국가에서 전형적인 신뢰도를 만족시키기 위해서는 약 84GW(첨두부하의 120%)의 발전설비가 전력시스템에 유지되어야 한다.

민영화 또는 규제 완화된 전력시스템에서 이러한 모든 활동은 동일한 전력망에 전력을 공급하는 다수의 발전공급자들에 대한 복잡한 금융적 제도에 의해 관리된다. 예를 들어 영국이나 이와 유사한 다른 전력망에서 계통운영자는 주파수 응답과 예비력을 제공하는 발전사업자들에게 상당한 혜택을 제공하고 있다.

3.4.7 설비이용률과 용량기여도

신재생에너지가 기존 화력발전기의 상당량을 대체하게 될 경우 계통의 공급신뢰도를 유지하기 위해서는 추가적인 화력발전 예비력이 요구된다. 하지만 이러한 추가적인 예비력은 전력시스템의 전력수요가 낮고, 출력변동이 큰 전원으로부터 많은 전력공급이 이루어질 때에만 요구된다는 것을 알 필요가 있다. 추가적인 예비력이 필요하지 않은 또 다른 경우는 신재생원으로 부터의 발전량에 관계없이 기존 화력발전기가 수요를 만족시키기에 충분한 경우이다.

2.4.3절에서 언급된 발전기의 설비이용률은 일반적으로 그 발전기가 정격출력으로 연속으로 운전되었을 때의 에너지량에 대한 실제 연간 발전에너량의 비율로써 정의된다. 유지보수 계획이나 고장과 같은 원인으로 인해 발전기의 용량지수는 1보다 작게 된다. 기저부하 화력 발전기들은 신규설비일 때 설비이용률이 85~90%가 되지만 수년에 걸쳐 설비의 노화가 진행되면 설비이용률도 낮아지게 된다. 풍력터빈은 입지의 바람조건에 따라 20~40%의 설비이용률을 가진다. 영국의 경우 육상 풍력단지의 평균 설비이용률은 30%이하이고 해상 풍력단지의 경우는 좀 더 높은 값을 가진다.

종종 30%의 설비이용률을 참고하여 풍력발전기는 70%의 시간동안 다른 발전기의 지원이 필요하다고 주장하기도 하지만 실제 풍력터빈은 컷인과 컷아웃 풍속 사이 구간에서 약 80%의 시간동안 전력을 생산한다. 용량지수가 풍력발전에 대한 예비력 요구조건을 결정하는 것은 아니고 이는 확률적으로 계산되어야 한다.

제한된 수용율에 대한 확률적 분석은 특정 발전력이 수요를 만족시킬 수 있을 확률에 대한 좋은 기본 자료가 될 수 있다[5]. 이와 같이 출력이 변동하는 발전기는 첨두 수요에 대해 화력발전기와 동일한 수준의 신뢰도를 제공할 수는 없지만 일정부분을 감당할 수는 있다. 이러한 개념이 용량신뢰도 지수인데 이는 공급지장확률(LOLP)를 변동시키지 않고 신재생에너지원이 공급할 수 있는 부하량에 대한 척도가 된다. 이것은 예를 통해 살펴볼 수 있다. 예를 들어 30%의 부하율을 가진 풍력단지 1GW가 설치된 경우 이는 350MW의 화력발전기가 85%의 부하율로 같은 기간을 운전되는 것과 같게 되는 것이다. 이때 두 발전기는 모두 300MW의 용량신뢰도 지수를 가지게 된다.

위와 같은 계산은 발전 전력의 가용도가 수요와는 아무런 상관관계가 없다는 가정하에 이루어진 것이다. 이러한 가정은 화력발전기에 대해서는 적용될 수 있으나 풍력발전의 경우에는 꼭 그렇다고 할 수는 없다. 다음 절에서 보이듯이 풍력발전의 집단화와 바람자원의 특성에 따라 풍력발전과 수요 사이에는 상호관계가 나타날 수 있기 때문이다.

3.5 주파수제어 및 신뢰도에 대한 신재생발전의 영향

3.5.1 개요

출력변동이 심한 신재생에너지를 전력망에 도입하는 경우 그 영향과 관련비용의 유발은 두 가지 범주에서 살펴볼 수 있다[4]. 첫째는 수급균형에 대한 영향이라고 할 수 있는데 이는 수초에서 시간단위에 이르는 수요변동의 관리와 관계된다. 둘째는 신뢰도에 대한 영향이라고 할 수 있는데 이는 첨두부하를 만족시키기 위한 발전량 확보의 요구조건과 관계된다. 이때 수급균형과 신뢰도 양자 모두 통계적 계산에 의해 분석된다. 출력변동이 심한 신재생에너지를 전력망에 도입하는 것은 전력망에 불확실성을 증가시키게 되는데 이는 신재생에너지원으로부터 공급되는 전기의 가치를 계산할 때 고려되는 운영상의 손실로 정량화될 수 있다.

일반적으로 신재생에너지원을 가지고 전력시스템을 운영하는 것에 상당한 문제가 있는 것으로 지적되고 있으나 이것은 오해의 측면이 있다. 또한 풍력발전소의 출력이 멈추었을 때 기동될 수 있는 추가적인 발전기들이 대기되어야 한다는 것도 이러한 오해 중의 하나라고 할 수 있다. 실제로는 연계된 전력시스템에서 신재생에너지원의 출력 변동량은 전력시스템 운영자에게 큰 위협이 되지는 않는다. 그 이유는 이러한 신재생에너지원이 전력수급을 유지하기 위한 발전계획에서 불확실성을 그리 크게 높이지는 못하기 때문이다. 따라서 신재생에너지의 출력 변동으로 인한 위험도는 예비력에 대한 수요를 크게 증가시키지는 않을 것이다.

다음 절에서는 논의의 초점을 주로 풍력발전기의 계통연계와 관련된 내용으로 제한한다. 현재까지는 풍력발전기가 가장 큰 영향을 미치게 되는 신재생에너지원이며 급전계획이 불가능하고 당분간은 이러한 상황이 지속될 것이기 때문이다. 다음절에서는 다른 신재생에너지원들의 영향도 간략하게 고려하게 된다. 본 장에서는 풍력발전의 가용성과 운전측면을 검토하고 계통의 신뢰도를 원하는 수준으로 유지하기 위한 보급율별 운영 손실을 검토한다.

3.5.2 발전원의 집단화

3.2.2절에서 연계 전력시스템에서 소비자들의 수요를 집단화함으로써 얼마나 많은

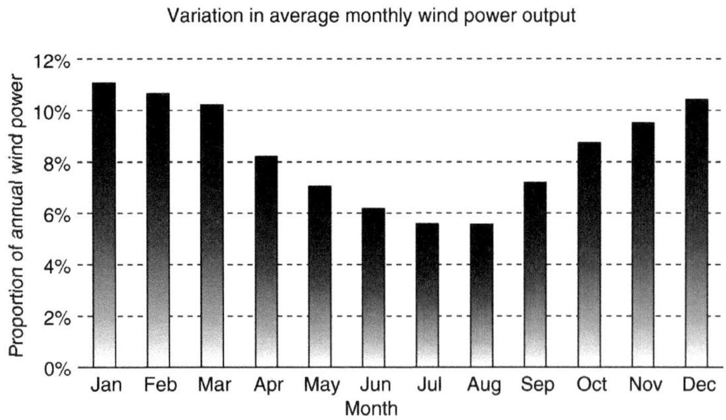

그림 3.11 월간 풍력발전 출력의 변동

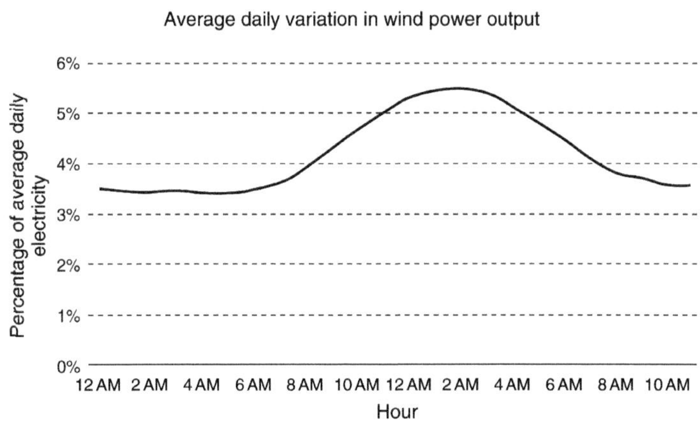

그림 3.12 풍력발전 출력의 일간 평균 변동

혜택이 얻어지는가를 알 수 있었다. 출력의 변동성이 높은 발전원의 경우도 마찬가지이다. 2장의 그림 2.9는 영국에서 지역적으로 넓게 분포된 풍력발전의 출력이 더해짐으로써 나타나는 장점을 확인시켜준다[6]. 여기서 집단화는 단기 및 중기의 시간대에서 출력을 평활함으로써 많은 장점을 가져온다.

≫ 에너지의 월간 분포

그림 3.11에서 보이는 바와 같이 영국에 넓게 분포된 지역에서 가용한 계절별 풍력발전은 여름에 다소 낮고 겨울에 평균치 이상이 된다[6]. 따라서 평균적으로 여름에 발전된 전력량의 2배 정도가 겨울에 발전된다. 이러한 패턴은 영국의 계절별 수요와 일치한다.

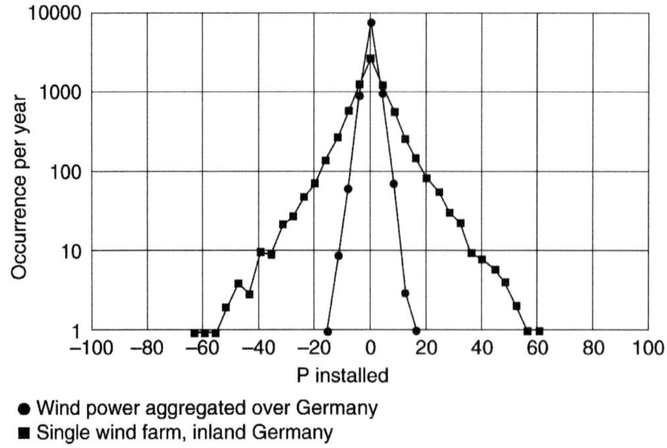

그림 3.13 시간별 풍력 발전 출력 변동 발생 빈도

≫ 에너지의 일간분포

그림 3.12는 영국에서 평균적으로 풍력발전의 가용도가 야간보다 주간동안에 더 높음을 보인다[6]. 이러한 추세는 연중 동일하게 나타나며 첨두 부하가 오후에 나타나는 계통에서 유리하게 작용하고, 풍력발전의 최고 출력도 첨두 부하 근처에서 일어나고 있다.

≫ 단기간 변동성

풍력발전의 변동성은 전력시스템의 시간별 발전량에 변경을 유발한다. 발전의 시간별 증감발율 한계는 수요공급에 부족이 나타날 경우를 해결하기 위한 예비력의 지표가 된다. 풍력터빈은 풍속이 15-25m/s인 구간에서 정격출력을 발전하기 때문에 풍력발전 변동은 발전량에 변경을 일으키지 않는다. 하지만 풍속이 4-15m/s인 구간에서의 출력 변동은 발전량에 상당한 변경을 유발하게 된다. 이때 각 발전원들의 위치가 분산되면 한 지역에서의 풍속 증가를 다른 지역에서의 풍속 감소가 상쇄함으로써 계통운영에 큰 도움이 될 수 있다.

그림 3.13은 독일에서 발전원의 지리적 분산에 따른 장점을 나타낸다[7]. 그래프에서 풍력단지의 실제 측정치에서 관찰된 시간별 양의 변동 및 음의 변동에 대한 발생 빈도가 단일 풍력발전기와 독일 전체 풍력발전기의 합으로써 비교된다. 단일 풍력발전단지는 설치 용량의 60% 까지 시간별 출력이 변경되지만 집단화된 풍력단지의 경우는 이러한 변동량이 20% 이하가 됨을 알 수 있다. 또한 이러한 최대변동은

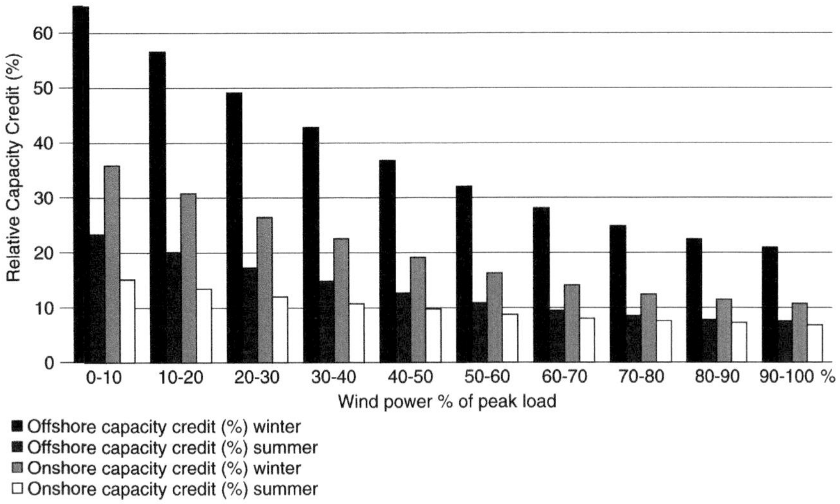

그림 3.14 영국의 육상 및 해상 풍력 수용률에 대한 계절별 용량신뢰지수

일년에 한번 정도씩 발생되는 것으로 나타난다. 이러한 값들은 증감발을 위한 고속 응답 발전기들에 대한 요구조건을 나타내며 뒤에서 논의될 경제적 측면과도 관련이 되므로 매우 중요한 값이된다.

≫ 설비이용률

그림 3.14는 풍력발전 수용율에 대해 계절별 및 육상과 해상별 설비이용률을 상대적으로 비교한 영국의 연구결과를 보인다[7,8]. 영국의 경우 해상에 바람이 많기 때문에 용량신뢰도 지수가 겨울동안 60% 이상이 되고 여름에는 25% 이하가 된다. 육상에서의 값들은 비슷한 유형을 보이되 전체적으로 낮게 된다. 풍력발전의 용량신뢰도 지수는 수용율이 증가됨에 따라 낮아진다. 이것은 영국의 경우 기상조건으로 인해 풍력발전의 가용도와 전력수요 사이에 확률적인 상호관계가 존재하기 때문이다. 풍력발전에 관계된 용량신뢰도 지수 즉 신뢰도에 대한 풍력발전의 기여도는 연평균 풍력 설비이용률로부터 계산된 값보다 높게 나타날 수 있다.

3.5.3 풍력에너지의 가치

풍력발전의 금융적인 이득은 총 수요의 공급비용을 결정한 후에 기존의 발전원별 조합에서 풍력발전기가 추가된 후 남은 수요의 공급비용을 빼서 계산한다. 하지만 이러한 계산은 매우 복잡하기 때문에 많은 분석가들은 절감된 연료비의 계산을 통한 접근방법을 연구하고 있으며 이러한 방법이 훨씬 더 용이하다. 이상적인 연료절감비용은 단순히 풍력발전기가 대체한 화력발전의 연료비용으로 계산할 수 있으며 이때 풍력발전의 출력변동 특성에 의해 화력발전기 운영에 추가된 변동은 고려하지 않는다. 연료비 절감을 보다 현실적으로 계산하기 위해서는 다음과 같은 운전상의 논점들이 고려되어야 한다[9].

- 만일 풍력발전이 총 수요를 줄이게 되면(풍력발전은 음의 부하로 간주할 수 있다) 남은 수요는 총 수요보다 변동성이 커진다. 이는 주파수 응답서비스를 제공하는 화력발전기의 출력이 더욱 자주 더 많이 조정되어야 한다는 것을 의미한다. 또한, 풍력발전이 도입되면서 계통이 더 긴 시간에 걸쳐 예상치 못한 변동에 대해 적절히 응답할 수 있도록 준비하는 것이 요구된다. 풍력발전으로 인해 발전기들은 더 많은 예비력을 확보해야 하므로 정격출력보다 더 낮은 출력으로 발전해야 하는 경우가 더 많아지겠지만 발전량이 너무 낮아지면 화력발전의 운전효율을 저하하는 경우가 생길수도 있다. 결국 더 높은 수용율에서(20% 이상) 일부 화력발전기들은 운전을 정지하고 적절한 예비력을 유지하기 위해 기동되어야 하는 경우가 생기며 이에 따라 순환비용을 유발하게 된다. 상기와 같은 모든 효과들은 전력수급에 대한 영향으로 나타나게 된다.
- 풍력발전의 도입은 요구되는 신뢰도 수준을 유지하기 위해 더 많은 계통 예비력을 필요로 할 수 있다. 이는 첨두수요시에 풍력발전기가 화력발전보다 가용성을 확보하기가 더 어렵기 때문이다.
- 풍력발전의 수용율이 높은 경우, 이러한 풍력발전이 적절한 예비력을 유지하면서 안전하게 계통에 공급되기 어렵기 때문에 일부 풍력발전량을 흘려보내야 하는 경우가 생긴다.

이러한 영향들을 분석하고, 풍력발전에 부여해야 하는 비용과 손실들이 다음 절에서 논의된다.

3.5.4 전력수급에 대한 영향

화력발전소는 주파수제어 모드로 운전될 때 비용이 유발된다. 출력변동이 큰 발전원과 수요의 변동량이 서로 독립적이라면 결과적으로 나타나는 총 변동량은 화력발전기에 의해 추종되어야 하고 이는 각 값들의 '제곱의 합'으로 계산된다. :

$$(\text{화력발전기 부하의 총 변동량})^2 = (\text{전기수요의 총 변동량})^2 + (\text{변동 발전원의 변동량})^2 \quad (3.2)$$

따라서 추가된 발전원의 평균 출력 변동량이 수요의 변동량과 같을 경우 총 변동량은 2배로 되는 것이 아니라 40%가 증가되는 것이다. 이것은 매우 중요한 의미를 가진다. 수용율이 낮은 경우 변동 발전원의 출력변동이 미치는 영향은 실제적으로 0이다. 달리 말하면 이러한 영향은 수요의 변동시에 추가되는 작은 잡음정도가 된다.

더 긴 시간영역에서 어느 시간에 요구되는 운영예비력의 수준은 두 가지 주요 요인에 따라 결정된다. : 수요예측의 불확실성과 전력망에 있는 최대용량 발전기의 탈락 확률. 풍력발전이 전력시스템에 도입되면 변동특성을 이미 가지고 있는 부하에 풍력발전 출력의 변동성이 더해지게 된다. 이때 풍력발전에 의해 추가되는 변동량을 분석하기 위해서는 각 부하와 발전원의 수급균형을 맞추는 대신에 계통 전체의 전력수급이 이루어지기 위한 요구조건을 분석해야 한다. 즉 계통운영자는 계통의 평균적인 신뢰도가 풍력발전이 없을 경우와 같은 수준으로 유지되도록 해야 한다.

하지만 풍력발전이 수급균형의 불확실성을 얼마나 많이 증가시키게 될 것인지가 매우 중요할 것이다. 풍력발전 출력의 분간 변동이 전력수요와 상호관계를 가지지 않는 다는 것은 널리 알려져 있다. 이는 풍력발전이 유발하는 추가적인 불확실성이 부하 예측의 불확실성에 선형적으로 더해지는 것은 아님을 의미한다. 위에서 다루어진 변동성 문제에서 변동 발전원의 출력에 대한 예측 오차가 수요예측에 대한 오차와 무관할 때 전체 오차가 다시 '제곱의 합'으로 계산된다[9-12]:

$$(\text{화력발전기 부하 예측의 평균 오차})^2 = (\text{전기수요 예측 평균 오차})^2 + (\text{변동 발전원의 예측오차})^2 \quad (3.3)$$

수요예측 기술은 꾸준히 개발 되어오고 있지만 부하가 증가하거나 감소하는 예상하지 못한 경우는 항상 발생된다. 식 (3.3)은 변동 발전원의 수용율이 낮은 경우 예측오차가 부하 변동과 같아짐을 알 수 있다. 하지만 수요는 비교적 예측이 가능하기 때문에 풍력발전의 수용율이 높은 상태에서 예측오차는 더 커지게 된다.

식 (3.2)의 제곱근 합에 기반한 풍력, 수요 그리고 화력발전의 복합적인 불확실성에 대한 분석은 발전/수요의 수급균형에 대한 예측의 표준오차를 사용한다. 선진국의 경우 1시간 전에 이루어지는 이러한 수요예측 오차는 평균 약 1%이며 예측이 4시간 전에 이루어질 경우 오차는 3%로 상승한다.

화력발전기의 탈락을 대비하기 위해 예비력을 계획하는 것은 어떠한 발전원도

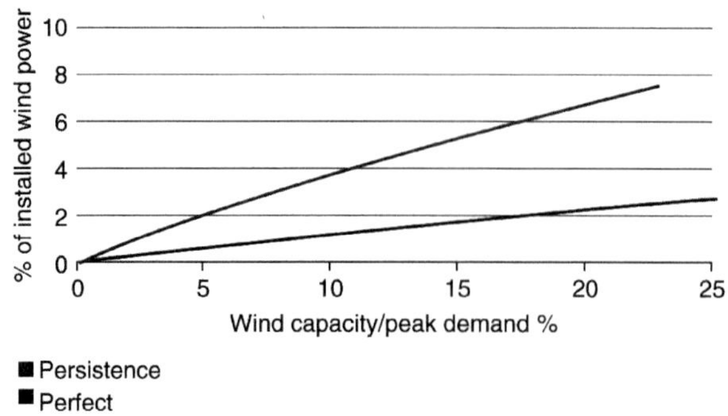

그림 3.15 풍력으로 인한 추가 수급균형 예비력

100% 신뢰성을 가질 수 없기 때문이다. 하지만 1000MW 화력발전기가 탈락하는 것은 실제로 일어날 수 있는 경우이지만 풍력발전기 1000MW가 갑자기 탈락하는 것은 발생할 확률이 매우 낮게 된다. 또한 널리 퍼져 있는 풍력발전소들은 전력시스템 간선망에 발생하는 외란에 민감하게 반응하지 않는다고 가정한다. 즉, 풍력발전기가 송전계통의 고장에 의해 발생되는 전압강하를 견딜 수 있다고 가정한다. 더 많은 양의 풍력발전기 설치되고 더 넓은 지역에 분포될수록 국가 전체적으로 풍력발전 출력이 갑자기 변동되는 것은 실제도도 일어나기 어렵게 된다[13].

추가 예비력을 결정하는 것은 다양한 시간대별로 이루어질 수 있다. 그림 3.15는 풍력발전 수용율의 함수로써 추가적으로 필요한 전력수급 예비력(풍력발전 설치용량의 퍼센트로 표현)을 나타낸다[12].

그림 3.15에 의하면 20% 보급률에서 바람이 지속된다면 7%의 추가 운영예비력이 요구되고 이때 풍속의 예측이 완벽하다면 2%의 추가용량만으로도 충분하게 된다.

이러한 예비력은 양으로써는 미미하지만 비용으로써는 그렇지 않다. 영국의 경우 송전사업자 분석결과, 풍력의 수용율이 10%일 때 수급비용을 연간 £40m씩 증가시킬 것으로 예측하였는데 이는 £0.002/kWh에 해당한다. 또한 보급률이 20%인 경우 이는 £0.003/kWh로 상승된다. 이러한 값은 전기의 소매비용과 비교되어야 하며 현재기준으로 소매비용은 £0.10/kWh 정도이다[14]. 따라서 영국에서 20%의 보급률은 현재 가격에서 전기에 3%의 추가비용을 발생하게 되는 것이다.

바람의 예측은 상대적으로 작은 비용으로도 크게 향상될 수 있는데 추가 기상자료 감시소의 설치와 복잡한 계산기법의 적용 등을 통해 가능하다. 그림 3.16은 일주일 동안 풍력발전소의 실제 출력과 새로운 기법을 사용한 한 시간 전 풍속예측을 비교하여 보여준다. 이러한 기술은 예비력 운영에서 상당한 비용절감을 이룰 수 있다.

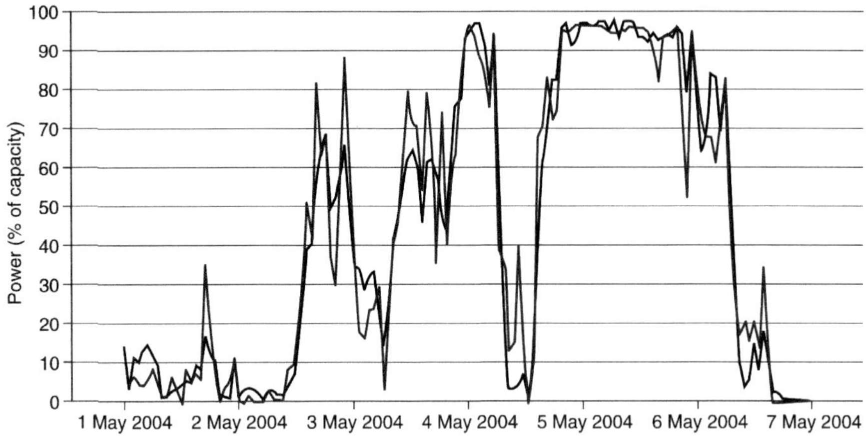

그림 3.16 풍력발전소 출력 예측(1시간전)과 실제 출력, 아일랜드, 2004

3.5.5 신뢰도에 대항 영향[6]

앞 절에서 살펴 본 운영예비력 이외에도 첨두수요를 초과하는 계통예비력이 요구되며 이는 풍력발전의 보급률에 의해 달라진다. 예를 들어 70GW의 첨두수요를 가지는 전력시스템을 가정하여 보자[6]. 적정 신뢰도 수준을 보장하기 위해 전력회사들은 일반적으로 계통 예비력으로써 첨두수요의 20%(14GW)에 해당하는 양을 요구한다. 예제의 계통이 연간 350TWh의 에너지 수요를 가질 경우, 계통 에너지의 10%가 풍력발전에 의해 공급된다면 새로운 발전소 예비력이 얼마가 되어야 하는가를 계산해 볼 수 있다. 에너지의 10%, 즉 35TWh를 공급하기 위해 35000/(8736×0.3)=13GW와 같이 13GW의 풍력설비가 필요하며 이때 8736은 1년간 시간수이고 0.3은 풍력발전소의 평균 설비이용률이다. 35TWh는 35000/(8736×0.75)=5.3GW와 같이 화력발전기 5.3GW 설비에 의해 공급될 수 있으며 이때 화력발전기의 부하율은 0.75이다. 이상적으로는 풍력발전소가 화력발전소를 직접 대체할 수 있지만 풍력발전 출력의 변동성으로 인해 대체된 모든 화력발전기가 전력망에서 필요 없게 되지는 않을 것이다. 전력회사들의 통계적 계산에 의하면 81GW의 화력발전기가 같은 수준의 신뢰도를 만족하기 위해 필요하게 된다. 따라서 결국 3GW(84－81GW)만의 화력발전기가 전력망에서 대체될 수 있다. 즉 2.3GW(5.3－3GW)가 풍력발전기의 변동성 때문에 더 유지되는 것이며 이는 풍력발전 설비용량의 17%에 해당된다. 영국에서 풍력발전 보급률을 20%로 계획함에 따라 계통 신뢰도를 동일하게 유지하기 위한 비용은 0.03 ~ 0.05p/kWh로 산정된다.

3.5.6 에너지 감축

전력시스템에 주입되는 변동 발전원의 용량이 증가함에 따라서는 그러한 발전원으로부터 생산된 전력이 모두 사용되지 못하는 경우가 발생하기도 한다. 보급률이 높을 경우 신재생에너지로부터의 가용 전력이 총 전력수요를 초과하거나 송전 및 배전 계통이 이를 수용하지 못하는 기간이 나타나기 때문이다. 하지만 이러한 시점이 도달되지 않았다 하더라도 변동 발전원에서 공급된 에너지가 차단되어야 하는 경우가 있는데 이는 전력시스템이 적정 운영예비력을 유지하기 위해 화력발전기들의 최소출력을 유지해야 하기 때문이다.

변동 발전원으로부터 생산된 에너지를 감축하는 것은 운영상에 특별한 어려움을 초래하지는 않는다. 풍력발전은 블레이드 피치제어를 통해, 태양광에너지는 인버터를 통해 그리고 수력, 조력 및 파력발전은 유사한 제어기법을 통해 제어될 수 있다. 하지만 이러한 발전량 감축(curtailment)은 변동 발전원에게는 경제적으로 불이익이 되며 이는 보급률이 높을수록 더욱 중요한 문제가 된다. 이러한 불이익은 기저부하 발전기들의 유연성에 따라 그 정도가 달라지기 때문에, 즉 기저발전기들이 어느 부하수준까지 공급하며 얼마나 빠른 증발율을 가지는가에 따라 달라지기 때문에 산정하기가 어렵다. 다만, 향후 수십년 내로 기대되고 있는 보급률에 대해서는 이러한 발전량 감축에 의한 불이익이 큰 문제가 될 것으로 여겨지지는 않고 있다. 이러한 발전량 감축은 배전 및 송전 시스템의 제약에 의해서도 나타날 수 있다. 참고문헌[4]에 따르면 6개 연구 중 4개에서 보급률이 20%일 때 발전량 감축량이 0에서 7%에 이르는 것으로 나타난다. 하지만 대부분의 연구들에서 지역적 전력망의 용량한계로 인한 발전량 감축은 거의 일어나지 않는 것으로 나타난다.

3.5.7 보급률 증가에 의한 문제점

앞 절에서 변동 발전원의 보급률 증가에 따라 나타날 수 있는 손실들을 살펴보았는데 신재생에너지의 보급률이 증가함에 따른 나타나는 이러한 손실들을 평가하기 위한 많은 연구들이 진행되어 오고 있다. 풍력발전이 현재까지 설비용량이 가장 많기 때문에 이러한 연구들은 주로 풍력발전에 관해 이루어졌다. 표 3.1은 EU가 지원

표 3.1 영국전력망에서 풍력발전 증가의 영향

풍력발전 보급률	요구조건	비용부담
Up to 5%	없음	미미함
5 - 10%	풍력발전량의 감축이 때때로 필요하고 예비력 확보를 위한 화력발전기가 더 필요하다	0.1 - 0.2 p/kWh
10 - 20%	위 조건에 더해 풍력발전을 보완하기 위한 양수 및 수력발전의 사용이 더 필요하다	0.2 - 0.8 p/kWh
20 - 50%	상대적인 비용에 따라 에너지 저장장치나 첨두수요 발전기를 더 건설하거나 노후된 석탄 화력발전기를 더 유지해야 할 수 있다.(여분의 에너지 저장장치는 계통 전체적으로 이득이 된다)	〉 0.8 p/kWh

한 연구와 덴마크 및 영국에서 이루어진 연구결과로써 풍력발전단지의 운영경험을 바탕으로 한다. 보급률 수준에 따라 추가적인 비용들이 표에 정리되었다.

3.5.8 다양한 신재생에너지원의 결합

다양한 변동 발전원들을 결합하는 것의 장점은 2.10절에서 설명되었다. 비 급전 가능 발전원의 용량이 증가함에 따라 그 한계비용은 감소하게 되는데 이는 주로 용량의 증가가 이미 계통에 있는 발전원들의 용량과 서로 연관되기 때문이다. 이와는 반대로 서로 상관관계가 없는 신재생에너지원들의 용량을 결합하는 것은 매우 유리한 점이 많게 된다[9,10,17].

전형적으로 풍력발전과 태양광 발전의 결합은 많은 이득을 줄 수 있다. 특정 조건에서는 일몰 후에 바람자원이 가장 풍부하기 때문에 바람과 태양광의 조합을 통해 전력수요가 높은 기간 동안 전력을 효과적으로 공급할 수 있다. 다른 연구에 의하면 풍력과 조력(두 자원은 통계적으로 상관관계가 없음)의 결합도 유리한 것으로 나타났다[9].

최근 연구[14]에 의하면 태양전지와 풍력 및 열병합 발전의 결합에 의해 단일 신재생에너지 보다 출력의 변동성을 크게 줄일 수 있는 것으로 나타난 사례도 있다.

이러한 다양한 신재생에너지원들의 결합을 통한 시너지효과에 대한 가능성은 매우 중요하며 각각의 에너지원이 별도로 고려되었을 때의 합보다 보다 훨씬 많은 장점들을 가지게 될 것이다.

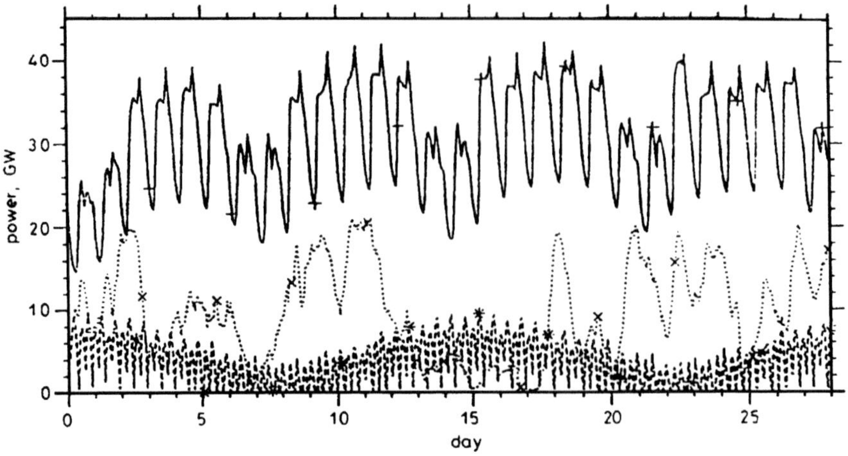

그림 3.17 보급률이 높은 경우에 대한 CEGB 모의해석 결과

3.5.9 전력시스템들의 차이점[4]

먼저 특정 전력시스템에 대한 연구 결과가 다른 시스템에 적용될 수 있는 것이 아님을 강조할 필요가 있다. 신재생에너지 연계에 대한 실행가능성과 비용은 전력시스템의 구조뿐만 아니라 발전원들의 특징에 관한 수많은 요소에 따라 달라지게 되며 이러한 요소들은 다음을 포함하게 된다.

- 발전원들의 강인성과 변동성
- 집단화의 장점을 살리기 위한 넓은 지역에 걸친 지역적 분산의 가능성
- 서로 다른 종류의 신재생에너지원 간의 상호보완 가능성
- 발전원과 수요 변동성 간의 상호연관관계
- 기상예측이 좀 더 정확한 상황에서 발전원들 출력예측의 정확도
- 전력시스템의 강인성과 주요 발전원 지역에 대한 송전선로의 접근성
- 인근 전력시스템에 대한 송전계통 연계
- 전력시스템의 운영기법. 특히 전력시스템의 예비력이 얼마나 사전에 계획되는지의 여부
- 전력시스템에 있는 화력 발전기들의 형태. 예를 들어 소용량인 신규 화력발전기들이 원자력발전기와 같은 대용량 기저부하 발전기들보다 유연적임.

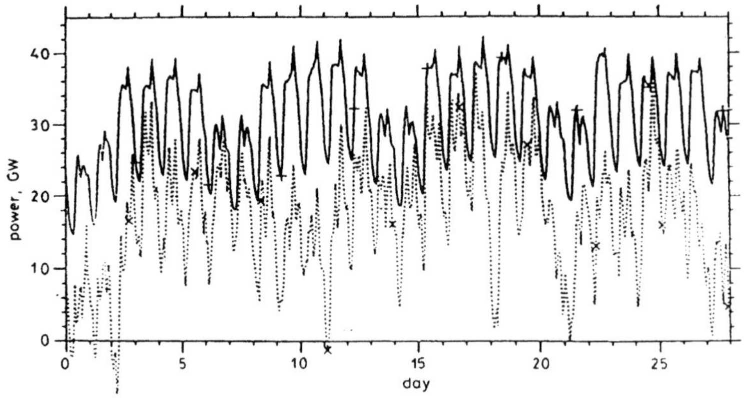

그림 3.18 화력발전기가 공급하는 잔여 전력수요

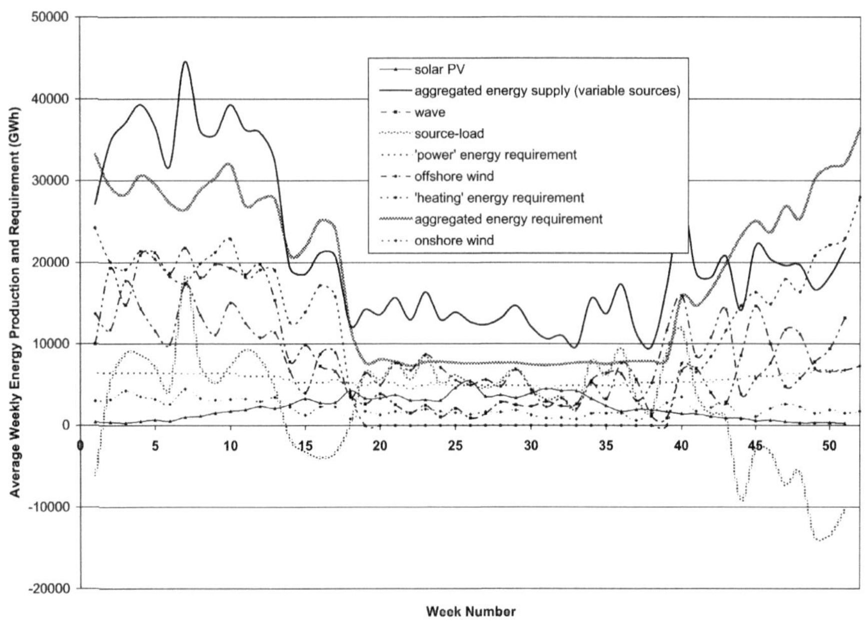

그림 3.19 1년 동안 신재생에너지의 시간별 변동 및 에너지 수요와의 비교

3.5.10 비 급전가능 발전기 보급률의 한계

신재생에너지 개발 초기에 영국의 Central Electricity Generating Board(CEGB)가 높은 보급률의 영향평가를 위해 많은 모의해석 연구를 수행하였다[9,10]. 이러한 연구 중 극단적인 예 하나를 본 절에서 검토해 본다. 그림 3.17은 한달 동안의 수요

표 3.2 Streater 연구[18]의 신재생에너지 용량과 발전량 기대치

	연간 발전량(TWh)	총 변동부하의 비율 (%)	평균발전 출력(GW)
육상풍력	72000	20	8.2
해상풍력	144000	40	16.4
태양광	36000	10	4.1
파력	108000	30	12.3

에 대한 25GW의 풍력발전(중간 그래프)과 10GW의 조력발전(아래 그래프)의 출력 예상치를 나타낸다.

위 예에서 소비 에너지의 30%와 13%가 풍력과 조력에서 각각 공급된다. 풍력발전 출력은 수요보다 느리게 변동하고 조력발전은 수요보다 더 빠르게 변동한다. 그림 3.18은 수요에서 풍력발전 출력과 조력발전 출력을 차감한 효과를 보이며 이때 남은 부하(점선)는 화력발전기가 공급한다.

최근에는 모든 전력수요를 신재생에너지의 조합만으로 공급하는 것에 대한 가능성이 검토되었다[18,19]. Streater의 연구결과[18]에서 발췌된 그림 3.19는 신재생에너지의 시간별 변동을 나타낸다. 이러한 높은 보급률 수준에서는 수요보다 신재생에너지원의 출력이 더 커지는 경우가 발생된다. 하지만 앞에서 논의된 바와 같이 이러한 상황이 나타나기 전에 계통의 신뢰도 문제로 인해 신재생에너지원은 그 출력이 감축될 수도 있다.

표 3.2는 다양한 신재생에너지원의 용량과 그 출력을 총 부하로 나누어 계산되는(출력감축은 무시된) 보급률을 나타낸다. 15에서 18주와 44에서 52주 사이에 발전원의 부족이 나타나고 있다. 원칙적으로 이러한 공급부족은 바이오매스 발전에 의해 해결될 수 있다. 덴마크와 독일은 많은 양의 부하를 풍력발전으로 공급하고 있으며 향후 더 많은 용량을 계획하고 있다. 덴마크의 계통운영자인 Elkraft의 연구결과에 의하면 풍력발전 보급률은 50%까지가 기술 및 경제적으로 타당한 것으로 나타났는데 이는 2005년 3.1GW의 설비용량이 2025년에 5GW까지 증가되는 것을 기준으로 하고 있으며 덴마크 전력망의 확장 또한 고려되었다.

이 연구에 의하면 이러한 보급률에서도 풍력발전기는 연중 수 시간동안만 정지되도록 요구되는 것으로 나타난다. 독일의 DENA에 의해 수행된 유사연구[20]에서도 전력망의 소규모 확장만으로 풍력발전의 보급률이 20%까지 증가될수 있으며 추가적인 발전소의 건설은 요구되지 않는 것으로 나타난다.

3.6 신재생에너지의 주파수 응답서비스[2]

신재생에너지의 보급률이 증가될 것으로 예상됨에 따라 전력시스템은 발전과 수요 사이의 불균형이 초 단위로 증가되는 것을 수용해야 하며 이를 위해서는 주파수제어 서비스가 요구된다. 원칙적으로 일부 신재생발전은 주파수조정서비스를 제공할 수 있지만 이를 위해서는 정격이하로 발전출력을 유지해야 한다. 이러한 서비스를 제공할 수 있는 기술은 바이오매스, 수력발전, 태양광발전, 그리고 속도 가변형 풍력발전기가 있다. 7장에서는 경제적 측면에서 신재생발전원으로부터 생산된 에너지가 이용가능할 때마다 최대한 사용되어야 하는 점이 설명된다. 이는 신재생 발전원들이 정격출력 이하로 운전되는 것과 서로 상충되는 것 같지만 우선순위에 따라서도 신재생에너지가 정격으로 발전을 하지 않아야 하는 경우가 생길 수 있다.

신재생에너지의 수용율이 높을 경우, 즉 하계에 전력수요가 낮은 경우 전력수요를 공급하는 기존 화력발전기들의 대수가 매우 적으면 적정수준의 주파수 응답과 예비력을 유지하기가 어려워진다. 이러한 상황에서 신재생 발전기는 발전량을 줄이고 주파수조정에 참여하도록 지시될 수 있다. 이러한 조건은 예를 들어 아일랜드의 풍력발전 접속 규칙에 규정되어 있다. 민영화된 전력시장의 경우 이러한 모드에서의 기회이득이 최대출력보다 낮은 전력을 생산함으로써 잃게 되는 이윤보다 많아야 한다.

3.6.1 풍력발전

초기의 풍력발전기술은 주로 정속 또는 스톨제어 풍력터빈기술이기 때문에 발전기의 동적 특성을 거의 제어하지 못했다. 하지만 최근 수년 동안 능동형 스톨제어와 피치제어 속도가변형 풍력터빈이 개발되어 에너지 변환효율이 향상되고 제어능력도 향상되었다. 원칙적으로 최신의 풍력터빈은 주파수 하강에 응답하는 블레이드 피치제어를 통해 낮은 출력에서 발전량을 빠르게 증가시킬 수 있고 주파수가 증가하는 경우에는 발전출력을 빠르게 낮출 수 있다.

풍력발전의 용량이 증가됨에 따라 덴마크와 독일의 일부지역에서는 풍력발전이 전력의 주요 전원이 되는 경우가 늘어나고 이에 따라 풍력용량도 급전가능 하도록 요구되면서 더욱 더 기존의 화력발전처럼 운영되어야 한다는 요구가 늘어나고 있다.

대용량의 풍력발전단지는 이제 증발율을 제한하는 접속기준을 만족하고 전력망에 스트레스가 높을 경우에는 주파수제어 서비스도 제공하도록 요구받고 있다. 이러한 요구조건들은 국가 전력망규칙에 점점 더 포함되고 있는데 이러한 전력망규칙은 공공의 전력망에 대한 접근권을 규제한다. 초기에는 이러한 요구조건에 따라 예를 들어 주어진 증발율을 만족하기 위해 어느 정도의 풍력발전이 감축되어야 하는지, 그리고 그러한 제약들이 계통운영자에게 어느 정도의 부담을 주게 될지가 확실하지 않았다.

증기 화력발전기는 출력의 감발을 통해서 전력수급의 갑작스러운 불균형시에 전력시스템 주파수의 안정도를 지원한다. 하지만 풍력발전기는 다르게 응답하게 된다. 전압과 주파수가 운영범위 이내에 있다고 가정할 때 회전자 관성과 정속도 터빈에 저장된 에너지가 내부 관성으로써 계통상황에 응동하게 된다. 속도가변형 풍력 터빈은 그 속도가 제어되어 바람자원으로부터 생산가능한 풍력발전량을 최대화하기 때문에 계통상황에 응동할 수 없다.

대용량 풍력터빈은 대부분 속도가변형이고 이러한 발전기들이 기존 화력발전기들을 대체해 감으로써 계통전체의 관성이 줄어들게 된다. 따라서 갑작스러운 발전기 탈락에 의한 주파수 변동율과 주파수 하락 정도가 모두 커지게 된다. 하지만 원칙적으로 속도가변형 풍력터빈은 같은 정격의 화력발전기보다 비례적으로 더 큰 관성에너지를 계통에 제공하도록 제어될 수 있다. 계통의 기능을 지원하기 위한 이러한 복잡한 제어기술은 풍력발전의 보급률이 증가함에 따라 전력회사들이 더욱 요구하게 될 것이다.

마지막으로 전력망규칙에 따르면 풍력터빈은 과도기간의 전압강하 시에도 전력시스템에 접속을 유지하여 전력을 계속 공급해야 한다. 이러한 전압강하는 대개 풍력단지 근처의 고장에 의해 발생한다. 모든 발전기들의 전력공급을 유지하는 것은 고장제거 후 전력시스템의 회복을 확보하는데 필수적인 사항이다.

3.6.2 바이오연료 [9]

전통적인 화력발전기는 용량한계, 즉 이론적으로 정격출력을 연속하여 발전할 수 있는 능력으로 표현되며 가스, 석유 또는 화석연료가 수요에 따라 공급되어 동작된다. 이에 비해 작물을 연료로 하는 발전기는 생산 에너지가 제한되는데 이는 지역적으로 수확되는 연료가 제한되며 운전기간 내내 정격용량으로 계속해서 출력을 유지할 수가 없기 때문이다. 일반적으로 바이오매스 연료를 원격지로 수송하는 것은 경제적이지 못하다.

바이오매스 발전기는 가능한 한 최대출력을 내며 기저부하 발전기로 운영될 것이다. 이러한 발전기는 기존 화력발전기와 유사하게 저 및 고 주파수 응답서비스를 제공할 수 있을 것이다. 저 주파수 응답을 위해서는 발전기가 정격출력 이하로 운전되어야 하고 이를 통해 부수적인 이득을 얻을 수 있다.

가스발전소의 규모는 0.5 ~ 1.5MW이며 작은 용량으로 인해 주파수조정서비스를 제공하는 데에는 적합하지 않다.

3.6.3 수력발전

소/중 규모의 수력발전은 상당한 저수량이 없는 경우, 강우량에 따라 출력의 변동성이 매우 큰 특징을 갖는다. 이러한 이유와 작은 용량 때문에 수력발전은 주파수조정에 적합하지 않다.

조력발전은 매우 큰 용량이 가능하고 출력이 예측 가능하다. 하지만 이 발전기는 매우 큰 초기 투자비용을 필요로 하며 그 자본의 회수기간이 매우 길다. 또한 이러한 대규모의 자본 투자를 위해서는 운영 이윤이 매우 중요한 반면 경부하 운전 기반의 주파수 조정 이윤은 크게 매력적이지 못하다. 이러한 기법들이 아직 계획되고 있지는 못하기 때문에 이에 대한 타당성은 아직 평가되지 못하고 있다.

따라서 관련 기술이 아직 초기단계이고 상업 수준의 기술이 아직 개발되지 못하였기 때문에 이러한 동적특성들이 어떻게 주파수 편차에 따라 동작할 수 있을지에 대해서는 아직 알려지지 않았다.

3.6.4 태양전지

여기서는 먼저 대규모의 집적 태양전지 설치와 다수의 지붕형 시스템을 구분할 필요가 있다. 태양전지 시스템이 전력전자 컨버터를 통해 전력망에 연계되는 경우 기계적인 관성은 나타나지 않으므로 전력조류의 증감에 대한 응답속도는 매우 빠르게 일어날 수 있다. 반면 태양광은 풍력보다도 더 늦은 응답속도를 보이지만 상당히 예측이 정확하다. 향후 다른 신재생에너지와 같이 태양전지 시스템도 정격이하로 운전되어 출력 예비력을 확보하다가 주파수 제어서비스를 제공하도록 요구될 수 있다.

현재 PV기술의 단계에서는 지붕 설치가 주파수 응답서비스를 제공하기에 아직 충분하지가 않다. 하지만 향후 경제성과 보급률이 증가된다면 인버터를 통해 계통 주파수의 안정도를 제어하는데 기여할 수 있을 것이다.

3.7 주파수제어 모델링[21]

3.7.1 배경

단일 파라미터 모델링을 통해 상대적으로 대용량의 신재생에너지를 전력시스템에 연계할 때 주파수 제어에 나타나는 영향을 개략적으로 분석할 수 있다. 이러한 계통 모델은 다음 절에서 풍력발전의 높은 보급률이 동적 특성에 미치는 영향과 수요의 동적 제어가 분석되는 방법에 대한 결과와 함께 설명된다.

≫ 발전기 모델링

실제 발전기의 동적 모델링은 매우 복잡하고 종류마다 크게 달라진다. 하지만 드룹 특성을 가지는 조속기는 비례제어기를 사용하여 효과적으로 모델링 할 수 있다 [22].

첫 번째 단계는 4%의 드룹 특성을 사용하여 발전기의 출력 목표치, P_{TAR} 를 계산하는 것이다

$$P_{TAR} = \left(\frac{f_{SP} - f}{0.04 \times f_{NOM}} \right) P_{MAX} \tag{3.4}$$

여기서 f_{SP}는 Hz단위의 조속기 설정치이고 f는 현재 전력망의 주파수, f_{NOM}는 전력망의 정격 주파수, P_{max}는 MW단위의 발전기의 용량이다.

다음 단계는 시간 t에서 P_{TAR}와 실제출력 P 사이의 오차를 시간에 비례하여 줄이는 것이다.

$$P_{(t+dT)} = P_{(t)} + (P_{TAR} - P_{(t)})GdT \tag{3.5}$$

여기서 G는 조속기 이득이다.

적절한 G값은 0.3이며 이 값은 부하변동 후 15에서 20초 후에 주파수가 안정화

되는 수준이다.

유용한 근사값을 구하기 위해서는 총 1차 응답을 단일 조속기로 제어되는 발전기로 모델링한다. 이 발전기의 용량은 모든 발전기가 출력여유를 가질 정도로 잡는다. 또한 총 기저발전양은 추가적인 대용량 발전기로 모델링하며 그 출력을 정격으로 고정한다.

≫ 수요변동 모델링

전력망의 많은 부하들은 회전기기로 이루어진다. 3.3.5에서 언급된 대로 이러한 기기들은 주파수가 낮아짐에 따라 속도가 떨어지고 전력을 덜 소모하기 때문에 주파수 의존성이 내재되어 있다. 영국의 경우 부하감쇄상수 D에 따라 주파수가 1% 떨어짐에 따라 전력수요가 1 ~ 2% 낮아지는 것으로 나타난다[22]. 이러한 전력변동이 부하변동이며 모의해석에서 유효전력의 주입, P_R 로 다루어진다.

$$P_R = -DP_L\left(\frac{f - f_{NOM}}{f_{NOM}}\right) \tag{3.6}$$

이때 영국계통에 대한 D는 1.0으로 가정되고 P_L이 주파수 의존성이 없다고 가정했을 때 총 부하이다.

≫ 전력망의 관성에너지 모델링

이미 기술한 바와 같이 계통에서 운전 중인 모든 발전기가 감속하기 시작함에 따라 전력망 주파수가 하강하게 된다. 실제적으로 수요의 공급부족은 모든 발전기들의 회전 관성이 에너지를 공급하여 만족시킬 수 있다. 주파수 저하는 이러한 수요의 공급부족이 수요변동과 조속기 응답에 의한 발전기 증발에 의해 공급될 때까지 계속된다.

모의해석에서 모든 관성은 관성 모멘트 I 를 가지고 $\omega=2\pi f$ rad/s의 속도로 회전하는 단일 플라이휠에 저장되는 것으로 가정한다. 따라서 여기에 저장되는 총 운동에너지는 다음과 같다.

$$\mathrm{KE} = \frac{1}{2}I\omega^2 \tag{3.7}$$

전력시스템의 관성저장용량은 관성상수 H로 측정되며 이는 저장된 에너지(정격주파수 가정)가 정격출력으로 수 초 동안 발전되는 것과 같다.

따라서

$$HP_{GMAX} = KE = \frac{1}{2} I\omega^2$$

가 된다

이때 P_{GMAX}는 총 발전용량이다. H는 전형적으로 2～8초의 범위의 값을 가진다 [22]. 본 연구에서 H는 4로 가정한다. 계통 관성 I는 모의해석 시작 시에 다음과 같이 계산된다.

$$I = \frac{2P_{GMAX}H}{\omega_{NOM}^2} \tag{3.8}$$

모의해석의 각 단계에서 총 초과 전력 P_S는 다음과 같이 계산된다.

$$P_S = P_G + P_R - P_L \tag{3.9}$$

이때 P_G는 총 발전량, P_R은 수요변동 그리고 P_L은 총 부하이다.

P_S는 관성에너지로 저장된다. 주어진 각 모의해석 시간 dT마다 에너지는 보존되어야 하므로 다음 식이 성립한다.

$$KE_{(t+dT)} = KE_{(t)} + P_S dT \tag{3.10}$$

따라서

$$\frac{1}{2} I\omega_{(t+dT)}^2 = \frac{1}{2} I\omega_{(t)}^2 + P_S dT \tag{3.11}$$

이 식은 모의해석의 각 단계마다 새로운 주파수를 계산하기 위한 미분방정식을 제공한다:

$$\omega_{(t+dT)} = \sqrt{\omega_{(t)}^2 + \frac{2P_S dT}{I}} \tag{3.12}$$

그리고 모의해석이 다음 단계를 따라 각 시간, dT마다 실행된다.

1. 모든 부하를 더해 P_L을 계산한다.
2. 총 발전량을 더해 P_G를 계산한다 .

3. 식 (3.6)을 사용하여 P_R을 계산한다
4. 식 (3.9)을 사용하여 P_S를 계산한다 .
5. 식 (3.12)를 사용하여 각속도 ω (그리고 f)을 계산한다.

3.7.2 모델링 예

앞에서 설명된 모델을 사용하여 풍력발전의 연계가 전력시스템의 주파수 안정도에 미치게 되는 영향을 평가한다. 본 절의 모의해석 예는 매우 특별한 경우에 대한 것으로써 이를 통해 중요한 논점들을 살펴볼 수 있다.

모의해석에는 영국의 23개 풍력단지 위치에서 조사된 풍속이 사용되었으며, 풍력발전의 계통연계에 관한 중요한 문제점들이 모의해석에서 나타날 수 있도록 바람의 예외적인 변동성이 포함된 50시간의 구간을 선정하였다. 또한 풍속의 변동과 각 풍력단지 내 풍력터빈들의 물리적인 독립성으로 인해 풍력발전 출력의 초 단위 변동성이 완화되어 전력시스템이 분단위로 모델링되어도 모의해석에 지장이 없는 것을 가정한다.

각 풍력단지에는 4MW급 속도가변형 풍력발전기 150대가 설치된 것으로 가정하여 발전출력을 계산한다. 풍속의 컷인 속도는 2m/s, 컷 아웃 속도는 15m/s로 가정하고 23개 풍력발전단지의 발전출력을 모구 합하면 13.8GW의 최대 발전용량이 된다. 이용량은 첨두부하 시 전력수요의 25% 수준에 해당되며 그 모의해석 결과는 그

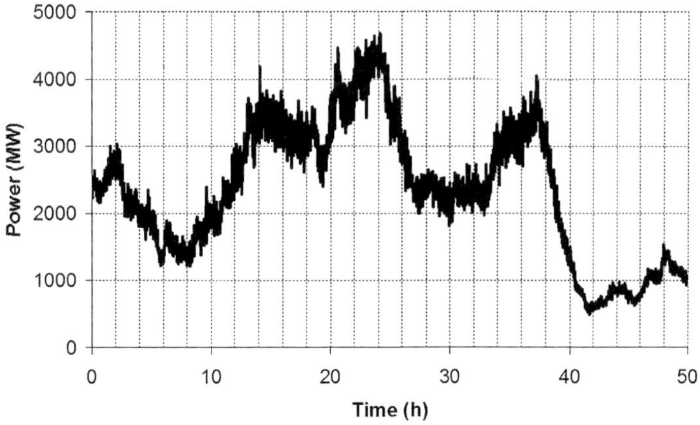

그림 3.20 영국 23개 풍력단지 위치에서 측정된 풍속을 사용한 풍력발전 모의결과

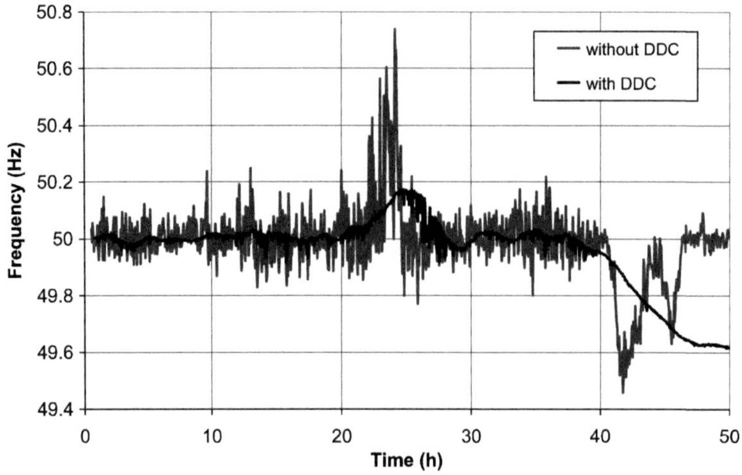

그림 3.21 풍력발전이 포함된 전력시스템에서 주파수 모의결과

림 3.20과 같다.

50시간 동안 도달된 최대 전력수요는 4.6GW이고 최소 전력수요는 550MW이다. 이 기간 동안 풍력발전의 양이 가장 크게 변동된 경우는 4.5시간 동안 5.5GW의 출력이 감소한 37시각 구간이다.

본 절의 모의해석에서는 이러한 풍력발전을 전력시스템에 연계하고 전력시스템의 예비력(1차 및 2차 응답)을 3170MW로 가정하였으며 주파수 변동 부하는 50Hz에서 36000MW로 가정하였다. 예비력의 수준은 최대 주파수 변동을 운영기준 이내로 유지할 수 있는 수준으로 결정되었다. 충분한 기저발전 출력이 유지되어 풍력발전기가 50시간 동안 평균 발전출력으로 운전되는 경우 예비력은 절반 정도만 사용되게 된다.: $36000-2500-(3170/2) \approx 32000$MW.

또한, 풍력발전예측은 이루어지지 않는 대신에 예비력 요구조건을 충분히 하여 수시간에 걸친 풍력자원의 큰 변동을 보상하도록 하였다. 이러한 모의해석에서 DDC(동적 부하제어)를 고려하지 않고 도출된 전력시스템 주파수의 시간별 변동이 그림 3.21에 보인다.

20시각과 25시각 사이에서 바람의 속도가 점진적으로 상승되어 24시각에는 기저부하발전과 풍력발전의 합이 정격부하의 양을 초과하였다. 결과적으로 주파수가 주파수 의존 부하에 의해 결정된 수준 이상으로 상승하게 되었다. 이때 풍력발전기가 고주파수에서 출력을 줄일 수 있는 주파수 응답 출력조정기를 갖춘다면 이러한 바람직하지 못한 상황을 피할 수 있을 것이다.

반대의 상황이 나타나는 40시각과 42시각 사이에서 풍력발전단의 출력이 매우 낮아서 기저부하발전기의 출력과 가용한 총 예비력(3170MW중 남아있는 50%)의 합이 전력수급을 맞추기에 부족한 경우에는 주파수 의존 부하에 의해 재결정 되는 수준으로 주파수가 하락하게 된다. 이러한 바람직하지 못한 상황은 만일 37시각에 풍력발전의 출력저하가 예측될 수 있었다면 피할 수 있었을 것이다. 이러한 경우 대기 발전기들이 기동되어 예상되는 발전력 부족을 공급하게 되었을 것이다.

3.8 에너지 저장장치

3.8.1 개요

수요가 낮은 기간에 전기에너지를 충전하여 수요가 높을 때 전력을 공급 할 수 있는 에너지 저장장치는 주파수 제어 문제에 막대한 도움을 줄 것이다. 양수발전은 이미 오랫동안 사용되어 왔으나 상당히 비용이 많이 드는 방법이다. 저장장치가 적절한 가격과 효율성으로 신재생에너지원의 전력망 수용에 적용된다면 그 보급률을 높이는데 많은 도움이 될 것이며 전력시스템의 에너지원 운영에도 많은 장점이 있다.

에너지 저장장치의 경제성은 전기요금이 낮을 때 이를 저장하여 전기요금이 비쌀 때 전력을 공급함으로써 얻어지지만 그 양은 충방전 효율과 어떻게 이를 계통의 발전비용과 다르게 적용할 것 인가에 따라 달라질 것이다. 만일 분산 신재생에너지의 접속점에서 전력망이 발전기의 출력을 모두 수용할 수 없다면 이러한 저장장치가 발전량의 감축을 방지할 수 있을 것이다. 이러한 기법이 경제적으로 타당성이 있는지의 여부는 자본비용, 충방전효율, 그리고 기기의 운전 및 유지보수 비용에 따라 달라진다. 이러한 저장장치의 또 다른 수익구조는 무효전력, 전압 및 주파수제어 그리고 비상전원과 같은 보조서비스의 제공이다.

저장장치의 경제성을 산정하는 것은 매우 복잡한 과정이 될 수 있으며 신재생에너지원의 투자비용이 낮다면 잉여 전력이 발생할 때마다 그 출력을 감축하는 것이 저장장치를 사용하는 것 보다 더 효과적일 수도 있다.

3.8.2 저장장치

앞에서 설명된 대로 저장기술은 그 특징에 따라 신재생에너지의 계통연계에 큰 도움을 줄 수 있으며 3.4.6절에서 논의된 대로 전력시스템의 전 운전영역에서 운영 및 제어를 지원할 수 있다. 이러한 저장장치분야에서 기존의 기술로는 다음과 같은 기술들이 있다.:

1. 수력은 오래된 신재생에너지원이지만 적절한 물의 방류를 통해 발전출력의 변동을 조절할 수 있다.

2. 압축공기 저장장치는 오랫동안 논의되어 왔으며 지하 동굴에 압축된 공기를 저장하게 된다. 현재 이 기술은 경제성과 기술적 타당성이 불확실하다.

3. 양수발전은 기술의 성숙도에 관한한 훌륭한 에너지 저장기술이지만 설치위치가 제한적이며 초기 자본이 많이 소요된다.

저장장치분야의 신기술은 다음과 같다:

4. 수소는 신재생에너지원을 사용한 물의 전기분해를 통해 생산되고 이를 다시 연료로 사용하여 전기를 생산한다. 지역적으로 전력과 난방을 동시에 공급하기 위해 소비자에게 가스나 액체로 공급될 수 있으며 수송연료로도 사용된다. 수소가 연소될 때는 에너지와 물이 발생되며 가스배출은 없다. 수소의 경우 최종적으로 전기의 형태로 사용되면 에너지 전환과정의 효율성이 매우 낮아(50%이하) 이 방법은 매력적이지 못하게 된다. 따라서 수소를 수송연료로 사용하는 것이 더 많은 관심을 받았으나 이 또한 이동형 저장시스템의 개선이 필요한 상황이다.

5. 플로우 셀은 자동차 베터리와 유사하게 사용되지만 전극이 필요 없다. 대신 플로우 셀이 '싱크'로 사용될 경우 전기에너지는 두 전해액을 충전함으로써 화학적 에너지로 변환 되고 저장된 에너지는 다시 방전 될 수 있다. 교류계통에 연결된 직류 시스템에서 공통으로 나타나듯이 이 기술도 양방향 전력전자 컨버터가 요구된다.

6. 축전지. 납(-산) 축전지는 가장 발달된 축전지 기술 중의 하나이다. 이는 비용이 저렴하고 인기가 좋은 축전지이지만 무게당 에너지 밀도, 짧은 수명, 그리고 방전율이 출력에 따라 달라지는 단점을 가진다. 결국 높은 충방전 효율과 저비

용, 고 신뢰도, 낮은 유지비, 높은 방전율, 높은 충방전 횟수, 하중당 높은 전력밀도 등을 위해 다양한 다른 축전지들이 활발히 개발되고 있다. 전력시스템에서 축전지는 너무 비싼 기술로 여겨지고 있으나 Zebra cell[23]과 같은 고온 축전지가 많은 관심을 받고 있다.

7. 플라이휠

   에너지를 매우 빠르게 회전하는 플라이휠에 저장하기 위한 많은 연구들이 수행되었다.

   이때 극복되어야 했던 문제점들은 주로 철과 같은 재료의 낮은 강도와 고속에서 발생되는 가혹한 고장들을 관리하는 것이었다. 플라이휠은 강화된 복합섬유로 만들어지는데 이는 고속 모터/발전기의 회전자나 자속 베어링의 회전부분에 의해 자화된다. 플라이휠 모터/발전기는 전력전자 컨버터를 통해 전력망에 연계된다. 현재 이 기술은 비용이 매우 많이 소요되어 틈새시장에만 사용된다.

8. 수퍼캐패시터

   울트라 캐패시터라고도 알려진 이 기술은 쌍을 이루는 급속 전극으로 이루어져 있으며 각 전극이 한 면에 활성화된 탄소 물질이 부착되어 있다. 활성화된 탄소 측면은 종이 막으로 분리된 후 패키지로 감아올려 진다. 수퍼캐패시터의 동작은 물리적이고 가역성이 있는 이온의 활동으로 충전되고 방전되는 정전기학적인 영향에 따라 달라지게 된다. 결과적으로 울트라캐패시터와 축전지 기술 사이에는 500,000회까지 가능한 충방전 회수뿐만 아니라 저장수명, 운전수명을 포함하여 근본적인 물질에도 차이가 존재한다.

9. 초전도 전력저장 시스템(SMES)은 초전도 코일에 직류 전류를 흐려 생성된 자기장에 에너지를 저장 한다. 전형적으로 코일은 냉각기로 절연된 액체 헬륨에 담아서 4.2K의 진공상태에서 초전도상태로 유지된다. 전력전자 컨버터가 SMES를 전력망에 연계하고 에너지 흐름을 양방향으로 제어한다. 최근 실온에 가까운 온도에서 초전도성을 나타내는 재료가 개발되어 이 기술은 경제적으로도 타당성을 확보하게 될 수 있을 것으로 기대된다.

10. 열 또는 냉 저장. 열을 사용하는 것은 전력시스템 운영에서 오랫동안 사용해온 저장방법이다. 영국에서도 "white metre 경부하 요금제"와 최근의 "Economy 7 요금제"가 모두 원래는 열 저장기를 충전하기 위한 것이었는데 최근에는 전력시스템에서 열이나 냉각 저장장치를 사용하기 위한 방법들이 검토되어 오

고 있다. 이러한 기술들은 각 소비자들의 전열기와 냉장시스템이 소비하는 전력을 조정하는 것인데 이는 전력시스템 전반의 전력수급에 도움을 줄 수 있다. 이러한 예가 다음 절에서 설명된다.

3.8.3 동적 수요제어

기존의 수백만 소비자의 전기기구에 저장되어 있는 에너지를 활용하기 위한 동적 수요제어(Dynamic Demand Control)도 연구되고 있다. 이 기법은 계통 주파수를 감시하여 전기기구를 적절히 켜거나 끔으로써 전기기구 사용을 전력망 운영에 적절히 협조하도록 하며 초기에는 냉장고와 냉동고가 그 적용대상이 되었다.

냉장고는 밤낮을 가리지 않고 모든 계절에 가동되기 때문에 주파수제어에 항상 참여할 수 있다. 영국 전력망에서 냉장고로 인한 총 전기에너지 수요는 연간 16.7TWh로 예측되며 이는 평균적으로 1.9GW의 부하에 해당된다. 냉장고 부하는 기온에 따라 달라지며 겨울부하가 여름부하의 2/3에 해당되고 주간부하가 야간부하보다 약간 높다. 냉장고는 상당한 스위칭을 견디도록 설계되기 때문에 제품의 특성과 사양에 따라 5분에서 1시간 단위의 스위칭 사이클을 가진다. 따라서 이러한 주파수 제어에 참여하게 되더라도 추가되는 스위칭이 문제를 일으키지 않을 것이다.

예를 들어 3.7.2절의 전력시스템 모델은 DDC 냉장고가 포함되었고 이를 위해 DDC 냉장고가 모델링되었다. 서로 상관관계가 없는 24.9백만 개의 전기기구(영국 1가구당 한대)와 수용응답이 가능한 1320MW의 등가 부하에 대해 2000MW의 예비력을 가지고 풍력발전의 출력변동에 대한 응답을 분석하였다. 그림 3.2.1은 DDC를 가지는 계통이 예비력이 더 적음에도 주파수 변동이 더 작게 나타남을 보인다. 이는 모의해석된 제어기가 발전기 조속기보다 주파수 변동에 더 빨리 응답했기 때문이다.

그래프는 또한 DDC를 가진 경우와 없는 경우 계통 주파수가 운영기준인 49.8Hz 이하로 떨어짐을 보인다. 하지만 DDC를 가지는 계통이 더 많은 시간여유를 가지게 된다. 또한 DDC가 없을 때 주파수가 운영범위 이하로 떨어진 이후 2시간까지도 DDC가 있는 경우에는 주파수가 운영기준 이하로 떨어지지 않는다. 따라서 전력망 운영자가 응답속도가 다소 느린 방법(따라서 더 경제적이고 효율적인)까지 고려하여 전력수급을 유지할 수 있게 된다. 또한 이러한 시간지연은 발전기가 전력시장을 통해 더욱 경제적으로 급전될 수 있도록 해준다.

동적 제어가 가능한 부하를 많이 확보하는 것은 전력수요의 갑작스러운 증가나 감소시에 그리고 풍력이나 다른 신재생에너지의 출력이 흔들릴 때 주파수 안정화와 전력의 평활화에 많은 도움이 된다고 할 수 있다. 실제 계통에 적용되는 경우 이런 설비들은 일부 예비력을 대체할 수 있고 이에 따라 나머지 발전기들의 조속기 동작을 상당히 줄여주게 된다. 이때 대체되는 예비력의 양은 얼마나 낮고 긴 시간동안 주파수 왜곡을 견딜 수 있는가와 응답속도가 늦은 예비 발전기의 가용도에 따라 달라지지만 접속된 동적제어 부하의 양만큼이 될 수 있다.

동적제어로 운전될 수 있는 잠재수요는 상당하다. 가정용 냉장고, 산업 및 상업용 냉장고, 에어컨. 온수시스템 등이 DDC를 제공할 수 있다. 특히 선진국의 잠재력 용량은 수 GW에 달할 것이다. 앞으로 잠재적으로 유용한 이러한 기술들이 신재생에너지원의 출력변동을 줄이는데 적용될 수 있을지는 앞으로의 기술개발에 달려있다고 할 수 있다.

참/고/문/헌

[1] Laithwaite, E.R. and Freris, L.L. *Electric Energy: Its Generation, Transmission and Use*, McGraw - Hill, Maidenhead, 1980.

[2] 'Ancillary service provision from distributed generation', DTI report, Contract No. DG/CG/00030/00/00, URN No. 04/1738, UK.

[3] 'National Grid Seven Year Statement', available from www.nationalgrid.com /uk/library/documents .

[4] 'The costs and impacts of intermittency', Report by UKERC, Imperial College, London, March 2006 .

[5] Farmer, E.D., Newman, V.G. and Ashmole, P.H. 'Economic and operational implications of a complex of wind - driven power generators on a power system' , *IEE Proceedings A*, 1980, **127** (5).

[6] Sinden, G. '*Wind power and the UK wind resource'*, Environmental Change Institute, University of Oxford, 2005 .

[7] Van Hulle, F. 'Large scale integration of wind energy in the European power supply: analysis, issues and recommendations', Report by EWEA, December 2005 .

[8] 'ILEX Energy Consulting and UMIST at quantifying the system costs of additional renewables in 2020', A Report of DTI and UMIST, October 2002 .

[9] Grubb, M.J. 'Value of variable sources on power systems', *IEE Proceedings C*, March 1991, **138** (2).

[10] Grubb, M.J. 'The integration of renewable energy sources', *E nergy Policy*, September 1991.

[11] Parsons, B. and Milligan, M. 'Grid impacts of wind power: a summary of recent studies in the United States', in European Wind Energy Conference, Madrid, June 2003 .

[12] Milborrow, D. 'Forecasting for scheduled delivery', *Wind Power Monthly*, December 2003, **19** (12), p. 37.

[13] Milborrow, D. 'False alarm', *IEE Power Engineering*, April/May 2005.

[14] Sinden, G. 'The practicalities of developing renewable energy stand - by capacity and intermittency', Submission to the Science and Technology Select Committee of the House of Lords, Environmental Change Institute, University of Oxford.

[15] Kariniotakis, G., Marti, I., *et al*. 'What performance can be expected by short - term wind power prediction models depending on site characteristics?' in Eropean Wind Energy Conference (EWEC 2004), London, 2004 .

[16] 'Wind power in the UK', Sustainable Development Commission, UK, 2006.

[17] Sinden, G. 'The practicalities of developing renewable energy. Stand - by capacity and intermittency', Submission to the Science and Technology Committee of the House of Lords' Environmental Change Institute,

University of Oxford.

[18] Streater, C.J.M. 'Scenarios for supply of 100% of UK energy requirements from renewable sources', REST MSc Thesis, Department of Electronic and Electrical Engineering, Loughborough University, UK.

[19] Barret, 'Integrated systems modelling', Chapter in *Renewable Electricity and the Grid* (ed. G. Boyle), Earthscan, 2007 .

[20] 'Planning of the grid integration of wind energy in Germany onshore and off - shore up to the year 2020', in International Conference on *The Integration of Wind Power into the German Electricity Supply*, Berlin, May 2005.

[21] Short, J.A., Infi eld, D.G., Freris L.L. 'Stabilization of Grid Frequency through Dynamic Demand Control' *IEEE Transactions on Power Systems*, **22**, 3, August 2007.

[22] Kundur, P. *Power System Stability and Control*, McGraw – Hill, Maidenhead.

[23] Tilley, A.R. and Bull, R.N. 'The Zebra electric vehicle battery – recent advances', in Proceedings of the Autotech' 97 Conference, NEC, Birmingham, UK, 4 – 6 November 1 997.

Other Useful Reading

Barton, J.P. and Infi eld, D.G. 'Energy Storage and its Use with Intermittent Renewable Energy' *IEEE Transactions on Energy Conversion*, **19** (2), June 2004.

Hartnell, G. 'Wind on the system - grid integration of wind power', *Renewable Energy World*, March –- April 2000, **3** (2).

Holt, J.S., Milborrow, D.J. and Thorpe, A. 'Assessment of the impact of wind energy on the CEGB system', CEC Brussels, Contract No. EN3W - 0058 - UK.

Patterson, W. *Transforming Electricity*, Earthscan, 1999. This book gives a readable, informative and entertaining account of the development of power systems over the past century.

'Wind power in the UK', Report by the Sustainable Development Commission, UK, May 2005.

CHAPTER 04

전력생산 및 조절

4.1 신재생에너지의 전기에너지 변환

신재생에너지는 다양한 형태로 이용 가능하다. 독특하게, 바이오매스(Biomass)는 연소가능 연료의 형태로 이용 가능하여 일반적인 화석연료와 유사한 역할을 할 수 있다. 전기를 생산하기 위해, 다른 신재생에너지는 전통적인 연료를 사용하는 시스템과는 다른 많은 변환단계를 요구한다.

- 풍력에너지는 운동에너지 형태로 이용가능하다. 풍력터빈의 기능은 바람으로부터 에너지를 추출하고, 이 에너지를 발전기 입력에 적합한 기계적 에너지 형태로 변화시키는 것이다. 변환효율의 개선 및 다른 운전상의 이유로, 발전기는 전력전자 컨버터를 통해 계통에 접속될 수 있다.
- 조수 (위치) 또는 수류 (운동) 에너지를 이용하는 수력발전은 이 에너지를 회전기계에너지로 바꾸기 위한 터빈을 필요로 하며, 이 기계에너지는 발전기를 통해 다시 전기에너지로 변환된다.
- 조수 효과에 의한 물의 운동에너지는 육지의 풍력터빈과 같은 기술을 사용하는 수중 '풍력터빈'을 통해 얻어질 수 있다.
- 파력에너지 변환은 대개 파도의 저주파 에너지를 유압에너지로 변환시키는 특별히 설계된 장치를 필요로 하며, 이 장치가 발전기를 구동시킨다. 이와는 다른 개념으로 파도의 오르내림(낙차)이 발전기에 연결된 터빈에 공기를 공급하도록 하여 발전하는 시스템도 있다.
- 태양에너지는 자외선에서 적외선 범위의 복사선을 이용한다. 이 에너지의 전기에너지로의 변환은 터빈을 구동하기 위해 증기를 발생시키는 태양로 (solar furnaces)를 이용하여 열적으로 가능하거나, 혹은 반도체 접합에서 전하를 분리하기 위해 복사선을 이용하는 반도체 태양광 (PV) 장치를 통해 가능할 수 있다. 태양광 기반시스템의 효율적 운전은 전력전자 컨버터를 통해 계통을 태양광 어레이(array)에 접속하여 이룰 수 있다.

위에서 언급된 내용들로부터, 태양광 시스템을 제외한 모든 신재생에너지는 기계에너지를 전기에너지로 변환하기 위한 최종단계에 발전기를 필요로 함을 알 수 있다. 이번 장에서는 신재생에너지에 특히 많이 사용되는 두 종류의 발전기, 즉 동기기와 비동기기 타입의 발전기에 대한 동작원리를 소개하고자 한다. 추가적으로 다중전압 (multivoltage level) 전력시스템에서 흔히 사용되는 장치인 변압기의 동작원리 역시 간략하게 다루고자 한다. 변압기 동작을 이해하는 것은 비동기기 타입 발전기의 학습을 위해 필수적인 전제조건이다.

전력전자시스템은 태양광에너지 분야에서 필수적이며, 풍력발전 분야에서도 역시 그 중요성이 점점 더 커지고 있다. 전력전자 반도체와 컨버터에 대한 검토는 끝에서 두 번째 부분 즉 4.5절에서 다루어 질 것이다. 마지막으로, 발전기 또는 전력적자 컨버터가 태양광 및 풍력 발전시스템에서 어떻게 사용되는지에 대한 설명으로 본 장을 마무리 한다.

변수가 벡터, 페이저 혹은 복소수인 경우 기호는 굵게 표현하였으며, 스칼라인 경우는 보통 글씨체로 표현하였다.

4.2 동기발전기

4.2.1 구조 및 운전모드

발전기에서 기계적 입력은 전기적 출력으로 변환된다. 이러한 에너지변환 과정이 어떻게 이루어지는지 이해하기 위해 기초물리학을 간단히 검토하는 것은 매우 유용하다. 전자기 유도 패러데이 법칙에 의해, 균일 자속밀도 B(Tesla)의 자기장에서 u(m/s)의 속도로 움직이는 길이 l(m)의 도체는 각 물리량 l, u 및 B가 수직이라면 도체에는 다음과 같은 유도전압 v가 발생한다.

$$v = Blu \quad \text{(volt)} \tag{4.1}$$

식 (4.1)로 표현된 기계량 (u)에서 전기량 (v)의 변환과정은 자기장 (B)을 통해 매개된 것이다. 더 높은 발전전압을 얻기 위해 높은 자속밀도, 긴 도체길이 및 가능한 높은 속도가 필요하다는 것을 식 (4.1)로부터 알 수 있다. 이상의 요구조건은 발전기

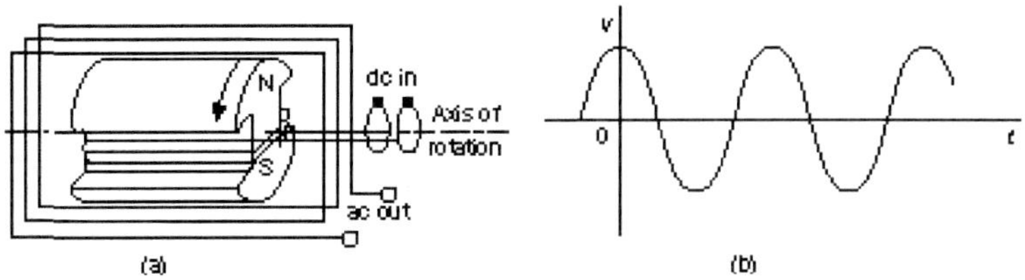

그림 4.1 2극 동기 발전기.

의 기계-자기-전기적 구조가 직선형 보다는 회전형일 때 특히 잘 부합한다. 실제로, 도체가 정지하고 자계가 움직이는 형태의 구조가 선호되고 있다. 도체가 움직이지 않는 구조는 절연 및 전기적 연결이 쉬워지고, 주 권선에 작용하는 원심력이 존재하지 않는다.

그림 4.1(a)는 교류기 혹은 동기 발전기로 알려진 AC 발전기의 개념도이다. 여기서 고정자 즉, 권선을 형성하는 도체는 정지해 있고, 자속원(the source of magnetic flux)은 회전한다. 자속원은 그림에서와 같이 계자권선이 감겨진 N과 S로 표시된 극을 갖는 회전자이다. 계자권선은 슬립링을 이용한 미끄럼 접촉을 통해 외부 직류전원으로부터 여자(excited)된다. 주 권선이 움직이지 않는 구조를 선호하는 추가적인 이유는 계자와 관련된 직류전력이 고정자 권선에 의해 전달되는 전력에 비해 매우 작기 때문이다. 사실, 계자권선은 영구자석이 부착된 회전자에 의해 완벽하게 대체 가능하다. 각 여자 형태의 장점 및 단점 모두 후에 논의될 것이다.

그림 4.1(a)에서 회전자에 의한 자속밀도는 자극 축 위쪽 방향 (N극)에서 양의 최대값, 자극 축에 90도 (N극과 S극 중간)에서 0, 자극 축에 180도 (S극)에서 음의 최대값을 갖는다. 방정식 (4.1)에서, 계자권선이 일정한 각속도로 회전할 때 극성이 변화하는 전압 (교류전압)이 발전됨을 알 수 있다. 왜냐하면 도체에 쇄교하는 자계가 각 회전 당 양 혹은 음의 최대값으로 증가 혹은 감소를 각각 연속적으로 되풀이하기 때문이다. 고정자 권선의 적절한 공간적 분포와 회전자 자극면의 형상 가공에 의해, 그림 4.1(a)의 고정자 출력단에 생기는 발전전압은 그림 4.1(b)와 같은 정현파형에 가깝게 만들어 질 수 있다. 회전자의 완전한 한번의 회전이 완벽한 주기의 정현파 발전전압을 만든다는 것은 분명한 사실이다. 이런 이유로, Hz (cycles/sec) 단위로 표현되는 발전전압의 주파수는 rps (revolutions per second) 단위로 표현되는 각속도와 동일한 값을 갖는다.

부록 A는 3상 교류 시스템이 전기에너지의 발전, 송전, 소비에 이르기까지 광범위하게 사용되어짐을 기술하고 있다. 그 이유 중 하나는 동기발전기가 특히 3상 전압 발전에 적합하기 때문이다. 3상 권선이 시행된 경우, 교류기는 전류가 흐르는 구리와 자속이 지나는 철을 최적으로 사용한다. 그림 4.2(a)는 3개의 서로 다른 권선을 나타내는데, a, b, c 및 a', b', c'는 각각 3상 권선의 시작과 끝을 나타낸다. 각 권선의 기준 축은 서로 공간적으로 120°의 위상차를 갖는다. 결론적으로 회전계자에 의해 고정자 권선에 유기되는 각 상 전압은 시간영역에서 1/3주기만큼 이동하기 때문에, 그림 4.2(b)로 표현되는 3상 발전전압을 얻을 수 있다.

3상 고정자 권선에서 우수한 출력을 얻기 위한 효과적인 구조가 그림 4.3에 제시되었다. 여기서 고정자 권선은 원통형 자성체의 슬롯에 삽입되어 분포되어 있음을 알 수 있다. 회전계자에 의해 발생되는 자속밀도 $\boldsymbol{B}$와 자속 $\boldsymbol{\varphi}$는 대략 식 (4.2)로 주어지는 기자력 $\boldsymbol{F}$(A 권선수)에 비례한다.

$$F = N\ I_f \tag{4.2}$$

여기서 N은 회전자 계자권선의 권선수이고 (그림 4.3의 회전계자는 한 턴의 계자권선을 갖는다.) I_f는 계자권선에 흐르는 계자전류 또는 여자전류이다. 실제 전기기기에서, 회전자 자극 면과 원통형태의 고정자 내부 표면 사이의 공극은 작게 만든다. 그리고 원통형 고정자는 자속의 흐름이 원활하도록 자기저항을 최소화시킬 수 있는 강자성체로 만들어진다. 따라서 크지 않은 계자전류 I_f로부터 큰 반지름방향 자속이 얻어질 수 있다.

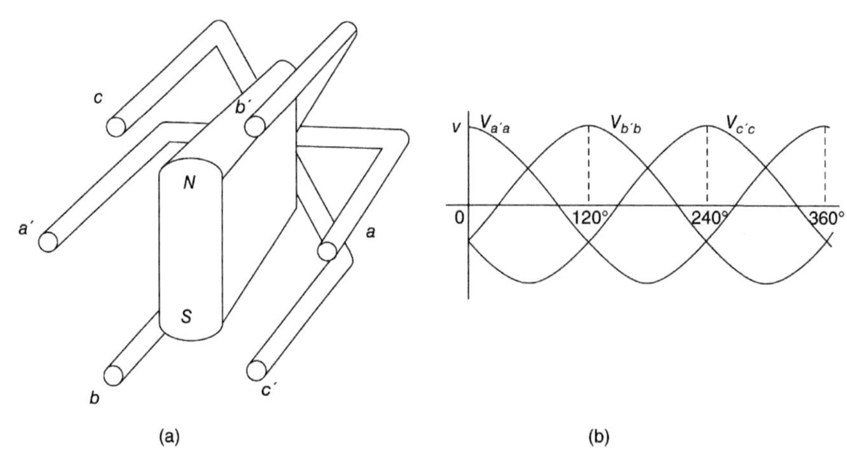

그림 4.2 3상 동기발전기 기본 원리

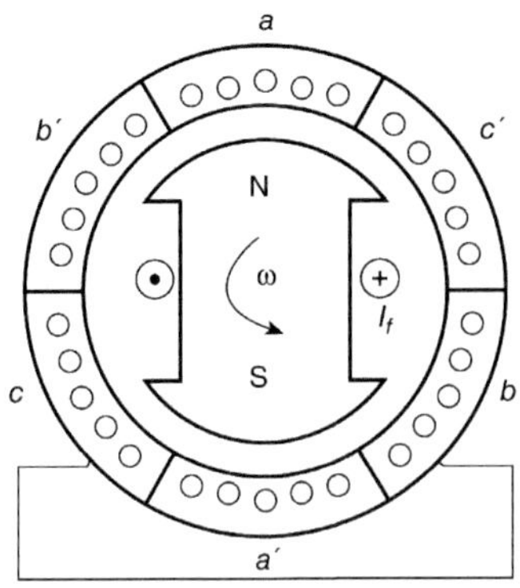

그림 4.3 실제 3상 동기발전기

권선의 도체가 자속을 쇄교하는 주변속도는 각속도 ω에 비례한다. 식 (4.1)과 (4.2)로부터, 발전기의 고정자에 유기되는 전압은 식 (4.3)으로 주어진다.

$$V = k\omega I_f \tag{4.3}$$

여기서 k는 각 권선의 권선수, 공극 길이, 슬롯내의 도체 분포, 기하학적인 구조 및 자속이 통과하는 강자성체의 재질에 따라 값이 변하는 비례상수이다. 전기기기 설계자들은 동기 발전기를 설계할 때 이러한 모든 요소를 반영하는데, 이는 최대의 효율 및 최저의 재료가격으로 기계적 입력을 전기적 출력으로 변환하기 위함이다.

지금까지 독립형태의 교류기에 대한 설명을 다루었다. 기계적 입력에 의해 운전되는 회전자는 고정자 권선에 그림 4.2(b)와 같은 평형 3상 전압을 유도한다. 3상 평형 부하가 3상 고정자권선에 연결되면, 3상 평형전류가 부하측에 흘러 전력을 전달하게 된다. 이러한 단독 운전은 발전시스템에서 다소 예외적인 것이다.

4.2.2 회전자계

그림 4.2(a)에서 회전자를 제거하고 고정자권선에 3상 전원을 연결하면 어떠한 현상이 일어나는지에 대해 먼저 알아보자. 그림 4.4(a)는 그림 4.4(b)로 다시 표현된 3상 권선에 흐르는 평형 3상전류를 나타낸다. 고정자 권선 aa'에 정현파 전류 i_a가 흐를 때, 전류 i_a는 식 (4.2)에 의해 정현적으로 맥동하는 공간벡터 자계 F_a 및 ϕ_a를 그림 4.4(b)의 코일 aa'의 축을 따라 발생시킨다.

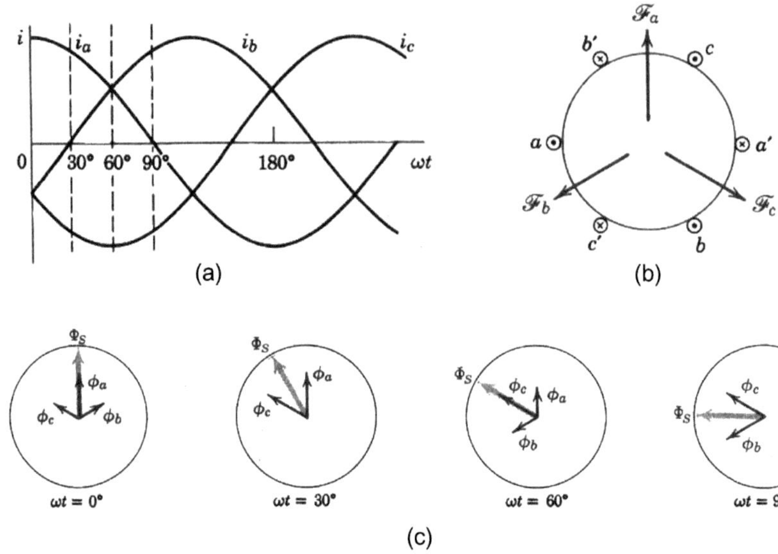

그림 4.4 회전자계의 발생

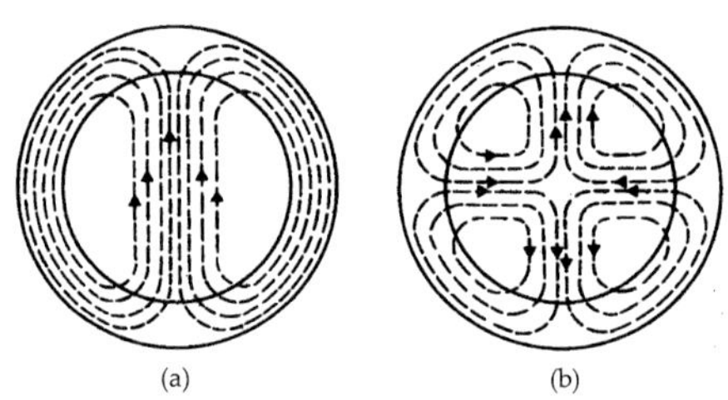

그림 4.5 극쌍 수가 1 및 2인 고정자

마찬가지로 그림 4.4(a)의 나머지 두 전류 i_b 와 i_c는 맥동자계 및 자속 F_b, ϕ_b 및 F_c, ϕ_c를 각각 코일 bb' 및 코일 cc'의 축을 따라 발생시킨다. 각 상에서 ⊗도체로 들어가 ⊙도체로 흘러나오는 양(+)의 전류는 그림 4.4(b)에 표시된 방향으로 기자력 **Fa, Fb** 및 **Fc**를 발생시킨다.

그림 4.4(a)에서 $\omega t = 0^\circ$ 일 때, i_a는 양의 최대 값을 갖고, i_b 및 i_c는 음의 최대값의 반에 해당하는 값을 갖는다. 이 때, 공간에서의 자속분포는 그림 4.4(c)의 $\omega t = 0^\circ$ 인 그림에서와 같이 합성된다. 이 그림에서 고정자 자속 Φ_s는 3상 자속의 공간벡터 합이다. $\omega t = 30^\circ$ 일 때, 3상전류의 각 크기가 변하기 때문에 합성고정자 자속 벡터가 30°만큼 반시계방향으로 이동한다. $\omega t = 60^\circ$ 일 때, 3상전류의 각 크기

는 다시 변화하고, 합성고정자 자속 벡터 역시 반시계방향으로 30°만큼 더 이동한다. 전원주파수의 한 주기 동안 고정자 자속벡터 Φ_s는 정확히 1회전을 할 것이다. 예를 들어, 50Hz 전원에 대해 자속 벡터는 1/50초에 1회전을 한다는 것이다. 즉, 자속벡터가 1초에 50회전을 한다는 의미이다. 회전자계는 3상 권선의 공간적 분포와 이 권선들에 흐르는 전류의 시간적 분포에 의해 생성된다고 기술할 수 있다. 이 이론은 3상 발전기 혹은 전동기의 운전에 매우 중요한 개념이다.

요약하면, 그림 4.3의 원통형 고정자 공간 내부에 관측자가 있다면, 그 관측자는 50Hz 및 60Hz전원에 대해 각각 1분당 $50\times60=3000$바퀴 및 $60\times60=3600$바퀴 회전하는 N-S극 쌍을 관측할 것이다. 이 회전속도는 50Hz 및 60Hz 시스템에서 극쌍 수가 1인 권선에 대한 동기속도이다. 고정자 권선은 하나의 극쌍 수뿐만 아니라 여러 개의 극쌍 수를 갖도록 배열할 수 있다. 예를 들어, 극쌍 수가 2인 고정자 권선 배열은 각 상에 대해 2개의 분리된 권선으로 구성될 것이며, 각 상 권선의 변은 그림 4.3의 60° 간격이 아닌 30° 간격으로 배치될 것이다. 이러한 배열을 갖는 고정자가 50Hz 시스템 하에서 1/50초 동안 발생하는 회전자계는 360도가 아닌 180도를 회전할 것이다. 극쌍 수가 1 및 2인 교류기에 의해 생성된 자계 분포는 각각 그림 4.5(a) 및 (b)에 나타내었다.

이러한 회전자계의 특성은 위에 언급된 그림의 배수로 회전하는 회전자계를 만들기 위해 전기기기 설계자들에 의해 이용된다. 이러한 기기가 유용한 이유는 다음 절에서 설명될 것이다. (rad/sec)의 단위를 갖는 동기속도 ω_s, 주파수 f 및 극쌍 수 p와의 관계는 다음 식으로 표현가능하다.

$$\omega_s = \frac{2\pi f}{p} \tag{4.4}$$

표 4.1 극쌍 수와 동기속도 (rev/min)와의 관계

p	Rev/min(50Hz)	Rev/min(60Hz)
1	3000	3600
2	1500	1800
3	1000	1200
4	750	900
⋮	⋮	⋮
200	15	18

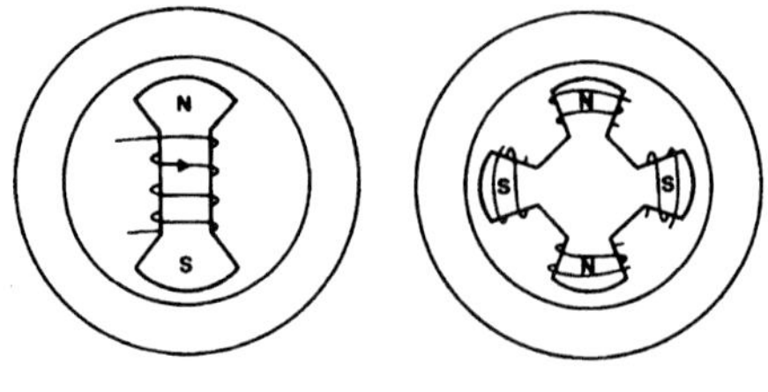

그림 4.6 극쌍 수가 1 및 2인 고정자에 대응되는 회전자 모양

4.2.3 계통연계 시 동기발전기 운전

교류기는 고정자의 원통형 내부에 회전자계가 존재한다면, 회전자가 결합되어야 한다. 그림 4.6은 그림 4.5의 자속 패턴을 갖는 극쌍 수가 1 및 2인 고정자에 대응되는 회전자 모양을 나타낸다. 먼저 극쌍 수가 1인 회전자를 고려하자. 회전자에 여자전류가 N-S극쌍을 만들기 위해 공급된다. 정지된 회전자에 대해, 고정자의 회전자계와 회전자 자계사이의 상호 작용은 가장 비효율적이다. 회전자계가 1회전당 20ms 또는 1초에 50회전으로 움직일 때, 회전자에 작용하는 유일한 효과는 회전자계 극쌍이 회전자 극쌍에 접근 후 추월해 나갈 때의 맥동토크이다. 회전자 관성으로 인해 회전자가 회전자계로 수 ms이내에 가속하거나 혹은 구속되는 것은 불가능하다.

이제 외부토크가 동기속도에 매우 근접한 속도로 회전자를 구동하기 위해 인가되어진 경우를 고려해 보자. 회전자계와 회전자의 속도차가 감소하여 거의 없어진다면, 어느 순간 회전자 N-S쌍은 회전자계 S-N 극쌍에 구속되고, 두 전자석 시스템은 동기화되어 회전할 것이다. 외부토크를 제거하고 마찰손 및 풍손과 같은 손실이 없다고 가정하면, 동기기에 연결된 전력망으로부터 전기적으로 혹은 샤프트로부터 기계적으로 어떠한 입력전력 없이 회전자는 동기속도로 계속하여 회전할 것이다. 시스템의 이러한 상태를 무부하 상태라 하며, 이때의 시스템은 전동 및 발전 모드 사이에 걸쳐 있다고 여겨질 수 있다.

동기기에서 구속된 자극 쌍의 속도는 고정된다. 왜냐하면 미리 정해진 무한 모선 주파수로 인해 회전자계 속도가 고정되기 때문이다. 그러나 두 개의 구속된 자극 축(회전자계 자극 축 및 회전자 자극 축)의 상대적 원주 위치는 고정되어지지 않고, 에너지변환 방향을 조절하는 역할을 한다. 만약 외부 제동토크 Q_t가 회전자 축에 인가된다면, 회전자는 동기속도 ω_s로 회전을 계속할 것이며, 회전자 자극 축은 회전자계의 자극 축에 비해 공간적으로 뒤질 것이다. 자극 쌍들의 비정렬에 의해 발생하는 수평자기장력은 전자기 에너지변환의 핵심요소이다. 기계적 출력 P_m은 다음 수식으로 표현된다.

$$P_m = Q_t \omega_s \tag{4.5}$$

식 (4.5)는 회전자 축으로부터 뽑아내는 기계적 출력이다. 따라서 에너지 변환원리가 만족된다면, 동일한 양의 전기적 입력이 기기가 연결된 전기시스템으로부터 공급되어야만 한다. 이때의 동기기는 전동기로 동작한다.

만약 외부 토크가 계속하여 증가하면, 회전자 자극축은 회전자계 자극축에 비해 앞서고, 기계적 입력이 회전자축에 공급될 것이다. 에너지변환원리에 의해 동일한 양의 전기적 출력이 계통에 공급된다. 이때의 동기기는 발전기로 동작한다.

신재생에너지 응용에서, 발전기는 높은 극쌍 수를 갖는데, 이는 낮은 회전속도에서 주전원의 주파수를 생산하기 위해서이다. 수력 및 풍력 터빈이 이러한 응용에 해당한다. 다극 배열은 특히 풍력터빈이 기어박스 없이 동기기에 직접 연결되어진 경우 유리하다. 만약 50Hz의 주파수를 갖는 전압이 15rev/min으로 회전하는 풍력터빈으로부터 생산된다면, 표 4.1로부터 극쌍 수가 200인 발전기가 필요함을 알 수 있다.

이러한 발전과정은 발전기가 연결된 전력망의 관점에서 논의될 것이다.

4.2.4 동기발전기 등가회로

전기시스템에서 전력 흐름을 분석하기위하여, 네트워크 혹은 회로모델에 결합될 수 있는 요소 대표모델이 필요하다. 5장에 설명된 회로 해석 도구들을 사용하기 위하여, 저항, 인덕터, 커패시터, 전입원 혹은 전류원 (부록 A)과 같은 기본 회로 요소들로부터 대표모델들을 만들어야 한다. 지난 수십 년간 전력공학 엔지니어들은 발전기의 전력망 모의를 위해 등가회로로 알려진 모델들을 발전시켜왔다.

전력 흐름의 근사 정상상태 해석을 위해, 가장 단순한 등가회로 형태의 동기발전기 모델이 필요하다. 예를 들어, 직류 배터리의 동작을 직렬저항을 갖는 전압원으로 표현하기 위하여, 부록 A에 설명된 테브난의 원리가 사용될 수 있다. 놀랍게도, 이 원리는 교류기만큼 복잡한 발전기의 동작을 양호한 근사화를 통한 단순한 회로로 묘사하는데 효과적으로 사용될 수 있다.

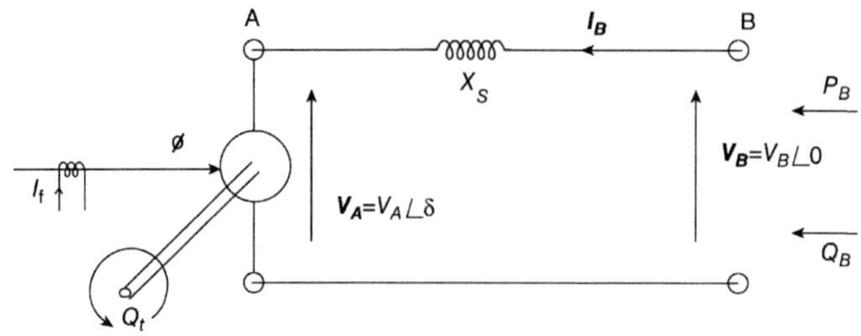

그림 4.7 동기기의 등가회로

이 변환 과정은 여기서 다루지는 않을 것이나, 전기기기에 관련된 책(예를 들어 참고문헌[2]) 에서나 알 수 있다. 본 교재는 독자가 교류 양을 표현하는데 페이저를 사용함에 친숙하다고 가정한다. 만약 독자가 이 개념에 친숙하지 않다면 부록에 있는 내용을 숙지해야 할 것이다.

그림 4.7에서, 발전기가 전압원 $\mathrm{V}_A = V_A\angle\delta$ (식 (4.3)의 발전전압 또는 '내부' 전압)와 동기리액턴스로 알려진 전원 임피던스 X_s로 구성된 단상 테브닌 등가회로로 단순화되었다. 동기리액턴스는 회전자와 고정자 자계사이의 복잡한 상호작용 모두를 하나의 집중요소로 나타낸 것이다. 에너지변환효율을 최대화시키기 위하여, 동기기는 가능한 작은 권선저항을 갖도록 설계된다. 따라서 고정자권선의 저항 값을 나타내는 전원의 저항성분은 여기서 생략되었다. 등가회로는 무한모선 즉 고정된 주파수 f와 고정된 전압 $\mathrm{V_B}= V_B\angle 0^\circ$ 를 갖는 전력망에 연결되었다. 여기서 0° 는 $\mathrm{V_B}$가 기준전압임을 의미한다.

외부의 두 제어인자, 즉 계자전류 I_f와 샤프트 토크 Q_t가 동기기의 성능, 결과적으로 등가회로의 동작에 어떻게 영향을 주는지에 대한 설명이 다루어 질 것이다. 식 (4.3)은 $|\mathrm{V_A}|$가 자속을 만드는 계자전류에 의존적임을 나타낸다. 회전자 자극축의 원주방향 위치가 샤프트에 작용하는 토크의 크기와 방향에 의존적임이 또한 알려져 있다. 부하각 δ는 $\mathrm{V_A}$를 발생시키는 회전자 자속 공간벡터의 축이 $\mathrm{V_B}$를 발생시키는 기기내의 합성 자속 공간벡터의 축보다 앞선 각도로 정의된다. 회전자계 벡터의 공간적 위치에서 부하 각은 등가회로에서 전압의 페이저 부하각과 같다. 가속 또는 발전 토크는 양의 부하 각을 만들어 $\mathrm{V_A}$가 $\mathrm{V_B}$를 앞서게 할 것이다. 감속 또는 전동 토크는 음의 부하 각을 만들어 $\mathrm{V_A}$가 $\mathrm{V_B}$보다 뒤지게 할 것이다.

4.2.5 전력전달 방정식

동기 발전기에 의해 계통에 전력이 전달되는 과정들을 알아보는 것은 흥미로운 일이다.

이 과정은 부록 A에 제시된 복소 전력의 개념에 의해 설명될 수 있다. 그림 4.7의 동기기가 연결된 계통을 고려해보자. 전력선 끝단 B에서의 복소 전력은 다음과 같다.

$$S_{\mathrm{B}} = V_{\mathrm{B}} I_{\mathrm{B}}^* \tag{4.6}$$

여기서 I_B는 키르히호프의 전압법칙을 사용하여 선간전압의 함수로 다음과 같이 표현가능하다.

$$I_B = \frac{V_{\mathrm{B}} - V_{\mathrm{A}}}{X_{\mathrm{S}}} \tag{4.7}$$

식 (4.6)을 식 (4.7)에 대입함으로써 다음으로 정리된다.

$$\begin{aligned} S_{\mathrm{B}} &= V_{\mathrm{B}} I_{\mathrm{B}}^* = V_{\mathrm{B}}\left(\frac{V_{\mathrm{B}} - V_{\mathrm{A}}}{X_{\mathrm{S}}}\right)^* = V_{\mathrm{B}}\left(\frac{V_{\mathrm{B}} - V_{\mathrm{A}} e^{-j\delta}}{-jX_{\mathrm{S}}}\right) = j\frac{V_{\mathrm{B}}^2}{X_{\mathrm{S}}} - j\frac{V_{\mathrm{A}} V_{\mathrm{B}}}{X_{\mathrm{S}}} e^{-j\delta} = \\ S_{\mathrm{B}} &= -\frac{V_{\mathrm{A}} V_{\mathrm{B}}}{X_{\mathrm{S}}}\sin\delta + j\left(\frac{V_{\mathrm{B}}}{X_{\mathrm{S}}}(V_{\mathrm{B}} - V_{\mathrm{A}}\cos\delta)\right) = P_{\mathrm{B}} + jQ_{\mathrm{B}} \end{aligned} \tag{4.7a}$$

여기서

$$\mathrm{P_B} = -\frac{V_{\mathrm{A}} V_{\mathrm{B}}}{X_{\mathrm{S}}}\sin\delta \tag{4.8a}$$

$$Q_{\mathrm{B}} = \frac{V_{\mathrm{B}}}{X_{\mathrm{S}}}(V_{\mathrm{B}} - V_{\mathrm{A}}\cos\delta) \tag{4.8b}$$

만약 앞에서 수행된 해석이 그림 4.7의 단자 A측에서 수행되어진 경우, 그 결과는 다음과 같다.

$$\mathrm{P_A} = -\mathrm{P_B} \tag{4.9a}$$

그리고

$$Q_A = \frac{V_{\mathrm{A}}}{X_{\mathrm{S}}}(V_{\mathrm{A}} - V_{\mathrm{B}}\cos\delta) \tag{4.9b}$$

식 (4.9a)는 시스템의 손실이 없기 때문에, 단자 B로 나오는 전력 P_B가 단자 A로 들어오는 전력 P_A와 같다는 사실을 입증한다. 스칼라 방정식 (4.8) 및 (4.9)는 전력시스템 기술에서 중요한데, 이는 이 방정식들이 계통 연계된 동기발전기의 유효 및 무효전력의 흐름을 설명하기 때문이다.

4.2.6 3상 방정식

동기기관련 방정식들이 3상의 특성에 관계없이 유도되어졌다. 식 (4.8)과 (4.9)에 사용된 전압이 상과 중성점 사이의 전압이라면, 이 방정식들은 W와 VAR로 각각 표현되는 단상 유효 및 무효전력을 나타낸다. 만약 전압이 kV급이라면, 전압의 제곱에 비례하는 유효 및 무효전력은 각각 MW 및 MVAR급이 될 것이다.

평형 3상 시스템에서, 3상 P와 Q는 상당 P와 Q의 3배가 될 것이다.

$$P_{3\varphi} = \frac{3V_{\mathrm{A}}V_{\mathrm{B}}}{X_{\mathrm{S}}}\sin\delta = \frac{\sqrt{3}\,V_{\mathrm{A}}\sqrt{3}\,V_{\mathrm{B}}}{X_{\mathrm{S}}}\sin\delta = \frac{V_{\mathrm{A1}}V_{\mathrm{B1}}}{X_{\mathrm{S}}}\sin\delta$$

여기서 V_{A1} 및 V_{B1}은 선간전압이다.

예제 4.1

10 옴의 동기리액턴스를 갖는 동기발전기가 11kV의 전력망에 유효 및 무효전력을 각각 5MW 및 2MVAR을 공급중이다. 발전기 내부전압을 계산하여라.

식 (4.8a) 및 (4.8b)를 정리하면

$$V_{\mathrm{A}}\sin\delta = \frac{XP}{V_{\mathrm{B}}}$$

그리고

$$V_{\mathrm{A}}\cos\delta = V_{\mathrm{B}} - \frac{XQ}{V_{\mathrm{B}}}$$

따라서

$$\tan\delta = \frac{XP}{V_{\mathrm{B}}^2 - XQ}$$

문제의 경우 $P = -5,\ Q = -2,\ V_B = 11,\ X = 10.$

따라서 $\delta = 19.52^{\circ},\ V_A = 13.6\mathrm{kV}$

4.2.7 4-상한 운전

손실없는 동기기가 외부 가동자에 의해 동기속도로 운전 중인 경우를 고려해 보자. 기기의 단자전압 (내부 발전전압)이 기기가 연결된 모선 전압과 같아질 때까지, 계자전류는 점진적으로 증가된다. 외부가동자의 정확한 속도 조절은 외부 장치를 통해 가능한데, 이 장치는 내부전압 V_A가 크기와 위상측면에서 모선 전압 V_B와 일치하는 순간을 찾아내는 역할을 한다. 이러한 동기화 과정을 거쳐서 동기기는 모선에 안전하게 연결될 수 있으며, 동기기가 계통에 연결될 때마다 동일한 과정이 수행되어야만 한다.

이제 가속토크가 가동자에 적용되는 경우를 고려해 보자. 이 때 부하 각 δ는 양의 값을 갖고, 식 (4.8a)에 의해 유효전력은 음의 값을 갖게 되어 전력시스템에 전력을 공급한다. 예상대로 기기는 발전기로 동작한다. 만약, 가동자에 제동토크가 가해지면, 즉 기기가 전동기로 작동하면, 부하 각은 음의 값을 갖고, 유효전력은 전력시스템으로부터 기기에 공급된다.

V_A가 V_B보다 커지도록 계자전류가 증가되고, 부하 각 및 유효전력이 0이 되도록 외부토크가 가해지지 않으면, 어떠한 일이 발생할지에 대해 알아보자. 식 (4.8b)에 의해, 무효전력은 음이 되고, 즉 동기기는 무효전력을 전력시스템에 공급하여 무효전력 발전기로 동작한다. 이러한 상태의 기기는 '과여자' 되었다고 한다.

반대로, $V_A < V_B$ 되도록 여자전류를 감소시키면, 무효전력의 흐름은 반대로 된다. 이 때 기기는 무효전력을 소비하고, '부족여자' 되었다고 한다.

동기기는 부록의 그림 A18에 표시된 사분면도에서 4상한 운전이 가능하다.

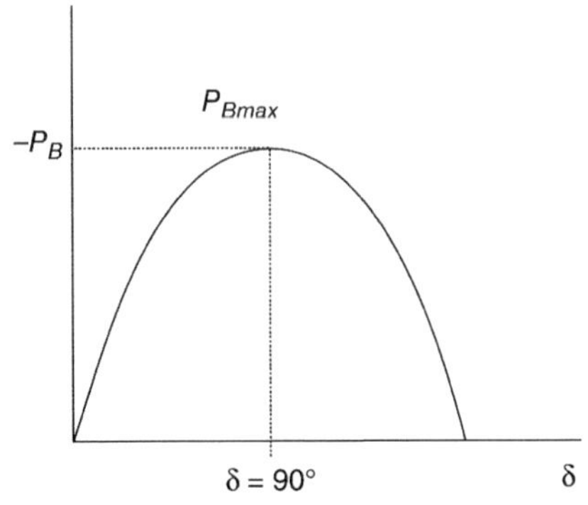

그림 4.8 동기발전기의 부하각 특성

4.2.8 부하각에 따른 전력 특성: 안정도

발전 유효전력의 부하각에 대한 의존성을 설명하기 위하여 식 (4.8a)를 그림 4.8로 표현하였다. 무한모선에 연결된 동기기는 $\delta = 90^\circ$ 일 때, 최대 유효전력 $P_{B\max}$를 발전할 수 있다. 추가적으로 가해지는 기계적 토크는 부하각이 90°를 넘도록 증가시킬 것이고, 결과적으로 전기적 출력의 감소를 가져온다. 물리적으로, 두 자계시스템 (고정자 회전자계 및 회전자 계자)과 연관된 자력들의 크기는 구속효과를 유지하기에는 불충분하다. 기계적 입력 및 전기적 출력사이의 균형은 깨지고, 초과된 기계적 입력은 회전자를 동기속도 이상으로 가속시킨다. 결국, 동기발전기는 안정한 전력 변환기로 작동되지 못한다. 이러한 불안정한 상태에서, 동기발전기는 동기화 상실 상태 즉 회전자가 무한모선 전압 V_B보다 더 높은 주파수의 내부전압 V_A를 발전한다. 큰 과전류를 유발하는 'pole slipping'으로 알려진 조건에서의 운전은 매우 불안정하여, 보호장비가 계통과 동기기를 분리시키는 역할을 수행할 것이다.

시스템의 비상사태동안, 동기발전기의 부하각 변화를 유발하는 갑작스런 과도상태가 발생할 수도 있다. 'pole slipping'을 방지하도록 하는 안정도 여유를 확보하기 위하여, 동기발전기의 정상상태 부하각은 30° 아래로 유지된다. 전력시스템 안정도는 모든 전력망 요소들을 특정짓는 미분방정식의 연립 해를 포함하여 주요한 주제임에 틀림이 없다. 이는 본 책의 주제 범위를 벗어나지만, 계통에 커다란 신재생에너지원을 연결하는 것이 전력시스템 동적상태를 변경시킬 것이라는 사실은 말할 가치도 없이 자명한 일이다. 따라서 새로운 시스템의 안정도 여유를 평가하기 위하여, 많은 연구가 요구된다.

4.3 변압기

4.3.1 변압기 기초

변압기는 임의의 전압범위로 운전되는 전력시스템에서 필수적인 요소이다. 변압기 운전에 대한 설명이 풍력터빈에 주로 사용되는 유도발전기의 동작원리를 이해하는데 유용한 도움을 주기 때문에 이 책에 포함되었다.

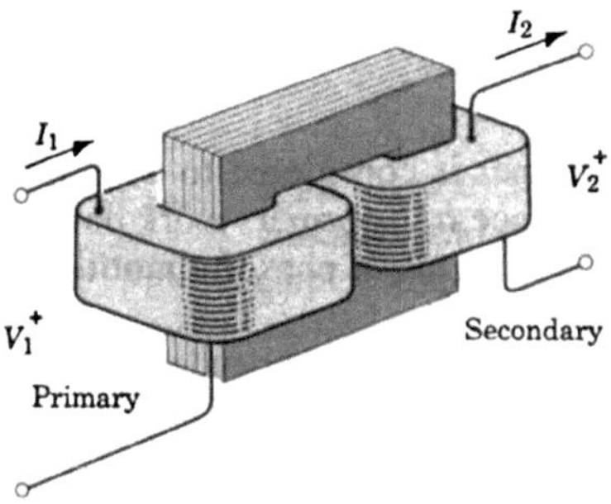

그림 4.9 변압기

인덕턴스의 특성들은 부록에서 논의되었다. 대개 코일의 형태로 감겨진 인덕터에 전류가 흐르면 자속이 발생한다. 이 자속은 코일의 턴들에 혹은 권선에 쇄교하며, 만약 전류 및 자속이 증가 혹은 감소하면 권선에 전압을 유기시킨다. 만약 한 인덕터에 의해 생성된 시변자계가 이웃한 다른 인덕터 권선의 턴들에 쇄교하면, 이 이웃한 인덕터에 전압이 유도된다. 이 현상은 상호인덕턴스로 설명되며, 변압기는 이러한 효과를 이용하기 위하여 제작된 장치이다.

공통의 자속경로로 결합된 두 인덕터를 갖는 시스템에서, 한 인덕터에서 다른 인덕터로 에너지를 전달하는 것은 가능하다. 이를 위해서는, 자계의 세기는 지속적으로 변해야만 한다. 그렇지 않으면 어떠한 전압도 전원이 가해지지 않은 권선에 유도되지 않을 것이다. 따라서 변압기는 교류 장치이다. 변압기에서 전원이 가해지는 권선을 1차 측이라 하고, 전원이 연결되지 않은 권선을 2차 측이라 한다.

그림 4.9는 변압기의 개념도이다. 1차측 권선은 교류전원 V_1에 연결되었다. 권선은 크고 튼튼하며 폐회로를 갖는 강자성 코어에 원형으로 감겨 있다. 이 코어는 주변의 공기와 비교하여 자속이 잘 흐를 수 있도록 매우 작은 자기저항을 갖는다. 자속의 원활한 흐름을 위한 매우 작은 자기저항으로 인해, 자화전류로 일려진 매우 작은 전류가 기자력 생성을 위해 요구된다. 이 기자력은 V_1과 정확히 평형을 이루는 전압을 1차측 권선에 유도시킨다. 이 작은 자화전류의 효과는 무시될 수 있다. 또한, 강자성체의 작은 자기저항으로 인해, 생성된 자속 모두는 오직 자성체 코어 내에서만 흐른다고 가정될 수 있다. 즉 권선 주변 공기중에 발생하는 아주 작은 양의 누설자속 또한 무시될 수 있다. 이 결과 1차측 권선에 쇄교한 자속량과 정확히 일치하는 자속이 변압기 코어에 원형으로 감긴 2차측 권선에 쇄교한다고 볼 수 있다. 마지막으로, 권선이 큰 단면적을 갖는 동선으로 구성되었다고 가정한다면, 권선의 저항 역시 무시될 수 있다. 위에서 언급된 단순화 가정들로부터 이상적인 변압기 개념을 유

추할 수 있다.

이상적인 변압기에서 $d\phi/dt$로 변화하는 자속이 권선수 N의 인덕터에 쇄교하여 유도되는 전압은 N에 비례한다. 그림 4.9의 변압기에 대해, 다음 수식이 적용된다.

$$\frac{V_1}{V_2} = \frac{N_1}{N_2} \tag{4.10}$$

전류 I_2를 흐르게 하여 전력 $V_2 I_2$를 2차측으로부터 빼내게 하는 저항이 2차측에 연결되었다고 가정하자. 에너지 보존 법칙에 의해 이 전력은 1차측에 연결된 전원으로부터 공급되어진다. 1차측 전류 I_1은 다음 수식으로부터 결정될 수 있다.

$$V_1 I_1 = V_2 I_2 \tag{4.11}$$

그리고 식 (4.10)으로부터

$$\frac{I_1}{I_2} = \frac{N_2}{N_1} \tag{4.12}$$

이상적 변압기의 2차측 권선의 무부하 및 단락회로는 각각 1차측의 무부하 및 단락회로로 여겨짐을 주의하자.

동일한 1차 및 2차측 권선을 갖는 이상적 변압기는 같은 전압 및 전류를 양 측 모두의 권선에 나타내게 할 것이다. 이상적인 세상에서는 부하가 1차측 전원에 직접 연결되어도, 변압기는 전기적 에너지를 1차측에서 2차측으로 전달할 것이다. 그러나 이러한 일은 실제적으로 불가능함을 알게 될 것이다. 그럼에도 불구하고, 변압기는 가동자 없는 매우 효율적인 전력전달 장치이다.

변압기로 인해 장거리 송전선 설치가 가능하다. 이는 변압기를 사용하여 부하를 갖는 발전소에 연결된 전력선의 저항손 저감을 위해 교류전압을 높이고, 전류를 줄일 수 있기 때문이다. 1차측에서 2차측으로 전압이 증가하는 변압기를 '승압형' 변압기 (2차측 권선수가 1차측 권선수보다 많다)라 한다. 반대로, 1차측에서 2차측으로 전압이 감소하는 변압기를 '강압형' 변압기라 한다.

4.3.2 변압기 등가회로

앞에서 변압기의 원리에 대해 알아보았다. 다음으로 해야 할 것은 전기시스템에서

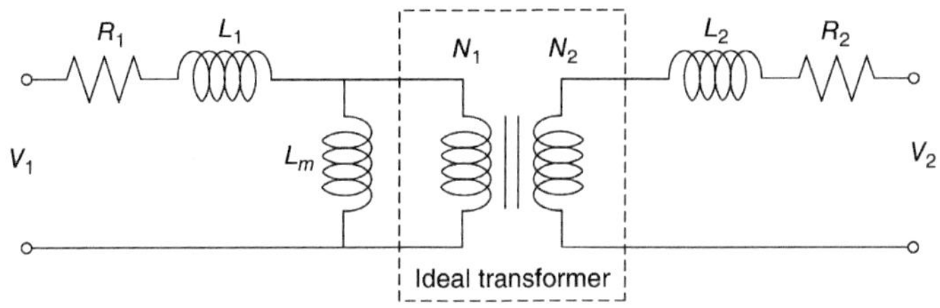

그림 4.10 변압기 등가회로

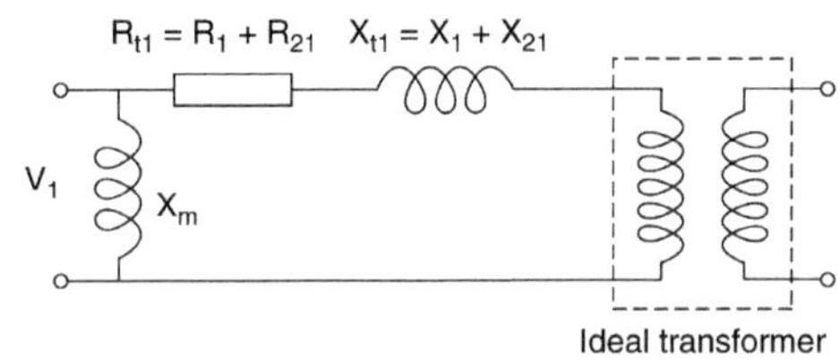

그림 4.11 단순화된 변압기 등가회로

전력 흐름을 결정하기 위하여, 변압기의 동작을 실제적으로 모의 가능한 등가회로를 개발하는 것이다. 그림 4.10은 이러한 등가회로가 어떻게 점선으로 표시된 영역의 이상변압기와 함께 완성되어지는가를 보여준다. 변압기 코어 내에 자속을 발생시키기 위해 필요한 미소전류는 병렬 인덕턴스 즉, '자화인덕턴스' L_m를 도입하여 모사할 수 있다. 여기서 L_m은 수 헨리[H]로 매우 큰 값을 갖는다.

다음으로 2개의 변압기권선 저항은 직렬저항 R_1 및 R_2로 모의할 수 있다. 낮은 손실로 인해, 이 저항들은 작은 값을 갖는다. 마지막으로, 변압기 코어를 흐르지 않는 자속은 코일간의 에너지 전달에 기여하기 보다는 각 권선에 저장되거나 방출되는 에너지로 표현된다. 따라서 이러한 자속에 의해 저장된 에너지는 관련 권선에 직렬로 연결된 인덕턴스 형태로 나타낸다. 이러한 표유 인덕턴스를 '누설자속'이라 하며, 등가회로에서 L_1 및 L_2로 표현되는데, 이들 크기는 L_m보다 훨씬 작다.

만약 1차 및 2차측 저항과 인덕턴스가 단지 2개의 직렬 성분으로 표현되도록 R_2와 I_2가 1차측으로 환산되면, 그림 4.10의 등가회로는 더 단순화될 수 있다. 이는 에너지 보존법칙을 통해 가능할 수 있다. 2차측에서 1차측으로 환산된 저항 즉 R_{21}의 값은 이 저항에 I_1이 흐를 때 소비되는 전력과 R_2에 I_2가흐를 때 소비되는 전력이 동일하다는 사실 즉 $R_2 I_2^2 = R_{21} I_1^2$로부터 정해진다. 식 (4.12)를 $R_2 I_2^2 = R_{21} I_1^2$에 대입하면, 다음 수식을 얻을 수 있다.

$$R_{21} = R_2 \left(\frac{N_1}{N_2} \right)^2 \tag{4.13}$$

무효전력 보존법칙 (부록 A 참조)을 바탕으로 동일한 과정을 거쳐, 2차측 권선 리액턴스를 1차측으로 다음과 같이 환산할 수 있다.

$$X_{21} = X_2 \left(\frac{N_1}{N_2} \right)^2 \tag{4.14}$$

이렇게 1차측으로 환산된 저항과 리액턴스를 갖는 새로운 등가회로가 그림 4.11에 제시되었다. 여기서 R_{t1}과 X_{t1}은 각각 1차측 기준 총 저항과 리액턴스를 나타낸다. 이 회로에서 자화 리액턴스 X_m은 손실이 거의 없는 주전원측에 병렬로 연결되었는데, 이는 R_{t1}과 X_{t1}에서의 전압강하가 작기 때문이다. 이 등가회로는 전력망에서 변압기의 영향을 계산하는데 주로 사용되며, 또한 뒷부분에서 비동기기기의 등가회로를 설명하는데 사용될 것이다.

4.3.3 변압기 세부 사항

변압기와 같은 전기기기의 제작자는 통상 운전조건, 예를 들어 '11000:415V, 50Hz, 500kVA'를 명판에 명시할 것이다. 500kVA의 '정격출력'은 과도한 열로 인한 권선절연의 지속적인 열화가 없다면 계속하여 유지될 수 있다. 열은 전류의 제곱에 비례하는 동손에 의존적이기 때문에, 정격출력은 유효전력(kW) 보다 피상전력(kVA)으로 표시한다. 0 역률부하를 갖는 변압기는 0의 유효전력을 부하에 전달하면서 정격온도로 운전될 수 있다. 큰 변압기에서, 권선의 탭은 권선수비의 미세조정을 가능하게 한다. 종종 이러한 탭들은 변압기 부하에 관계없이 2차측 전압을 일정한 값으로 유지하기 위한 자동 탭 변환기에 의해 동작된다.

참고문헌[1]은 변압기의 크기, 무게 및 가격이 운전주파수와 매우 밀접한 관계가 있음을 제시하였다. 주파수가 높을수록 무게와 가격은 낮아진다. 이러한 이유로, 전력전자시스템에 변압기가 사용될 때 더 높은 주파수로 운전되도록 한다.

4.4 비동기 발전기

4.4.1 구조 및 특징

전동기로 동작하는 비동기기 혹은 유도기는 전기-기계 에너지변환기로 가장 널리 사용된다. 유도기에서 고정자는 그림 4.3에 제시된 동기기의 고정자와 동일하고, 여기에 3상 전류가 인가되어 회전자계를 만든다. 그러나 회전자는 근본적으로 다르며, 어떠한 외부의 계자원이나 영구자석을 갖지 않는다. 대신에, 유도 작용을 통해 고정자로부터 회전자로 교류전류가 주입된다. 주입된 회전자 전류는 고정자 회전자계와 상호작용하여 토크를 발생시킨다.

그림 4.12에서 알 수 있듯이, 회전자는 원형 링으로 단부가 단락된 축 방향 도체들로 구성되는데, 이는 마치 '다람쥐 집' 모양과 같다. 유도기가 신재생에너지원에 사용되기 때문에 발전 모드만 고려해도 되지만, 모터 측면에서 유도기의 동작원리를 이해하는 것이 더 쉽다.

고정자 회전자계가 정지된 회전자 도체를 식 (4.4)로 주어진 속도 ω_s로 지나며 회전할 때, 3상 기전력이 회전자도체에 유도된다. 렌쯔의 법칙에 따라, 회전자를 가속시킬 토크를 발생시키는 회전자 전류가 도체에 흐르게 된다. 만약 회전자가 속도 ω_s에 도달하면, 쇄교자속의 변화, 유도기전력, 회전자 도체 전류 모두 발생하지 않기

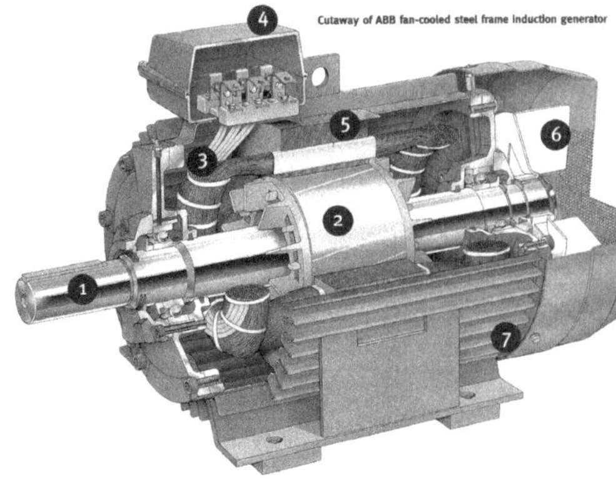

그림 4.12 농형 유도기 (1:축, 2: 농형 회전자, 3: 고정자 3상권선, 4: 단자 함 5: 고정자 코어, 6: 냉각 팬, 7: 기기 프레임)

때문에, 토크 역시 발생하지 않는다. 회전자 도체에 기전력이 발생되기 위해, 회전자는 고정자 회전자계에 비해 상대적인 속도를 유지해야만 한다. 따라서 전동 모드에서, 회전자는 고정자 회전자계에 비해 더 낮은 속도 ω_r로 회전해야 한다.

회전자전류는 이 전류의 주파수와 관련된 속도를 갖는 회전자계를 발생시킨다. 동기기의 경우 일정토크를 발생시키기 위하여, 회전자 회전자계는 고정자 회전자계와 동기화 되어 회전해야만 한다. 만약 회전자가 ω_s보다 더 낮은 속도로 회전한다면, 일정토크는 어떻게 발생되어 질 것인가?

ω_s와 ω_r사이의 차와 ω_s의 비 즉, 슬립 s는 다음과 같다.

$$s = \frac{(\omega_s - \omega_r)}{\omega_s} \tag{4.15}$$

따라서

$$\omega_r = (1-s)\omega_s \tag{4.16}$$

고정자 및 회전자 회전자계 사이의 상대속도는 고정자 회전자계가 얼마나 자주 회전자 도체를 지나가느냐에 따라 결정된다. 따라서 회전자 유도 전압 및 전류의 주파수 f_r은

$$f_r = s\,f \tag{4.17}$$

여기서 f는 고정자 회전자계 주파수이다. 회전자 전류의 주파수는 회전자에서 바라본 회전자 회전자계 속도 ω_{rr}을 결정한다.

$$\omega_{rr} = 2\pi f_r/\mathrm{p} = 2\pi s\,f/p = s\omega_s \tag{4.18}$$

고정자에서 바라본 회전자 회전자계 속도는 회전속도와 회전자에서 바라본 회전자 회전자계 속도의 합이다.

$$\omega_r + \omega_{rr} = (1-s)\omega_s + s\omega_s = \omega_s$$

동기기가 일정토크를 발생시키기 위해서는 고정자 및 회전자 회전자계가 동기속도로 회전해야만 한다. 그러나 동기기와 달리, 유도기의 회전자 회전자계는 고정자로부터 '유도'를 통해 발생된다. 인가되는 제동토크(부하토크)가 크면 클수록 슬립이 커져, 유도 기전력 역시 커지게 된다. 이로 인해 회전자 전류가 증가하게 되어, 두 회

전자계 사이에 더 강력한 상호작용이 발생하게 되는데, 이는 결국 제동토크와 크기가 같고 방향은 반대인 전기적 토크를 생성하는 것이다. 따라서 유도 전동기는 제동토크가 증가하면 속도가 약간 감소하는 특성을 갖는다.

이상적인 유도기는 슬립이 0일 때 운전 가능한 것처럼 생각될 수 있다. 이는 고정속도 동기기의 무부하상태와 등가인 운전 상태이다. 그러나 유도기의 경우, 전동 및 발전 토크는 각각 동기속도 보다 낮은 그리고 높은 속도에서 발생된다. 발전 상태에서, 슬립은 식 (4.16)으로부터 음의 값을 갖는다. 유도기는 회전자 속도를 감속에서 가속시키는 외부토크에 따라 전동 모드에서 발전 모드로 매끄럽게 변환될 것이다. 소형 풍력터빈에 사용되는 유도발전기의 경우 원래는 전동기로 설계되었지만, 어떠한 설계 변경 없이 발전기로 사용되는 것이 일반적임을 알 수 있다.

예제 4.2

6극, 50Hz 유도전동기가 임의의 부하에서 4%의 슬립으로 운전중이다. 동기속도, 회전자 전류 주파수, 회전자 측 및 고정자 측에서 바라본 회전자 회전자계 속도를 계산하여라.

풀이

식 (4.4)로부터 동기속도는 $(1-s)N_s = f/p = 50/3\,\mathrm{rev/s} = 50\times 60/3 = 1000\mathrm{rev/min}$

식 (4.16)으로부터 회전자 속도는 $(1-s)N_s = (1-0.04)\times 1000 = 960\mathrm{rev/s}$

회전자 전류의 주파수는 $f_r = sf = 0.04\times 50 = 2\mathrm{Hz}$

회전자 측에서 바라본 회전자 회전자계 속도는

$$N_{rr} = f_r \times 60/p = 2\times 60/3 = 40\,\mathrm{rev/min}$$

고정자 측에서 바라본 회전자 회전자계 속도는

$$N_r + N_{rr} = 960 + 40 = 1000$$

4.4.2 유도기 등가회로

유도기는 회전하는 2차측을 갖는 변압기로 볼 수 있다. 회전자가 기계적으로 구속된 즉, 정지상태의 회전자를 갖는 유도기를 상상해 보라. 고정자 회전자계는 회전자 측에서 봤을 때 ω_s의 속도로 회전할 것이고, 회전자 각 상에 고정자 주파수 f를 갖는 전압 E_2가 유도될 것이다. 회전자 각 상에 흐르는 전류는 식 (4.19)와 같다.

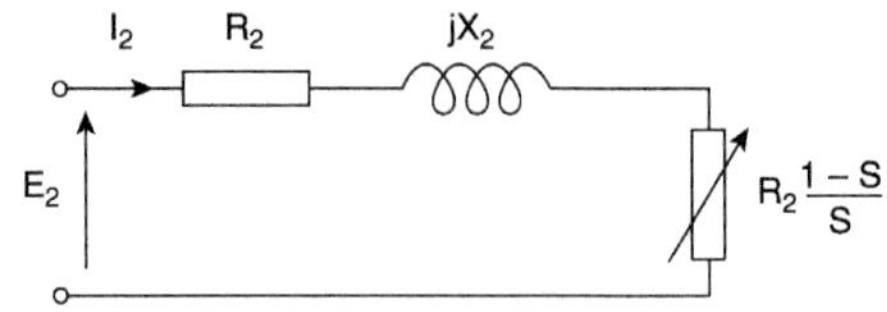

그림 4.13 유도기 회전자 등가회로

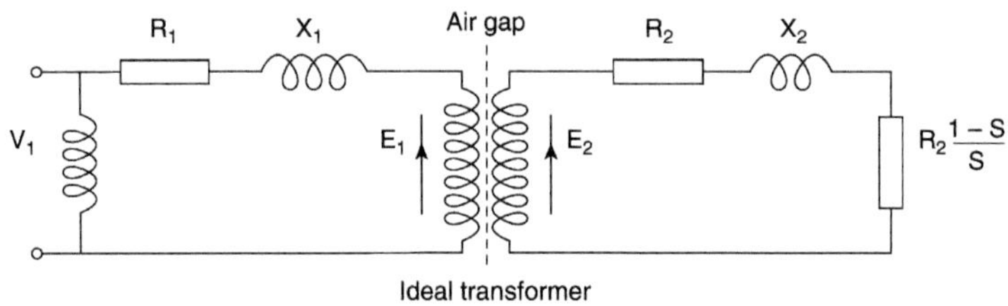

그림 4.14 유도기 고정자-회전자 등가회로

$$\boldsymbol{I_2} = \frac{\boldsymbol{E_2}}{R_2 + j2\pi f L_2} = \frac{\boldsymbol{E_2}}{R_2 + jX_2} \tag{4.19}$$

여기서 R_2 및 L_2는 회전자 권선의 상당 유효 저항 및 인덕턴스이고, X_2는 고정자 주파수 f에서의 회전자 리액턴스이다. 정지 상태에서 슬립 $s = 1$이고, 회전자 전압 및 전류의 주파수는 고정자 주파수와 같다. 임의의 회전자 속도에서, 슬립이 s라면, 유도전압, 회전자 주파수 및 회전자 리액턴스는 각각 sE_2, sf, sX_2이다.

슬립 s에서의 회전자 전류를 좀 더 자세히 표현하면 식 (4.20)과 같이 쓸 수 있다.

$$\boldsymbol{I_2} = \frac{s\boldsymbol{E_2}}{R_2 + jsX_2} = \frac{\boldsymbol{E_2}}{(R_2/s) + jX_2} = \frac{\boldsymbol{E_2}}{R_2 + R_2[(1-s)/s] + jX_2} \tag{4.20}$$

왜냐하면 $R/s = R_2 + R_2[(1-s)/s]$이기 때문이다.

식 (4.20)으로부터 그림 4.13의 등가회로가 타당함을 알 수 있다. 이 회로는 출력단에 가변 저항부하가 존재한다는 것을 제외하고, 변압기의 2차측 권선에 대한 등가회로와 비슷하다. 에너지 보존 법칙에 의해 회전자에 전달된 전력은 $E_2 I_2^*$의 실수 성분과 같다. 회전자 저항에서 손실된 전력은 $R_2 I_2^2$이고, 나머지 항 즉, $I_2^2 R_2[(1-s)/s]$는 기계적 출력으로 변환된 전력임에 틀림없다.

변압기의 등가회로와 유사한 회로가 고정자 정수를 포함하여 그림 4.14와 같이 확

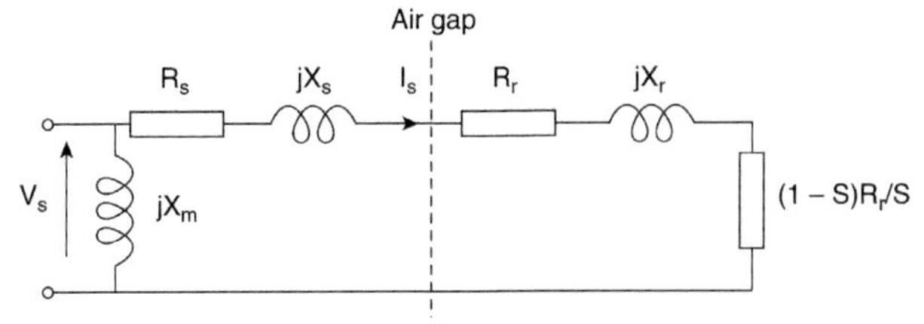

그림 4.15 고정자 기준 유도기 등가회로

장되었다. 여기서 R_1 및 X_1은 각각 고정자 저항 및 리액턴스이며, X_m은 회전자계를 만들기 위해 필요한 전류를 흐르게 하는 자화 리액턴스이다. 점선은 에너지가 고정자에서 회전자로 전달되는 통로인 공극을 나타낸다.

좀 더 단순화된 등가회로를 만들기 위해 변환 비를 사용하여 2차측 정수들을 1차측으로 환산함으로써, 이상적인 변압기는 생략될 수 있다. 그림 4.15에서 R_s와 X_s는 각각 고정자 저항 및 리액턴스를 나타내며, R_r 및 X_r은 각각 고정자-회전자 변환 비를 사용하여 고정자기준으로 환산된 회전자 저항 및 리액턴스를 나타낸다. $I_s^2 R_r[(1-s)/s] = R_{em}$은 기계적 출력으로 변환된 상당 전력을 의미한다. 이 등가회로로부터 회전자가 구속되었을 때 $s=1, R_r[(1-s)/s]=0$이 되기 때문에, 회전자의 모든 입력은 R_r에서 열로 변환된다. $s<1$일 때, 회전자에 전달된 에너지는 일부분은 권선저항에서 열로 나머지 부분은 기계적 출력으로 변환된다.

유도기가 발전 모드일 때, 슬립은 음의 값을 갖고, $R_r[(1-s)/s]$ 또한 음의 값을 갖는다. 이는 회로해석결과와 완벽히 일치한다. 양의 RI^2은 전기에너지가 열에너지로 비가역적으로 변환됨을 의미한다. 음의 RI^2은 다른 형태의 에너지 (여기서는 기계에너지)가 전기에너지로 변환됨을 의미한다. 기기가 전동 모드 혹은 발전 모드로 동작함에 관계없이, 기기가 연결된 계통은 등가회로의 유도성 회로정수에 의해 흡수될 무효전력을 공급한다. 따라서 오직 음 또는 양의 유효전력만이 저항 $R_r[(1-s)/s]$에서 발생하는 기계/전기 에너지 변환과 관계된다. 결과적으로 유도발전기는 계통으로부터 항상 무효전력을 흡수한다.

4.4.3 유도기 효율

고정자로 공급되는 상당 입력전력이 P_s라면, 전동기의 공극을 지나는 전력 즉, 고정자에서 회전자로 전달되는 상당 전력은 $P_r = P_s - R_s I_s^2$이다. 회전자 입력전력 P_r 모두는 $R_r + R_r[(1-s)/s] = R_r/s$에서 소비된다. 따라서 $P_r = (R_r/s)I_r^2$이다. 결국 회전자 동손은 식 (4.21)과 같다.

$$R_r I_r^2 = sP_r \tag{4.21}$$

P_r에서 회전자 동손을 빼면 상당 평균 기계적 출력 $P_m = P_r - R_r I_r^2$이 된다. 여기에 식 (4.21)을 대입하면 식 (4.22)을 얻을 수 있다.

$$P_m = (1-s)P_r \tag{4.22}$$

전동기 토크 Q_m은 총 기계적 출력 $3P_m$을 전동기 회전속도 ω_r로 나누어 구해진다. 즉

$$Q_m = \frac{3P_m}{\omega_r} \tag{4.23}$$

식 (4.16)과 (4.22)를 식 (4.23)에 대입하면 식 (4.24)와 같이 정리된다.

$$Q_m = \frac{3(1-s)P_r}{(1-s)\omega_s} = \frac{P_{ag}}{\omega_s} \tag{4.24}$$

여기서 $P_{ag} = 3P_r$는 공극을 지나는 3상 전력이다.

만약 고정자 동손과 회전 기계손을 무시하면, 유도전동기의 효율은 대략적으로 식 (4.25)로 정리된다.

$$\eta = \frac{P_{out}}{P_{in}} = \frac{P_m}{P_r} = \frac{(1-s)P_r}{P_r} = (1-s) \tag{4.25}$$

유도발전기 (슬립이 음의 값)의 경우, 전력 흐름이 전동기와 반대이기 때문에 유도발전기의 효율은 식 (4.26)과 같다.

$$\eta = \frac{P_{\mathrm{out}}}{P_{\mathrm{in}}} = \frac{P_{\mathrm{r}}}{P_{\mathrm{m}}} = \frac{1}{(1-s)} \tag{4.26}$$

식 (4.25) 및 (4.26)으로부터, 전 부하에서 슬립이 가능한 작을수록, 기기의 효율이 높아짐을 알 수 있다.

실제 유도발전기에는 앞에서 다룬 단순화된 해석에서 고려되지 않은 손실들이 존재한다. 발전을 위해 이용 가능한 기계적 입력은 풍손 및 다른 기계손에 의해 감소된다. 추가적으로, 고정자에서 공극을 거쳐 회전자로 전달되는 전력 역시 회전자의 전자기 손실에 의해 줄어든다. 마지막으로, 고정자에서는 권선 저항 및 등가회로에서 병렬회로로 표현된 자화성분에 의해 더 많은 손실이 존재한다. 결과적으로, 용량이 큰 유도발전기의 경우 90%정도의 효율을 갖는다. 나머지 손실에 대해서는 다음 절에서 다룰 것이다.

4.4.4 유도기의 속도-토크 특성

전자기 변환장치의 중요한 특성은 속도-토크 관계이다. 유도기에서 식 (4.23), (4.22) 및 (4.16)으로부터 토크는 다음 수식과 같다.

$$Q_m = \frac{3P_{\mathrm{m}}}{\omega_r} = \frac{3(1-s)P_{\mathrm{r}}}{(1-s)\omega_{\mathrm{s}}} = \frac{3P_{\mathrm{r}}}{\omega_{\mathrm{s}}}$$

이 수식에 다음 수식을 대입하고,

$$P_r = \frac{R_{\mathrm{r}}}{s} I_s^2 = \frac{R_r V_s^2}{sZ^2}$$

그림 4.15의 등가회로를 사용하여 식 (4.27)로 정리되는 토크 특성식을 얻을 수 있다.

$$Q_{\mathrm{m}} = 3\left(\frac{R_{\mathrm{r}}}{s}\right)\frac{I_s^2}{\omega_{\mathrm{s}}} = \frac{3R_{\mathrm{r}}}{s\omega_{\mathrm{s}}}\left[\frac{V_s^2}{(R_{\mathrm{s}}+R_{\mathrm{r}}/s)^2+(X_{\mathrm{s}}+X_{\mathrm{r}})^2}\right] \tag{4.27}$$

식 (4.27)로부터 토크-속도 곡선의 관계가 비 선형적임을 알 수 있고, 이를 토크와 속도 측면에서 정식화함으로써, 유도기의 전형적인 특성이 일반화 되어질 수 있다. 정격 토크 및 동기 속도를 각각 기준 토크 및 속도라 하면, 식 (4.27)은 그림 4.16에 제시된 그림처럼 R_r의 변화에 따라 그려질 수 있다.

동기기의 경우 발전기가 제어될 수 없을 정도로 가속시키는 최대 혹은 '탈출' 토크가 존재함을 주목하라. 그러나 이러한 상태는 일반적인 운전조건에서 거의 일어나지 않는다. 회전자 저항 R_r에 대한 곡선은 작은 회전자 저항을 갖는 전형적인 유도기의 성능을 나타내며, 영 토크에서 정격 토크까지의 속도 변화가 약 3~4%정도임을 보여준다. 슬립이 작은 경우, R_r/s은 R_r과 $X_s + X_r$에 비해 큰 값을 갖게 되므로, 식 (4.27)은 식 (4.28)과 같이 근사화 될 수 있다.

$$Q_m \approx \frac{3V_s^2 s}{\omega_s R_r} \tag{4.28}$$

식 (4.28)로부터 유도발전기의 통상운전범위 (0에서 정격토크)에서, 토크는 슬립에 비례하기 때문에, 즉 속도에 비례하여 R_r에 반비례함을 알 수 있다. $R_{r'} > R_r$ 및 $R_{r''} > R_r$에 대한 곡선들 역시 그림 4.16에 제시되었다. 이 그림으로부터, 회전자 저항을 적절히 선택함으로써, 설계자는 토크-속도 곡선의 기울기를 결정할 수 있다. 만약, 토크에 따른 큰 속도 변화가 필요하다면, 회전자는 큰 저항 값을 갖도록 설계될 수 있다. 그러나 이 방법의 단점은 효율이 매우 안 좋다는 점이다.

회전자 저항에 따른 속도변화 특성을 이용하기 위해서, 단락된 도체 바 보다는 코

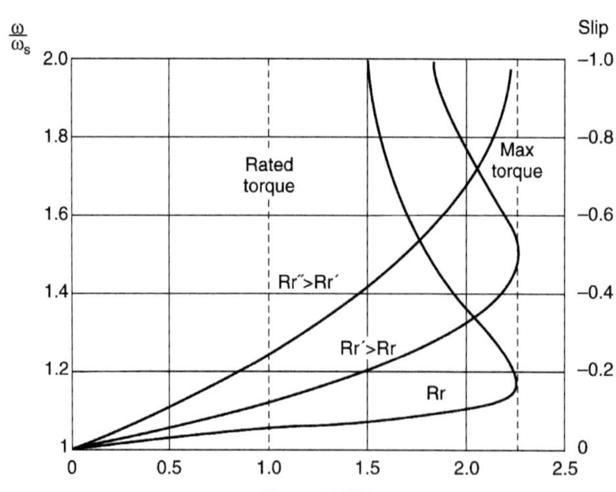

그림 4.16 발전기 토크 대 정식화된 속도 및 슬립

일들을 회전자에 배열 시키는 것이 좋다. 이렇게 하면, 슬립링과 브러시로 연결된 코일 단자에 추가적인 외부저항을 연결할 수 있어 회전자 저항의 가변이 용이하다. 이러한 타입의 유도기를 권선형 유도기라 하고, 회전자권선은 고정자와 유사하다. 권선형 유도기의 단점은 더 많은 제작비와 유지보수비가 든다는 것이다.

예제 4.3

정격 450kW의 풍력터빈이 다음 정수를 갖는 유도발전기와 연결되었다:

$R_s = 0.01, X_s = X_r = 0.15, R_r = 0.01, X_m = 6$. 단위는 모두 옴이다. 정격 출력이 공급될 때 슬립은 0.010이다. 등가회로를 사용하여 유도발전기가 계통에 전력을 공급할 때의 역률과 1차측 전압을 구하시오.

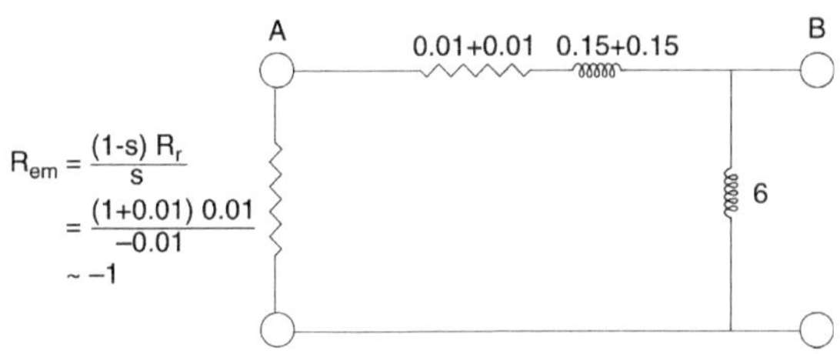

그림 4.17 예제 4.3용 등가회로

풀이

그림 4.17의 회로는 그림 4.7의 동기발전기 등가회로와 유사하다. 직렬 임피던스에서 저항 대 리액턴스의 비는 $0.3/0.02 = 15$이다. 따라서 저항성분을 무시하고 식 (4.8)과 식 (4.9)가 쓰일 수 있다. 전기적 출력으로 변환될 기계적 입력은 상당 $450000/3 = 150000\,W$이다. 이 값은 R_{em}에서 소비되는 전력과 동일하기 때문에, R_{em}에 걸리는 전압은 다음과 같다.

$$150000 = \frac{V_A^2}{R_{em}}$$

따라서

$$V_A = 387\,\mathrm{V}$$

식 (4.8a)를 사용하여,

$$150000 = \frac{V_A V_B}{X}\sin\delta = \frac{387 V_B}{0.3}\sin\delta$$

따라서

$$V_B \sin\delta = 116.28$$

식 (4.8b)로부터 단자 A에서의 무효전력은 0이기 때문에,

$$0 = \frac{V_A}{X}(V_A - V_B\cos\delta) = \frac{387}{0.3}(387 - V_B\cos\delta)$$

따라서

$$V_B \cos\delta = 387$$

결국

$$\tan\delta = \frac{116.28}{387} \quad \text{and} \quad \delta = 16.7°$$

따라서 $V_B = 404\,V$ 즉, 선간전압으로 $404\sqrt{3} \approx 700\,V$이다. 단자 B에서의 무효전력은 식 (4.9b)를 사용하여 구할 수 있다.

$$Q_B = \frac{V_B}{X}(V_B - V_A\cos\delta) = \frac{404}{0.3}(404 - 387\cos 16.7) = 44874\,\text{VAR}$$

병렬 리액턴스 $X_m = 6\Omega$에 흡수되는 무효전력은 다음과 같다.

$$Q_m = \frac{404^2}{6} = 27202$$

상당 총 무효전력 $Q = 44874 + 27202 = 72076$이다. 따라서 역률은

$$\cos\tan^{-1} = \frac{72076}{150000} = 0.9$$

4.4.5 유도발전기 무효전력

예제 4.3으로부터, 유도발전기는 유효전력을 생산하지만, 무효전력을 소비함을 알 수 있다. 유도발전기로부터 생산된 실효 전력이 0일 때에도, 상당한 무효전력이 자성체 코어에 대한 정수 X_m에서 소비된다 (예제에서는 $3 \times 27.2kVAR$). 토크가 증가하면 좀 더 많은 유효전력이 전력망에 공급되지만, 직렬 리액턴스에서 소비되는 무효전력으로 인해 추가적인 무효전력을 전력망에서 공급 받아야 한다 ($3 \times 44.87kVAR$). 유도발전기의 무효 및 유효전력에 대한 전형적인 관계는 그림 4.18에 제시되었다.

유도발전기의 역률은 단자 A의 0에서 단자 B의 0.9근처까지 변화할 것이다. 역률을 향상시키기 위해, 발전기 단자에 역률보상 커패시터를 주로 설치한다. 이는 그림

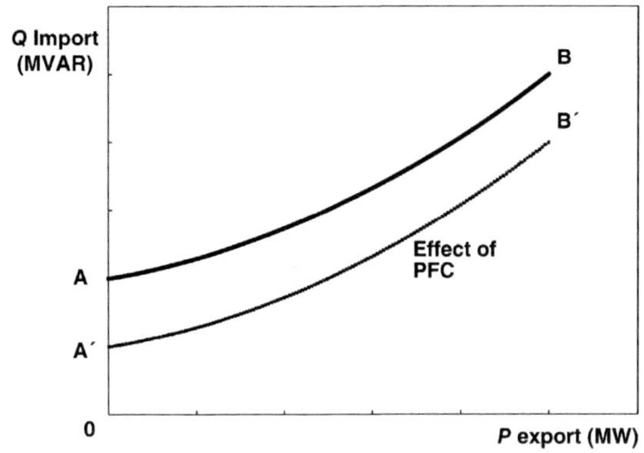

그림 4.18 유도발전기의 유효 및 무효전력 관계

4.18의 특성곡선 AB를 $A'B'$로 전체적으로 내리는 역할을 한다. 보상이 필요한 무효전력량은 많은 기술적/경제적 요소들에 따라 달라진다.

4.4.6 동기발전기와 비동기 발전기의 비교

표 4.2는 신재생에너지용 동기기와 유도기의 특성들에 대한 전체적인 비교를 나타낸다.

표 4.2 동기/비동기 발전기의 비교

동기발전기	유도발전기
특징	
• 효율 좋음 • 비쌈 • 유지보수 필수 • 무효선력 계자전류를 통해 제어가능 • 속도 변화 없음 • 큰 극쌍수로 구성된 영구자석 사용가능하여 저속에 응용 가능 • 전력전자 인터페이스를 사용한 가변속 운전에 적합 • 저 전력망에 적합 • 계통연계 시 동기화 장치 필수	• 효율 다소 높음 • 덜 비쌈 • 견고하여 유지보수 거의 불필요 • 무효전력 소비 • 토크증가로 인한 속도 약간 변화 • 저속용으로 경제적으로 제작 불가능 • 권선형 유도기의 회전자와 전력컨버터를 결합하여 가변속도 가능 • 전력전자 장치와 결합된 경우에만 저 전력망에 적합 • 간단하게 계통에 동기화 될 수 있음
신재생 발전에 응용	
• 풍력터빈에 기어 없이 연결하여 사용 • 전력전자 장치를 이용한 가변속도 응용 • 무효전력 제어가 필요한 수력발전	• 기어박스와 함께 풍력에 응용 • 권선형 회전자에 전력전자 장치 연결하여 가변속도 응용가능 • 기어박스와 함께 수력발전에 응용

4.5 전력전자

4.5.1 소개

전력전자라는 학문은 전력을 조절 및 제어하는 전자장치의 응용과 관련이 깊다. 전력제어는 신재생에너지원에서 계통으로의 전력전달이 끊김 없이 최대가 되도록 하거나 운전상의 이유로 제한하거나 하는 것을 포함한다. 전력조절은 임의의 전압/전류/주파수를 갖는 파형들을 다른 전압/전류/주파수를 갖는 파형들로 변화시켜 결과적으로 전력을 변환하는 것을 의미한다.

전력을 조절 혹은 제어하는 전력전자 인터페이스를 '컨버터'라 한다. 컨버터는 신재생에너지원과 계통 사이에 위치하며, 종종 총 전력전달에 관여하다. 컨버터는 전력전달 과정에서 가능한 손실이 작도록, 그리고 전달 전력 W당 생산가격이 낮도록 설계되어야만 한다. 변압기는 전력조절장치라 말할 수 있다. 컨버터는 변압기와 유사하게 단위 VA로 정격용량을 정한다.

전력전자 컨버터에 사용되는 소자 (트랜지스터 등등)들은 컴퓨터 프로세서에 사용되는 소자와 마찬가지로 실리콘 반도체로 만들어 지지만, 크기가 훨씬 더 크다. 컨버터는 일반적으로 하나에서 수백 개 사이의 전력반도체 소자를 포함한다.

전력전자 컨버터는 2GW의 영국-프랑스 간 직류 전송 채널에서 가정용 40W에너지절약용 전구까지 넓은 범위의 응용 처에 그리고 다양한 용량으로 사용된다. 신재생에너지 분야에서, 전력전자 컨버터는 이미 대부분의 태양광 시스템과 풍력발전에 사용되고 있다. 또한 가까운 미래에 실제적으로 조력 및 파력기술에 사용될 것이다.

넓은 범위의 컨버터 용량 및 응용 처에도 불구하고, 컨버터는 단지 기본회로 형상과 함께 몇 가지 소자종류로 구성된다. 이 절에서는 이러한 소자들의 가장 공통적인 요소들을 다룰 것이다. 독자들이 컨버터를 설계할 수는 없어도, 소자들의 사양, 가능한 사용법 및 제한조건을 이해할 수 있게 하는 것이 이 절의 목적이다. 다음 절에서는 신재생 에너지원의 전력을 조절하기 위해 사용되는 컨버터들의 응용을 다룰 것이다.

스위칭 소자 및 컨버터에 대한 좀 더 자세한 내용은 전력전자와 관련된 많은 책(예를 들어, 참고문헌[3])에서 습득할 수 있을 것이다. 가장 일반적인 소자에 대한 설명은 아래에서 다룰 것이다.

4.5.2 전력반도체 소자

≫ 다이오드

양극이 음극에 비해 높은 전압을 가질 때 즉, 양의 바이어스 전압이 다이오드 소자에 걸릴 때, 그림 4.19의 다이오드는 양극(anode)에서 음극(cathode)으로 전류를 흐르게 하고, 음의 바이어스 전압이 걸리면 반대방향으로 흐르는 전류는 차단한다. 다이오드는 일단 만들어 지면, 전류를 제어할 수 없다. 다이오드는 수천 볼트의 전압 및 수천 암페어의 전류까지 용량을 다양하게 하여 이용가능하다. 또한, 매우 신뢰성이 높고 단위용량 (VA)당 가격이 싸며 매우 유용한 소자이다.

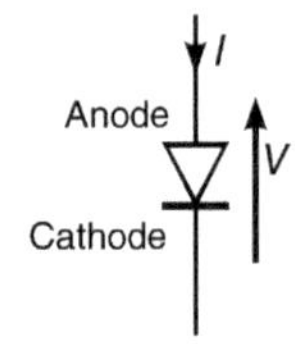

그림 4.19 다이오드

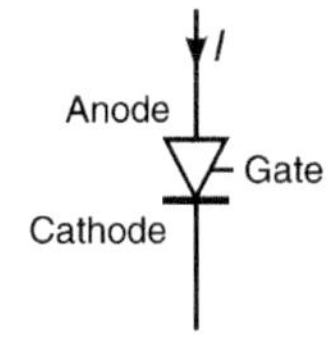

그림 4.20 사이리스터

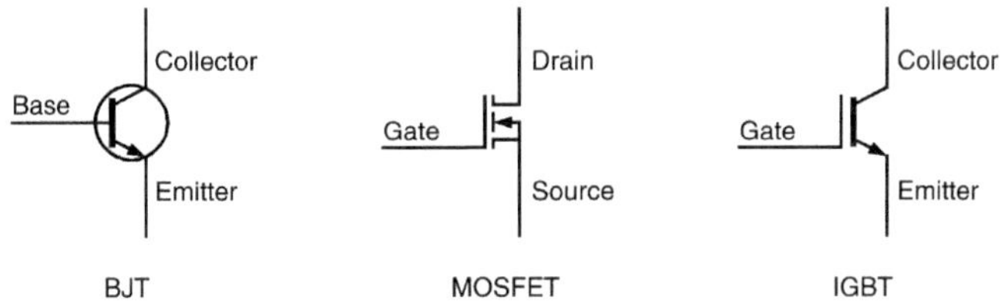

그림 4.21 트랜지스터 종류

≫ 사이리스터

다이오드와는 반대로, 사이리스터 (그림 4.20)는 '게이트'라 하는 세 번째 단자를 이용하여 전류를 제어할 수 있다. 사이리스터가 순방향 바이어스 되더라도 (양의 바이어스 전압이 걸림), 게이트에 작은 펄스파가 입력되기 전까지 전류는 양극-음극의 주 회로를 흐르지 않을 것이다. 일단 도통이 되면, 사이리스터는 다이오드처럼 동작하여서 전류가 0으로 감소할 때까지 양극-음극의 주 회로를 도통하게 될 것이다. 사이리스터는 스스로 전류를 차단하거나 줄일 수 없다. 그러나 다이오드와는 달리 전류가 0이 된 후에, 사이리스터는 순방향 전류를 차단할 수 있다.

사이리스터는 최초로 상업적으로 이용 가능하고 제어할 수 있는 전력반도체 소자였으며, 모든 용량의 컨버터에 쓰인다. 이 소자는 여전히 가장 값싼 제어가능 소자이며, 매우 높은 용량 (수 백 MVA)의 컨버터 및 가격 변동의 영향이 작은 응용 처에 사용된다.

GTO 사이리스터와 IGCT 사이리스터 모두는 사이리스터 동작원리에 기초하여 만들어진 소자인데, 스위치 ON 및 OFF 기능 모두를 수행할 수 있다.

이 소자들은 가격이 비싸고, 트랜지스터 기술의 발달로 대체되고 있다.

≫ 트랜지스터

바이폴라 트랜지스터, MOSFET 및 IGBT (그림 4.21)는 사이리스터에 비해 가격이 상당히 비싸지만, 제어신호로 스위치를 오프할 수 있는 장점을 갖는 소자들이다. 실제적 그리고 경제적인 사항들을 고려하면, 대부분의 태양광 인버터를 포함하여 대략 30kVA까지의 용량을 갖는 컨버터에는 MOSFET가 주로 사용된다. IGBT는 풍력발전분야를 포함하여 대략 10MVA까지의 용량을 갖는 컨버터에 사용된다.

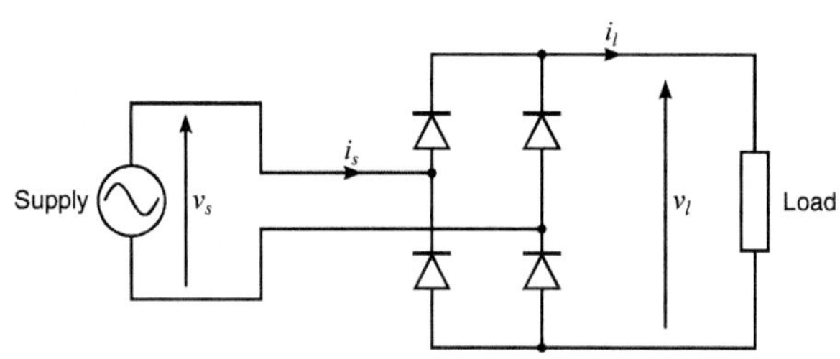

그림 4.22 단상 다이오드 정류기 회로

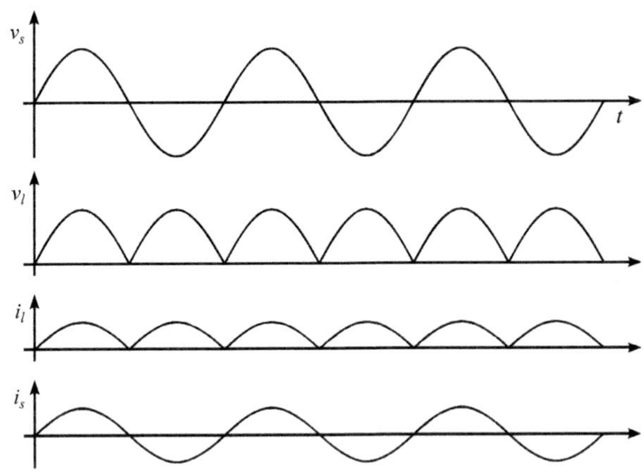

그림 4.23 순 저항부하가 연결된 다이오드 정류기에서의 파형들

4.5.3 다이오드 정류기

그림 4.22에서, 교류전력은 전원공급기로부터 다이오드 접합부에 공급된다. 이 전력은 브리지를 형성한 4개의 다이오드에 의해 정류되어, 결과적으로 직류전력은 가장 오른쪽의 부하에 공급된다. 따라서 이 회로는 교류전력을 직류전력으로 변환한다. 만약 부하가 순저항 부하라면, 결과적으로 이 회로내의 각 부 파형은 그림 4.23과 같다.

부하에 공급되는 전압은 항상 양의 값을 갖는 직류전압이지만, 이 전압에는 상당한 리플성분이 포함되어 매끄러운 직선 파형이 아니다. 발열 저항 같은 부하를 제외하고 대부분의 실제 부하들은 이와 같이 왜곡된 직류전압의 공급을 견딜 수 없을 것이다. 이러한 이유로, 그림 4.24와 같이 평활 커패시터를 정류회로의 다이오드 브리지 뒷단에 첨가하는 것이 일반적이다.

그림 4. 25는 그림 4.23의 파형처럼, 다이오드 브리지가 교류전력을 직류전력으로 정류할 때 나타나는 파형들을 나타낸다. 그러나 부하에 공급되는 전압 v_1은 거의 일정하다. 커패시터 용량이 크면 클수록, 리플 성분은 훨씬 더 줄어들 것이다. 정류기 출력전압이 커패시터 양단 전압보다 낮을 때, 에너지가 커패시터로부터 부하에 공급되도록 커패시터는 에너지 저장장치의 역할을 한다. 따라서 정류기의 출력전압이 커패시터 전압보다 더 클 때, 커패시터는 전원공급기로부터 충전된다. 이러한 충전 효과는 그림에서 i_b와 같은 연속 펄스에 의해 나타난다. 커패시터를 삽입 전 부하에

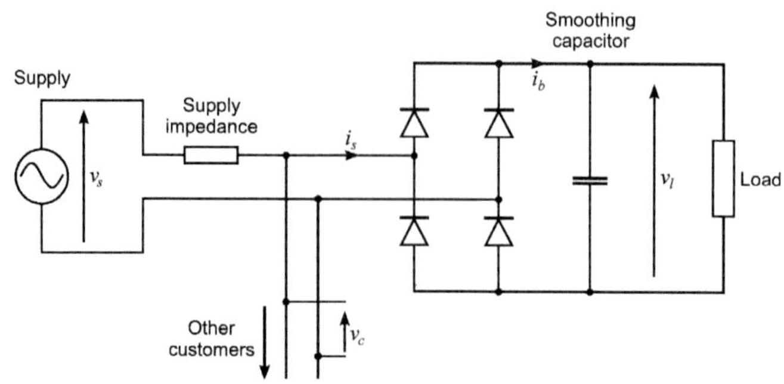

그림 4.24 평활커패시터와 전원임피던스를 갖는 다이오드 브리지 정류기 회로

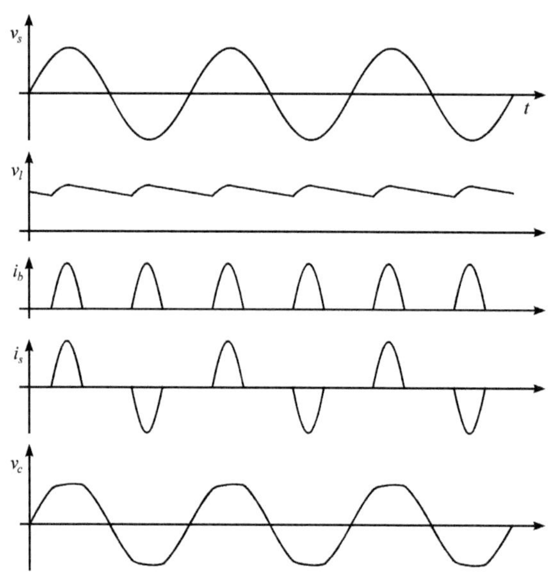

그림 4.25 평활커패시터를 갖는 다이오드 브리지 정류기 파형

공급된 전력과 동일한 전력이 공급된다면, 펄스의 폭이 좁기 때문에 그 크기는 커야만 한다. 이러한 구성의 단점은 교류전원으로부터 공급되는 전류 i_s가 정현파가 아니도록 만든다는 것이다. 대신에, 연속의 양/음의 펄스들을 만든다.

4.5.4 고조파

그림 4.25의 비 정현적인 전류 i_s는 교류전력 공급망에 많은 문제를 일으킬 수 있다. 특히, 이것으로 인해 전력망의 변압기와 케이블들에 추가적인 열이 발생할 것이다. TV 및 컴퓨터와 같은 부하는 계통에 많은 문제를 일으키는 주범이다. 실제로, 부하가 주로 TV 및 컴퓨터인 지역에서, 전원공급장치 임피던스에서의 비 정현적인 전압강하로 인해, 이러한 부하는 그림 4.25의 고객측 전압 v_c가 평평한 최대값을 갖도록 만든다. 전압 v_c에 대해 전원측 순시 전류 i_s를 그려보면, 둘 사이에는 심한 비선형관계가 형성됨을 알 수 있다. TV와 컴퓨터와 같은 가전기기들을 종종 비선형 부하라 한다.

위에서 언급한 문제를 설명하는 또 다른 방법 중 하나는 푸리에 해석을 통해 얻어진 파형들의 고조파 성분을 고려하는 것이다. 예를 들어, 그림 4.25의 전원측 전류 i_s는 매우 큰 3고조파 전류를 가졌다. 이는 특히 3상 시스템 (세계의 모든 대 전력 시스템)에서 문제가 되는데, 왜냐하면 중성점 도체에서 3고조파는 없어지지 않기 때문이다 (부록참조). 따라서 평형 3상 시스템에서 중성선 도체에 전류가 흐르지 않는다는 일반적인 가정들은 더 이상 유효하지 않게 된다. 일반적으로, 모든 고조파 전류들은 전원시스템의 케이블과 변압기에서 열이 발생하게 만든다. 배전망에서 초과 고조파 전류를 억제하기 위하여, 가전기기에서 발생하는 고조파 전류의 최대 허용 수준을 정하는 규제 기준의 도입이 실시되었다.

일반적으로, 모든 전력전자 컨버터들은 관련 교류 전력망에 약간의 고조파 전류를 발생하게 만든다. 고압 직류 (HVDC) 송전 시스템에 사용되는 컨버터들이 특히 심하다. 실제, 이러한 컨버터들의 공학적 설계는 고조파 전류를 적정수준으로 감속시키는데 집중된다. 따라서 미래에 많은 인버터들이 태양광 및 다른 신재생에너지원을 전력망에 연결하기 위해 사용될 것이라는 전망과 관련된 우려는 당연한 것이다.

다행스럽게도, 현재 신재생 에너지 시스템에 사용되는 컨버터들은 낮은 차수의 고조파들을 무시할 수 있는 수준으로 줄여주는 기술을 사용한다. TV와 컴퓨터 등과 같은 전형적인 부하를 갖는 전력망을 고려하면, 신재생에너지 시스템으로부터 발생되는 고조파 영향은 무시할 수 있을 것으로 사료된다.

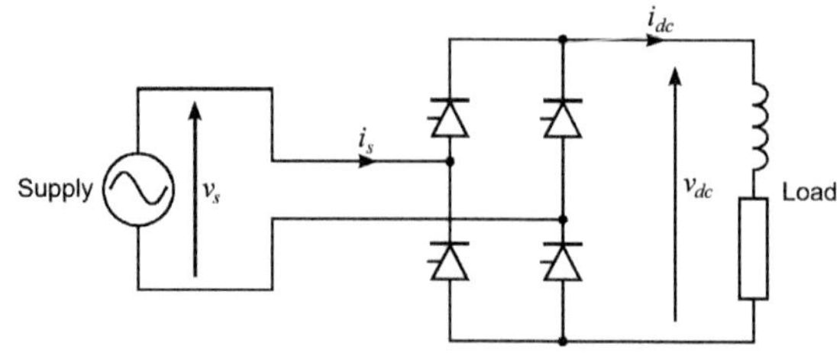

그림 4.26 단상 사이리스터 브리지 회로

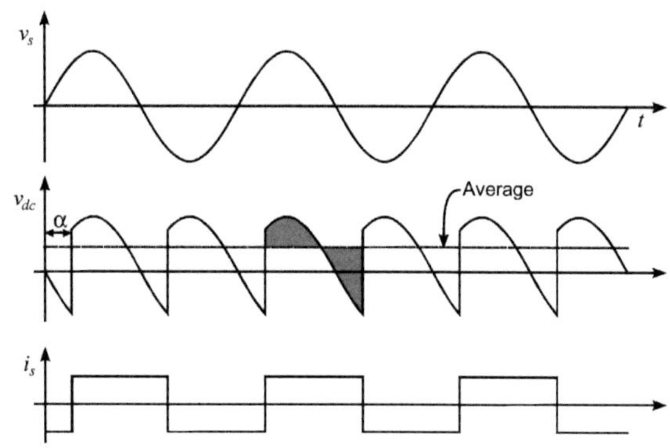

그림 4.27 정류 시 사이리스터 브리지 각 부 파형

4.5.5 사이리스터 컨버터

그림 4.22에서 브리지를 구성하는 다이오드를 그림 4.26과 같이 사이리스터로 교체하면, 직류출력전압의 제어가 가능해진다. 대부분의 경우, 반도체 소자의 양극-음극 전류는 교류회로의 선간전류와 같고, 따라서 선 전류가 저절로 0이 될 때 스위치 오프가 된다. 도전된 소자에서 도전되지 않은 소자로 전류가 옮겨가는 것을 '정류'라 한다. 사이리스터는 교류전원에 의해 정류과정이 수행되는 컨버터에 적합하다. 이를 'line commutated' 컨버터라 한다.

그림 4.26에서 사이리스터 브리지회로의 실제적 적용을 위해 주로 사용되는 인덕턴스가 부하에 포함되었음을 주목해라. 이 인덕턴스는 대개 충분히 큰 값을 갖는데, 이는 전류 i_{dc}가 적어도 1~2사이클의 짧은 시간 동안에 거의 상수 값을 갖도록 하기 위함이다.

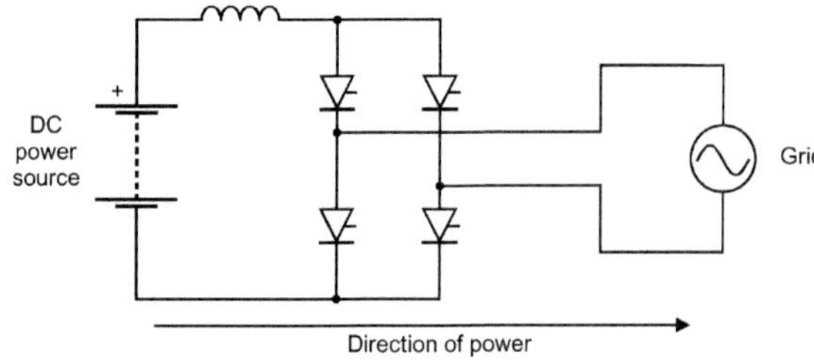

그림 4.28 Line-commutated 사이리스터 인버터.

제어회로는 (그림 4.26에는 없음) 사이리스터의 게이트에 점호 펄스를 인가한다. 대각선으로 마주보는 사이리스터 2개가 함께 점호된다. 점호된 사이리스터 쌍은 전류가 흐르고, 점호되지 않은 사이리스터 쌍의 전류는 0으로 감소시켜, 스위치 OFF 시킨다. 점호각 α의 제어는 평균 직류출력전압의 제어를 의미한다. 그림 4.27에 $\alpha = 50^\circ$ 인 경우의 직류전압출력 파형이 보인다. 음영으로 표시된 영역 즉, 평균 직류전압의 위 및 아래 영역의 면적은 같다 (왜냐하면 정상상태에서, 인덕턴스에 걸리는 평균 전압은 0이기 때문이다). $\alpha = 90^\circ$ 에서, 평균직류전압은 0으로 감소할 것이다. $\alpha > 90^\circ$ 라면, 평균 직류전압은 이론적으로 음의 값을 가질 것이다. 이는 그림 4.26의 회로에서 불가능한 운전 조건에 해당한다. 왜냐하면, 직류전류가 반대방향 즉, 사이리스터의 음에서 양으로 흘러야 하기 때문이다. 그러나 부하저항이 음의 직류출력전압보다 높은 전압을 갖는 직류전원으로 교체된다면, 직류전류가 반대방향으로 흐르게 되고, 직류전원에서 교류전원으로 전력이 전달되어 브리지 회로는 인버터로 동작하게 될 것이다. 그림 4.26의 회로를 180도 회전시키고, 직류전압의 양극을 위에 오게 두면, 그림 4.28처럼 우에서 좌로 전력이 전달되는 인버터의 일반적인 그림을 얻을 수 있다.

직류 측에 인덕턴스가 여전히 필요함을 주목하라. 이는 인버터 브리지로 흘러들어가는 직류전류를 거의 상수에 가깝게 만들어서, 이 회로를 전류원 인버터라 하게 한다.

그림 4.28의 사이리스터 인버터는 몇 가지 단점을 갖는다.

1. 교류측 전류파형이 거의 사각파여서, 매우 많은 고조파가 함유되어 있다.
2. 사각파 교류전류의 기본파 성분은 교류전압보다 뒤지기 때문에, 이 회로는 계통으로부터 무효전력을 흡수한다.

3. 이 회로는 전류 정류를 위해 계통 (혹은 동기발전기)에 연결되어야 해서, 독립형 교류전원 공급기로 사용될 수 없다.

그럼에도 불구하고, 위에서 언급한 이론을 바탕으로 한 사이리스터 인버터 및 정류기는 1960년대~1970년대에 전력전자산업의 근간이 되었다. 사이리스터 인버터는 초기에 가변속 풍력발전기와 계통연계형 태양광발전에 응용되었다. 트랜지스터 스위칭소자의 사용으로 위에서 언급한 사이리스터 인버터의 단점이 전부는 아니지만, 어느 정도 제거되었다.

4.5.6 트랜지스터 브리지

1980년대에 자여식 전력반도체 소자들이 (BJTs, MOSFETs, IGBTs, GTOs, IGCTs) 상업적으로 이용되기 시작하여, 그림 4.29에 제시된 예와 같은 자여식 인버터의 발달을 이끌었다. 자여식 인버터에서는 주요 전력반도체 소자들의 온/오프 스위칭 제어가 가능하다. 따라서 자여식 인버터는 운전을 위해 계통에 연계할 필요가 없고, 트랜지스터 점호 제어회로에 의해 결정되는 주파수를 갖는 독립형 교류 전원 공급기를 만드는데 사용될 수 있다.

직류전원측 인덕턴스는 더 이상 필요하지 않음을 주목하라. 이 인버터는 거의 상수에 가까운 전압의 공급을 받기 때문에, 전압원 인버터라 한다. 한편, 만약 인버터가 계통에 연결되면, 교류전원측에 인덕턴스가 필요하다.

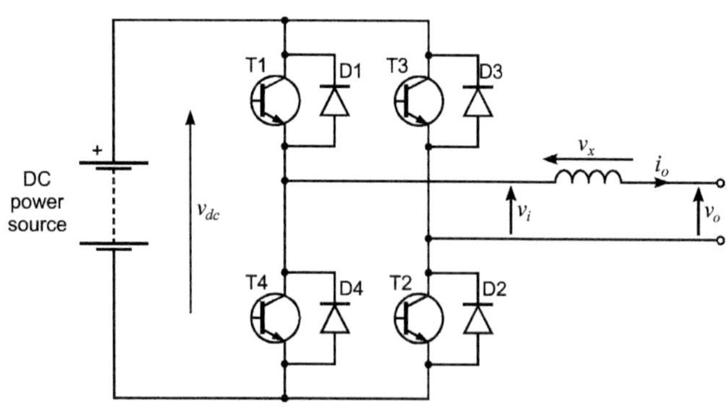

그림 4.29 트랜지스터 브리지

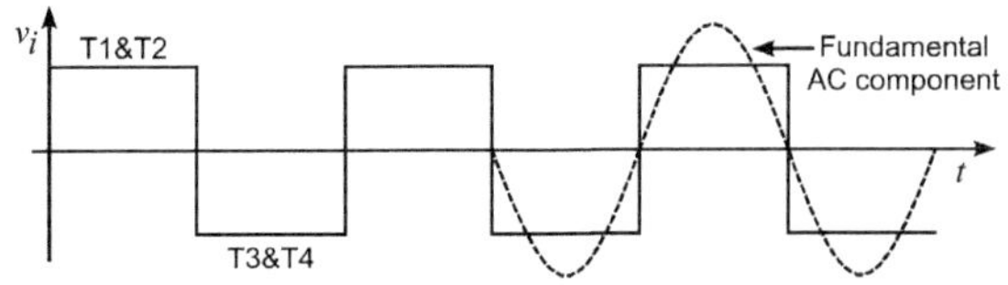

그림 4.30 구형파 인버터의 전압파형

각 트랜지스터의 옆에 있는 다이오드는 회로를 좀 더 복잡하게 만드는 것처럼 보이지만, 실제로 이것들은 트랜지스터가 OFF되었을 때, 전류통로를 제공하기 위해 필요한 것일 뿐이다.

≫ 기본 구형파

그림 4.29에 제시된 브리지 회로의 트랜지스터에 매우 단순한 스위칭 패턴을 적용하면, 그림 4.30에 제시된 기본 구형파 전압이 발생된다. 구형파전압은 백열전구와 유니버셜 전동기와 같은 부하에 적용될 수 있지만, 정현파 전원공급기에 의해 동작되도록 설계된 대부분의 교류 부하에는 적합하지 않다.

구형파 전압은 그림 4.30에서 알 수 있듯이, 기본 주파수에서 정현적인 성분을 가지지만, 매우 많은 고조파 성분들도 역시 갖고 있다. 이러한 고조파 성분들은 유도전동기와 변압기에서 과도한 열을 발생시킨다. 같은 이유로, 계통연계에도 이러한 파형은 적합하지 않다.

≫ 준 정현파 (수정된 구형파)

제어 시스템의 약간의 수정만으로 브리지회로가 정현파에 가까운 전압을 생성하도록 할 수 있다. 그림 4.31에서 보여 지듯이, 준 정현파는 구형파를 약간 수정한 모양이지만, 정현파에 훨씬 더 가까움을 알 수 있다. 각 트랜지스터의 스위칭 각을 60 − 120 − 60 − 120° 으로 설정함으로써, 3고조파 성분을 완전히 제거할 수 있기 때문에, 많은 실제적인 부하에 적용하기에 충분히 양호한 파형을 만들게 된다. 스위칭 각은 출력전압의 실효값을 제어하기 위해 조절될 수 있으나, 이러한 조절은 고조파 성분의 증가를 야기한다.

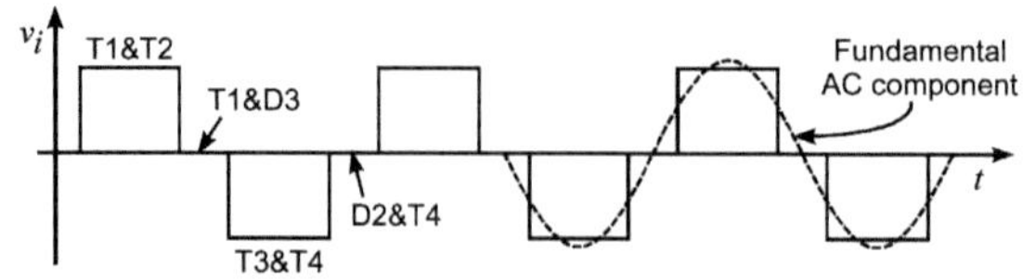

그림 4.31 준 정현파 인버터의 전압파형

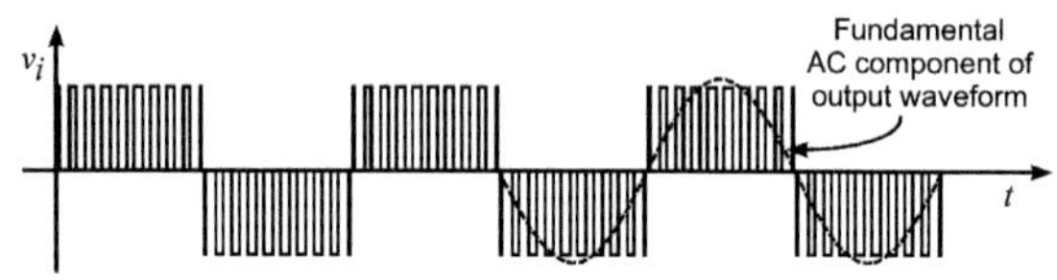

그림 4.32 펄스폭 변조 (PWM) 인버터 출력전압 파형

≫ 펄스폭 변조 (PWM)

고조파에 취약한 부하 혹은 계통연계를 위해, '펄스폭 변조'(PWM) 방식은 그림 4.29에 제시된 트랜지스터 브리지 회로가 거의 정현적인 파형을 출력하도록 하고 (낮은 차수의 주파수는 거의 제거된다), 그것의 크기 역시 제어가 가능하게 한다. PWM 인버터에서 트랜지스터는 출력전압의 요구주파수보다 훨씬 더 큰 주파수에서 스위칭 된다. 그림 4.32에서 알 수 있듯이, 파형의 가장자리에서 폭이 좁고, 중앙에 가까울수록 그 폭이 넓어지는 PWM 파형은 정현파 출력전압과 거의 유사한 전압 파형을 만들도록 제어된다.

고품질의 정현파 전압을 만들기 위하여, 스위칭 주파수는 가능한 높을수록 좋다. 그러나 너무 높게 되면, 스위칭 손실이 심각해져서, 인버터 효율 자체도 감소할 것이다. 트랜지스터는 온 또는 오프 상태에서 손실이 가장 작다. 온에서 오프 혹은 오프에서 온되는 과도상태에서 손실이 가장 크다. 용량이 작은 MOSFET PWM 인버터의 경우, 스위칭 주파수는 약 20kHz까지가 일반적이다. PWM 방식이 낮은 차수의 고조파를 제거하는 반면, 이 방식으로 인해 스위칭 주파수 주위의 고조파들과 그것들의 배수 고조파 성분이 발생할 수 있다. 그러나 이러한 성분들은 안정적으로 필터링 될 수 있다.

그림 4.33은 인버터의 내부 제어시스템이 스위칭 신호를 만드는데 사용하는 간단한 방법을 보여준다. 트랜지스터를 온/오프하는 펄스는 기준 정현파 신호와 대개 삼

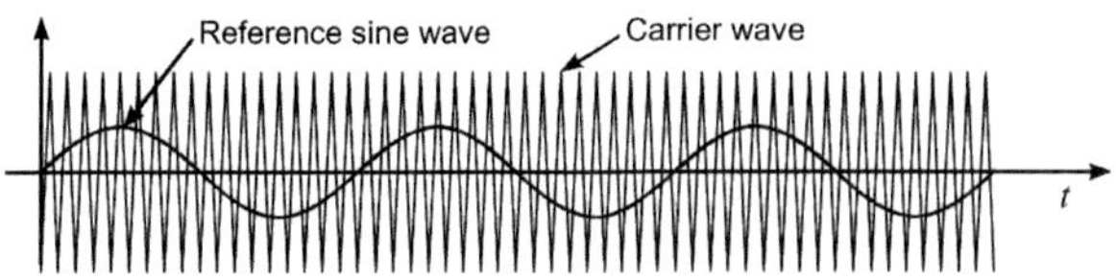

그림 4.33 스위칭 패턴의 PWM 구조

각파로 주어지는 반송파 신호의 교점에서 발생된다. 독립형 인버터에서, 기준 정현파 신호는 내부 제어 시스템에 의해 생성될 것인데, 이는 보통 일정 주파수를 갖는 일정 전압을 출력한다. 참고문헌[3]은 이 인버터와 관련하여 다소 복잡한 주제에 대해 더 많은 정보를 제공한다.

≫ 스위칭 방법의 비교

준 정현파 인버터는 소형의 독립형 응용 처에 주로 사용된다. 더 큰 용량에 응용하고 계통에 연계하기 위해서, PWM 인버터가 일반적으로 사용된다.

앞에서 논의된 내용은 50 또는 60Hz로 교류 전력을 공급하는 인버터에 초점을 맞추었지만, 더 높은 주파수로 전력을 공급하는 인버터도 있다. 고주파 인버터는 전력변환시스템에서 내부적으로 매우 유용한데, 이는 같은 용량의 50/60Hz 변압기 보다 더 작고, 가볍고, 싼 고주파 변압기의 사용을 가능하게 하기 때문이다. 고주파 변압기에 대해서는 나중에 논의하기로 한다.

≫ 계통연계형 인버터의 출력제어

계통-연계형 인버터에서, 그림 4.33에 제시된 기준 정현파는 계통의 주파수와 동일한 주파수를 갖는 출력전압을 만들도록 제어되는네, 이 전압은 계통전압에 대해 상변위 (phase-shifted)가 될 수 있다. 그림 4.29에서 각 전압전류를 순시 값이 아닌 페이저로 표현하면, 다음 수식을 얻는다.

$$\mathbf{V_i} = \mathbf{V_o} + \mathbf{V_x}$$

여기서 V_i는 인버터에서 출력된 PWM 전압의 기본파 성분이고, V_o는 인버터가 계통에 연계될 때 출력전압이자 계통전압이고, V_x는 인덕터에 걸리는 전압이다. 추가적으로, 인덕터에 걸리는 전압은 출력전류 I_o보다 90도 앞선다. 즉,

$$\boldsymbol{V}_{\mathbf{x}} = \mathrm{j}\boldsymbol{I}_{\mathbf{o}}X$$

여기서 X는 인덕터의 리액턴스이다.

그림 4.34(a)의 페이저도는 계통전압 V_o에 대해 V_i의 크기와 위상을 제어하는 것이 출력전류 I_o의 크기와 위상 모두를 제어하는 것임을 보여준다. 이는 동기발전기의 경우에 식 (4.8a) 및 식 (4.8b)에서 설명했듯이, 유효 및 무효전력 흐름 제어에 필수적인 메커니즘이다.

그림 4.34(b)의 페이저도는 인버터가 역률 1 (무효전력 0)로 동작될 때, 즉 출력전류 I_o가 계통전압 V_o와 동상인 특별한 경우를 나타낸다. 계통전압에 대한 V_i의 크기와 위상은 출력전류 I_o로부터 쉽게 계산될 수 있다.

추가적으로 회로에서의 손실을 무시하면, 출력은 입력과 같아야만 한다. 즉,

$$V_{\mathrm{dc}} I_{\mathrm{dc}} = V_{\mathrm{o}} I_{\mathrm{o}} \cos\phi$$

여기서 I_{dc}는 직류전원으로부터 나오는 전류의 평균값이다. 따라서 출력을 제어하기 위해 PWM 방식을 사용함으로써, 입력 직류전류가 제어된다.

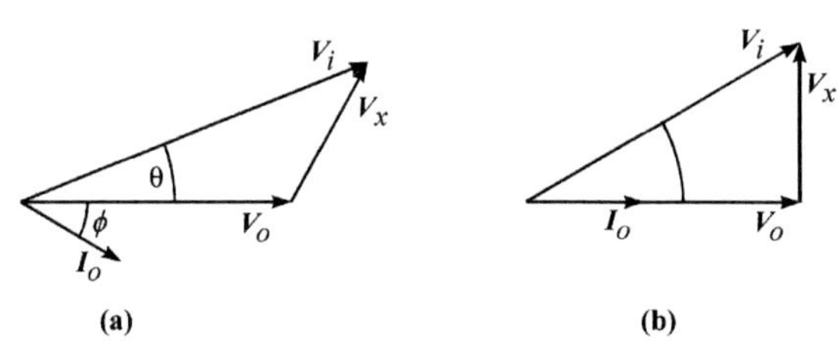

그림 4.34 계통연계형 인버터의 출력 단 페이저도: (a) 일반적인 경우 및 (b) 역률이 1인 경우

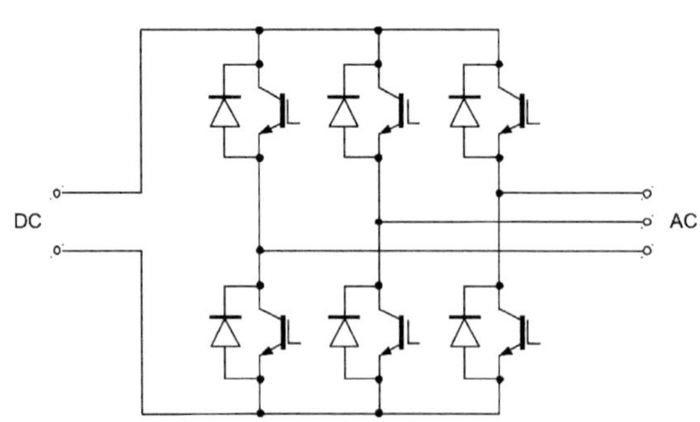

그림 4.35 3상 IGBT 인버터

≫ 3상회로

앞에서 논의된 회로들과 그에 대한 설명은 3상 시스템에 쉽게 적용될 수 있다. 대개 3상 시스템의 소자 수는 그림 4.35에서 알 수 있듯이, 단상시스템에 사용되는 소자의 개수보다 추가적으로 50% 더 필요하다. 즉, 단상 시스템에서는 4개의 트랜지스터가 필요하지만, 3상 시스템의 경우 6개의 트랜지스터가 필요하다. 3상용 인버터의 용량은 대개 10kVA이상이다.

3상 전력 컨버터는 가변속 풍력터빈에 교류를 직류로 혹은 직류를 교류로 변환하기 위해 널리 사용되고 있다. 그림 4.35에 제시된 회로는 트랜지스터 브리지, 인버터, 전압원 컨버터, 가변주파수 드라이브와 같은 다양한 용어로 표현될 수 있다. 이 회로는 특히 유도전동기를 가변속 구동하기 위하여 산업에서 널리 사용된다. IGBT 컨버터는 대체적으로 관련 전기기기의 가격에 비해 몇 배 더 비싸다.

4.5.7 컨버터 내부 제어 시스템

매우 단순한 컨버터들은 트랜지스터의 게이트 혹은 베이스를 제어하기 위해 아날로그 전자회로를 사용해도 된다. 대부분의 경우, 요즘 컨버터들의 내부 제어는 마이크로프로세서 혹은 디지털 신호 처리기 (DSP)에 의해 이루어진다. 트랜지스터 게이트 혹은 베이스 제어 신호에 대한 정확한 타이밍을 조절함으로써, 마이크로프로세서는 컨버터 내의 전압, 전류 및 전력흐름 등을 제어한다. 이외에도 마이크로프로세서는 많은 다른 기능들을 제공하기도 한다. 예를 들어, 계통연계형 태양광 인버터에 사용되는 마이크로프로세서는 최대출력점 추종제어, 단독운전 방지 보호, 진단 및 통신 등과 같은 다양한 기능을 수행한다.

응용 처에 따라 다르지만, 요즘 컨버터에 사용되는 마이크로프로세서 기반 제어시스템은 다양한 제어 목표들을 갖는다. 예를 들어, 독립형 인버터에서의 제어 목표는 일정전압 및 일정 주파수를 갖는 출력을 유지하는 것이다. 계통연계형 태양광 인버터에서의 목표는 태양광의 변화에 맞추어 최대출력을 추출하는 것인데, 일반적으로 출력전류를 제어하는 것을 목표로 한다. 전동기 구동용 인버터에서의 목표는 토크를 제어하는 것이다. 위의 세 가지 예에 사용되는 전력전자 컨버터들은 회로 측면에서 매우 유사할 수 있지만, 제어시스템은 이들 컨버터가 각 응용 처에 따라 다르게 동작하도록 한다.

4.5.8 DC-DC 컨버터

교류전압은 변압기를 사용하여 쉽게 강압 및 승압될 수 있다. 불행하게도, 직류에 대한 변압은 전력전자가 발달한 최근이 되어서야 이루어 졌다. 뒷장에서 논의 될 것이지만, 직류 변압기는 전력전자 컨버터의 응용 처를 상당히 넓혀 놓았다.

이상적인 직류 변압기는 임의의 전압에서의 전력을 다른 전압에서의 전력으로 변환할 것이다. 전압 및 전류가 증가하면, 전류 및 전압은 각각 같은 비율로 감소할 것이다. 즉,

$$V_{\mathrm{in}} I_{\mathrm{in}} = V_{\mathrm{out}} I_{\mathrm{out}} \tag{4.29}$$

직류변압기는 '쵸퍼' 혹은 dc-dc 컨버터라 하기도 한다. 이러한 쵸퍼회로에서 전력 트랜지스터는 매우 높은 주파수로 스위칭 되며, 듀티 비(ON/OFF 시간)가 출력 전압을 제어한다.

≫ 강압형 dc-dc 컨버터

인덕터 전류가 연속이라고 가정하면, 그림 4.36에 제시된 회로의 정상상태 운전은 다음과 같이 설명될 수 있다. 트랜지스터는 시간 T_{on}동안 스위치 ON되고, 이때의 전압은 $v_l = v_{in} - v_{out}$이 된다. 다음 트랜지스터는 시간 T_{off}동안 스위치 OFF되고, 이때의 전압은 $v_l = - v_{out}$이 된다. 정상상태에서 인덕터에 걸리는 전압은 0이어야 한다. 따라서

$$V_{\mathrm{out}} = DV_{\mathrm{in}} \quad \text{where } D \text{ is the duty cycle } \frac{T_{\mathrm{on}}}{T_{\mathrm{on}} + T_{\mathrm{off}}} \tag{4.30}$$

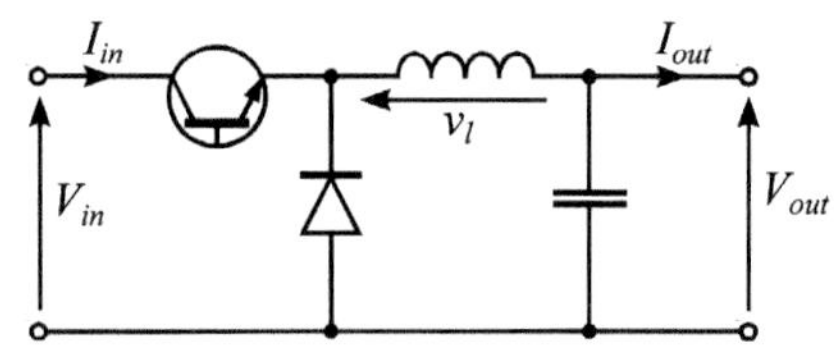

그림 4.36 강압형 DC-DC 컨버터 (벅 컨버터)

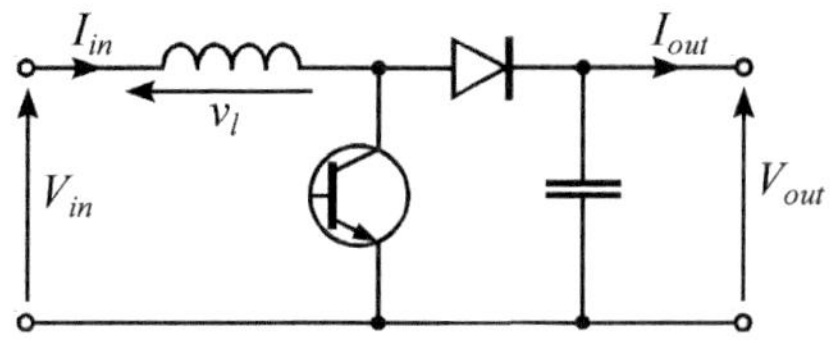

그림 4.37 승압형 DC-DC 컨버터 (부스트 컨버터)

≫ 승압형 DC-DC 컨버터

인덕터 전류가 연속이라고 가정하면, 그림 4.37에 제시된 회로의 정상상태 운전은 다음 수식으로 주어진다.

$$V_{\text{out}} = \frac{1}{1-D} V_{\text{in}} \tag{4.31}$$

4.6 신재생에너지 응용

4.6.1 태양광 시스템 응용

≫ 태양광 시스템 특성

모든 태양광 시스템은 직류발전을 하기 때문에, 전력시스템 연계를 위해 인버터라 불리는 전력 컨버터가 필요하다.

2장에서 설명한 것처럼, 태양광 모듈은 모듈 온도 및 태양광 강도에 따른 I-V 특성 곡선을 갖는다. 모듈인 아닌 다른 형태의 태양광은 'fill factor'라는 용어로 특성화된 다른 모양의 I-V 곡선을 갖는다. 태양광 모듈의 출력을 극대화시키기 위해서, 모듈은 최대출력점에서 운전되어야만 한다. 이 점은 태양광의 강도 및 온도에 따라 변하므로, 이 점을 추종하는 것이 인버터의 주요 기능이다. 최대출력점추종 (MPPT) 제어는 태양광 시스템의 전체 효율에 지대한 영향을 준다.

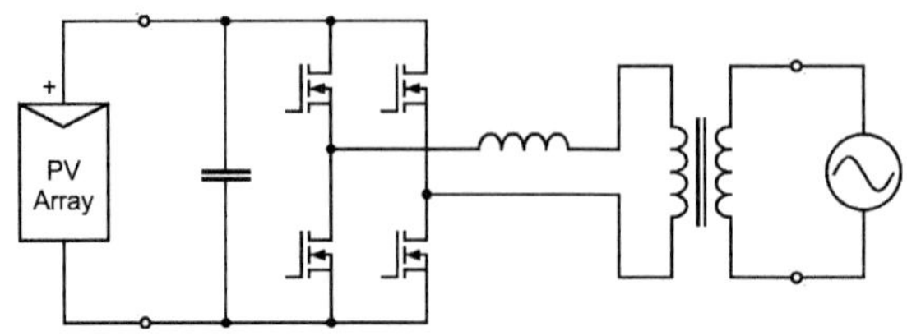

그림 4.38 기본형 계통연계 태양광 인버터

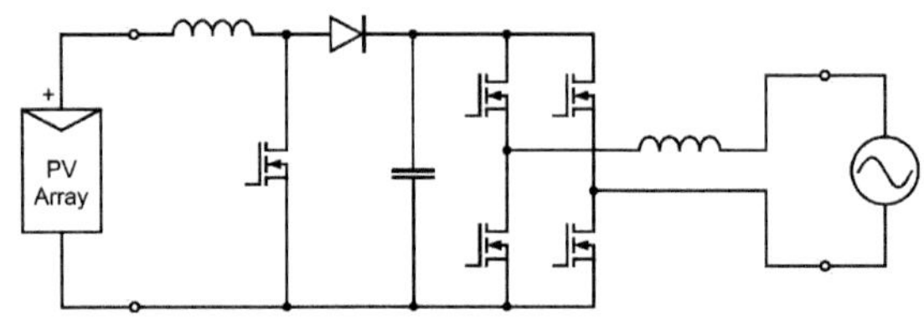

그림 4.39 변압기 없는 계통연계 태양광 인버터

≫ 기본형 계통연계 태양광 인버터

그림 4.38에 제시된 계통연계형 인버터는 그림 4.29의 트랜지스터 브리지 회로에 기초하고 있다. 태양광 어레이의 직류전압은 교류전압으로 변환되어 230V의 계통에 연계되어야 한다. 이러한 단순한 적용에서, 어레이 전압은 최대출력 점에서 직류 350V이상이어야 한다. 그러나 이 전압은 많은 경우에 실제로 얻기 힘들다. 따라서 인버터의 출력전압을 높이기 위해 변압기가 필요하다.

제어방법은 4.5.6절의 '계통연계형 인버터의 출력제어' 부분에서 논의된 내용대로 실행하면 된다. 교류출력전류의 제어는 어레이로부터 나오는 직류전류를 조절해서, 최대출력점 추종제어를 가능하게 할 것이다. 이 회로의 주 단점은 50/60Hz 변압기의 가격, 무게 및 크기에 기인한다.

≫ 변압기 없는 계통연계형 인버터

그림 4.39에서 알 수 있듯이, 인버터의 입력에 직류 승압 단을 추가하면, 계통용 변압기가 불필요하고, 그림 4.38의 인버터 입력전압보다 더 큰 전압으로 운전가능하므로 인버터 트랜지스터에 흐르는 전류를 감소시킬 수 있다.

고정된 듀티비로 직류 쵸퍼를 동작시키면, 평균직류전류를 고정된 비율로 공급가

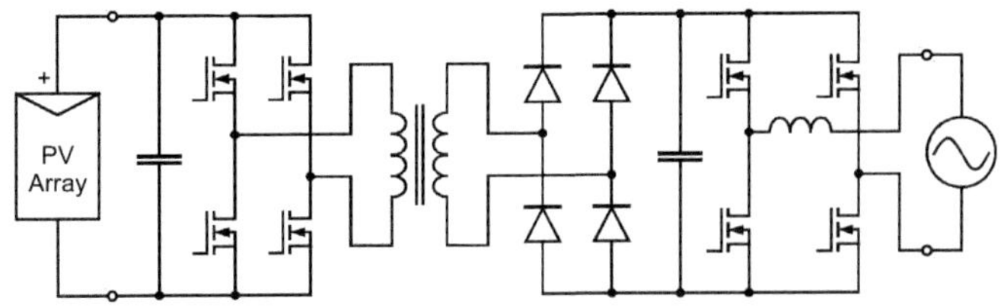

그림 4.40 고주파 변압기를 사용한 태양광 인버터

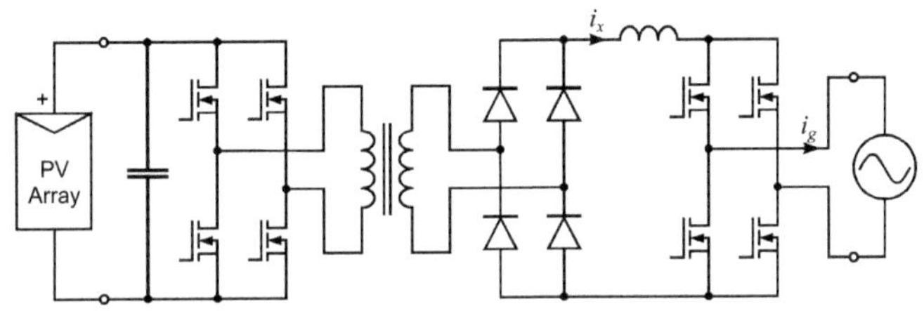

그림 4.41 스티어링 브리지를 사용한 태양광 인버터

능하고, 교류전류를 조절하여 최대 출력점 제어도 가능하게 된다. 실제로, 직류 모선 전압 (직류 쵸퍼와 인버터 사이의 직류단 전압)을 고정하는 것이 더 효과적이다. 이 경우에, 인버터 전류제어는 직류모선 전압 제어를 위해 사용된다. 전압이 높으면 더 많은 전류를 사용할 수 있으며, 최대출력점 제어는 직류 쵸퍼의 듀티비를 조절함으로써 가능해진다.

이 컨버터의 단점은 계통과 태양광 어레이 사이에 전기적 절연이 없다는 점이다. 이는 태양광어레이가 계통전압에 그대로 노출되어 있어, 사고 방지를 위해 이중으로 절연이 필요하다는 것을 의미한다. 몇몇 상업용 인버터는 현재 이러한 형태를 기초로 제작되고 있는 중이다.

≫ 고주파 변압기를 사용한 태양광 인버터

그림 4.40에 제시된 인버터는 3단으로 구성되었다. 왼쪽부터, 첫 번째에 준 구형파 혹은 구형파 전압을 출력하는 고주파 인버터가 있다. 동작 주파수가 보통 20kHz 이어서, 변압기의 크기, 무게, 가격을 그림 4.38에 제시된 주변압기에 비해 줄일 수 있다. 변압기는 전압을 승압하는 동시에, 그림 4.39의 회로에는 없는 전기적 절연을 제공한다. 다음으로, 고주파 교류전압은 그림 가장 오른쪽에 있는 PWM 인버터의 입력에 적합한 직류전압으로 정류된다. 이 회로가 복잡해 보여도, 변압기 가격의 감

소는 제작자에게 매우 매력적인 요소로 작용한다.

≫ 스티어링 브리지를 사용한 태양광 인버터

그림 4.41에 제시된 인버터 역시 고주파 변압기를 사용했지만, 변압기에서의 전력 흐름이 50/60Hz로 변조된다는 점이 그림 4.40과 다른 점이다. 이러한 변조는 인버터 입력단에 다소 복잡한 스위칭 패턴을 적용하여 가능하며, 전류 i_x가 50/60Hz의 정현파 전류 모양이 되도록 한다. 다음으로 출력단은 이 전류가 계통에 정현파로 공급되도록 조정한다. 그림 4.40에 제시된 회로와 비교하여 이 회로의 장점은 순시전류가 0일 때에만, 스티어링 브리지가 100/120Hz로 스위칭 되어서, PWM 인버터의 효율이 더 좋다는 것이다.

4.6.2 풍력 응용

≫ 고정속도 대 가변속도 – 에너지 포집

이번 절은 수십 초 또는 분 동안 획득한 평균 풍속 및 동일 시간동안에 에너지 포집을 최대화하기 위해 요구되는 풍력터빈 응답을 다룬다. 2.4.3절에서, 에너지를 최대로 획득하기 위해 풍력터빈의 속도는 풍속의 변화에 따라 조절되어야 한다는 사실이 이미 언급되었다. 그림 4.42는 변수 $U_1 < U_2 < U_{rated}$로 정해진 풍속 U에 대해 터빈의 회전속도에 따른 전형적인 터빈 출력 곡선을 나타낸다. 각 곡선에서, 터빈 출력은 정지 상태 $(\omega = 0)$ 및 구속 토크 없이 터빈이 회전하는 이탈속도에서 0이다. 이러한 극단적 속도 사이에서, 출력이 최대가 되는 점이 존재한다. 각 풍속에 대해, 풍력터빈이 최대 출력 점에서 운전되도록 하는 것은 바람직하다. 평균풍속 변화에 대해 이러한 운전이 가능하려면, 풍력 터빈 토크는 최대 출력 점을 지나는 궤적 aa를 추종하도록 조절되어야만 한다. 이는 2.4.3절에서 언급된 요구조건 (팁-스피드 비 $\lambda = \Omega R/U$는 C_p가 최대가 되는 λ_{opt}로 고정되어야만 한다는 요구조건)을 표현하는 또 다른 방식이다. 각 풍력터빈마다 λ_{opt}는 다른 값을 갖는데, 예를 들어 그림 2.8에서 $\lambda \approx 7$일 때, C_p는 최대가 된다.

불행히도, 동기발전기와 농형 비동기 발전기는 거의 그림 4.42에서의 고정 속도 ω_1으로 운전하므로, 발전기를 구동하는 풍력터빈은 궤적 bb를 추종할 것이다. 오직 풍속 U_2에서만 풍력터빈이 λ_{opt}로 운전하므로, 더 높은 혹은 더 낮은 풍속에서는

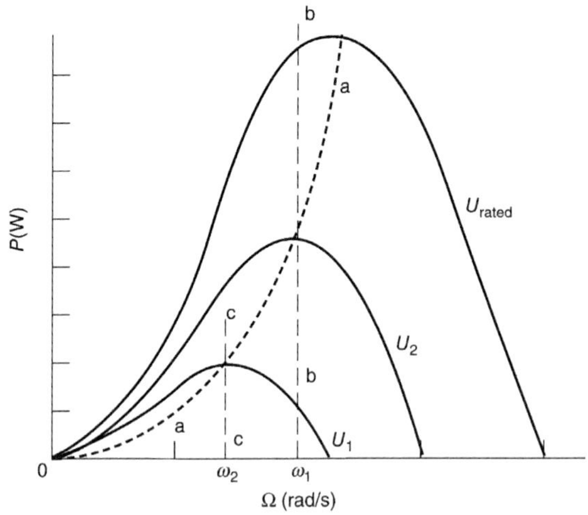

그림 4.42 풍속에 따른 풍력터빈 출력 대 속도 관계

각 풍속에 대해 최대에너지를 추출할 수 없게 된다. 동기 또는 비동기 발전기가 궤적 aa를 추종하도록 하는 가변속 운전은 전력전자 컨버터의 사용으로 가능하다. 컨버터의 손실로 인해 가변속으로 운전되는 풍력터빈에 의해 포집되는 추가 에너지는 고정속에 비해 대개 10% 더 작고, 추가 비용도 더 발생한다. 그러나 가변속 운전이 풍력발전에 바람직한 많은 이유가 존재한다.

» 고정속 대 가변속 – 동력학

전 세계적으로 전기는 전력시스템에 직접적으로 연결된 동기기에 의해 생산된다. 이 기기는 기계적 입력 (대개 엔진, 증기/가스/수차 터빈)이 발전기에 일정한 토크를 제공할 때 매우 효과적으로 동작한다. 그러나 바람은 급격히 변하고, 이는 구동토크에 심각한 요동을 직접적으로 전달한다. 풍력터빈에 동기발전기를 직접적으로 연결하여 사용하는 것은 기계 및 전기시스템 사이의 결합을 너무 융통성 없게 만드는 것이다. 돌풍은 터빈에 큰 기계적 스트레스를 유발시키고, 이는 다시 전기시스템에 공급되는 전력의 큰 변동을 유발시킬 것이다.

풍력터빈의 가변속운전에 대한 장점은 동력학적 측면에서 다음과 같다.

- 공기역학이 고려된 회전자 전체 관성, 기어박스 (존재하는 경우에) 및 발전기는 에너지 버퍼로 작용하여 바람의 난류를 잔잔하게 만든다. 따라서 과도 토크, 전기적 출력에서의 급격한 변화뿐만 아니라 구동계의 스트레스는 급격하게 감소될

것이다.

- 더 낮은 구조적 부하와 더 가벼운 토대는 해상응용에서 특히 중요한 장점이다.

추가적인 장점으로는

- 전력전자 장치가 전력망에서의 무효전력 흐름을 조절하는 것이 가능하다.
- 저풍속에서 운전될 때, 소음이 감소한다.

가변속 운전의 단점은 발전기의 구조가 복잡하고 전력전자 하드웨어가 필요해서, 가격이 높아지고 신뢰성이 떨어진다는 것이다.

돌풍에도 운전가능하기 위해, 모든 풍력터빈은 몇 단계의 속도 조절이 가능한 발전기 또는 발전 시스템에 연결되어야 한다.

≫ 독자 네트워크를 제공하는 동기발전기

기어박스를 통해 풍력터빈에 의해 구동되는 동기발전기는 독자 네트워크를 제공하는데 사용되곤 한다. 이러한 네트워크에서, 풍력터빈은 유일한 전원이거나, 또는 컨버터가 포함된 배터리와 같은 에너지 저장시스템 및 디젤 발전기와 같은 또 다른 전원과 함께 쓰일 수 있다. 이러한 형태는 원격단지 혹은 작은 섬에 제한적으로 사용되는데, 그 수는 상대적으로 작다. 풍력터빈이 주 에너지원이면, 이는 시스템 전압 및 주파수를 결정한다. 고정주파수 계통에 대해, 풍력터빈은 풍속 및 시스템 요구조건의 변화에도 고정된 속도로 운전되도록 제어되어야만 한다. 이는 (a) 주파수에 민감한 우선순위 부하 스위칭에 따른 풍력터빈의 실속제어 또는 (b) 양방향 컨버터를 갖는 배터리 등의 저장장치/제어가능한 부하와 풍력터빈 피치제어의 조합을 통해 가능하다. 이러한 자율적 시스템은 현재 거의 사용되지 않으며, 앞으로도 사용될 가능성이 희박하다.

≫ 고정속 풍력터빈

그림 4.43은 1980년대에 주로 사용된 터빈-기어박스-비동기 발전기-계통시스템을 나타낸다. 이 시스템은 단순하고, 신뢰성 높고, 실제적으로 매우 잘 동작됨이 입증된 시스템이다. 1980년대 및 1990년대에 설치된 풍력터빈의 대부분이 이러한 형태이고,

현재에도 여전히 사용 중이다. 이러한 구조에서, 유도기는 농형형태가 사용되고, 슬립으로 인해 속도가 출력에 따라 미세하게 변화한다. 따라서 속도는 엄격히 일정하지 않다. 슬립으로 인한 약간의 기계적 유연성은 돌풍조건에서 전기적출력이 부드럽게 하고, 기계적 구동계의 부담을 줄여주는 장점이 된다.

대용량 유도기가 전력망에 직접 연결된 경우 (속도제어 없이), 소프트 스타터라 불리는 장치가 기동 시 토크와 전류를 제한하기 위해 일반적으로 필요하다. 이 장치는 컨버터가 아니지만, 비동기 발전기가 계통에 처음 연결될 때 회전자계를 만들기 위해 흡수하는 전류서지를 간단히 제한하는 기능을 수행한다. 사이리스터를 사용하면 트랜지스터 기반 인터페이스에 비해 훨씬 싸게 이 장치를 구성할 수 있다.

그림 4.44는 3쌍의 역평행 사이리스터로 구성된 소프트 스타터를 나타낸다. 초기에, 사이리스터는 전류가 거의 흐르지 않도록 한 주기에서 매우 늦게 점호된다. 점차, 3쌍의 사이리스터가 연속적으로 'ON' 될 때까지 점호시점이 빨라진다. 이 때 그림 4.44의 아래 부분 스위치가 닫히게 되는데, 이로써, 소프트 스타터의 역할이 끝나게 된다. 유도발전기는 대개 4극이기 때문에, 회전속도는 50Hz 시스템에서 1500rpm에 가깝다 (60Hz 시스템에서는 1800rpm). 따라서 기어박스가 필요하다.

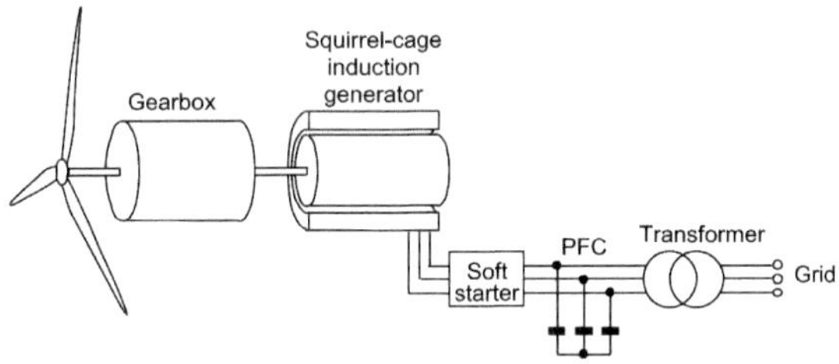

그림 4.43 농형 유도 발전기

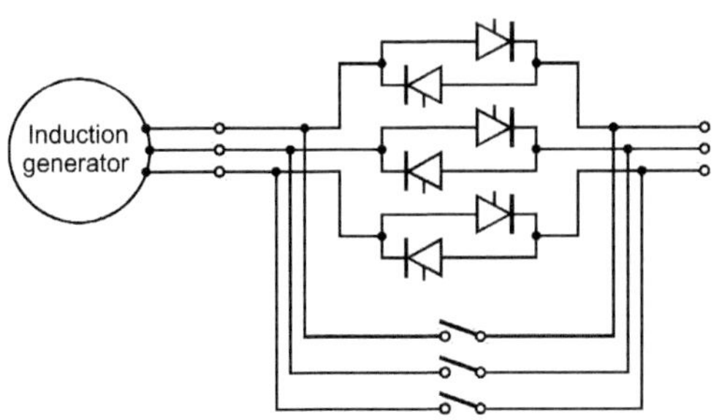

그림 4.44 소프트 스타터

소프트 스타터 다음으로 역률보정(PFC) 커패시터가 연결되어 있다. 유도발전기는 회전자계를 만들기 위해 원래 무효전력을 소비한다. 이 무효전력은 계통으로부터 흡수될 수 있지만, 일반적으로 전력망 관리자는 경제성을 이유로 이를 충전해 놓는다. 커패시터 뱅크는 부록에 논의된 역률보상원리를 통해 전체 역률이 1에 가깝도록 타워의 바닥이나 너셀에 대개 설치된다. 때때로 커패시터들은 독립적으로 스위치될 수 있는 몇몇 부분으로 나누어지는데, 이는 만들어진 무효전력량이 운전조건 변화에 따라 유도발전기에 의해 소비된 무효전력량과 일치하도록 조절하기 위함이다.

마지막으로, 그림 4.43에는 타워의 바닥 혹은 너셀 안에 설치될 수 있는 변압기가 표시되었는데, 이는 터빈 제작자의 공급범주에 포함될 수도, 안 될 수도 있다. 풍력발전 시스템의 유도발전기는 대개 690V에서 운전하고, 변압기는 이 전압을 풍력단지 전력망 전압으로 승압한다(일반적으로 11kV, 영국에서는 33kV). 큰 풍력단지는 실 계통에 연결 전에 다시 풍력단지 전력망 전압을 승압하기 위한 추가적인 변압기를 필요로 한다.

≫ 이중 속도 풍력터빈

유도기의 운전속도는 극수에 의해 결정되는 동기속도에 의존적인데, 극 수는 또한 고정자 권선의 배열에 의해 결정된다. 풍력터빈에 사용되는 주발전기는 대개 4극인데, 이 극수는 50Hz 계통에서 1500rpm의 동기속도를 제공한다. 6극 또는 8극 발전기의 동기속도는 각각 1000rpm 및 750rpm이 될 것이다. 유도기에서 극수 변경은 각 고정자 권선의 결선을 바꾸거나 두 개의 발전기를 사용하여 가능하다. 그림 4.42에서 ω_2로 회전하는 저속 발전기는 평균 풍속이 작을 때 소음을 줄이고 좀 더 많은 에너지를 얻는데 사용된다. 바람으로부터 얻어지는 출력이 또한 작기 때문에, 발전기의 정격용량은 주 발전기의 1/4 과 1/6사이일 것이다. 평균 풍속이 미리 정한 수준 이상으로 검출될 경우, 저속 발전기는 계통으로부터 연결이 끊어지고, 고속 발전기가 연결되어 ω_1의 속도로 동작한다. 몇몇 덴마크 풍력제조업체들은 1980년대와 1990년대에 이러한 구조를 주로 사용했다.

≫ 가변 슬립 풍력터빈

앞에서 논의된 고정속 풍력터빈에 사용되는 농형 회전자는 매우 경제적이고, 견고하며 신뢰할 만하다. 이는 작지만 유한한 저항을 가지는데, 이러한 저항은 토크-속도 특성 곡선의 경사 즉 슬립의 크기를 광범위하게 결정하게 한다. 농형 유도기의 용량

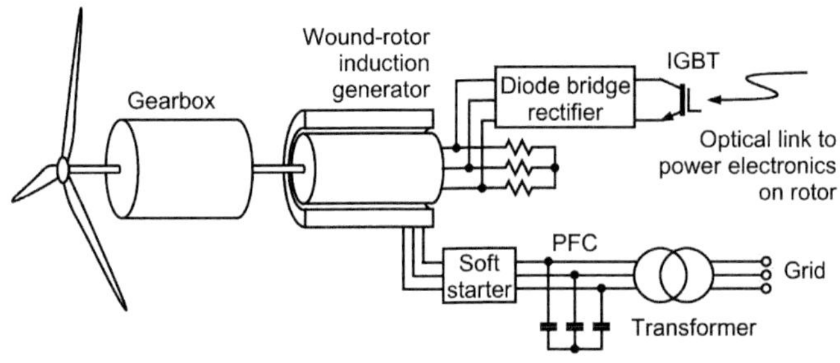

그림 4.45 베스타스 Optislip 회전자 저항 제어기

이 클수록 비례적으로 회전자 저항은 작아져서 슬립 역시 작아진다. 이는 풍력터빈에서 바람직하지 않은 기계 및 전기시스템 사이의 유연성을 감소시킨다. 그림 4.16은 유도기의 속도가 조절될 수 있는 한 가지 방법을 묘사한다. 회전자 저항을 R_r 에서 R_r' 로 다시 R_r'' 로 증가시킴으로써, 각기 다른 속도에서 정격토크가 발생될 수 있다. 이는 회전자 권선형 유도기의 슬립링에 외부 가변저항을 삽입함으로써 쉽게 구현가능하다. 그러나 이 방식의 속도 조절 법은 외부저항에서의 손실로 인해 효율의 감소를 야기한다. 그럼에도 불구하고, 이러한 방식의 제어 법은 풍력터빈이 쓸모없을 때 완전히 없어질 것이며, 제조업체들은 성능개선을 위해 이 방식을 성공적으로 사용해 왔다.

풍력터빈에서, 회전자 저항은 돌풍을 받아들일 정도로 능동적으로 제어될 수 있다. 돌풍이 부는 동안, 저항은 증가하여 더 큰 음의 슬립상태를 만들고 결국 회전속도가 약간 증가하여 에너지는 관성에 의해 흡수된다. 돌풍이 지나간 후, 회전자 저항은 감소되고, 속도역시 원래상태로 다시 돌아와 더 긴 시간동안 에너지를 계통에 공급한다. 그림 4.45는 이러한 개념을 나타낸 것이다. 이러한 제어법이 컷인 속도 및 정격속도사이의 풍속에서 적용된다면, 바람에서 얻은 에너지는 역으로 외부저항에서 소모될 것이다. 그러나 이 기법이 평균풍속이 정격풍속 이상 일 때 적용된다면, 매우 흥미로운 이점이 발생할 것이다.

베스타스의 OptiSlip 계획에서, 특별히 설계된 권선형 회전자를 갖는 비동기발전기 축에 전력전자회로와 외부저항이 통합되어 설치되어 축과 함께 회전하면, 슬립링과 브러시가 필요 없게 된다. 여기서 풍력터빈 날개의 피치 제어 메커니즘은 풍속의 장기적 변화에 대응하는 반면, OptiSlip 시스템은 돌풍으로 인한 단기적으로 급격한 변화에 대응한다. 출력은 1~10% 슬립범위에서 변화하도록 정해진 회전속도에 대응되는 정격 출력 값으로 유지된다. 가변 슬립 개념은 고 풍속에서 고품질의 전기를 생산하게 한다. 이 개념은 정격 이상의 풍속에서 풍력터빈 구동계가 받는 스트레스와 발전된 전기의 품질을 개선할 수 있지만, 에너지 포집량 자체를 높이지는 못한다.

≫ 슬립 에너지 회복의 원리

외부 회전자 저항에서 에너지를 소모하게 하는 것보다 훨씬 더 우수한 접근법은 이 에너지를 저장하여 계통에 전달하는 것이다. 이와 같은 슬립에너지 회복 기법은 다양하게 존재한다. 이 절에서는 슬립에너지 회복기법을 풍력터빈에 적용하기 전에 그것의 일반적 원리를 먼저 설명할 것이다. 비동기 발전기의 회전자 회로 합성전류와 유도기전력의 크기 및 주파수는 슬립에 의존적임을 기억해야만 한다. 회전자 회로 안으로 혹은 밖으로 에너지가 전달되려면 계통전압의 고정된 크기/고정 주파수와 회전자전압의 가변크기/가변 주파수와의 상호작용이 필요하다. 이러한 상호작용은 직류-교류 컨버터 뒤에 교류-직류 컨버터를 연결하여 구성함으로써 가능할 수 있다.

이러한 기법의 기술적 문제점들은 사소한 것이 아니다. 매우 낮은 슬립에서 회전자 측 컨버터는 매우 낮은 회전자 전압 및 주파수를 다루어야만 할 것이다. 반대로 높은 슬립에서 회전자 측 전압 및 주파수는 비례적으로 커지게 될 것이다. 속도 0에서 동기속도까지의 제어를 위해, 직류단에 연결된 회전자의 정격은 유도발전기의 명판에 명기된 정격과 같아야만 함을 알 수 있다. 이러한 사실은 상당한 크기와 가격의 전자 인터페이스 장치를 포함하게 할 것이다. 전 구간 가변속 제어의 장점은 광범위한 속도범위에서 제어가 가능하다는 것이다. 이는 상대적으로 작은 정격의 비동기 링크에 연결된 회전자에 의해 교묘하게 처리될 수 있다. 이러한 방식을 조사하기 위해, 비동기기 회전자 안/밖으로의 전력흐름을 좀 더 자세하게 살펴볼 필요가 있다.

그림 4.46(a)는 유도기가 전동기로 동작할 때의 전력 흐름을 보여준다. 공극을 통해 전달되는 전자기적 출력 P_{ag}는 4.4절에서 언급된 손실을 전기적 입력 P_s에서 뺀 값과 동일하다. P_{ag}에서 회전자손실을 빼면 이용 가능한 기계적 출력 P_m이 된다. 손실을 무시하면, 그림 4.46(b)의 단순화된 그림이 식 (4.22)를 사용하여 얻어질 수 있다. 유도기가 발전기로 동작할 때 그 기기의 동작은 다음 가정과 함께 지금 설명될 것이다. 그 가정은 유도기는 비동기 링크를 통해 회전자 회로에 전력을 공급 혹은 인출할 능력을 갖고 있다는 것이다. 다시 말해, 그림 4.46(b)의 P_r의 크기와 방향이 조절가능 하다는 것이다. 이 그림에서 전력 흐름방향을 표시하는 화살표는 왼쪽에서 오른쪽으로 되어 있는데, 이는 기기가 전동기로 동작할 때의 방향과 같다.

발전기로 동작할 때 (그림 4.16), 슬립은 범위 $-1 < s < 0$에서 음의 값을 갖고,

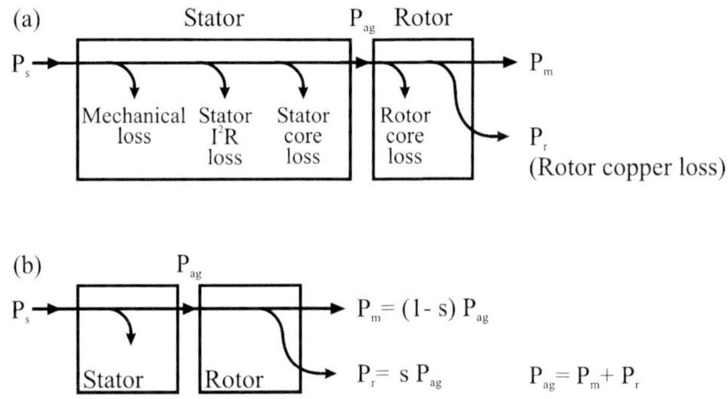

그림 4.46 유도기의 전력 흐름

P_m은 오른쪽에서 왼쪽으로 흐르는데 즉, 음의 값을 갖는다. 결과적으로 P_{ag}와 P_s 모두 음의 값을 갖지만, P_r은 양의 값을 갖는다. 회전자로부터 요구되는 수준의 P_r을 인출함으로써, 유도발전기 속도는 초동기 즉 동기속도 이상의 범위에서 제어될 수 있다. 이 모드에서, 기계적 입력은 비동기 링크에 연결된 회전자를 통해 그리고 고정자를 통해 부분적으로 계통에 공급될 수 있다.

비동기 링크를 통해, 회전자회로에서 전력을 인출하기 보다는 주입할 가능성도 있는데, 이때 P_r의 부호는 반대가 된다. P_m과 P_{ag}가 음이기 때문에, 슬립은 $1 > s > 0$의 범위에서 양의 값을 가져야만 한다. 따라서 유도발전기는 '차동기' 속도 즉 동기속도 이하에서 동작될 수 있다. 이 동작모드에서, $P_m < P_{ag}$이기 때문에, 계통으로부터 회전자에 주입된 전기적 입력은 고정자를 통해 다시 계통으로 반환된다. 회전자 회로를 통해 양방향 전력 흐름이 가능하기 때문에, 이 기기는 종종 '이중여자' 형태로 언급된다.

회전자 회로에서 비동기 링크의 정격은 동기속도 기준 요구속도의 변화 정도에 비례한다. 예를 들어, 동기속도 기준 30%의 속도 변화는 유도발전기의 명판에 표시된 정격의 30%에 해당하는 정격을 갖는 비동기 링크를 요구할 것이다. 슬립에너지 가변의 장점은 이제 명확해 졌다. 회전자회로에 정격의 30%에 해당하는 전력을 주입 혹은 인출 가능한 양방향 링크를 설치함으로써, 60%의 속도 가변이 완성될 수 있다. 이와 같은 가변속 운전 제어법은 전 구간 속도제어법과 비교하여 거의 동등한 성능을 자랑한다. 또한, 단지 30% 혹은 그 이하의 전력이 컨버터를 통해 전달되므로, 컨버터에서의 손실 및 고조파 발생이 줄어든다. 풍력터빈의 대다수 제조업체들이 수 MW의 풍력터빈에 이 기법을 적용한다는 사실은 놀라운 일이 아니다.

≫ DFIG 풍력터빈 [4]

DFIG는 이중여자 유도발전기를 뜻한다. 그림 4.47은 이중여자 유도 발전기에 연결된 풍력터빈의 단순화된 개략도를 보여준다. 회전자에 연결된 전압원 IGBT 컨버터는 커패시터를 포함한 직류단을 거쳐 계통에 연결된 IGBT 컨버터와 연결된다. 두 컨버터 모두 4상한 운전이 가능하다. 즉, 이들은 유효 및 무효전력을 양 방향으로 전달하도록 제어될 수 있다. 회전자 측 컨버터는 계통 측 컨버터에 비해 좀 더 어려운 역할을 수행한다.

회전자 측 컨버터는 풍력터빈의 에너지를 최대로 뽑아내기 위해 터빈의 속도제어를 담당한다. 발전기는 '벡터제어'를 바탕으로 제어되는데, 이 제어기법은 지속적인 온라인 모니터링 및 계산을 요구하는 복잡한 기법이다. 이 기법은 유도발전기가 우수한 유연성으로 제어되도록 만드는 유효 및 무효 전력제어 기능을 분리시킨다. 또한 토크 변화에 유도기가 매우 빠르게 반응하도록 탁월한 과도응답을 제공한다. 이 기법은 돌풍으로부터의 에너지 추출을 가능하게 하며 구동계의 기계적 부담을 덜어준다. 이러한 기법을 구현하기 위한 수치적 계산을 수행하려면, 에너지 추출을 최대로 하기 위해 추종해야만 하는 토크-속도 곡선에 대한 정보, 회전자 및 고정자 전류의 크기 및 위상, 회전속도 및 회전자 위치에 관한 정보 등을 컨버터 제어기에 입력해야만 한다.

무효전력 또는 역률은 외부에서 특성화 가능하다. 각 컨버터가 계통에 무효전력을 주입하도록 할 수 있을지라도 (회전자 측 컨버터는 회전자-고정자 통로를 이용하여, 계통 측 컨버터는 계통에 직접), 회전자 측 컨버터를 통해 좀 더 경제적으로 이 임무가 수행될 수 있다.

계통에 연결된 컨버터의 기능은 주로 요구 유효전력을 직류 단으로부터 계통에 혹은 이 반대로 전달하는 것이다. 이는 직류전압을 일정한 전압으로 유지하려는 전압

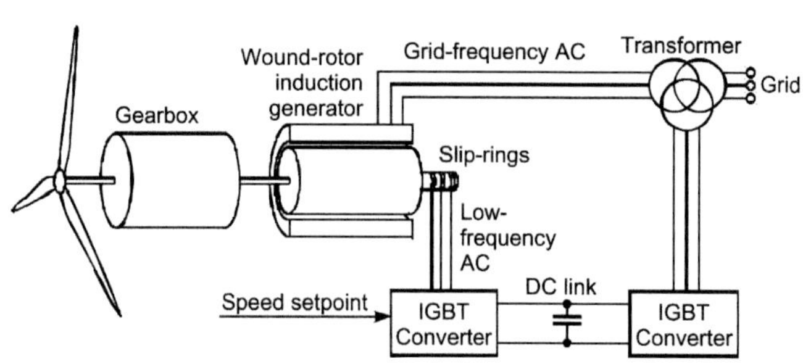

그림 4.47 DFIG (이중 여자 유도 발전기)

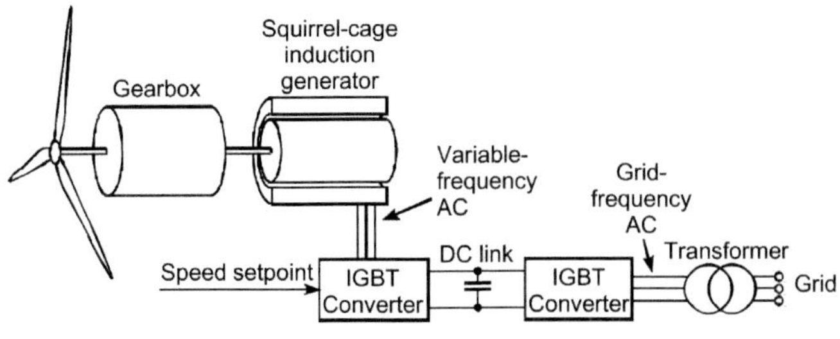

그림 4.48 유도발전기와 풀 컨버터를 갖는 풍력터빈

제어 루프를 통해 수행되어진다. 예를 들어, 회전자 측 컨버터가 풍속에 대응하여 풍력터빈으로부터 직류 단에 좀 더 많은 에너지를 전달하면, 직류 단 커패시터는 과충전 되어 그것의 전압은 증가할 것이다. 이는 계통 측 컨버터가 좀 더 많은 에너지를 직류 단에서 계통으로 전달하도록 만들 것이다.

비동기 발전기의 회전자 전압 크기의 지속적인 변화 때문에, 직류 단 전압은 낮게 유지된다. 경제적 설계를 위해, 계통 측 컨버터는 변압기를 거쳐 계통에 연결될 필요가 있다.

양 측 컨버터 모두는 계통에 최소한의 고조파를 유입시키기 위해 PWM 기법으로 제어된다. 전력전자 장치들의 보호를 위해, 과전압 보호설비가 회전자 단자에 설치되는데, 이는 장비에 이상이 감지된 경우 회전자 회로를 단락시키는 역할을 한다. 그림 4.47의 컨버터들은 대부분 풍력터빈 정격의 30%인 회전자 출력만을 전달하도록 정해졌다.

위에 제시된 다양한 풍력터빈 발전기 개념들에 대한 기술 세부사항은 참고문헌 [8]에서 자세히 알 수 있다.

≫ 풀(full) 컨버터를 갖는 풍력터빈

그림 4.48에 제시된 구조에는 2개의 풀 컨버터가 사용되었다. 풀은 모든 전력이 컨버터를 통해 전달된다는 의미이다. 이 컨버터들은 농형 유도발전기가 다양한 주파수에서 운전되도록 하는데, 즉 0~100%의 가변속도 운전이 가능하게 한다. 유도발전기에서 생산된 유효전력은 유도기 측 컨버터에 의해 정류되어 직류 단에 공급된다. 계통 측 컨버터는 인버터로 동작하여 직류 단으로부터 전력을 공급받아 계통 측으로 전달한다.

이 구조는 그림 4.47의 구조와 매우 유사한데, 유도 발전기의 벡터 제어가 이 구조에서도 쓰이게 된다. 유도발전기에 필요한 무효전력은 회전자 측 컨버터에 의해 공급되는 반면, 계통 측 컨버터는 발전된 유효전력 전부를 계통에 전달할 뿐만 아니라, 계통에 무효전력을 공급하거나 계통으로부터 무효전력을 흡수하기도 한다. DFIG 방식에 비해 기기 값은 더 싸지만, 직류 단 가격이 더 비싼 이 방식을 선택한 제조업체는 거의 없다.

이 방식에 사용되는 컨버터들은 표준 산업용 드라이브로 보통 가변속 전동기 제어를 위해 사용돼왔던 것들이다. 따라서 이 컨버터들은 매우 신뢰할 만하며, 많은 제조업체들로부터 안정적으로 공급받을 수 있다. 이 방식의 주요 단점은 두 대의 IGBT 컨버터 정격이 풍력터빈의 정격 출력과 같게 정해진다는 점과 가격이 비싸다는 점이다. 장점은 발전기가 매우 견고한 농형타입이라는 점과 교류 전력망 고장 시 직류단이 좀 더 시스템측면에서 안정적이라는 점이다.

≫ 풍력터빈에 사용되는 동기발전기

앞에서 언급했듯이, 풍력터빈에 유도발전기를 사용하는 주된 이유는 고정속도에 대해서는 슬립이 기계적인 진동에 대해 유연성을 제공하고, 가변속도에 대해서는 기발한 회전자 전력 회생기법이 경제적인 속도제어를 가능하게 하기 때문이다. 그러나 풍력터빈의 속도 가변이 전 구간에서 일어나는 경우, 동기발전기가 다시 고려될 수도 있다.

동기발전기는 두 가지 장점을 갖고 있다. 유도기와 달리, 무효전력의 공급이 필요 없기 때문에, 출력은 다이오드나 사이리스터로 구성된 단순한 정류회로를 거쳐 직류단에 연결될 수 있다. 매우 큰 직경에 많은 극수를 갖도록 제작될 수 있다. 이러한 기기는 저속/고 토크로 운전가능하며, 기어박스 없이 풍력터빈과 직접적으로 연결되도록 설계될 수 있다.

동기발전기는 제어 가능한 권선형 회전자 혹은 영구자석 회전자로 구성될 수 있다. 두 가지 타입 모두 대용량 풍력터빈에 사용가능하다. 권선형 회전자는 계자전류 제어를 통해 발전전압을 조절할 수 있는 장점을 갖는다. 이는 발전전압이 속도에 비례하는 영구자석 회전자에 비해 직류 단이 수행하는 역할의 부담을 줄여준다. 그러나 영구자석 회전자형 동기발전기가 여자 손실이 없기 때문에 훨씬 더 효율적이다. 기기의 고정자에서 발생하는 가변주파수 교류전압이 정현적 파형을 가질 필요가 없다면, 예를 들어 사다리꼴 파형을 가져도 된다면, 이는 기기의 전자기적 설계에서 매우 유용하게 활용될 수 있다. 게다가, 교류전압이 정류되기 때문에, 가장 높은 속도에서 50Hz의 주파수를 갖는 전압을 발전할 필요가 없다.

≫ 기어리스(gearless) 풍력터빈

풀 컨버터를 갖는 동기발전기의 사용으로 기어박스 제거가 가능해졌다. 이러한 접근은 1993년 이후 Enercon이라는 회사에 의해 성공적으로 완성됐다. 기어리스 풍력터빈을 설계 시 첫 번째로 고려해야할 점은 전기기기의 정격토크가 회전자의 체적에 비례한다는 것이다. 대표적인 1MW급 풍력터빈에 사용되는 기어박스의 기어 비는 대략 70이다. 기어박스를 제거하면 토크가 증가하고 다시 발전기 회전자 체적이 같은 비율로 커지게 된다. 무게의 증가 없이 체적을 키우려면 큰 직경을 갖는 링 모양 발전기가 사용되어야 한다. 이러한 타입의 발전기는 대부분의 풍력터빈에 사용되는 1500rpm 발전기에 비해 여전히 무겁지만, Enercon은 기어박스가 제거되기 때문에 무게측면에서 이 타입이 정당하다고 생각했다.

Enercon 링형 발전기는 큰 극수를 갖는데, 1.5MW급 E-66 모델의 경우 극수가 72이다. 회전속도는 10rpm에서 22rpm사이로, 6Hz에서 13.2Hz의 주파수를 갖는 전압을 생산한다. 또한 발전기는 6상인데, 이는 다이오드 정류기를 통해 나오는 직류전압의 리플을 줄이는데 도움이 된다. 기어리스 구조는 1993년에 300kW급 E-30 모델에서 신 모델 4.5MW급 E-112까지 모든 Enercon 모델에 사용돼 왔다.

그림 4.49에서 알 수 있듯이, 저용량 풍력터빈일 경우 기기 측 컨버터로 단순한 다이오드 정류기가 사용될 수 있다. 용량이 커지면, 제어되는 정류기가 사용된다. 따라서 직류단 전압은 회전속도가 변화함에 따라 일정할 수도 있고 아닐 수도 있다. 계통 측 컨버터는 IGBT 기반 인버터와 유사한데, 이는 유효전력을 단방향으로 전달하거나 무효전력을 계통에 공급 혹은 계통으로부터 흡수하는 역할 역시 수행한다.

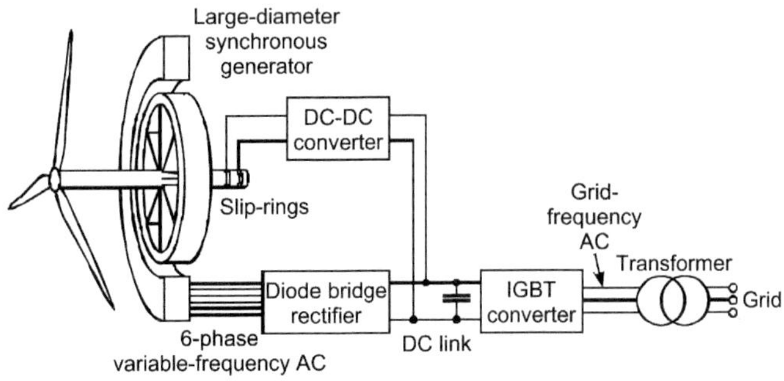

그림 4.49 동기발전기를 사용한 기어리스 풍력터빈

책을 집필 중에, 'Multibird'원리를 기반으로 한 차세대 풍력터빈이 개발되었다. 이 터빈은 고속 기어를 사용하는 전통적 풍력시스템과 기어를 사용하지 않는 좀 더 최근의 시스템 사이의 중간이라고 볼 수 있다. 'Multibird' 기기는 보통 크기의 직경을 갖는 동기발전기와 중간속도의 기어를 사용하는데, 전체 시스템은 하나의 유닛으로 컴팩트화 된다. 풍력터빈 시장에서, 직구동 구조 또는 'Multibird' 개념이 가변 슬립 유도발전기의 확고한 기술을 결국 대체할 것이다.

이 절에서 언급된 다양한 풍력 발전기 개념의 자세한 기술적 사항은 참고문헌 [8-10]에서 찾아볼 수 있다.

참/고/문/헌

[1] Smith, R.J. and Dorf, R.C. Circuits, *Devices and Systems*, 5th edition, John Wiley & Sons, Ltd, Chichester.

[2] Gross, C.A. *Power System Analysis*, John Wiley & Sons, Ltd, Chichester, 1986.

[3] Lander, C.W. *Power Electronics* McGraw - Hill, Maidenhead, 1987.

[4] Slootweg, H. and De Vries, E. 'Inside wind turbines: fixed vs variable speed', *Renewable Energy World*, January – February 31 – 40.

[5] Pedersen, T.K. 'Semi - variable speed operation – a compromise?' Vestas - Danish Wind Technology A/S, Denmark, EWEA 1995 European Conference.

[6] Kruger and Andersen, B. 'Vestas Optispeed – advanced control strategy for variable speed wind turbines', Department for Research and Development, Vestas Wind Systems A/S, Jacobsens Vej 7, DK - 6950 Ringkobing.

[7] Ekanayake, J., Holsworth, L. and Jenkins, N. 'Control of DFIG wind turbines' *IEE Power Engineering Journal*, February 2003.

[8] Heier, S. *Grid Integration of Wind Energy Conversion Systems*, 2nd edition,

John Wiley & Sons, Ltd , Chichester, 2006.

[9] Ackerman, T. 'Transmission systems for off - shore wind farms', *Renewable Energy world*, July - August 2002, 49 - 61.

[10] Danish Wind Industry Association website www.windpower.dk.

CHAPTER 05

전력 계통 해석
(Power System Analysis)

5.1 개요

앞 장들에서는 다소 자세하게 발전기에 대해 논의해 왔다. 본 장에서는 발전된 전력을 부하에 전달하는 송전과 배전 계통을 중점적으로 설명한다. 송배전 계통은 발전소에서 지리적으로 떨어져 있는 부하에 전기를 공급하는 분명한 역할외에, 상호간의 연결 기능을 제공한다. [3장]에서 논의된 대로, 부하간의 상호 연결을 통해 전력 부하의 군집화 및 평탄화의 유용한 결과를 갖게 된다. 또한 발전기의 병렬 운전은 각각의 발전기가 불충분한 부분부하로 운전하는 상황을 대체로 피할 수 있도록 해주어[7장], 효율을 크게 향상시킨다. 더욱이 발전소와 송배전 계통의 병렬 운전을 통해, 발전 및 송배전 설비의 중복성을 제고할 수 있어 특정 계통 구성 요소의 고장 파급 영향을 줄일 수 있다. 따라서, 발전기가 부하에 가까이 있는 경우임에도 상호간 연결된 전력 계통의 효과는 간과할 수 없다.

효율적인 전력 계통의 운영을 위한 송배전 계통은 다음의 조건과 같은 발전소로부터 소비자까지 전송시키는 전력의 통로가 되어야 한다. 즉, 그 통로 안에서는 송전 설비의 과부하가 걸리지 않도록 하고, 전력 송전 설비의 적은 손실 유지, 발전소의 한계와 손실 상황에서 다양한 노드(node)의 일정한 전압 유지, 정전(blackouts)으로 인한 송전 설비에 수용할 수 없는 높은 주파수가 발생하지 않는 것 등이 요구된다.

전력 계통을 안전하고 효율적으로 운영하기 위해, 전력 회사들은 특별한 계산 기술을 발전시켰다. 이 단원에서는 이런 기술에 대해 간략하게 기술한다. 그리고 네트워크 위에서의 노드 전압, 송전선로에서의 복소수 조류 계산, 고장 상태에서의 전류를 결정하는 데 사용하는 기술을 보여줄 것이다. 신재생 에너지 발전기를 네트워크에 추가할 시에 나타나는 효과는 이런 기술들을 통해 접근할 수 있다. 그 내용은 [6장]에서 검증될 것이다.

5.2 송전 계통 [1]

송전 계통에서 여러 전압 단계의 이용이 필요하다는 것이 설명되어진다. 송전을 위해 필요한 가공선로(Overhead lines), 이를 지지해주는 철탑 (pylons ; 고압선용

철탑), 콘크리트 탑, 목주 등은 전 세계 어느 전력계통 체계에서든 찾아 볼 수 있다. 그림 5.1은 영국에서의 여러 전압의 단계에 따른 가공선로의 형태를 보여준다. 그러나 주의해야 할 것은 전주와 철탑의 구조는 매우 다양하므로, 이를 보고 사용되는 전압의 크기를 분별하는 절대적인 지표로 삼으면 안 된다는 것이다. 또한 더 알아둘 것은 지중 케이블은 설치 비용이 비싸더라도, 거주지 안으로 가공선로가 침범하는 것을 막기 위해 상대적으로 낮은 전압 단계에서 많이 사용되고 있다는 점이다.

그림 5.1 안 목주 위의 11kV 가공선로는 중성선이 없는 3상 선로이다. 이것은 1회선이라 부른다. 철탑선로에는 3상 2회선이 설치되어 있다. 400kV 전선에서는, 4도체 선로 6개가 송전선을 이루고 있다. 복도체는 하나의 도체처럼 효과적으로 동작하나, 그 사이 공간은 선로의 임피던스와 손실을 줄여주고, 도선의 용량을 약간 늘려준다. 2회선 3상 회로는 독립적으로 작동할 수 있고, 그 회로는 동작의 유연성과 신뢰도를 크게 증가시킨다. 이런 배열 구조는 *"이중 선로 (double circuit)"* 라고 부른다. 중선선이 없는 이유를 다시 생각해 보면, 탑의 맨 위 꼭대기에 보이는 선이 번개로부터 보호하는 접지선(earth wire)이기 때문이다.

그림 5.1에 표시된 전압들은 영국(UK)에서 많이 쓰이는 것이다. 다른 나라들은 보통 조금 다르게 적은 중간 전압 단계를 사용하나, 그 구조는 비슷하다. 저전압(low voltage; LV), 중전압(medium voltage; MV), 고전압(high voltage; HV), 초고압(extra high voltage; EHV) 이라는 용어는 종종 사용되나 본 책에서는 사용하지 않는다. 국가간 정의는 상당히 다를 수 있음을 주의하라.

그림 5.1 4개의 다른 전압 크기의 가공선로 (Courtesy of Murray Thomson)

변전소나 전주 위에 위치된 변압기 그림 5.2는 다른 공칭 전압(nominal voltages)에서 동작하는 전선과 케이블사이에 전력을 전송하는데 이용된다. 대규모 전력 네트워크에는 변압기 수 만개 정도 있다. 다행스럽게도 변압기는 매우 신뢰할 수 있고 효율적이다.

마지막으로, 앞에 언급된 것들과 마찬가지로 중요한 것은 그림 1.14에 제안된 대로 설치된 다량의 고압 개폐기(switchgear)이다. 이것은 계통의 구역들을 운영과 유지상의 목적으로 격리시켜 주거나, 또는 고장이 발생했을 때 격리시키도록 해준다.

5.2.1 단상 표현 (Single-phase Representation)

[부록]에서는 전력의 발전과 송전에서 3상이 독보적으로 사용되고 있는 이유가 자세하게 설명되어 있다. 3상은 평형(balance)이 잡히기만 하면, 3상 중 단상만 고려해서 계산을 할 수 있다. 그래서 회로를 단상으로만 그리는 것이 일반적이다. 이 결과를 얻기 위해, 델타(delta) 결선된 성분들은 등가 Y(star)결선으로 표현하고, 실제로 중성선이 없는 경우에도 중성선이 그려질 수도 있다.

더욱이 그림을 단순화하기 위해서, 중성선을 생략하는 것과 부하에 연결된 3상 발전기를 그림 5.3의 단상 선로에서와 같이 나타내는 것이 일반적이다. 이런 단상 약칭 표현은 보편적으로 엔지니어들에 의해 사용되는데, 그들은 회로를 도안으로 나타

그림 5.2 변압기 : 132 → 33kV. (Courtesy of Murray Thomson)

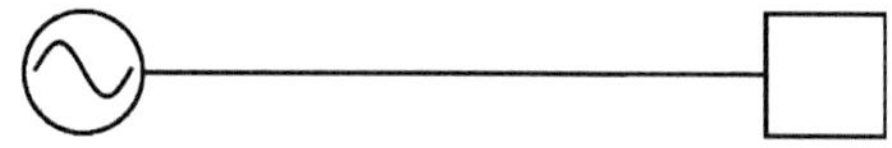

그림 5.3 단선도

내고 평형 전력 계통에서 계산을 수행한다.

그림 5.4에서는 단선 전력계통도를 보여준다. 대규모의 전력계통에서 발견되는 다른 여러 전압 크기는 단으로서 표현된다. 각각의 단은 변압기를 사용하여 아래단으로 전압을 변경하여 전력을 공급한다.

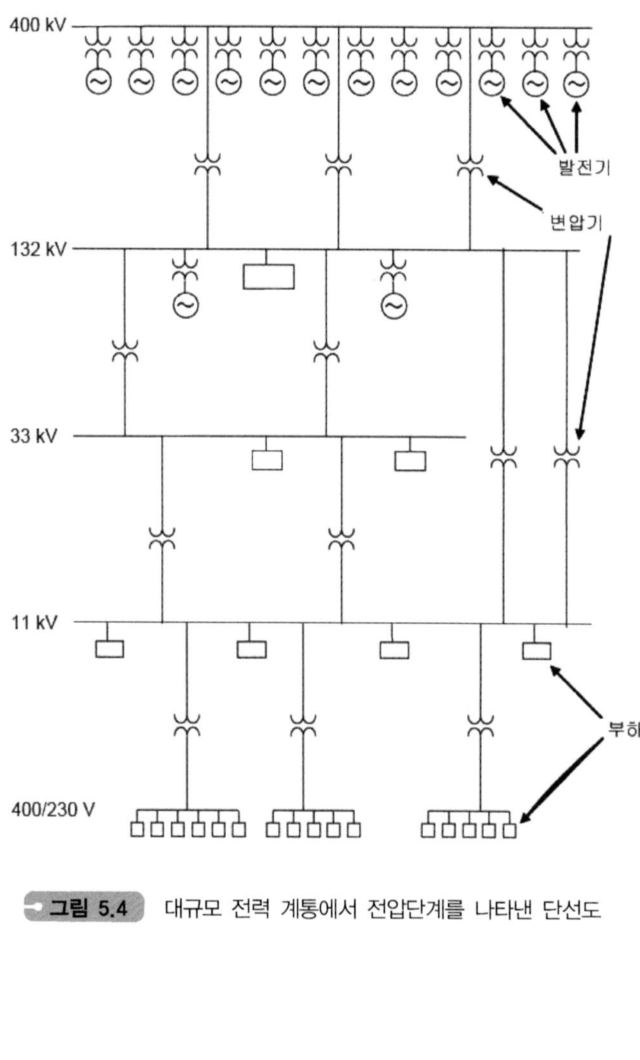

그림 5.4 대규모 전력 계통에서 전압단계를 나타낸 단선도

5.2.2 송배전 계통

일반적으로 높은 전압에서는 *"송전계통(transmission system)"*, 낮은 전압에서는 *"배전 계통(distribution system)"*이라고 한다. 그러나 나라들마다 사용하는 기준은 다르다. 잉글랜드와 웨일즈에서는 400kV를 (275kV보다 약간 위) 송전계통으로 간주하고, 반면에 132kV와 그 밑의 모든 단을 배전 계통으로 간주한다. 스코틀랜드(Scotland)에서는 이와 달리 132kV를 송전으로 간주한다.

"국가 전력망(national grid)" 이라는 용어는 보통 송전 네트워크를 의미한다. 그러나 *'그리드'*라는 용어는 보통 송전과 배전 네트워크에서 엄밀하지 않게 대략 사용된다. 특별히 ***"연결된 그리드(grid-connected)"*** 는 네트워크의 한 부분에 연결하는 것을 의미하나, 이것은 배전 계통에 작은 크기의 발전기들을 바로 연결하는 경우에도 넓은 범주에서 이용되고 있다.

최근에 설치된 거의 모든 발전기들은 송전 계통에 연결되어 있고, 이를 ***"중앙집중적 발전 (centralized generation)"*** 이라 부른다. 그래서 전력은 전통적으로 항상 배전체계를 통해 소비자에게로 흘러가고, 배전 계통은 전통적으로 이것을 유념해서 디자인된다.

5.2.3 네트워크 예시

그림 5.5에 나온 송전 계통은 영국의 본토를 다룬다. 이것은 하나의 교류 전력 계통이므로, 전역에 걸쳐 같은 주파수를 갖는다. 이와 비슷하지만 작은, 북아일랜드를 포함한 아일랜드의 송전 계통도 있다. 이곳은 또한 공칭 주파수 50Hz에서 작동되지만, 본 주파수를 영국 본토 계통과 맞춘 것은 아니다. 서로 간에 전력 공급이 허용된 스코틀랜드에서 북아일랜드까지 고압직류송전(HVDC) 방식으로 연결되어 있다. 그러나 HVDC 사용시에는 두 계통의 동기화를 위한 다른 조치가 필요 없다. 비슷하지만 규모가 더 큰 용량의 영국과 프랑스 간에도 HVDC가 연결되어 있다. 프랑스는 이웃한 나라들 간에 매우 효과적으로 상호 연결되어 있고, 그로 인해 스코틀랜드의 북부 끝부분에서 이탈리아의 남부 끝부분까지 끊김 없이 연결되어 있다.

대부분의 유럽 국가들은 그 나라의 수요의 평균에 맞추어 대략적으로 전기를 발전한다. 그럼에도 불구하고, 이웃나라들 간의 상호간 연결은 효과적인 전력 운영 면에서 유용하다. 그 중 특별히 주의해야 할 나라는 덴마크이다. 덴마크에서는 이런 상호

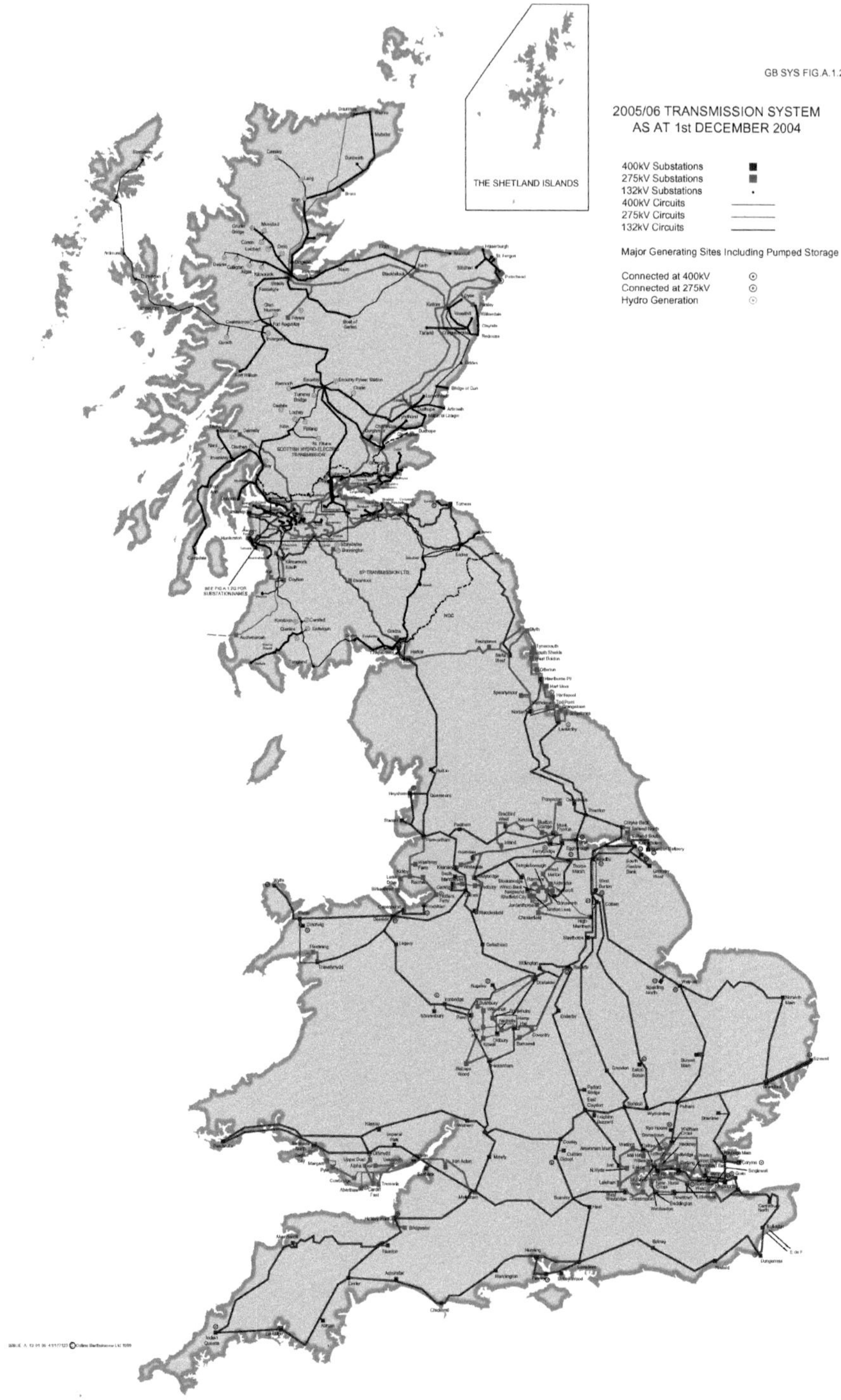

그림 5.5 영국 송전 계통 (출처 : National Grid plc)

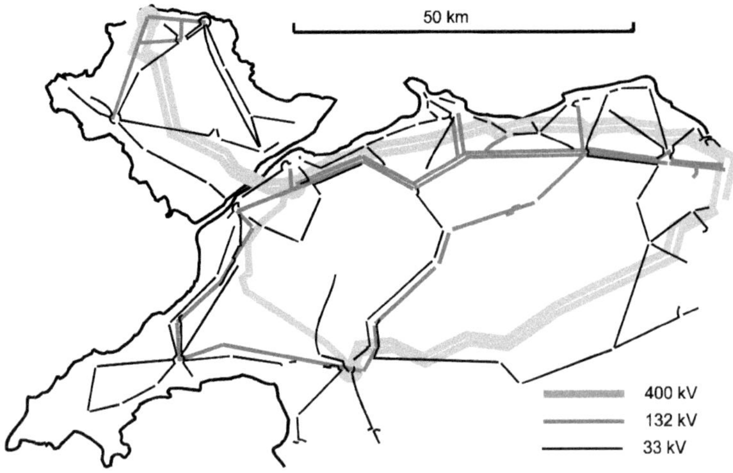

그림 5.6 북 웨일즈

그림 5.7 같은 축척에서 남 웨일즈의 11kV

간 연결에 의해 풍력 발전의 투입이 가능하게 된다.

영국의 작은 섬들로 돌아와서 보면, 해안가에 둘러 있는 많은 섬들은 현재 해저케이블로 연결되어 있고, 본토 섬과 비슷한 가격과 신뢰도로 전기를 사용할 수 있다. 더욱 먼 곳의 섬들은 독립 계통을 가지고 있고, 보통 디젤 연료에 크게 의존한다.

그림 5.6은 상위 단계의 전압만을 포함하는 북 웨일즈의 확대도이다. 400kV 송전 네트워크는 그림 5.5에 나온 것과 개략적으로 맞다. 변압기는 400kV에서 주요 도시로 공급하는 132kV 네트워크까지 전력을 공급한다. 더 작은 변전소에서는 더 작은 도시로 공급하는 전력인 33kV로 전력을 낮춰 공급한다. 그림 5.7은 작은 마을과 촌락, 심지어 개인농장에 공급되는 전력으로 촘촘히 연결되어 있는 11kV인 네트워크 층을 보여준다. 결국에는 그림 1.12에 표현된 것과 같이, 더욱 조밀한 400/230V 네트워크인 가정으로 분배(distribute)된다.

더욱 자세한 영국 전력 계통에 관한 정보는 참고문헌[1]에서 찾아 볼 수 있다.

5.3 전압 제어

소비 부하(Consumer Loads)는 주로 난방 성분, 조명 성분, 모터, 오디오 비디오 서비스를 제공하는 전자장치, 컴퓨터와 제어기, 이동 기기의 배터리 충전기기, 그리고 산업계에서 주로 사용되는 전기화학 장치 등으로 구성되어 있다. 모든 이런 '부하들'은 공칭의 고정 공급 전압으로부터 설비의 사용이 가능하도록 설계되어 있다. 그러므로 사업자들은 법에 의해 소비자에게 일정한 전기를 공급해 줘야 한다. 여기서 말하는 일정한 전기를 위해선 공칭 값으로부터 공통적으로 최대 10% 범위 내에서 벗어나지 않게 하는 것이다. 배전 계통의 모든 말단에 이와 같은 목적을 이루기 위해, 송배전계통 내의 전압이 증가하는 층(layer)을 통해 커지는 모든 노드의 전압을 공칭 값에 근접하도록 유지시켜야 한다. 그러므로 전력 계통 엔지니어들은 다음을 기억해야 한다. : '발전단에서 소비단으로 내려가는 전압 형태(voltage profile)는 거의 일정하게 유지되어야 한다.'

송전선, 케이블, 변압기의 임피던스를 거치는 전력 조류는 피할 수 없는 전압 강하가 생기는데, 이로 인해 일정한 전압 형태를 유지하는 것은 어렵다. 허용 한계치 안에서 전압 강하를 유지하기 위해, 많은 조상 기술이 수년에 걸쳐 발전되어 왔다.

이런 기술은 높은 전압과 전류 규격에서 사용될 수 있는 전력전자 소자들이 사용되면서 최근에 상당히 크게 발전되었다. 이런 기술들을 논의하기에 앞서, 송전선의 특징을 자세히 검토하고, 네트워크 상에서 유효(active) 전력과 무효(reactive) 전력 조류로 인한 전압 강하의 효과에 대해 검토해 보는 것이 필요하다.

5.4 전선 개별 구간의 전력조류

네트워크의 전체에 걸쳐 전력조류의 양과 정확한 노드 전압의 계산은 네트워크 임피던스를 고려해야 한다. 전력 계통 운영의 복잡성 때문에 이런 계산은 사소하지 않고, 그들의 실행에 맞는 정교한 소프트웨어를 필요로 한다. 계산의 평가와 전력 조류와 네트워크 전압 간의 관계에 대한 값을 얻기 위해, 처음으로 송전선 또는 배전선의 한 부분을 구획으로 정해 생각해 볼 필요가 있다.

5.4.1 전선과 케이블의 전기적 특징

가공선로와 지중케이블에 이용되는 도체는 거의 보편적으로 구리 또는 알루미늄이다. 이런 도체들은 작지만 유한한 직렬 저항을 가지고 있다. 그림 5.8에 표현된 것 같이, 이런 도체들은 전선 간과 접지선 간에(그림에 없음) 병렬 또한 자기 인덕턴스와 병렬 커패시턴스를 가지고 있다. 그 저항, 인덕턴스, 커패시턴스는 전선의 길이를 따라 분산되어 있고, 길이 당 크기가 계산된다. 그러나 대부분의 계산에서 이것들은 전선의 길이에 따라 계산된 값을 가지고 있는 집중 성분으로 간주된다.

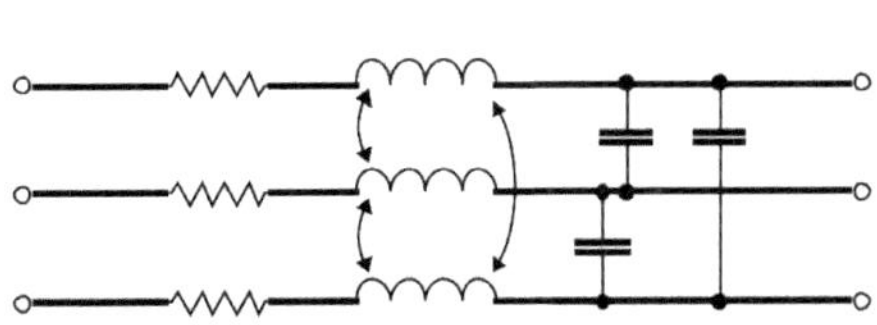

그림 5.8 3상인 가공 선로와 지중케이블에서의 저항, 인덕턴스, 커패시턴스

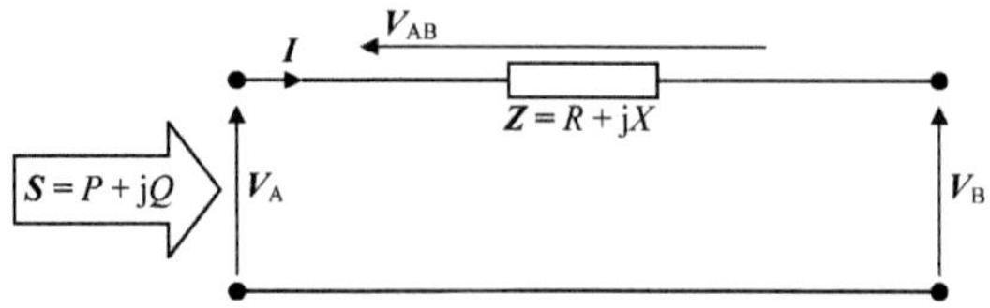

그림 5.9 송전선에서의 단상 등가 회로

5.4.2 단상 등가 회로

3상 평형상태의 동작으로 가정해 보자. 그림 5.8에 보이는 3상 전선은 그림 5.9에 표현된 단상 등가 회로로 간단히 나타낼 수 있다. 다음에 나올 계산을 단순화하기 위해서 커패시턴스는 제거한다. 커패시턴스의 효과는 종종 짧은 가공선로에서 무시될 수 있다. 그러나 긴 HV 전선의 커패시턴스는 영향이 크고, 지중 케이블은 짧은 거리일지라도 커패시턴스의 크기가 상당하다. 이런 경우일지라도 그림 5.9의 회로는 여전히 분석의 첫 번째 단계로 활용될 수 있다. 커패시턴스는 모아서 전선의 두 끝부분으로 나눌 수도 있고, 2번째 단계의 계산에서 그 효과를 고려할 수도 있다.

그림 5.9에서 (임피던스를 포함하는) 윗선은 앞에 나온 그림 5.8의 3개의 선 중 하나이다. 아랫 선은 중성선인데, 실제로 중성선이 없더라도 눈에 보여주는 것을 돕기 위해 그려진다. 전선 끝의 구성성분이 Y 결선인지, 델타 결선인지 알 수 없으나, 계산은 마치 Y 결선이고 중성선이 존재하는 것처럼 처리한다.

P는 전선의 왼쪽으로 흐르는 유효 전력(Active (Real) Power), Q는 같은 방향으로 흐르는 무효 전력(Reactive Power)이다. 이 두 개는 복소 전력(Complex Power)으로 표현된다.

$$S = P + jQ \tag{5.1}$$

이 경우, S, P, Q는 각 상에 따른 양이고, 이것은 실제 3상 전선의 값의 1/3일 것이다. V_A는 전선의 왼쪽끝 부분의 복소 상전압(Phase Voltage; 중성선과 각 선 사이 값)이다. 이것은 선전압(Line Voltage; 선간 전압)를 $\sqrt{3}$ 으로 나누어 준 값과 같다. I는 복소 선전류(Complex line current)이고, 이것은 본문에서의 상전류(phase current)와 같다. 복소 전력은 [부록]에 있는 전압과 전류와 관련되어 있다.

$$S = V_A I^* \tag{5.2}$$

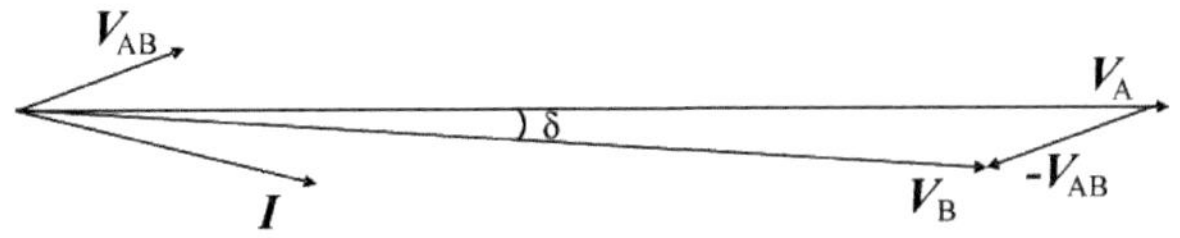

그림 5.10 그림 5.9에 나타난 전압과 전류를 그림으로 나타낸 페이저도

I^*는 I 의 켤레 복소(Complex Conjugate) 값이다.

5.4.3 전압 강하 계산

[4.2.5장]에서 하나의 직렬 리액턴스로 이루어진 동기기의 등가 회로는 등가회로 전압의 크기와 각의 함수로써 유효전력과 무효전력 사이의 관계를 표현하는 데 사용된다(그림 5.9와 그림 4.7 사이의 유사성). 한 노드에서 다른 노드로 가는 네트워크 전압 형태는 유효 전력과 무효 전력의 흐름에 의해 영향을 받는 것을 이용하여, 아래와 같은 관계식을 도출한다.

그림 5.9에 나타난 복소 임피던스 Z는 저항 R과 리액턴스 X를 포함한다. 저항은 그림 5.8 앞에 나와 있는 것과 같다. 리액턴스는 그림 5.8에 나타난 인덕턴스에 상호 인덕턴스를 더해 계산된다. 이와 같은 계산은 이 책의 기본 개념을 넘어가고, 참고도서[2]에 있는 예시와 같은 다른 전력계통 도서에서도 발견될 수 있다.

옴의 법칙을 통해, 이런 임피던스를 거친 전압을 나타낸다.

$$V_{AB} = IZ \tag{5.3}$$

키르히호프 법칙에 의해 다음과 같이 나타난다.

$$V_B = V_A - V_{AB} \tag{5.4}$$

그림 5.10에 있는 페이저도는 그림 5.9에 있는 모든 변수들을 그림으로 나타낸 것이다. 여기서 A 끝에 있는 전류 I 는 전압 V_A에 비해 약 30° 뒤쳐진다. 그러므로 A의 송전선은 유효전력 (+P)와 무효전력 (+Q)의 싱크 (sink)이고,

$$S = P + jQ$$

이다. 식 (5.2)와 (5.3)을 결합하고 V_A를 각이 0인 기준 상으로 잡으면 다음과 같

이 나온다.

$$\begin{aligned} \boldsymbol{V}_{\mathrm{AB}} &= \frac{\boldsymbol{S}^*\boldsymbol{Z}}{V_{\mathrm{A}}} \\ &= \frac{(P-\mathrm{j}Q)(R+\mathrm{j}X)}{V_{\mathrm{A}}} \\ &= \frac{PR+QX}{V_{\mathrm{A}}}+\mathrm{j}\frac{PX-QR}{V_{\mathrm{A}}} \end{aligned} \tag{5.5}$$

5.4.4 단순화 및 결론

복소수의 사용은 위의 전형적인 예처럼, 모든 값의 크기와 위상각(phase angle)을 체계적이고 정확하게 계산하는 방법을 제공한다. 엔지니어 계산자들과 많은 소프트웨어 패키지는 직접적으로 복소수를 다룰 수 있고, 그런 계산은 간단하게 바로 할 수 있다.

그럼에도 불구하고, (5.5)의 다음과 같은 근사는 개략적 계산이나 상호의존에 대해 매우 유용하다. 먼저, 여기서 V_A와 V_B의 전압 크기 사이에 대한 스칼라 차이에 대해 관심을 끈다. 그림 5.10에 따르면, V_{AB}의 실수 부분(수평성분)에 의해 주로 그 차이를 나타낼 수 있다. 그러므로 식 (5.5)는 다음과 같은 스칼라 관계식으로 나타낼 수 있다.

$$\Delta V \approx \frac{PR+QX}{V} \tag{5.6}$$

여기서 $\Delta V = |V_A| - |V_B|$이다. 분모 V는 실제로는 $|V_A|$이어야 하지만, ΔV가 작다면, $|V_B|$로 사용될 수 있다. 식 (5.6)은 주어진 전선에서의 유효전력과 무효전력에 대해 다른 것과 비교하여 전선의 끝부분의 전압을 측정하는 편리한 방법을 제공한다.

더욱이 같은 방정식은 전압의 변화를 추정하는 데 사용할 수 있다. 그 전압 변화는 계통에 새로운 발전기(또는 부하)가 연결될 때, 공통 결합 지점 (PCC; the point of common coupling)에서 일어날 것이다. 이런 경우에, R과 X는 모든 계통의 테브닌 등가 임피던스[부록]를 나타내는 데 필요하다. 그러나 다음에 이 내용이 제시될 것이다.

표 5.1 선로정수

kV	전형적 X/R 비
400	16
275	10
132	6
33	2
11	1.5

두 번째 근사는 도체들의 기하학적인 구조와 크기로 인해 임피던스 Z에서 리액턴스 X가 우세한, 송전 네트워크와 다소 높은 층의 배전 네트워크에서 적용될 수 있다. 표 5.1에는 높은 전압에서 낮은 전압으로 흐르는 가공선로의 전형적인 X/R 비를 나타낸다. X/R의 비가 높을 때, 정확히 손실이 거의 없는 상황에서 식(5.6)의 R = 0이다. 이 내용은 다음과 같이 가장 중요하고 유용한 법칙을 준다.

$$\triangle V \propto Q \tag{5.7}$$

그림 5.10에서 V_A와 V_B 사이의 각 이동량은 V_{AB} 페이저의 허수 부분에 비례하여 매우 크게 보일 수 있다. 식 (5.5)의 허수부는 다음과 같은 2번째 중요한 법칙을 제공한다.

$$\delta \propto P \tag{5.8}$$

여기서 δ는 V_A와 V_B 사이의 부하각이고, [4장]에서 동기기의 작동을 공부할 시에 만나게 된 것과 같은 각이다. 식 (5.8)과 (5.7)은 식 (4.8a)와 식 (4.9a)와 짝이 맞는다.

이런 두 개의 관계는 $X \gg R$인 송전 네트워크 안의 복소 전력의 흐름에서 중요한 통찰력을 제공한다.

- 네트워크 전압은 무효전력의 흐름에 따라 크게 결정된다. 이 문장을 되새겨보면, "송전선의 끝부분 간의 전압차는 무효전력조류의 주요한 요인이다." 라는 것을 단언할 수 있다.

- 위상각은 유효전력에 따라 크게 결정되고, 무효전력과는 크게 무관하다. 이 문

장을 되새겨보면, "인접한 노드 간의 전압각 차이는 유효전력조류의 주요한 요인이다." 라고 단언할 수 있다.

이런 통찰은 나중에 더 확장될 것이다. 무효 및 유효 전력을 흡수하거나 투입하는 전력 계통 요소가 송전계통의 노드에 연결되어 있다고 생각해보자. 노드에서 유효전력을 투입하거나 추출할 때, 노드 전압각은 인접한 노드의 전압에 비해 상대적으로 더 앞서거나 뒤지도록 이동할 것이다. 만약에 노드에 무효전력이 투입되거나 추출한다면, 노드 전압의 크기는 상대적으로 기존의 값에 비해 증가하거나 줄어들 것이다. 따라서, 다음과 같이 결론질 수 있다. 네트워크의 전압 형태를 일정하게 유지하기 위해서는, 해당 관심 노드에 인덕터나 커패시터를 연결하여 노드에서의 높은 전압을 낮추거나 낮은 전압을 증가시킬 수 있다.

5.5 무효전력 관리

[A.13장]에 설명된 무효전력 보존의 법칙은 다음을 요구한다. 무효전력은 계획되어 있어서, 하루 동안 Q의 소비자 수요가 변화함에 따라 Q를 제공하는 적절한 Q의 자원은 이용가능하다. [3장]에서는 모든 상호 연결된 전력 계통에서 적용되는 지표인 주파수의 오름과 내림에 의해 수요와 공급 간의 유효전력 차이가 발생함이 설명되었다. 반대로 무효전력의 부족 또는 초과는 국지적인 계통 전압의 상대적인 하락과 상승에 의해 나타난다. 계통에서 무효전력의 부족은 그 자체로 수용될 수 없는 아래로 처진(drooping) 전압 특성으로서 나타난다. 무효 전력이 과다일 경우는 반대의 상황이다.

이상적으로 무효전력은 전송되지 말아야 하고, 필요한 곳에 국지적으로 발생시켜야 한다. 이것은 물론 소비자의 부하의 역률 보상의 원칙이다. 이것은 [A.14장]에서 설명되어 있고 요금제를 통해 사업자에 의해 장려된 조치이다. 그러나 일부의 산업용 부하 뿐 아니라 가정용과 상업용 부하의 대다수는 역률 보상을 하지 않는다. 그래서 무효전력의 상존하는 양은 계통으로 전송되어야 하고, 특별한 사업자 기기에 의해 부분적으로 발생된다. 이러한 상황은 다음과 같은 상황에 의해 복잡해진다 :

(a) 높은 전압의 가공 송전선은, 병렬 커패시터(shunt capacitance)로 인해 적은 부하가 걸릴 때 Q를 주로 발생시키고, 그림 5.8과 같이 직렬 유도성 리액턴스로 인해 많은 부하가 걸릴 때 Q를 흡수한다.

(b) 낮은 전압의 송전선은 작은 병렬 커패시터를 가지고 있고, 주로 Q를 소비한다.

(c) 케이블은 상존하는 직렬 커패시터로 인해 모든 부하에서 주로 Q를 발생시킨다.

(d) 변압기는 항상 2개의 결합된 유도성 코일로 구성되어 있으므로 Q를 흡수한다. <4.4.2장>

5.5.1 무효전력 조상설비

사업자들은 네트워크 안의 Q의 흐름을 조절하고, 그로 인한 모선 전압을 조절하기 위해 다음과 같은 장비들을 이용한다.

(a) 탭 전환 변환기 (transformer tap changers)
(b) 동기발전기의 자동전압 조정장치 (synchronous generator AVRs)
(c) 병렬 커패시터 (shunt capacitors)
(d) 병렬 리액터 (shunt reactors)
(e) 정지형 무효전력 보상장치 (SVCs; static VAR compensators)
(f) 유연 송전 시스템 (FACTS; Flexible AC transmission systems)
(g) 신재생에너지 발전기 인터페이스

(a) 탭 진환기 및 전압 조정기 (Tap Changers and Voltage Regulators)

탭 전환기는 전압 제어에서 가장 중요한 역할을 한다. 변압기의 권선에 있는 연결 탭을 움직여 전압 변환비를 변화시켜 주고, 이로 인해 전압을 제어한다. 부하시 탭 전환장치(On-load Tap Changer)는 변압기가 동작하는 동안 조절이 가능한 동력화된 스위치이다.

탭 전환기는 그 자체로 Q를 소비하거나 생산하지 않는다. 이것의 기능은 네트워크 상에서 발전기에서 소비자로 보내는 무효전력을 조정하는 것이다. 이것이 어떻게 작동되는 지에 대한 예시는 나중의 소단원에서 설명된다.

그림 5.11은 11kV에서 400V까지의 배전 변압기를 제외하고, 전력 계통에 걸쳐

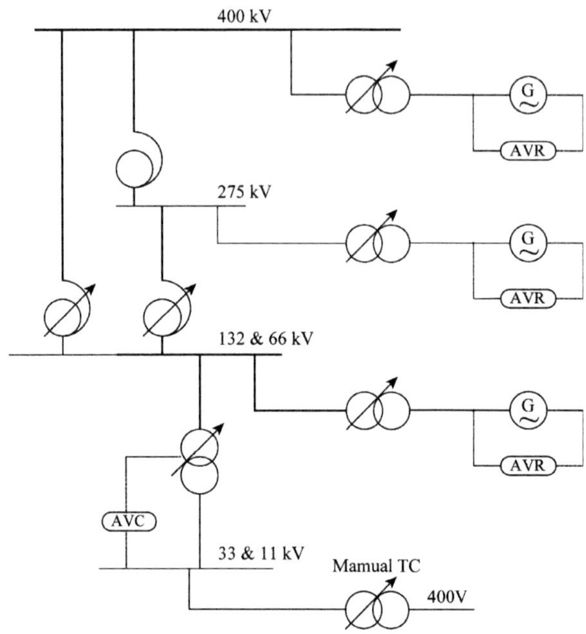

그림 5.11 전형적인 송전 네트워크에서 Q를 조정하기 위한 전압 단계와 상호 연결

널리 사용되고 있는 부하시 탭 전환 장치(화살표를 가진 변압기 부호)를 보여준다. 2개의 원으로 연결된 변압기 부호는 '단권 변압기(autotransformer)'를 나타낸다. 이것은 1차, 2차가 단지 하나의 권선으로만 구성되어 있는 (상대적으로) 경제적인 변압기이다. 종종 높은 전압 단계의 부분에 연결되어 이용된다. 높은 전압 단계에서 사용되는 1차와 2차 변압기와 같이 작동하는, 오직 하나의 권선으로 이루어진 더욱 경제적인 변압기이다. 매우 많은 배전용 변압기에서 단권변압기는 널리 쓰이나, 동력화된 탭 전환기를 배전용으로 쓰는 것은 비현실적이다. 대신에 배전용 전압기에서의 탭은 수동적으로 조절 가능하나, 이것은 변압기가 작동하지 않을 시에만 가능하다.

그러므로, 가정집 소비자의 적절한 전압(230V ± 10%)을 전달하는 것은 11kV 네트워크 안에 연결되어 있는 주변전소의 탭 전환기에 크게 의존한다. 이 같은 결정적인 중요함으로 인해 탭 변환기는 자동 전압 조정기(AVC)를 통해 활성화된다. 허용 가능한 전압의 범위(±10%)는 관대해 보일지 모르나, 실제적으로 그것은 여름과 겨울 사이에 부하의 변화를 허용하기 위해 종종 충분히 부당하게 활용된다.

(b) AVRs (자동 전압 조정기)

동기 발전기의 고정자 그림 4.7의 내부 전압은 회전자의 계자 권선 안에서의 DC 전류(여자)를 조절하여 조절할 수 있다. 이 조절은 종종 자동 전압 조정기(AVR)에 의해 이뤄진다. 이 전자 제어기는 정해 놓은 값과 비교해서 동기 발전기의 단자에서의 전압값을 감시하고, 만약에 오차가 있다면 여자기를 증가시키거나 감소시켜서 오차를 적게 한다. 동기 발전기의 단독 운전시, AVR의 역할은 간단한데 단자 전압을 감시하고 제어하는 역할을 한다.

관습적으로 대형 연소 발전소들은 탭 전환기가 설치되어 있는 변압기를 통해 그리드(grid)로 연결된다. 발전기에 서비스를 제공하는 대부분의 보조물들(auxiliaries)은 발전기의 단자에 연결되어 있고, 적합한 서비스를 제공하기 위해 고정된 전압을 요구한다. 여기서 AVR의 역할은 발전기 단자 전압을 일정하게 유지시켜 주는 것이다.

송전선을 통해 그리드에 연결된 발전기에 의해 그리드에 공급되는 무효전력의 크기는 다음과 같이 탭 전환 변압기에 의해 조절된다. 탭을 올려 22kV:400kV로 공칭 변압비를 증가시키기 위해 변압기의 2차 전압은 송전선의 먼 곳의 전압에 다하여 상승하게 된다. 그리고 이 전선을 통해 유효전력이 공급된다. 이런 발전기의 동기 리액턴스를 통해 흐르는 여분의 무효 전류는 단자 전압의 축소를 발생시킨다. 이것은 전압을 공칭 단계로 올려 주기 위해 발전기의 여자를 증가시키는 AVR에 의해 감지된다. 그래서 여분의 무효전력이 공급된다.

신재생 에너지원에 의해 공급된 발전기는 정격용량이 상당히 작고, 일반적으로 송전 네트워크 보다는 배전 네트워크에 연결되어 있다. 이런 발전기의 계통에 효과는 [6장]에서 기술되어 있다. 그러나 만약에 신재생 전원이 예를 들어 조력발전이나 큰 해상 풍력 발전단지와 같이 크다면 이것은 네트워크에 영향을 끼칠 수도 있다. 이런 경우에는 더욱 전통적인 조절 개념이 사용되어야 할지 모른다. 사실, 풍력이 20%이상 쓰여 더 이상 드물지 않은 덴마크의 예처럼 풍력 발전의 보급이 증가하기 때문에 사업자들은 전력 계통의 전압 제어에 긍정적으로 기여할 수 있도록 신재생 발전기를 설계할 수 있도록 요구한다.

(c),(d),(e) 정지형 보상장치

송전 네트워크에서, 전환 가능한 커패시터와 인덕터는 계통의 심각한 노드에 연결되어, 부하 상태가 변화하는 환경에서 전압을 조정해 준다. 이런 장치들은 단계적으로 조절되고, 인덕터와 같은 경우는 특별히 손실이 크다. 미세한 제어의 경우 정지형 무효전력 보상기 (SVC)가 사용된다. 이것은 리액터와 커패시터로부터 가변적인 Q의 제어를 무한하게 할 수 하도록 기계적 스위치 대신 반도체 스위칭 소자 기반 전력 전자 장치를 적용한다.

(f) FACTS (유연 송전 시스템)

PWM 컨버터 방법은 [4장의 4.5.6]에 논의된 커패시터와 인덕터와 같이 작동되도록 조절할 수 있다. FACTS는 네트워크 상태에서 전압의 각과 크기를 조절할 수 있는 전력 전자 컨버터이다. 그러므로 그것들은 특정 상황에서 무효전력 또는 유효전력을 조정할 수 있게 해준다.

(g) 신재생 에너지 발전기 인터페이스

[4장]에서, 신재생 에너지는 효율성 극대화를 위해 전력전자 기반 전력 변환기를 통해 그리드에 일반적으로 연계된다는 것을 설명했다. 만약에 컨버터가 PWM 타입이라면 PCC의 전압을 조절에 기여할 수 있다는 장점이 추가된다.

5.6 전력조류와 전력계통 시뮬레이션 [2,3]

5.6.1 전력조류의 사용

[Section 5.4]에서는 각각의 가공선로와 지중 케이블을 수학적으로 살펴보았다. 그러나, 실제 전력 계통은 수천개의 전선이 있고, 모든 것이 상호 연결되어 있다. 검토되었던 기본 수학은 각각의 전선과 모든 전선에 적용되지만 문제는 그 방정식들은 동시에 풀어야 한다는 것이다. 이러한 계산 과정을 우리는 "조류 계산(*load flow*)"이라고 부른다.

기본적인 조류 계산은 네트워크 전체에 걸쳐서 같은 시간 안 특정 지점에 주어진 부하와 발전 상황에 대해, 전압과 전류, 유/무효 전력의 정보를 제공한다. 손실과 선로별 전력량에 대한 추가적인 정보는 쉽게 계산될 수 있다.

조류 계산 분석은 전력 계통의 운영과 제어 뿐 아니라 설계를 위한 다음과 같은 생생한 정보를 제공하는 필수적인 도구이다.

- 정격 용량 안에서 장비들이 작동할 수 있는지 체크;
- 허용 범위 내에서 네트워크의 전압이 유지되는지 체크;
- 전력 계통이 효과적으로 동작할 수 있는지 확인;
- 보호 시스템이 고장 상태에서 적절히 실행되며, 상정 사고 내에서 보호 시스템이 안전하게 유지되고 동작되는지를 확인;
- 전통적인 발전과 신재생 발전의 확장에 대한 계획과, 미래의 전력 수요의 증가를 맞추기 위해 송배전 계통의 필수적인 확장에 대한 것을 도움.

조류 계산은 PSS/E와 DIgSILENT를 포함해서 전력 계통 시뮬레이션에 이용할 수 있는 다양한 소프트웨어 패키지의 중심이다. 대부분의 이런 패키지에는 다음과 같은 추가 기능을 포함하고 있다,

- *고장 해석(Fault analysis)*은 단락 사건에서 전류가 흐를지 결정한다. 그런 정보는 개폐장치(switchgear)와 보호 계통의 설계에 대해 중대하다.
- *불평형 분석(Unbalanced analysis)*은 3상이 불평형일 때의 네트워크를 모델링한다. 이것은 단상 부하가 연결되어 있을 때의 네트워크 상에서 특히 타당하다.
- *동적 시뮬레이션(Dynamic simulation)*은 과도 안정도 (transient stability) 검토를 위해 사용한다. 이것은 특히 송전 계통을 설계하는 데에 중요하다. 모델링은 발전기의 동적 특성과 그와 연결된 제어 시스템을 포함해야 한다.

5.6.2 아이스란드의 국가 전력 계통 예

그림 5.12에 나와 있는 아이슬란드의 국가 전력 계통의 단선도를 살펴보면, 신재생에너지, 수력 발전, 지열 발전(요즘 증가 추세임)을 통해 중요한 전력을 공급함을 알 수 있다. 발전기는 ⊘ 부호로 나타내고, 반면에 부하들은 삼각 표시로 나타내진다. 실제적으로 이런 부하들은 배전 계통에서 전력을 공급하는 대용량의 공급 변전소들(Bulk Supply Substations)이다. 그러나 지금은 그것들을 단순한 하나의 부하로 생각할 것이다. 두꺼운 수평선은 노드 (또는 모선*(BUS)*)이다. 그림에서 유한한 길이를 가지고 있음에도 불구하고 전기적으로는 단순히 연결되어 있는 것이다. 그것들은

길이가 0이고, 임피던스도 0이다. 그림에서의 얇은 선은 실제 송전선들이고, 각각은 전선의 특성과 길이로부터 측정되는 유한한 임피던스를 가지고 있다. 이 계통에서는 220, 132, 66kV이 혼합되어 있고 여기에 연결되어 있는 변압기들은 보통 ⊗ 부호로 나타낸다.

전력 계통의 설계와 운영에서 계통 전체에 걸쳐 유효전력과 무효전력, 전압들(위에서 언급한 공칭 전압(Nominal Voltage)과 보통 약간 다른 값), 전류들을 아는 것은 중요하다. 그림 5.12에 있는 대부분의 읽기 어려운 숫자들은 이런 값들이고, 이런 값들은 조류 계산(Load Flow Analysis)에 의해 계산된다. 얼마나 그런 계산이 잘 수행됐는지는 지금 생각해 볼 것이다.

노드 Brennimelur에서 노드 Hrauneyjarfoss로의 그림의 중간을 가로지르는 송전선을 고려해 보자. 송전선의 송전 전력은 이전에 제시한 수학적 분석을 따른다. 확실히 모든 계통에서 모든 개개의 송전선으로 흐르는 전력은 이전에 소개된 방정식을 따라야 한다. 문제는 일반적으로 방정식들을 동시에 풀어야 한다는 것이다.

조류 계산을 수행하기 위한 수학적 기술과 소프트웨어 패키지는 손쉽게 적용 가능한 반면에, 적합한 입력 데이터를 얻는 것은 더욱 더 어려울 수 있다. 요구된 입력 데이터는 네트워크 데이터와 부하/발전 데이터로 나눌 수 있다.

5.6.3 네트워트 데이터

개별 전선의 임피던스는 보통 전선 타입을 알고 전선의 길이를 알아야 계산된다. 실제적으로, 특히 낮은 전압 네트워크에서 이런 값들은 절대적으로 확실히 알려지지 않는다. 이 전선들은 50여년 전에 설치된 것일 수도 있고 그 이래로 변해왔을 수도 있다. 사업자들도 항상 완벽한 기록을 가지고 있지 않다. 특히 지중 케이블의 경우는 설치에 관한 세부사항이 그 특성에 중요한 영향을 끼친다. 예를 들어 땅의 축축함과 다른 케이블과의 근접성은 중요한 영향을 끼칠 수 있는 것이다.

변압기의 권선비와 임피던스도 또한 반드시 알아야 하고, 그에 관한 기록 또한 세부사항이 빠져있을 수 있다. 변압기에서의 탭 전환 메커니즘에 관해서도 모델 안에 반드시 포함되어 있어야 한다.

5.6.4 부하/발전 데이터

≫ 시간 의존

한 번의 조류 계산 답은 한 번의 동작 순간에 관한 결과이다. 만약에 어떤 부하량이나 발전량이 변한다면, 계산은 다시 해야 한다. 현대의 컴퓨터를 가지고 계산을 다시 하는 것은 쉬운 일이다. 여기서 도전할 수 있는 부분은 계속적으로 변화하는 상태에서 발전기와 부하에 관해 어떤 데이터를 계산시 사용해야 할 지 결정해야 하는 점이다.

일반적인 접근은 최악의 경우를 알아보는 것이고, 에어컨의 사용으로 여름에 소비량이 가장 많은 미국 등을 제외하고, 영국의 경우에는 전형적으로 겨울의 최대피크 부하량과 여름의 최소량을 선택해서 알아보는 것이 일반적이다. 겨울의 피크 때는 계통이 한계에 다다르게 되고, 어떤 장비가 과부하가 걸리지 않았는지, 어떤 노드 전압이 허락된 최소값 보다 밑에 있는지 확인하는 것이 필요하다. 여름 최대치의 경우는 송전선과 케이블의 낮은 부하 부담(loading)으로 인해 과도하게 무효 전력이 생길지 모르고, 이 무효전력은 각 노드들에서 높은 전압으로서 그 자체로 명백해진다.

송전 계통에서 부하와 발전은 보통 점진적으로 변화하고, 그와 관련된 최대와 최소기준은 손쉽게 확인될 수 있다. 그러나, 전압이 다소 낮은 네트워크에서는 부하가 매우 크게 변화하고, 가장 나쁜 경우를 확인하기 어려울 수 있다.

≫ 노드(모선)의 종류

◉ PQ 모선

노드에서 부하를 나타내는 명확한 방법은 임피던스로 구체화하는 것이다. 히터, 백열전구와 같은 제어 불가능한 단순 부하는 거의 일정한 임피던스와 같이 동작하는 경향이 있으므로, 이 부하가 끌어낸 전력은 일정 전압의 범위 안에서 변화한다. 전압이 ±10%(보통의 경우)일 경우, 전력은 81~121% 범위 내에서 공급된다. 그러나 많은 부하의 경우, 전압 변화와 상관없이 거의 일정한 전력을 끌어내는 몇몇 종류의 제어 메커니즘을 포함하고 있다. 대부분의 전력 전자 소자들은 이처럼 작동한다.

또 다른 중요한 예는 탭 전환 변압기를 통해 공급되는 배전 네트워크이다. 이런 변압기는 낮은 전압 부분에서 전압에 민감하고 공칭전압에 비슷하도록 유지되기 위해 탭이 변화된다. 2차측 변압기에서의 고정된 부하 임피던스는 변압기의 비와 상관없이 고정된 P와 Q 요구량으로서 1차측에서 나타난다. 탭의 변화에 따라, 변압기의

1차측에서 전압은 순간적으로 변할지 모르나, P와 Q는 변화하지 않는다. 예를 들어 1차측 배전소(primary substation)의 탭 전환 변압기는 33kV에서의 (그다지 크지 않은) 전압 변화와 상관없이, 11kV에서는 일정한 전압을 얻을 수 있도록 조정할 수 있다. 그래서 33kV에서 11kV의 네트워크에 의해 끌어낸 전력은 또한 거의 일정하게 유지된다. 만약에 조류 계산이 여러 개의 11kV의 네트워크가 연결되어 있는 33kV 네트워크에서 수행되어 진다면, 일정한 P와 Q로써 각각의 1차측 변전소(primary substation)를 나타내는 것이 논리적일 것이다. 더 높은 전압 네트워크에서의 전력 조류 모델링 또한 위와 마찬가지이다.

요약하자면, 부하 모선에서의 전압이 일정하게 유지되는 것을 가정하여 부하는 고정된 P와 Q의 값으로 표현될 수 있다, 이런 노드를 ***PQ 모선*** 이라고 부른다. 나중에 설명될 것인데, 이것은 조류를 수행하는 데에서 매우 편리한 해석 공식(formulation)이다.

작은 신재생 발전기 또한 PQ 모선 범주 안에 들어간다. 분산 발전은 드물게 네트워크 전압을 제어하게 한다. 대신에 보통의 경우 거의 1인(near-unity) 역률[$Q = 0$]에서 작동하도록 환경을 설정한다. 이런 경우에, 분산전원들이 연결되어 있는 노드를 ***PQ 노드***로써 명하는 것이 적합할지 모른다. 그러나 고정된 속도의 풍력 터빈의 경우, 유도 발전기에 의해 소비된 무효 전력이 전압에 의존적일 수 있다. 마치 역률 보상 커패시터(power factor correction capacitors)에 의해 발생된 무효 전력과 같을 것이다. 많은 전력 조류 계산 소프트웨어 패키지는 유도기를 모델하고 그와 연관된 적합한 장비의 설비들을 포함한다. 유도 발전기를 통해 그리드에 연결된 소수력 계통도 상황이 비슷하다. 태양광, 파력, 조력, MW 크기의 풍력 터빈으로부터의 에너지는 전력전자 컨버터를 통해 그리드로 공급된다. 컨버터들은 연결지점에 무효전력을 투입/반출시키는 장치로 이용된다.

요약하자면, 상대적으로 작은 직접 연결(embedded)된 신재생 발전기에서는 P 투입이 단지 시간 내의 신재생 에너지의 근원(바람,태양,물)에 의존하고, Q 투입 또한 모선 전압 또는 전력 전자 컨버터의 설정에 의해 의존한다. 나중의 경우의 컨버터는 선택된 역률에서의 유효전력의 투입에 결정되어질 수 있다.

일반적으로 그림 A.20에 요약되어 있는 관례에 따라, PQ 노드에서 발전기는 유효전력을 투입하고 그래서 P는 양의 값이다. 반면에 부하에 경우에는 P가 음의 값이다. 무효전력 Q의 방향도 비슷하게 정의된다.

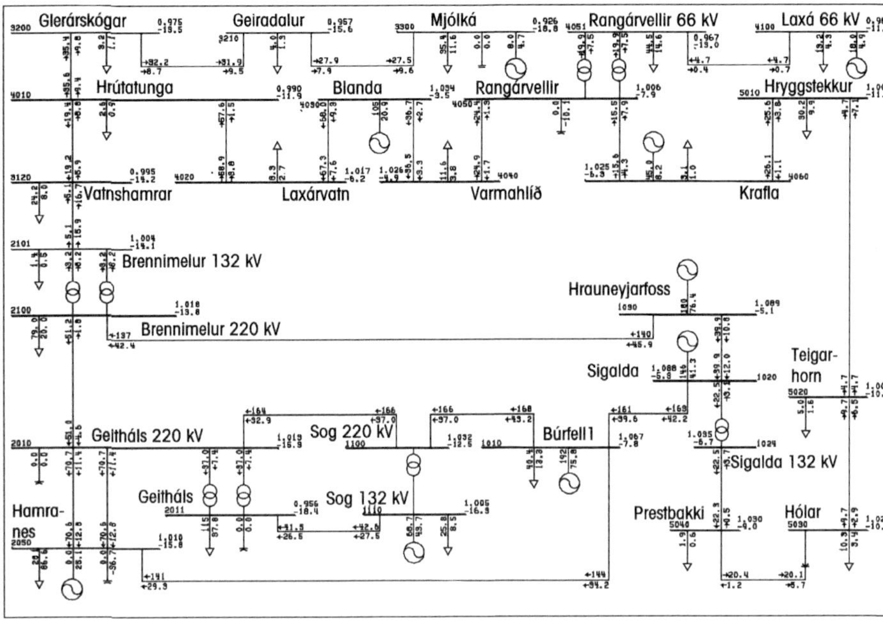

그림 5.12 Single-line diagram of the Icelandic national power system.
(Reproduced from Egill B. Hreinsson, www.hi.is/~estonia99.pdf)

◉ PV 모선

큰 동기 발전기에서 Q는 보통 명시되지 않고 대신에 V를 알고 있다. 그 이유는 이런 발전기들은 일정한 전압을 유지시키는 AVR에 의해 전압이 고정되기 때문이다. 이를 수용하기 위해 조류계산에서 발전기들이 연결되어 있는 노드를 ***PV 모선*** 이라고 부르고, 수학적으로도 차이가 적다. 불행하게도, PV 모선은 종종 *발전기 모선 (generator buses)* 이라고 묘사된다. 그것은 대부분의 발전기들이 AVR을 가진 큰 동기 발전기이기 때문에 당연한 것이다.

신재생 에너지 발전기 크기가 커짐에 따라, 사업자들은 전통적인 방법에서 이런 발전기들이 동작하도록 하는 규제를 발전시켜 왔다. 그러므로 PWM 인버터를 통해 네트워크에 연결되어 있는 수 MW 풍력 터빈은 국소 모선 전압(local bus voltage)을 조절하도록 요구할지 모른다. 이런 경우에 노드는 PV 모선처럼 다루어져야 한다.

◉ 슬랙(slack), 동요(swing), 기준(reference) 모선

앞에 서술된 2가지 종류의 모선은 전력 조류 계산이 초기화 되기 전에 모든 네트워

크 노드에서 P가 결정됨을 요구한다. 이것은 에너지(전력) 보존 법칙에 의하면 이해가 되지 않는 상황이다. 그 이유는 계통의 송전 손실은 결과값이 나오기 전에는 알 수 없다. 이런 수수께끼는 전압의 크기 V와 각 δ를 결정하기 위해, 모선에 연결된 발전기를 가진 하나의 모선을 가정하므로 해결된다. 이런 모선을 슬랙 모선(slack bus), 동요 모선(swing bus), 기준 모선(reference bus)이라고 한다. 이 모선의 전압은 마치 모든 다른 전압의 표현과 관련하여 기준값이 동작한다. 조류 계산의 끝부분에서 이 모선에서 계산된 P와 Q는 송전선의 모든 손실들을 포함하도록 느슨하게 잡아 둔다.

5.6.5 조류 계산

소형 네트워크에서는 이전에 제시된 수학적 분석을 직접 적용해서 명백하고 유용한 결과를 얻는 것이 가능하다. 또한 보다 큰 네트워크에서도 같은 방식으로 풀 수 있는 등가회로로 축약시킬 수 있다. 그러나 어느 범위 이상의 노드를 갖는 계통의 조류 계산은 컴퓨터에 의해 수행된다.

전력 네트워크 각각의 모선은 변수의 갯수로 특징지어진다. 대개 송전선 무효 임피던스를 가지고 있는 네트워크에서 모든 변수들은 아래에 나타난 복소수 방정식 (4.7a)과 연관되어 있다.

$$S_B = -\frac{V_A V_B}{X_t}\sin\delta + j\left[\frac{V_B}{X_t}(V_B - V_A\cos\delta)\right] = P_B + jQ_B \qquad (4.7a)$$

이 방정식은 동기 발전기의 성능이 묘사되어 있으나, 2개의 모선에 연결되어 있는 송전선에 균등하게 적용될 수 있다. 각각의 모선에 연결된 4개의 변수들을 주의해 보자 : 모선으로 투입되거나 방출되는 유효 전력과 무효 전력, 모선 전압의 크기와 각이다. 복소수 방정식 (4.7a)는 2개의 방정식으로 나뉠 수 있고, 하나는 실수 부분과 다른 것은 허수 부분으로 나뉜다. n개의 노드를 가진 네트워크는 동시에 풀어야 할 2n개의 방정식이 있다. 그러므로 각각의 노드는 4개의 변수 중 2개가 결정되어 있어야 한다. 이런 모든 것은 이전에 분류한 것 같이 P와 Q, P와 V, V와 δ로 나타내어지는 3종류의 모선으로 깔끔하게 정리된다.

네트워크에서 나타난 2n개의 방정식의 해결은 쉬운 일이 아니다! 변수와 삼각 함수의 곱이 있기 때문에 노드 변수에 연결된 간단한 (4.7a)의 방정식은 비선형이다. 이런 비선형 연립 방정식으로 된 조류 계산 값은 반복 기법(iterative techniques)을 요구하고, 이것은 이 책에서 다루는 범위를 벗어난다. 그러므로 일반적으로 대부분의 실제적인 네트워크의 해답은 수학적으로 매우 구조화된 접근을 요구하고, 컴퓨터에 의해 수행된다. 이 부분은 1950년대에 컴퓨터를 처음 유용하게 적용한 것 중 하나였다. 조류 계산을 수행하기 위해선 많은 수학적 기술들이 존재한다. 그것은 모두 반복적이고, 행렬로 네트워크를 나타내는 것으로 대부분 시작한다. 이것은 종종 뉴튼-랩슨(Newton-Raphson) 반복법과 가우스-자이델(Gauss-Seidel) 반복법, 또는 이를 바탕으로 더 꾸며진 버전이 종종 사용된다. 그들은 모두 매우 비슷한 값으로 수렴되어야 하고 이 중의 선택은 대부분 수렴의 속도와 신뢰도로 결정한다. 다른 방법들은 다른 형태의 네트워크에서 더 좋거나 나쁘게 수행될 수 있다. 더욱 많은 정보에서는 전력 계통 시뮬레이션 패키지 PSS/E와 DIgSILENT으로 도움을 받을 수 있다. 최근의 경향은 조류 계산 소프트웨어가 지리 정보 시스템(GIS; geographical information systems)으로 통합되고 있고, 전기 사업자 업무는 자산 관리 분야를 가지고 이곳을 종합화하는 것이다.

위의 묘사된 조류 계산 공식에서 내재하는 PQ 부하에서 전압이 일정하다는 가정은 배전 단계에서는 유효한 것이 아니다. 그림 5.11에 나와 있는 배전 변압기(11kV에서 400V로)는 조절되지 않고, 일정한 P와 Q로써 그들이 표현되는 것은 다소 부정확함을 야기한다. 배전 계통에서의 더 낮은 전압 단계에서의 모델링으로 만들어진 조류계산 소프트웨어는 종종 전압에 관하여 변화시키는 부하를 정하는 설비를 포함한다. 그러나 이런 특성을 포함하는 부하 데이터를 얻는 것은 간단하지 않을지 모른다.

5.6.6 결과

조류 계산에 의해 제공되는 기본 결과는 계통 전체에 걸쳐 모든 전선과 노드에 대하여 전력 흐름 (유효전력과 무효전력)과 전압과 전류(모두 크기와 각)들이다. 이런 기본적 결과로부터, 엔지니어들은 착실히 다음을 확인하거나 계산할 수 있다 :

- 어떤 전선이, 어떤 변압기가 과부화가 걸렸는지.
- 허용 가능한 한계 안에 전압이 있는지, 전압이 한계를 넘었는지
- 전체 계통 또는 각각의 전선에서의 전력 손실, 유효 전력, 무효 전력

그림 5.13 132kV 선로 차단기. 위의 크고 비싼 장비는 그림 5.2에서 나온 변압기를 보호해 줌

이런 정보들은 네트워크의 설계와 동작에 영향을 끼친다. 조류 계산 공부는 수요가 하루에 걸쳐 변화될 때나 네트워크의 상태를 규칙적으로 체크하는 것이 수행되거나, 또한 네트워크나 발전량이 변화될 때마다 고려되고 있다.

5.6.7 불평형 조류 (Unbalanced Load Flow)

이상적으로 3상 전력 계통에서 전압과 전류는 완벽히 균형적이고, 이것은 효과적으로 운용을 하게 해주고, 어떤 분석이든 크게 단순화 시켜준다. 그러나 특히 낮은 전압 네트워크에서는, 3개의 상들이 실제적으로는 항상 균형적이지 않으므로, 모든 분석에 불평형 조류 계산 기술이 필요하다. 불평형 조류 계산을 보통 *"대칭 성분 (symmetrical component)"*이라 한다. 이것은 3개의 더 단순해진 네트워크의 합으로 불평형 네트워크를 묘사한다. 많은 소프트웨어 패키지는 (아마도 다른 특징을 희생하면서) 불평형 조류 계산 분석을 수행할 수 있다. 그러나 실제적으로는 보통 여기서 요구하는 데이터들이 이용가능하지 않다.

5.7 고장 및 계통 보호

전력 계통에서의 고장은 모든 경우에 의해 발생할 수 있다. 번개, 폭풍에 의한 가공선로의 단선, 작업자의 케이블을 관통한 땅파기 등은 일반적인 예들이다. 고장은 종종 도체들이 사실상 서로 단락될 때나 땅에 단락될 때에 발생한다. 각각의 경우에 매우 큰 전류가 흐를 수 있다. 계통은 단락 시간 동안 고장 전류를 견딜 수 있고, 순식간에 고장난 부분을 끊을 수 있도록 설계되어야 한다. 그래야 계통의 나머지 부분은 방해가 최소한인 상황에서 작동이 지속된다. 고장은 매우 빈번하게 일어난다. (폭풍 속에서는 더욱 빈번하다.) 그리고 모든 계통에서 좋은 신뢰도를 얻기 위해 효과적으로 관리해야 한다. 전력 계통에서 고장의 탐지와 관리는 *"계통 보호(protection)"*로 알려져 있고, 이것은 전력 계통 엔지니어링의 매우 발전된 분야이다.

낮은 전력 단계에서는 퓨즈가 사용된다. 이는 편리하게 고장 탐지를 해주고, 회로도 끊어준다. 높은 전력 단계에서는 *"보호 계전(protection relay)"*이 고장을 탐지하고, *"선로 차단기(CB; circuit breaker)"*를 작동시킨다. 그림 5.13에서는 전형적인 선로 차단기를 보여준다.

5.7.1 단락 고장 전류

고장을 효과적으로 관리하기 위해, 발생가능한 모든 고장 상황 하에서 전류가 얼마나 흐르는지를 아는 것이 필요하다. 먼저 고장 탐지 방법을 설계하기 위해서 이런 지식이 요구된다. 이 방법에서는 명확하게 (장비의 스위치가 작동할 때 써지(surge)

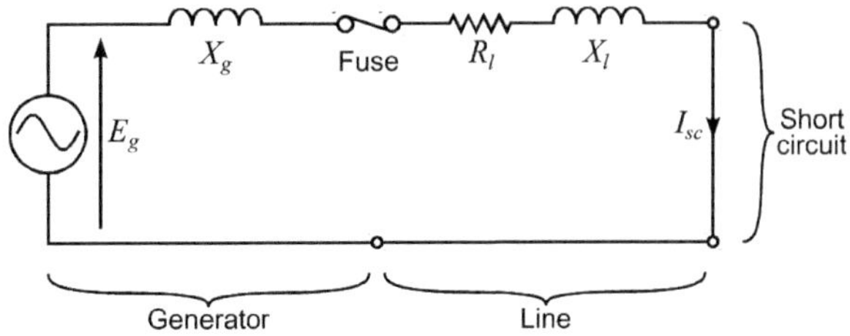

그림 5.14 평형 단락 고장이 있는 동기 발전기의 단상 등가 회로

를 포함하는) 정상 부하 전류와 고장 전류를 구별해야 한다. 둘째로 그 전류를 막기 위한 장치를 선택하기 위해서 반드시 가능한 고장 전류의 크기를 알아야 한다.

단락회로 고장은 지락 고장(line-to-ground), 선간 고장(line-to-line) 등을 포함하여 많은 방식에서 발생할 수 있다. 그러나 단순하게, 가장 심각한 상황인 평형 3상 고장을 고려해서 분석을 시작하는 것이 보통이다. 운 좋게도 이 경우가 가장 쉽게 분석하기 쉽다.

5.7.2 3상 평형 고장 전류

3상 선의 3개의 도선이 모두 같이 붙을 때, 3상 평형 고장이 발생한다. 이것은 마치 모든 선들이 지락된 것과 같은 크기이다. 그러나 그것은 평형(대칭)이기 때문에, 어떤 전류도 땅으로 흐를 수 없고, 단순히 단상 분석으로 사용할 수 있다.

그림 5.14에 나타난 단순한 경우에, E_g는 동기발전기의 **내부 상-중성 EMF (internal phase - to - neutral EMF)**, X_g는 내부 단상 리액턴스 (internal per - phase reactance), R_l과 X_l은 전선의 변수(parameters of the line)이다. 검토에 의하면, 고장 전류 I_{sc}는 다음과 같이 주어진다.

$$I_{sc} = \frac{E_g}{|jX_g + R_1 + JX_1|} \tag{5.9}$$

분명히, 만약 고장이 발전소 근처에서 발생한다면, 모든 임피던스는 작아지고 고장 전류는 커진다. 이 방정식에서 I_{sc}는 평범한 경우에 스칼라 값으로 주어진다. 그러나 어떤 목적으로는 R/X의 비로도 계산된다.

5.7.3 일반적인 고장 전류

큰 전력 계통에서는, 많은 동기 발전기도 있고, 발전기와 연결된 많은 송전선도 있다. 네트워크 내에서 어떤 점이든, *예상 고장 전류(prospective fault current)*는 모든 발전기로부터의 영향을 더한 것이다. 이 예상 고장 전류(prospective fault current)는 네트워크의 지점이 다를 경우 값이 다르게 된다. 더욱이 실제적으로 많은 고장은 평형적이지 않고, 대부분의 분석은 보통 대칭 성분이 이용되는 불평형 전류의 계산이 필요하다.

고장 전류의 계산은 수학적으로 조류계산과 비슷하고, 대부분의 전력 계통 시뮬레이션 패키지는 표준적으로 *고장 분석(fault analysis)*을 포함할 것이다.

5.7.4 고장 수준 (단락 회로 수준) – 취약한 그리드

다양한 전압에서 작동하는 계통에서(고장전에) 공칭 동작 전압(nominal operating voltage)에 고장전류 I_{sc} 를 곱하는 것은 유용한 방법이다. 단상 기준으로 이것은 V_{ph}가 상전압(phase-to-neutral voltage)일 때, $V_{ph}I_{sc}$이다. 평형 3상 계통에서는 $V_{ph} = V/\sqrt{3}$ 이고 , V는 선간 전압(line-to-line voltage)이다. 3을 곱해주는 것으로 3상 고장 수준(three-phase fault level) S_k를 나타낸다 :

$$S_k = \sqrt{3}\,VI_{sc} \tag{5.10}$$

여기서, V는 (고장 전에) 공칭 선간 전압이고, I_{SC}는 위에서 소개된 것과 같은 평형 3상 고장 전류이다.

고장 수준은 다소 관념적인 양이다. 전압과 전류를 곱하는 성분들이 동시에 발생되지 않기 때문에 위 식이 사용가능한 전력의 양을 나타내는 것이 아니다. 그것의 단위는 VA, kVA 또는 MVA이고, kW나 MW가 아니다. 이 개념의 유용한 이유는 이것이 보통의 계통에서 최대 전압에서 견딜 수 있고, 고장 수준이 계산된 지점에 가장 큰 예상 고장 전류(prospective fault current)를 막을 수 있는 부하 차단기(circuit breaker)의 용량을 알려준다. 계통이 일반적이고 고장 단계가 계산될 단계에서 최대 기대되는 고장 전류를 방해한다.

결과적으로 고장 수준에서의 계산한 값은 가치 있고, 회로 차단기의 용량은 매우 크다. <표 5.2>에는 다양한 계통 전압에서 고장 수준의 전형적인 값들이 주어진다.

특정 지점에서 고장 수준은 네트워크 상에서 발전기를 가져오거나 네트워크 상에서 어디서든 전선이 떨어질 때, 변동할 것이다. 만약에 네트워크를 바꾼다면(reconfigured), 고장 수준도 변동할 것이다. 전체 보호 계통이 고장 단계를 계산하고 설계한다면, 네트워크의 동작은 고장 수준에서 변화를 알아야 하고, 이것을 적당히 다루어야 한다.

고장 수준은 고장 상태에서 전류를 예측하는 것을 위하고, 정상 동작 상태에서 성

표 5.2 전형적인 고장 수준

공칭 계통 전압(Nominal system voltage) [kV]	고장 수준 (Fault Level) [MVA]
132	5000 ~ 25000
33	500 ~ 2500
11	10 ~ 250

능을 예측하는 것을 위한 중요한 설계 변수이다. 다음 단원에서 나오는 테브닌 등가 회로는 이런 개념을 도식화한다.

5.7.5 테브닌 등가 회로

그림 5.12에 있는 아이슬란드 국가 전력 계통을 다시 고려해 보자. 전체 네트워크의 모든 조류 계산이나 고장 분석 수행 없이, 하나의 특정 노드에서 계산을 수행할 수 있다는 것은 보통 유용한 일이다. 이것은 [부록]에서 설명된 테브닌 등가회로에 의해 네트워크로 표현할 수 있다.

그림 5.15에 나타난 테브닌 등가회로의 값은 질문 안에서 특정 노드를 계산해야 한다. Z_{th}의 크기는 다음의 식에 의해 그 노드의 고장 수준(fault level)으로부터 구할 수 있다.

$$|Z_{th}| = \frac{V^2}{S_k} \tag{5.11}$$

여기서 V는 공칭 선간 전압이다. 만약에 I_{sc}와 S_k가 계산되었거나 복소수로 저장되었을 때, Z_{th}의 각도 또한 고장 수준으로부터 발견할 수 있다. 이것 대신에 보통 실습(normal practice)은 스칼라로 고장 수준을 표현하고, $Z_{th} = R_{th} + jX_{th}$로 사용할 수 있는 X/R로써 이와 연관된 각을 표현할 수 있다. 테브닌 전압원은 보통 관심 있는 지점의 공칭 전압으로 선택되고, 계산값 같은 상전압(phase-to-neutral) 또는 선간 전압(line-to-line)을 사용하는 것을 주의해야 한다.

고장 수준은 고장 상태에서 전류를 예측할 뿐 아니라 보통 동작 상황에서 수행하는 것을 예측하는 중요한 설계 변수이다. 특정 지점에서 네트워크의 *내구력?(strength)* 이라고 정의한다. 약한 그리드(weak grid)는 고장 수준이 낮을 때의

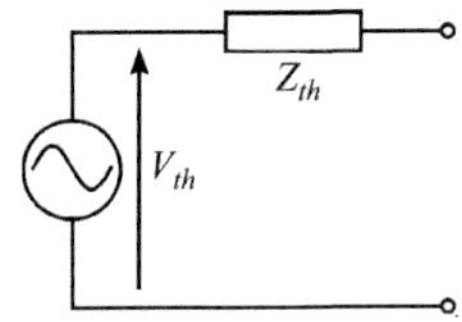

그림 5.15 테브닌 등가 회로

네트워크 또는 그 때의 네트워크 한 부분이다 : 즉 테브닌 또는 전원 임피던스 Z_{th} 는 높다. 높은 Z_{th}는 노드 전압은 각 노드에서 유효 전압 또는/그리고 무효 전력의 출력과 입력에 매우 민감한 것을 암시한다.

네트워크에서 신재생 에너지 발전의 영향은 연결점의 고장 단계에 매우 의존적이다. 고장 단계의 (in MVA) 퍼센트로써 제안된 풍력농장(windfarm) 용량 (in MW)을 고려하는 것은 수용할 수 있는 거친 안내(rough guide)를 제공할 수 있다. 이런 주제는 [6.1.3장]에서 더 자세히 다를 것이다.

5.8 가변 시간과 동적 시뮬레이션

(반복되고 수렴된 후) 하나의 조류 계산은 전력 계통 동작 상황에서 스냅사진과 같은 결과를 제공한다. 많은 전력 계통 시뮬레이션 패키지는 사용자에게 부하와 발전 형태(load and generation profiles)를 제공하는데, 이것들은 하루 당, 시간 당, 또는 더 적은 시간에 대한 연속적 시간을 포함한 데이터이다. 조류 계산은 같은 시간 기준 안에서 전압 특성(voltage profiles), 부하 형태(profiles) 등을 제공하기 위해 반복적으로 실행된다.

수 밀리초(millisecond)로 시간 간격을 줄이는 것은 *동적 시뮬레이션(dynamic simulations)*이 수행되도록 한다. 그 안에는 발전기의 동적 특성과 그와 연관된 제어 시스템을 포함한다. 이런 동적 시뮬레이션 유형은 안정도 연구시 사용되고, 특히 송전 계통을 설계하는데 쓰인다. 네트워크의 동작 특성은 이번 단원에 걸쳐 논의된 원리와 유사한 조류 계산을 반복적으로 수행해서 모델링된다. 조류 계산은 전압과 전류의 페이저 표현을 이용하고, 그래서 암시적인 순수한 삼각 연산으로 가정한다.

더욱 복합한 시뮬레이션 패키지는 과도해석을 제공하는데, 미분 방정식에 의한 성분들로 표현된다. 이것은 모델링된 비삼각 함수적 연산을 허용하나, 매우 복잡한 계산이 요구된다. 과도상태 모의는 상대적으로 적은 노드에서 계통을 자세히 분석하는 것을 요구하는 다른 고장 상태와 번개를 모델링하는데 사용된다.

많은 전력 계통 시뮬레이션 패키지는 풍력 터빈과 풍력 발전 단지와 같은 신재생 에너지 발전소를 모델링하기 위한 설비를 포함한다. 몇 년 전에, 이런 모델은 '역부하 (negative load)'로 밖에는 생각하지 않았었다. 오늘날에는 선도하는 패키지가 고장 계산과 동적 시뮬레이션을 위해서 풍력 티빈의 보다 복잡한 모델을 포함하고 있다. 그러나 풍력 터빈의 동적 행동, 특히 이중여자 유도 발전기(Doubly-Fed Induction Generators)를 사용하는 것은 발전기 제어 소프트웨어의 정교함에 많이 의존한다. 터빈 제조업자들은 이런 세부항목들을 알려 주는 것을 마음 내켜하지 않는다. 그것으로 인해 소프트웨어 시뮬레이션 모델의 발전을 방해한다. 어떤 시뮬레이션 소프트웨어는 충분한 세부항목을 얻을 수 있다는 주장하나, 이런 모델의 진위 확인이 쟁점으로 남아 있다.

5.9 신뢰도 분석 (Reliability Analysis)

적절한 연속 확률(reasonable probability of continuity)을 가진 수요를 만족시키는 전력 계통의 능력이 신뢰도의 척도(measure)이다. 전기 공급의 손실은 소비자에게 심각한 경제적, 사회적인 영향을 줄지 모른다. 그러므로 신뢰성 있는 공급(reliable supply)을 유지하는 것은 발전소와 변전소에 최고로 중요한 것이다. 전력계통 신뢰도 평가라는 주제는 전통적인 발전 계통에서 광범위하게 연구되어 왔던 것 중 하나이다. 분산 전원(distributed generation)에서도 존재하는 신뢰도 평가는 신뢰도 분석을 복잡하게 하지만, 또한 중요한 주제이다. 분산 전원은 유효할지도 모르는 다양성을 가지고 있다. 예를 들어, 그것들의 통계적인 출력은 지역 수요와 상관 관계에 있거나, 그 역의 관계에 있다. 역의 관계는 특정상황 하에서 불이익을 줄 수 있는 경우이다. 대부분의 신재생 에너지(RE)의 특징일 수 있는 일반적인 불예측성은 분산형 전원의 확률적인 본질을 계산하는 것을 조절할 수 있어야 한다. 이런 주제는 이 책에서 다루는 범위를 벗어나지만, 더 필요한 정보는 참고자료[4]에서 찾을 수 있다.

참/고/문/헌

[1] National Grid Company (NGC) website www.nationalgrid.com/uk/. In particular, the 'Seven Year Statement'is very informative and now includes a large section on 'Embedded and Renewable Generation'.

[2] Gross, C. A. Power System Analysis, John Wiley & Sons, Ltd, Chichester, 1986.

[3] Wallis, E. A. (ed.), Modern Power Station Practice, Volume L, System Operation, Pergamon Press, Oxford, 1991.

[4] Jenkins, N., Allan, R., Crossley, P., Kirchen, D. and Strbac, G. Embedded Generation, IEE Power and Engineering Series 31, Institution of Electrical Engineers, London, 2000.

CHAPTER 06

전력계통에서의 신재생에너지 발전

6.1 분산전원

6.1.1 개요 [1–9]

3장의 그림 3.2는 유럽 선진국인 잉글랜드와 웨일즈의 최대 전력수요가 50GW에 달한다는 것을 보여준다. 이 전력의 대부분은 가스, 석탄, 원자력, 복합화력과 최대용량 500MW인 기력발전기로부터 공급된다. 그러므로 최대부하는 백 개 이상의 발전기 세트들이 동작해야만 만족되는 양이다. 대부분의 발전소가 2~4개 정도의 발전기 세트들을 가지고 있으므로 수 백만의 소비자들에게 필요한 전력은 수 십개의 발전소만으로도 충분하다. 이러한 발전의 형태를 중앙집중형 발전(Centralized generation)이라고 하며 전 세계적으로 일반적인 발전 방식이다. 중앙집중형 발전은 일반적으로 송전시스템과 연결되어 있다.

분산전원 (혹은 임베디드 전원)은 일반적으로 배전계통에 연결된 소형 발전기를 기초로 한다. 분산전원은 다음의 내용을 포함한다:

- 신재생에너지원으로 얻어진 발전기들(대규모 수력발전과 대형 풍력발전단지는 제외)
- 열병합 시스템
- 계통에 연계되어 운전되는 대기(standby) 발전기들(특히 중앙집중형 발전이 부적합하거나 비싼 경우)

여기에서는 신재생에너지 분야에 초점을 맞춰서 설명하지만, 이 장의 대부분은 3가지 형태의 분산전원에 똑같이 적용될 수 있다.

고전압 변압기와 차단기의 가격이 비싸기 때문에 소형 발전기들은 송전계통에 연결되지 않는다. 또한 발전기들의 지리적인 위치가 신재생에너지원의 유용성을 고려하지 않고 먼저 결정되어 있기 때문에 대부분 송전 시스템은 너무 멀리 떨어져 있다. 따라서 이러한 분산전원 발전기들은 배전계통에 연결된다. 그림 6.1은 배전계통에 분산전원이 연결된 하나의 예이다.

분산전원은 배전계통에서 전력 조류를 바꾸며, 전력계통 내에서 고전압에서 저전압으로 흐르는 단방향의 전통적인 전력의 흐름을 바꾼다. 어떤 곳에서는 분산전원이

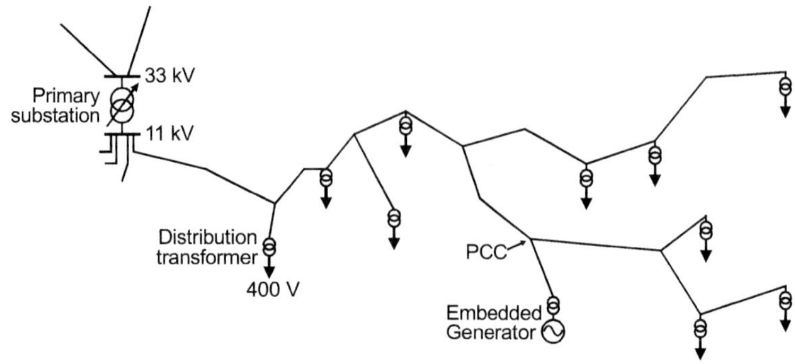

그림 6.1 분산전원(임베디드) 발전기의 예

배전계통에 아무런 문제없이 적용되기도 하지만, 대부분의 경우 다양한 문제를 일으킬 수 있다. 이 장에서는 이러한 문제들에 대하여 다룬다.

6.1.2 연결 지점(PCC; Point of Common Coupling)

어떤 발전기가 전력계통에 연결될 때 기본적인 요구사항은 계통 내의 다른 소비자에게 제공되는 전기의 품질에 역효과를 내서는 안 된다는 것이다. 이러한 것을 염두에 두고 연결지점(PCC)을 정의하는 것이 필요하다.

공식적인 정의는 다양하지만, 단순히 말하자면 PCC는 그림 6.1에서 보여지는 것처럼 공공의 계통에 발전기가 연결된 지점이다. 바꿔 말하면 계통 내에 다른 수용가가 연결되었거나 연결할 수 있는 발전기와 가장 가까운 지점이다. 따라서 PCC의 정확한 위치는 발전기와 나머지 계통 사이의 선로를 누가 소유하고 있는가에 따라 달라진다. PCC가 중요한 이유는 공공 계통에서 이곳이 발전기에 의한 왜란이 가장 심할 곳이기 때문이다.

6.1.3 연결 전압

영국의 배전시스템 전압은 400V, 11kV, 33kV, 132kV이다. 다른 나라들도 비슷한 전압단계를 가지고 있다. 앞서 5.7.4절에서 언급한 것처럼, 연결 지점에서의 고장전압은 고장 발생 시 전류를 예측하는 것뿐만 아니라 정상 운전시 전압 상승 등의 성능을 예측하기 위해서도 중요한 설계 변수이다.

고장 전압은 발전기가 계통에 미치는 영향을 주로 결정하기 때문에 발전기를 연결할 때에는 연결지점에서의 고장 전압이 매우 중요하다. 고장 전압이 낮다는 것은 계통 전원 임피던스가 높다는 것을 의미하며, 연결 지점에서 유효 및 무효전력을 넣거나 빼는 것에 의하여 상대적으로 큰 전압의 변화가 생기는 것을 뜻한다. 그러므로 계통에서 신재생에너지 발전기의 파급효과는 발전기의 크기는 물론이고 연결지점의 고장 전압에 매우 의존적이다.

분산전원이 연결된 지점에서의 적절한 전압은 주로 그 정격 용량에 의해 영향을 받는다. 앞으로 다루게 될 많은 다른 요인들이 있으므로 다양한 그림들이 가이드라인으로 사용될 것이다. 물론 계통이 약하냐 아니냐 하는 것은 전적으로 고려하고 있는 발전기의 크기와 상관이 있다. 그러므로 제안된 신재생에너지원의 용량 (MW)에 대한 고장 레벨 (MVA)을 '단락비율'(short circuit ratio)이라는 용어로 표현하는 것이 일반적이다. 이것은 수용 가능성(acceptability)의 대략적인 가이드를 제시할 수 있다. 전형적인 풍력발전 단지는 대개 2~24% 정도의 범위를 갖는다.

표 6.1은 특정 전압 레벨에서 연결할 수 있는 발전기의 최대용량을 대략적으로 보여준다. 이 규칙들은 연결 지점에서의 전압에 대한 발전기의 영향이 수용가능할 정도라는 것을 확보해주어야 한다는 것을 보여준다. 일반적으로 연결지점의 전압이 높을수록 변압기와 개폐장치의 비용이 증가하고 기존 계통에 연결하기 위한 선의 길이가 길어지기 때문에 계통 연계에 비용이 많이 들어간다. 너무 낮은 전압에 연계하는 것은 발전기가 계통에 과도한 영향을 줄 수 있기 때문에 허용되지 않을 것이다. 이러한 현상은 신재생에너지 시스템 개발자가 경제적인 이유 때문에 하나의 전압 레벨에 연계되기를 희망하는 반면 계통 운영자는 용량 증가 시에 연결하기를 권유하는 상황을 낳게 한다.

표 6.1 설계 규칙

계통 지점	분산형 발전기의 최대 용량
400V 계통 외곽	50kVA
400V 부스바	200-250kVA
11kV 또는 11.5kV 계통 외곽	2-3MVA
11kV 또는 11.5kV 부스바	8 MVA
15kV 또는 20kV 계통과 부스바	6.5-10MVA
63kV 에서 90kV 계통	10-40MVA

6.2 전압 영향

6.2.1 정상 상태 전압 상승

분산전원을 연결하면 연계 지점에서 일반적으로 전압의 상승 효과가 있으며 이는 주변 수용가들의 과전압 문제를 일으킬 수 있다. 선로의 열적 용량을 넘지 않기 위해서라기 보다는 이러한 전압 상승을 제한해야 하기 위하여 종종 특정 지점에 연결되는 발전기의 크기가 제한되곤 한다.

발전기의 연결에 의해 생기는 전압 상승에 대한 초기 추정 값은 그림 6.2에 간략화되어 표시된 시스템 해석을 통해 얻을 수 있다. 연계 지점까지의 계통은 연계지점에서 고장 전압과 X-R 비율에 의해 얻어지는 테브닌 임피던스 Z_{th}를 가지는 테브닌 등가회로로 표현될 수 있다.

식 (5.11)로부터 Z_{th}의 크기는 $|Z_{th}|=V^2/S_k$ 로 주어진다. 여기서 V는 정상 시 선간 전압이다. 그리고 X-R 비율은 $Z_{th}=R+jX$ 에서 저항과 리액턴스를 찾는데 사용된다.

전압 상승분 ΔV는 식 (5.6)으로 구할 수 있다. 즉 $\Delta V \approx (PR + QX)/V$ 이며, 그림 6.2에서 보여지는 방향처럼 유효 및 무효전력이 양수(positive)이면 P와 Q는 양수이다. 만약 유도 발전기가 계통에 직접 연결되면 Q는 음수값을 갖는다.

허용가능한 전압 상승은 현재 계통이 어떻게 운용되고 있는가에 따라 달라지는데, 이를테면 현재 전압이 허용 최대전압에 얼마나 가까운가 하는 것이다. 일반적으로 1 %의 전압 상승은 계통 운영자의 관심 영역이다. 전압 상승은 주로 교외 지역에 있는 풍력발전 단지가 길고 상대적으로 높은 임피던스 라인으로 연결되는 경우에 있어서 주요한 고려사항이 되곤 한다. 전압 상승은 종종 특정한 교외 지역에 연결할 수 있는 발전량을 제한하기도 한다. 이는 실질적인 전력 조류가 반대방향이 되거나 계통의 열적 제한에 다다르기 훨씬 전에 발생될 수 있다.

어떤 경우에는 계산이나 부하 조류 모델링을 통하여 전압이 수 시간 안에 허용 가능한 제한선을 넘을 것이라는 것을 알 수 있다. 이 경우에는 그 시간 동안 발전을 제한하는 것이 경제적일 것이다. 발전하지 않아서 생기는 손실이 더 강력한 라인을 설치하는 비용보다 상대적으로 작을 것이다.

전압 상승은 연결지점에서 무효 전력을 뽑아내는 것으로 완화시킬 수 있다. 소형 풍력 터빈의 전형인 유도 발전기들을 가진 계통에서 가끔은 일부 혹은 전부의 역률

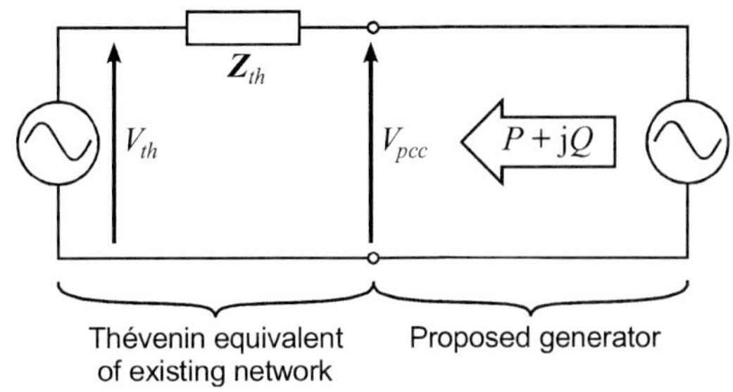

그림 6.2 전압상승분을 예측하기 위한 등가회로

보상 커패시터를 제거하는 것으로 해결할 수 있다. 수력과 바이오매스 시스템에 더 일반적인 동기 발전기를 가진 계통에서는 여자(excitation)를 조절할 수 있다. 그러나 일반적으로 분산전원 발전기는 무효전력이 측정되지 않는 400/230V급의 저압 계통을 제외하면 어떠한 무효전력도 만들어질 수 있다. 따라서 초기 설계 목표는 역률이 거의 1이 되도록 운전하는 것이다.

6.2.2 자동 전압 조절 - 탭 절환기

지금까지 소개한 단순한 형상들은 배전 계통에서 자동 전압 조절 메커니즘이 존재함으로 인하여 실제적으로는 복잡해진다. 가장 일반적인 메커니즘은 최종 배전 변압기(영국의 경우, 11kV에서 400/230V로 변경하는 변압기로서 5.5.1절에 표시된 것)를 제외한 대부분의 변압기가 채택하고 있는 자동 온-부하 탭 절환기다.

그림 6.1의 계통에서 1차 변전소에는 변압기의 권선비를 조절하기 위한 탭 절환기를 사용하는 자동 전압 조정기가 있다. 폐루프 제어는 변압기 2차측 전압이 11kV에 가깝게 되도록 한다. 이는 33kV 측의 변동과 변압기 자체 내의 전류 의존형 전압강하들을 보상한다.

자동 탭 절환기는 이전 장에서 보여준 정상상태 ΔV 전압 상승 해석에 영향을 준다. 특히 테브닌등가저항 Z_{th}는 그 계산이 고장 전압에 기초하여 계산되기 때문에 반드시 조정되어야 한다. 여기서 고장 전압은 당연히 전압 조정기 이전단의 임피던스를 포함하는 값이다. 자동 탭 절환기가 동작할 때, 테브닌 전압은 변압기 2차측에서 고정된 값이 된다. 이를 수정하기 위하여 고정된 전압 노드(변압기 2차측)에서 고장 전압과 X-R 비율을 반드시 알아야 한다. 그래야만 이전단 임피던스가 적절히 계산되고 추론될 수 있다.

일을 더 복잡하게 하는 것은, 어떤 자동 전압 조정기들은 단순히 전압이 일정하게 유지되지 않는다는 것이다. 예를 들면 어떤 조정기들은 하위단 라인에서의 전압강하를 추정하고 허용하는 한 방법인 선로전압강하를 보상하기도 한다. 다른 조정기들은 다른 변압기나 병렬로 운전되는 독립된 변전소의 변압기를 허용하는 방식인 네거티브 리액턴스 컴파운딩(negative reactance compounding)이라는 기법을 사용한다. 불행히도 이러한 기법들을 사용하는 조정기들은 분산전원으로 야기될 수 있는 변전소 내의 역률의 변화에 영향을 받는다. 이러한 역률의 변화를 막기 위하여 일부 분산발전기들은 전형적인 부하에서의 역률과 동일하게 동작되도록 설계되어 있다. 만일 분산전원 발전기가 무효전력을 발생시키고 조절할 수 있다면 이러한 문제들은 본질적으로 피할 수 있게 된다. 실제로 이러한 방법은 저압 배전계통에서는 완전히 개발되어지지 못했지만 보다 정교하고 저렴한 비용의 전력전자 소자들의 개발 진행에 힘입어 미래에는 더 중요하게 될 것이다.

6.2.3 신재생에너지 발전기의 유효 및 무효전력

앞서 언급한 것처럼 기존 전력계통의 대형 발전기들은 발전기 모선 전압을 거의 일정하게 유지하도록 설정된 AVR(자동전압조정기)을 가지고 있다.

신재생에너지 발전기들은 대체로 용량이 작으며 송전계통보다는 배전계통에 연결된다. 이러한 이유로 기존의 발전기 제어 체계는 소형의 분산형 신재생에너지 공급용 발전기를 적절히 고려하지 못하고 있다. 예를 들면 정속 풍력 터빈의 유도 발전기는 정격 풍속까지는 바람으로부터 변환되는 전력이 얼마이든 간에 계통에 투입되게 되는데 이러한 정격 풍속은 공기역학적으로 제한되는 정격 출력 이상의 값일 수 있다. 또한 유도발전기에 필요한 무효전력을 계통으로부터 흡수하려고 하고, 역률 보상 커패시터로부터 발생되는 Q를 빼려고 한다. 이는 유도 발전기를 통해 계통에 연결되는 소수력 시스템에서도 비슷한 상황이다.

태양광, 조력, 파력, 메가와트급 풍력에너지들은 언제나 PWM 전력변환기를 통해 계통에 투입된다. 이는 계통연계점에서 무효전력을 넣거나 빼기가 가능해지는 설비이다.

요약하자면 큰 계통에 연결된 상대적으로 작은 임베디드 신재생에너지 발전기에서 P 투입은 오로지 신재생에너지원(바람, 태양, 물)의 강도에 의존하고 Q 투입은 발전기의 Q/P 특성이나 전력변환기의 조절 특성에 의존한다. 후자의 경우 단위역률에서 유효전력을 투입할 수 있도록 전력변환기는 조정될 수 있어서 계통의 어떠한 Q 변화도 피할 수 있다. 또한 신재생에너지 발전기 소유주와 전력회사가 모두 이익을 얻을 수 있는 동의가 가능해질 수 있다. 결국 전력변환기에서 발생되거나 소모되는 Q 성분은 근처 계통에 맞추어 조절된다.

독립적으로 매우 작은 발전기들은 시스템 주파수에 미미한 영향을 미친다. 그러나 그러한 발전기들이 많은 수가 연결되어 있다면 전체 효과는 상당한 수준이 된다. 실제로 예를 들어 덴마크는 연 20% 이상의 성장을 보이는 등 풍력 발전이 보급되고 있는 상황에서 전력회사들은 신재생에너지 발전기들이 전력계통 주파수 측면과 사고 발생 동안이나 그 이후에 전압 안정도에 긍정적으로 작용하기를 요구할 것이다. 비슷하게 상당한 태양광 발전을 가진 미래를 예상해 보면 태양광의 컨버터들도 시스템 주파수에 관하여 조정되기를 요구받는다.

6.2.4 전력조류분석(Load Flow) 예

이미 논의한 것처럼 신재생에너지 발전은 부하와 계통 전압 모두에 영향을 미친다. 전력조류분석은 부하들과 전원들의 위치 그리고 선로 임피던스들을 이용하여 계산되는 계통 전반의 유효 및 무효성분의 전류 흐름을 인정하는 기법이다.

한 지점에서 연결된 신재생에너지 발전기의 영향을 평가하기 위한 배전계통 수준의 전력조류분석이 적용되는 방법을 보여주기 위해서 그림 6.1의 계통을 여기서 다시 이용한다. 그림 6.3은 절점 번호를 다시 매겼으며, 10번 지점에 제안된 임베디드

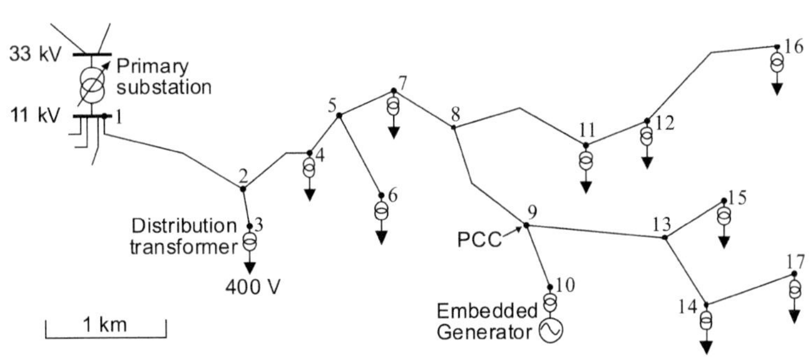

그림 6.3 전력조류분석 예

표 6.2 선로 데이터 (전력 조류분석 입력)

시작점	끝점	길이 (m)	선로 형태
1	2	1297	100AAAC
2	3	304	50AAAC
2	4	626	100AAAC
4	5	391	100AAAC
5	6	738	185AL
6	7	492	100AAAC
7	8	583	100AAAC
8	11	1110	50AAAC
11	12	539	50AAAC
12	16	1253	185AL
8	9	1000	50AAAC
9	10	539	185AL
9	13	1154	50AAAC
13	15	583	50AAAC
13	14	652	50AAAC
14	17	791	95AL

AAAC: All aluminium alloy conductor (전 알루미늄 합금 도체)

표 6.3 선로 형태 데이터 (전력조류분석 입력)

선로 형태	R (/km)	X (/km)	정격 (A)
50AAAC 가공선	0.550	0.372	219
100AAAC 가공선	0.277	0.351	345
95AL 지중선	0.320	0.087	170
185AL 지중선	0.164	0.085	255

신재생에너지 발전기가 연결되었다. 이러한 발전기가 계통전압에 악영향을 미치는지 아닌지를 알 필요가 있다.

처음에 고장 분석은 모든 지점에서 단락 전압을 제공하는 것으로 시작되고 제안된 신재생에너지 발전기의 허용 가능한 정격을 찾아내는 것이다. 전력조류분석을 시작하기 위하여 선로, 변압기 파라미터들과 노드 변수들을 특징짓는 것이 필요하다. 표

표 6.4 절점 데이터 (전력조류분석 입력)

절점 번호	P (kW)	Q (kVAR)
1		
2		
3	−238	−71
4	−159	−48
5		
6	−340	−102
7	−178	−53
8		
9		
10	500	−250
11	−458	−137
12	−221	−66
13		
14	−97	−29
15	−386	−116
16	−161	−48
17	−64	−19

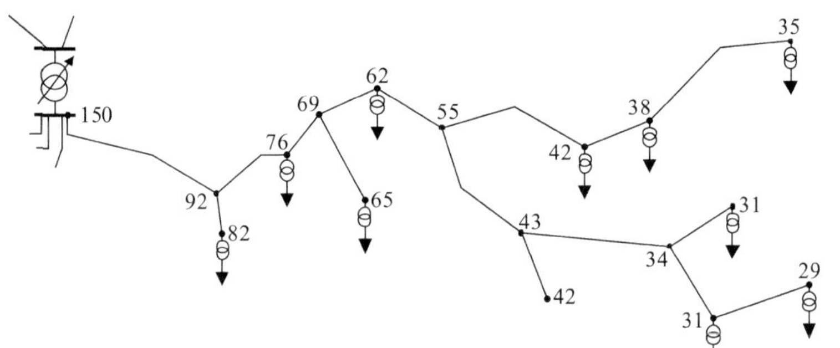

그림 6.4 전형적인 교외 11kV 피더의 고장 수준(MVA)예

6.2는 선로 지점에 따른 길이와 형태 등의 데이터들을 제공한다. 표 6.3은 각 선로 형태의 임피던스와 정격전류 등의 정보를 보여주고 있다.

5.6.5절은 계통의 고장 전압을 결정하기 위해 요구되는 분석을 설명했었다. 그림 6.3의 계통에서 그 결과를 그림 6.4에 보여준다. 예상대로 고장 전압은 배전 변압기 2차측(1번 지점)에서 가장 높고 선로의 누적임피던스 때문에 이 지점으로부터 멀어

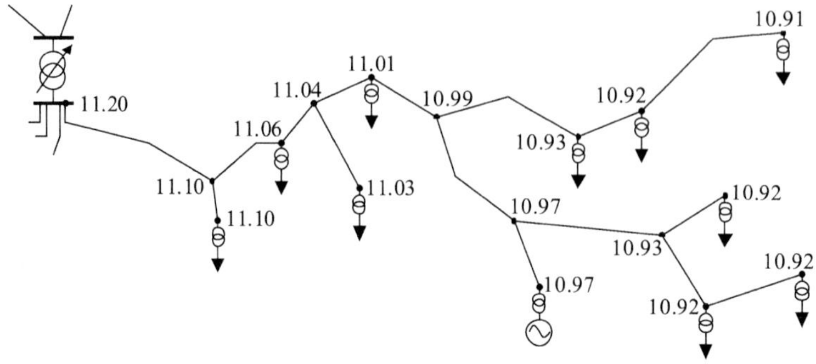

그림 6.5 전력조류분석 결과: 전압 (kV)

질수록 감소한다. 신재생에너지 발전기가 연결되어 있는 10번 지점에서 고장 수준은 42MVA이다. 500kW급 풍력 터빈은 0.5/42=12%의 단락 비율이기 때문에 허용가능한 범위에 있다고 할 수 있다.

이 예제에서 임베디드 발전기는 최대 출력에서 0.9의 역률로 운전되는 유도발전기와 직접연결된 풍력 터빈으로 가정하였다. 10번 지점에서 정격 출력시 500kW의 투입(유효전력)과 250kVAR의 흡수(무효전력)가 생긴다. 이러한 조건에서 계통의 전압 분석을 위하여 이 제안이 실현 가능한 것인지를 평가할 필요가 있다. 전력조류분석을 계속하기 위해 각 지점에서 두 변수들이 정의되어야 한다. 이 배전계통은 단지 수용가 PQ 지점들과 하나의 분산 발전기만으로 구성되며 이 역시 PQ 지점으로 취급될 수 있는 것이다. 조류분석의 입력 자료들이 표 6.4에 있다.

전력조류분석의 결과가 그림 6.5에 보여진다. 수용가지점들에서의 전압 분포는 ±1%의 허용 한계 이내에 있다. 이 경우에는 연계점(PCC)에서 유효전력 투입에 의한 전압 상승은 신재생 에너지원으로부터 빠져나가는 무효전력에 의해 완화된다. 물론 단위 역률을 만들기 위한 커패시터가 풍력 터빈에 장착되어 있다면 전압상승은 상당히 증가했어야 하며 아마도 허용범위 밖이 될 것이다. 전력조류분석의 재계산은 신재생에너지원의 위치와 운전 조건들의 범위에서 시스템 전압 민감도에 대한 풍부한 정보를 제공할 것이다.

6.3 열적 한계

분산전원 발전기에 의해서 공급된 전력은 지역 전력망의 전력 조류 형태를 변화시킨다. 개별 전력 기기들의 전력 조류는 증가, 감소되거나 심지어는 역전될 수도 있다. 전력 조류(유효/무효 전력 모두)는 전류가 어떤 방향으로 흐르도록 하게 되는데 이는 송전선, 케이블, 변압기들에서 발열을 야기하게 된다. 이와 같은 각각의 전력 기기/소자들은 효율적으로 통전시킬 수 있는 최대 전류의 크기를 정의한 "열적 한계" 수치를 갖고 있으며, 이 열적 한계는 해당 지역에 설치가 가능한 신재생 에너지 발전의 상한선을 설정하는데 도움이 된다. 전력 조류 분석은 모든 요소 전류들이 계산될 수 있도록 한다.

6.3.1 가공선로와 케이블

상당한 수의 송전선과 케이블, 그 중에서도 특히 20kV급까지의 저압 전력망에서 운전되는 것들이 일반적으로 열적 한계 이하에서 잘 운용되고 있다는 것은 놀라운 일일 수 있다. 이와 같은 상황의 이유는 두가지이다. 첫째, 수용가 측의 전압을 규정 범위 내에서 유지하기 위해서는, 도체에서의 전압 강하를 억제할 수 있도록 충분히 많은 도체를 사용해야 하는데, 이를 기준으로 정해진 도체의 양은 열적 한계에 의해 요구되는 양보다 많은 경우가 종종 있다. 둘째, 더 많은 도체를 사용한 송전선의 에너지 손실은 확연하게 적어지고 제품의 생애주기 분석에서도 보통은 대형화를 선호하는 편이다. 이와 같은 원인에 의해서 송전선과 케이블의 열적 한계는 11kV급 정도의 분산전원에서는 제한요소로서 거의 보고되지 않는다. 뒤에 논의되겠지만, 분산전원의 추가 연결에서 발생되는 전압과 관련된 문제와 고장전류의 증가문제와 같은 것이 일반적으로 먼저 영향을 주게 된다.

33kV에서 132kV정도의 고전압에서는 전압의 제어보다는 송전선과 케이블의 열적 한계가 좀더 중요한 제한 요소로서 작용할 수 있다. 고전압에서의 열적 한계는 이미 충분한 연구가 되어 논쟁거리는 아니지만, 몇 가지 언급해야 할 측면이 있다. 첫째, 계산상에서 발전량은 공급량과 일치한다고 가정한 것에 대한 주의가 필요하다. 이와 같은 가정된 상황은 이상적으로 최악의 상황을 나타내는 것이고, 신재생에너지원으로

부터 최대 입력값의 예측치가 최대 수요량과 일치할 때 항상 발생하는 것도 아니다. 둘째, 가공선로는 자연적으로 바람에 의해서 냉각되어 강풍이 부는 기간에는 추가적으로 열적 한계값이 상승하게 된다. 결과적으로 풍력발전용 송전선들은 통상적인 설계 지침에 비해서 소형화될 수 있는 여지를 갖게 된다.

6.3.2 변압기

변압기에 대한 열적 한계를 결정하는 것은 더욱 복잡한 일이다. 변압기의 용량은 보통 kVA 또는 MVA와 같은 형식으로 표현되지만, 자연 대류에 의한 냉각, 강제 대류에 의한 냉각, 오일에 의한 냉각 중의 하나로 정의될 수 있는 세가지 냉각 방식도 존재할 수 있다. 또한 변압기는 긴 열시간 상수를 가지고 있기 때문에 과열이나 큰 손상을 야기하지 않고 단기간 동안에 과부하 상태에 놓일 수 있다. 이와 같은 과도적 온도 변화에 의한 손상 효과는 계산하기가 어려울 수 있다.

변압기는 보통 예측되는 최대 수요량에 맞추어 선택되기 때문에 열적 한계에 상당히 가깝게 동작하게 되는데, 부분적으로는 변압기의 정지 시(무부하) 손실이 상당한 편이기에 낮은 부하 상태의 효율이 떨어지는 것도 원인이다. 따라서, 대규모 분산전원 단지가 있는 지역들에서는 변압기의 열적 한계 특성이 변압기의 추가 설치를 제한할 수 있다. 대체적으로, 추가 설치에 대한 제약은 한 지역의 최소 부하보다 작은 용량의 변압기 하부에 연결된 분산전원의 정격용량이 해당 지역의 최대 부하보다 큰 경우에만 발생한다.

대부분의 변압기는 역조류에 대해서 정상 전력 조류의 용량에 준하는 수준까지 문제없이 수용할 수 있도록 설계되어 있다. 그러나, 많지는 않지만, 제한된 전력 역류 용량을 갖는 부하시 탭 절환기들이 존재한다. 게다가, 부하 시 탭 전환장치와 연계되어 있는 자동 전압 조정기들의 경우에도 전력 역류에 의해서 영향을 받을 수 있다.

따라서, 설치된 분산전원들의 용량이 한 지역에서 요구되는 최대 수요량을 넘지 않는 경우에 해당 지역의 변압기들의 열적 한계는 통상적으로 분산 전원의 설치에 대한 제약 조건이 되지 않는다. 이와 같이 분산전원이 과밀한 상황은 최소한 영국에서는 하나의 변전소에 두 개의 풍력 발전 단지가 연결된 웨일즈를 제외하고는 흔한 상황이 아니다. 해당 변전소의 전력 조류는 종종 역류가 발생하거나 경우에 따라서는 역류된 전력 조류가 변압기의 열적 한계에 도달한 경우에 발전량을 감소시켜야 하기도 한다.

6.4 다른 분산전원에 관한 문제점

6.4.1 명멸현상(flicker), 순간 전압상승과 강하

≫ 명멸현상

급격한 전압 변화에 의한 백열등의 명멸현상은 괴로움을 유발할 수 있다. 인간의 눈은 특히 8Hz 정도의 명멸현상에 대해서 상당히 민감하다. 민감한 전자기기들 역시 명멸현상의 영향을 받을 수 있으며, 이와 같은 전압의 변화는 보통 전력망 내에서의 유효, 무효 전력 조류의 급격한 변화에 의해서 발생한다. 원하지 않는 명멸현상의 고전적인 원인들은 지방에 위치한 제재소나 아크로에 의한 것이었다. 분산전원들 역시 명멸현상의 원인이 될 수 있다. 명멸계는 이 같은 형태의 전압 변화를 측정함으로서 명멸현상에 대한 장단기 심도에 대한 수치를 제공해 준다.

풍력 터빈은 타워 쉐이드 현상(tower shadow)이나 돌풍에 의해서 유효/무효전력의 출력의 급격한 변화를 발생시킬 수 있기 때문에 명멸현상의 원인이 될 수 있다. 정속-피치제어형 풍력 터빈은 보통 풍속이 높을 경우 실속 제어형 풍력 터빈보다 명멸현상과 관련된 불리한 특성을 지닌다. 이는 돌풍에 대한 피치제어 운전의 반응 속도가 피치제어 액츄에이터의 제한된 성능, 풍력 터빈용 블레이드의 관성에 의해서 효력을 나타내기에는 느린 측면이 있는데 반해, 블레이드의 공기역학적인 실속 운전의 반응 속도는 매우 빠르기 때문이다. 하지만 현대의 수 MW급 풍력 터빈들은 다양한 속도로 운전되도록 설계되었을 뿐만 아니라 정격 풍속과 차단 풍속사이에서 약간의 변속을 허용하도록 설계되어 있다. 이는 특히 정격 전력에 가까운 범위에서 원활한 전력 전송과 명멸현상의 현저한 감소를 가능토록 하였다.

발전기의 명멸현상의 정도는 전력망의 특성들, 특히 고장 전류의 크기와 공통 접속점에서의 X/R비율과 같은 특성들에 의해서 크게 영향을 받는다. 따라서 한 지점에서 문제없던 발전원이 다른 지점에서는 문제를 발생시킬 수 있다. 이와 같은 망 특성에 대한 종속성은 정상상태에서의 전압상승과도 비슷하다. 따라서, 전압 상승 현상이 뚜렷한 풍력 발전 단지에서는 명멸현상도 종종 나타날 수 있다. 명멸현상은 저압배전계통의 단일 터빈이나 작은 규모의 전력구에 대해서 더욱 문제가 된다. 명멸현상의 영향은 대규모 풍력 발전 단지에 대해서는 단일 풍력 터빈의 출력변동에 대한 연계성이 떨어지기 때문에 비교적 덜 나타나게 된다.

» 순간전압상승과 강하현상

발전기의 개폐동작은 기기와 연관된 유효/무효 전력 조류의 급격한 변화를 초래하여 PCC에서의 순간적인 전압상승현상을 발생시킨다. 개폐동작과 관련된 출력변동이 더욱 완만해질 수 있다면, 이와 같은 순간 전압상승은 적어도 예정된 개폐동작 시에는 최소화될 수 있을 것이다.

유도 발전기의 직입기동은 경우에 따라 돌입전류라고도 하는 초기 대전류에 의해서 전압의 순간적인 하강 현상을 발생시킨다. 대형 유도 발전기의 경우에는 소프트-스타터(soft-starter)를 이용하여 시작전류를 제한하는 것이 일반적이다. 실제의 풍력단지에서는 순시전압강하를 막기 위해서 풍력터빈을 차례대로 하나씩 연결한다. 전압상승과 강하현상 모두 반복되거나 주기적으로 발생할 경우에 명멸현상을 야기할 수 있다. 신재생에너지용 발전기와 계통사이의 접점으로서 전력 소자를 사용하는 경우가 많아지면서, 개폐동작시의 전압 강하나 전압 상승현상을 실제로는 거의 사라지고 있다.

6.4.2 고조파/왜곡

전력부하와 발전기 모두 전력망의 전압 왜곡을 발생시킬 수 있다. 이와 같은 왜곡 현상은 보통 고조파(harmonics)라는 단어로 표현한다. 고조파의 공통된 원인은 컴퓨터, TV, 기타 가전제품에서 사용되는 값싼 전원장치의 보급에 있다. 어떤 형태의 잘 계획되어 있는 분산전원이 존재하더라도, 훨씬 전부터 이미 현대의 빌딩이나 주거용 배전망의 전압 파형은 이와 같은 부하에 의해 생성된 고조파에 의해서 심하게 왜곡되어 있을 수 있다.

전압의 왜곡은 이미 소개된 테브닌 임피던스와 연관된 실효 전력망 임피던스에 흐르는 비정현파의 전류에 의해서 발생할 수 있다. 5.7.5절에서 계산된 것처럼 테브닌 임피던스는 50Hz에서만 정확하므로 고조파를 직접 분석하는데 사용될 수는 없다.

실험과 분석을 통하여 시스템 테브닌 복소 임피던스와 연관된 곡선을 주파수의 함수로서 도출할 수 있다. 이와 같이 도출된 곡선은 컨버터로부터 생성된 고조파의 크기와 연계되어 신재생에너지 분산전원에 의해 개연성 있는 PCC전압의 왜곡 형태를 예측하는데 사용될 수 있다. 전압의 왜곡은 PCC지점의 고장 전류의 크기가 낮을 경우에 더욱 심해진다.

이론적으로는 단순하게 설계된 직접 연결된 동기/유도 발전기는 심각한 고조파를 야기할 수 있지만, 현대의 기기들은 믿을 수 있는 회사들에 의해 생산되어 이와 같은 걱정을 하지 않아도 된다. 분산전원에 의한 고조파는 일반적으로 분산전원에 설치된 전력전자 소자들에 의해서 발생한다. 풍력 발전용 소프트-스타터는 싸이리스터를 기초로 구성되어 있어 고조파를 발생시킬 수 있지만 처음 기동시의 수초 동안에만 해당되기 때문에 이는 전체적으로 문제가 될 가능성이 적다. 전력 전자 소자가 항상 사용되는 시스템의 경우에는 더욱 고려가 필요하다. 몇몇 초기의 풍력 터빈과 태양광 발전 시스템은 싸이리스터 기반의 컨버터를 사용하였고 상당한 고조파를 발생시킨 경우도 있다.

계통에 연계되는 태양광 발전장치와 MOSFET과 IGBT를 사용하는 가변속 풍력 터빈에 적용되는 현대의 PWM 컨버터들은 이와 같은 점에서 훨씬 나은 성능을 갖지만 개별적인 설치의 적합성을 판별하기 위해서는 여전히 세심하게 설계되고 점검되어야 한다. 특히, 개폐주파수가 높은 경우에 고조파를 줄어들게 하는 장점 대신 개폐시 손실의 증가와 그로 인한 컨버터 효율의 감소를 감수해야 하는 단점도 동시에 가지고 있다.

대규모 풍력 단지가 있는 스페인의 한 지역에서는 비교적 낮은 개폐주파수의 PWM 컨버터에 의한 과도한 고조파 왜곡이 발견되기도 하였다. 비록 사용자의 제품들 내에 있는 전력전자 소자의 급격한 증가라는 전후 사정을 고려할 필요성이 있지만, 비슷한 현상이 태양광 발전단지의 대형화 시에 발생할 수 있다는 우려가 존재한다. EN 61000-3-2와 같은 국내/국제 규격에서는 작은 부하들과 발전기들로부터 발생한 고조파에 의한 왜곡에 대한 엄격한 제한을 정해 두었고, 이 관점에서는 전력망의 전력품질은 특별한 관심사로 취급되지 않는다.

6.4.3 상전압 불균형

이론적으로 단상부하는 3상 전원하에서 균일한 전압 분배를 갖는다. 하지만 실제 네트워크 상에서 임의의 전압 분배의 차이는 상전압의 불균형을 야기한다.

직렬 접속된 3상 발전기는 발생된 상전압 불균형을 줄여줄 수 없다. 그러나, 상전압 불균형 문제를 처리하는 과정에서 권선내의 이상 순환전류에 의해서 발전기 자체가 과열될 것이다. 과열을 막기 위해 보통 풍력발전용 터빈은 불안정 보호장치를 포함하고 있다. 몇몇 지역 전력망에서는 이런 불안정 보호장치가 자주 동작하게 되어 발전 손실을 야기하기도 한다.

국내용 풍력 터빈이나 태양광 발전장치와 같은 신재생에너지용의 소형 분산전원장치들의 경우, 단상 발전기 상전압의 불안정을 증가시킬 수 있다. 하지만, 이와 같은 기기들이 대량으로 사용될 경우에는 부하가 그러한 것처럼 통계적으로 3상 전압의 평균값으로 균등하게 분배될 것이고, 문제는 발생하지 않게 될 것이다.

6.4.4 전력 품질

전압의 명멸현상, 순간 전압상승 및 강하, 고조파와 상간 불균형과 같은 현상은 전력품질을 저하시키는 요소가 된다. 이와 같은 전력품질 저하 현상은 발전기에 의해서 만큼이나 부하에 의해서도 많이 발생한다. 해당 지역의 다른 사용자들을 위한 전력품질에 과도한 영향을 미치지 않도록 하는 것은 통상적으로는 부하나 발전기 운전자의 책임이다. 하지만, 임의의 부하나 발전기의 영향력은 각 요소의 특성뿐만 아니라 연결된 전력망의 내구성에도 영향을 받게 된다.

전력망 관리자들은 전력 품질에 대해서 더욱 관심을 보이고 있다. 이와 같은 경향은 특별히 분산전원과 관련된 것이라기 보다는 주로 전력망 내에서 전자기기 사용의 과도한 증가에 의한 고조파의 발생으로부터 점점 더 분별력 있는 사용자들을 보호하기 위해서 제정한 규제 의무 때문이다.

6.4.5 전력망의 강화

경우에 따라서 앞서 논의한 전압에 대한 이상 현상은 전력망 강화와 그에 따른 공통 접속점에서의 고장전류 크기의 증가에 의해서 줄어들 수 있다. 예컨대 reconductoring으로 알려진, 기존의 가공선 도체를 개량하는 작업에 의해서 전력망을 강화할 수 있다. 만약 승인을 얻을 수만 있다면, 일종의 대안으로서 reconductoring은 보통 새로운 송전선을 건설하는 것보다 효율적이다.

분산 발전에 연결하고자 하는 청원이 들어왔을 때, 해당 지역의 전력회사가 기존 전력망과의 연결을 위한 접속지점의 전력이 너무 약하다고 주장하고 전력망의 좀더 안정적인 부분과 연결될 수 있도록 새로운 송전선을 설치해 달라고 요구하는 것이 일반적인 일이다. 발전기의 크기나 비용에 비해서 이와 같은 새로운 송전선의 설치 비용은 상당히 클 수 있으며, 이러한 전력망 강화에 관한 규정은 국가마다 다르지만 일반적으로는 발전기 소유자가 그 비용을 부담하게 될 것이다.

6.4.6 전력망 손실

신재생에너지 옹호론자들은 때때로 분산전원은 부하에 더 가까우므로 네트워크의 손실을 줄일 수 있을 거라고 주장한다. 불행하게도 이는 항상 맞는 것은 아니다.

고전압의 송전 전력망은 일반적으로 매우 효율적이다. 그러므로 송전망에서의 전력 조류를 감소시키는 것이 효과적인 손실 감소를 불러오는 것은 아니다. 배전 전력망에서는 전력 손실이 거리에 비례하여 커지기 때문에, 손실을 상당한 수준으로 절감시키기 위해서는 분산전원과 그에 대응하는 부하의 거리가 매우 가까워져야 한다. 또한, 분산전원의 시간별 유효 프로필(availability profile in time)은 지역 수요에 상당 수준 부합하여야 한다.

6.4.7 고장 전류의 증가

앞서 언급된 것처럼, 고장전류의 크기는 전력 계통의 내구성/성능의 척도로서 사용되거나 제시된 발전기 용량과 비교하여 선간전압에 대한 영향력 지표를 제공하는데 사용되기도 한다. 하지만, 그림 6.6에 표시된 것처럼 분산전원과의 연결, 특히 동기기가 포함된 연결 지점에서는 고장전류의 크기가 증가할 수 있다. 이는 전압 효과에 대한 앞선 논의들을 무효로 만드는 것이지만, 발전기의 연결에 관해서 고려되어야 할 또 다른 측면을 설명하고 있다.

개폐기는 전력망의 고장전류의 크기에 맞추어 용량을 결정한다. 따라서 해당 지역에 설치된 개폐기는 그 지역에서 수용될 수 있는 분산 전원의 양적 한계를 나타내기도 한다. 이는 단지 분산 전원에 설치된 개폐기로서만이 아니라 동기기가 지역 전력망 전체의 고장전류를 증가시킬 것이라는 점에 있어서 중요하며, 해당 지역의 모든 개폐기의 용량을 고려하여야 하는 상황에 이르게 된다.

몇몇 경우에는 발전기가 고장전류의 증가에 대해서 비교적 영향을 적게 미치더라도 이미 개별 개폐기에 대해서는 고장전류의 최대 허용치를 초과하기에 충분할 수도 있다. 허용치가 초과된 개폐기는 다른 수요자들을 위해 공급된 것일 수 있고 새로 투입된 발전기에 비해서 클 수도 있다. 이와 같이 개폐기의 용량을 증대하는 일은 발전기를 훨씬 더 초과하는 비용을 초래할 수 있다. 증가된 고장전류는 종종 송전선이 짧고 임피던스가 낮은 도심 지역에서의 분산전원의 설치를 제한하는 요소가 된다.

좋은 소식은 신재생에너지 분산전원들은 동기기에 의해서 직접적으로 연결되는 형

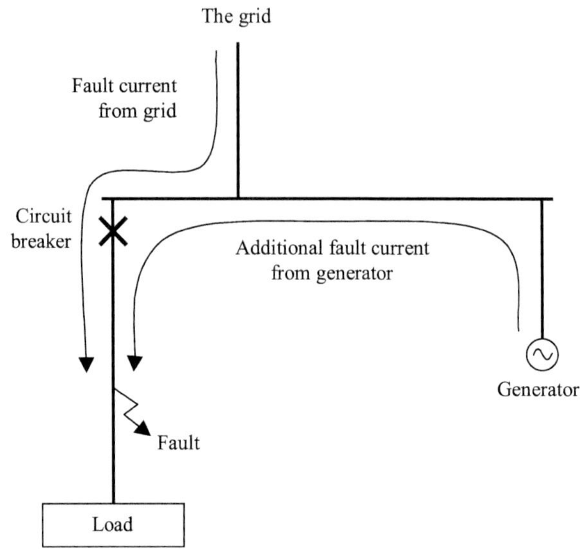

그림 6.6 부하차단기를 통과하는 고장전류 증가

태가 아닌 PWM 형태의 전력 컨버터 소자에 의해서 연결되어 있다는 점이다. 이와 같은 컨버터들은 매우 고속의 개폐기기들로 구성되어 있고, 일반적으로는 고장 전류가 발생한 동안에 과전류에 거의 영향을 주지 않는다. 결국 대부분의 경우, 부하차단기를 교체해야 할 필요성은 존재하지 않을 것이다.

역으로 얘기하자면, 고장전류에 전력 컨버터 소자들이 거의 영향을 주지 못하는 점이 큰 전류, 예를 들어 퓨즈를 끊어버릴 만큼의 큰 전류의 발생에 의존하여 동작하는 계통 보호용 기기의 설계와 상충되지 않도록 하기 위한 세심한 주의가 필요하다.

6.5 단독운전

6.5.1 소개

발전기가 주 계통으로부터 연결이 끊어진 후에도 해당 지역의 부하에 공급을 계속하게 된다면 발전기가 단독 운전상태로 돌입하였다고 한다. 대규모 단독 운전은 다수의 발전기와 부하들로 구성될 수도 있다.

단독 운전이 허용되려면, 시스템은 반드시 계통연계 운전과 독립운전이 모두 가능하도록 설계되어야 한다. 일반적으로 독립운전 방식이 더욱 어렵다. 왜냐하면 전압과 주파수를 허용 가능 수준에서 유지시키기 위해서 발전기와 부하간의 정합이 만족되어야 하기 때문이다. 계통연계 운전과 독립운전 모두가 가능한 발전기를 예비 발전기라고 부르고, 컴퓨터 센터나 의료원과 같은 특수하고 중요한 부하들에 대한 전력공급의 안전성을 제공하기 위해서 주로 설치된다. 일반적으로 예비 발전기는 보통 경유나 가스를 동력원으로서 사용한다.

신재생 에너지 발전 시스템에서는 계통연계 운전과 독립운전 모두를 만족하도록 설계된 경우가 거의 존재하지 않는다. 계통의 전력 공급 차단이 매우 빈번하지 않은 한은 단독 운전을 위한 적절한 공학적 설계를 위한 추가 비용은 정당화되기 힘들기 때문이다.

독립운전 방식이 가능하도록 설계되지 않은 발전기의 경우, 계통과의 연계가 상실된 경우에 즉시 발전기가 꺼질 수 있도록 해야만 하고, 그렇지 않으면 시스템은 다음과 같은 이유로 위험에 처할 수 있다.

- 단독운전은 적절한 접지가 되어 있지 않을 수 있어 인체에 대한 감전 위험성이 있다.
- 주 계통에서 단절된 것처럼 보이지만 실제로는 동작하고 있는 시스템 역시 감전의 위험성이 있다.
- 전압 그리고/또는 주파수는 일반적인 범위에서 벗어나기도 하고 이러한 경우 단독계통 내에 연결된 다른 장치들에 손상을 입힐 수 있다.
- 단독계통의 주파수는 주 계통의 주파수에서 빠르게 벗어나고 이러한 상황에서

두 개의 계통이 다시 연결된다면, 동기기와 같은 전력기기들은 손상을 입을 것이다.

- 단독 계통에서는 고장전류의 크기는 줄어들 것이고, 만약 고장 상황이 발생한 경우, 줄어든 고장전류는 회로 차단기나 퓨즈와 같은 전력 계통 보호 기기들을 동작시키기에 불충분할 수도 있다.

6.5.2 회전기에서 단독운전(loss-of-mains; LOM) 보호

회전기에서 만족할만한 단독운전에 대한 검출은 대단히 어렵다. 손실 검출은 신뢰성이 있어야 하고 신속, 안정적이어야만 하며 잘못 검출하여 기기를 멈춰서는 안 된다. 검출이 신속해야 한다는 조건은 자동 재폐로 차단기가 배전계통에서 널리 사용된다는 점과 동기화 검사에 맞추어진 것이 아니라는 점에서 기인한다. 자동 재폐로 장치는 순시 사고후 매우 빠르게 전력 공급을 재개하기 위해서 설계되었다. 배전 계통에서 일어나는 대부분의 사고는(80% 이상) 과도적이기 때문에 재폐로는 소비자의 분단위 손실을 줄이는데 중요한 역할을 한다. 배전 계통에서의 재폐로 동작 시간은 1초 이내로 매우 짧은데, 이는 소비자 입장에서는 매우 좋지만 다른 한편으로는 손실에 대한 보호가 반드시 1초 이내로 동작하도록 재폐로 시스템이 설계되어야 함을 의미한다.

소형 유도 발전기에 있어서, 부족/과전압이나 부족/초과 주파수에 대한 보호가 단독운전을 보호하는데 적당하다고 여겨진다(영국의 경우). 동기 발전기와 대형 유도 발전기의 경우 선호되는 단독운전 검출 기법은 다음과 같다.

- 주파수 변동율 (ROCOF)
- 벡터 이동 (vector shift)

두 기법은 주 계통과 차단된 경우에 단독 계통 내의 전력 흐름에 큰 변화가 진행되고 있는 지에 달려있다. 이것은 자연적으로 (a) 발전기를 증속 또는 감속시키고 (ROCOF로 검출) (b) 발전기의 역률 변화(벡터 이동으로 검출)를 야기시킨다. 안타깝게도 전력 흐름에 큰 변화가 일어날 것이라고 확신할 수 없으므로 두 기법은 실제 응용을 위해서는 완벽한 것으로 입증되지는 않았다.

6.5.3 인버터에 있어서 단독운전 보호

계통 연계를 위한 인버터는 보통 단독으로 쓰이도록 설계되지 않는다. 인버터는 정해진 시간에 발전원(예를 들어 태양광 발전)으로부터 공급되는 모든 에너지에 대한 변환을 하기 위해서 설계될 것이다. 다양한 부하에 대해서 일정한 교류 전압을 공급하도록 설계되지는 않을 것이다. 단독 운전은 오직 부하의 수요와 공급원의 공급이 정확히 일치하는 매우 가능성이 희박한 경우에 대해서만 가능하다. 그럼에도 불구하고 이러한 변환기의 설계는 보통 확실하게 단독운전 보호가 포함된 것이 일반적이고, 실제로 영국의 Engineering Recommendation G83/1 [2] 의 계통연계 규격은 이것을 요구할 수 있다.

6.6 FRT (Fault Ride-Through)

2001년 이전까지 모든 풍력 발전용 터빈의 경우 계통에서 임의의 장애가 발생할 경우 즉시 멈추도록 하였다. 이러한 방법은 주로 단독 운전으로부터 발생하는 위험성을 줄이기 위함이었다. 이는 소규모의 풍력 발전 시설이 있는 전력 계통에서는 현명한 요구 사항이었다. 풍력 터빈은 임의의 부족 전압, 과도 전압, 주파수 저하, 주파수 상승, 주파수의 변화율(ROCOF) 그리고 벡터 이동에 의해 시작되는 단독운전 보호용 계전기에 맞추어져 있었다.

그러한 보호 계전기가 실제로 발생하는 단독운전에 대해 잘 작동되도록 설정해 놓으면, 주 계통에서 단지 과도적인 장해가 있을 때에 동작해버림으로써 골칫거리가 될 것이다. 이는 계통 전체에 넓은 범위에서 발생한 순시 외란에 대해 다수의 단독운전 보호용 계전기들을 동시에 동작하도록 하는 block tripping 문제의 가능성을 높인다. Block tripping은 전체 전력 시스템의 전압과 주파수를 조절하는 상황에 있어서 바람직하지 않은 것이다. 우려할 점은 계통에 외란이 발생함에 따라 대형 발전기의 정지, 풍력 발전의 실질적인 차단, 그에 따른 발전량의 부족과 주파수 제어 측면에서 특히 어려운 문제들을 만들어내는 것들이 있다. 이러한 이유로 인해 특히 송전계통에 연결되려는 초대형 풍력 단지 쪽으로 새로운 규정들이 현재 제안 및 소개

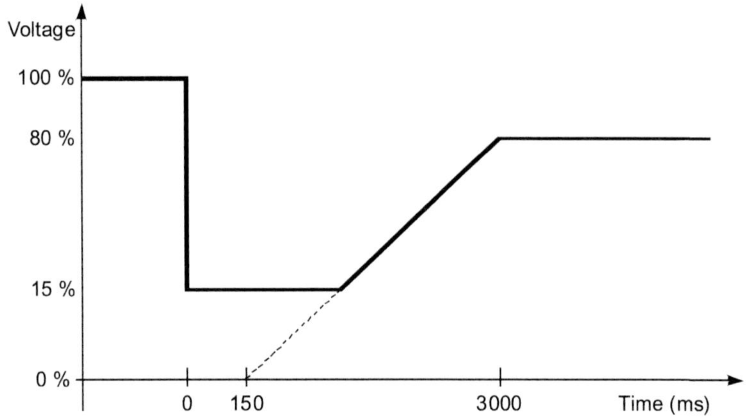

그림 6.7 Fault ride-through 시 전압파형

되고 있다. 이러한 규정들은 풍력 터빈을 불필요하게 멈추지 않고 차라리 순간적인 장애를 그대로 통과시킬 것이고 연결을 유지한 상태에서 사고가 종료되는 순간 발전을 다시 시작할 것을 요구한다.

첫 번째 요구사항은 현재 실제로 그러한 것과 같이 지엽적인 고장 상황에서 풍력 터빈을 PCC 전압 감소를 야기하게 되는 계통과의 차단 조치를 하지 않는 것이다. 그러한 역할을 할 수 있는 제어기에 적합한 풍력 터빈에 대한 실험이 수행된 적이 있고, 사고 종료 후 사고와 바로 재생산된 완벽한 전력이 그대로 통과할 수 있는 것으로 알려져 있다. 지속적으로 복잡해지는 제어 함수들이 규모의 증가와 함께 풍력과 다른 재생에너지원들을 이용하는 발전기에서 요구될 것으로 예상된다. 비록 미래의 신재생에너지용 발전기들은 작지만 그 숫자는 매우 많을 것이기 때문에, 결국엔 정상 상태와 순시적 전력망 상태에 대한 그들의 반응을 조정하고 협조체계를 쌓는 것은 중요해질 것이다. 다만 현재에는 그러한 준비가 되어있지 않다.

2001년에 독일의 배전 계통 회사인 E.ON Netz는 fault ride-through가 들어간 새로운 요구사항들을 발표했다. 그 이후로 대부분의 주요 유럽 배전 시스템 운영자들은 그들 각자의 계통 규정(grid code)에 맞추어 비슷한 요구사항들을 발표했다. 자세한 사항들은 국가별로 다르지만 일반적인 요구사항들은 다음과 같다.

풍력 단지 근처의 계통에서 단락이 발생한 동안에는 풍력 단지 연결점의 전압이 그림 6.7에 나타난 것과 같은 형태를 따르도록 가정하였다. 풍력 터빈은 반드시 계통에 연결되어 있어야만 한다. 즉, 풍력 터빈은 사고 시 무효 전력을 생산해야만 하고 사고가 없어지는 즉시 유효 전력 생산을 다시 시작해야만 한다. 이러한 요구사항이 만족된다는 것은 풍력 터빈 제조업체들, 그 중에서도 특정한 형태의 발전기를 개발해온 업체에게는 여전히 큰 도전이다.

풀 컨버터를 사용한 풍력 터빈은 FRT 요구사항에 만족이 되도록 쉽게 재설계가 가능하다. 유도 발전기에 직접적으로 연결되는 터빈은 선천적으로 맞지 않다. 단자전압강하는 자속을 약하게 만들고 전자기역학적인 토크를 거의 사라지게 하여 풍력 터빈이 급격하게 가속되도록 한다. 과속을 방지하기 위하여 브레이크가 사용되고 터빈은 사고가 종료된 후 즉시 발전을 할 수 없다. 이러한 것(그리고 다른 이유들)을 다루기 위해서 Siemens (전에는 Bonus)는 그들의 몇몇 모델에 풀 컨버터를 추가하였다.

이중여자발전기(DFIG) 제조업자들은 또한 심각한 도전에 직면했었다. 사고 시 과전류로부터 IGBT 컨버터를 보호하기 위해서, DFIG는 주로 회전자를 단락 시키는 일련의 사이리스터가 있는 크로우바를 포함하였고, 이는 DFIG를 농형 기기와 같이 동작하도록 하였다. 모든 DGIF 제조업자들은 현재 사고를 그대로 통과시킬 수 있는 제어기를 개발했다고 주장한다. 경쟁 시장에서 그들은 자세한 사항들을 공개하고 있지 않다. 하지만 그들이 일반적으로 능동 크로우바를 차용하였고 이는 회전자에 제어된 단락 회로를 제공함으로써 IGBT 컨버터가 계속해서 작동할 수 있도록 해주는 것으로 사료된다.

FRT 요구에 대한 자세한 사항들은 나라마다 달라서 이러한 사항들이 어느 정도는 임의적인 것일 수 있다는 우려가 있다. FRT 요구사항을 만족시키는 것은 풍력 터빈의 개발 및 생산 비용을 증가시키고 산업에서는 이러한 요구사항들이 불필요하게 적용되지 않아도 된다고 걱정하고 있다.

6.7 발전기 및 컨버터 특성

표 6.5는 동기 및 비동기 발전기와 이번 장에서 논했던 사안과 관련한 전력 전자 컨버터 특성들의 요약된 개요를 나타낸다. 이번 장에서 다룬 주제에 대한 추가 정보는 참조문헌 [3-9]에서 찾을 수 있다.

표 6.5 발전기 및 컨버터의 시스템 연계 특성

<table>
<tr><th rowspan="2"></th><th colspan="2">회전기</th><th colspan="2">전력 전자 컨버터</th></tr>
<tr><th>동기</th><th>유도(비동기)</th><th>라인 정류
(과거-사이리스터)</th><th>자가 정류
(현대- PWM)</th></tr>
<tr><td>운전 속도
(rev/min)</td><td>정확히 동기 속도</td><td>발전시 동기 속도보다 약간 높음
DFIG 시스템에서는 동기 속도보다 높거나 낮음</td><td rowspan="2">소비함</td><td rowspan="2">발전하거나 소비함
주로 단일 역률에서 운전하도록 설계됨</td></tr>
<tr><td>무효전력</td><td>발전하거나 소비함
주로 정전압이나 정역률을 주기 위한 AVR로 제어함</td><td>기기 자체가 소비할 것임
역률 보상 콘덴서가 있음 또는 PWM이 들어가면 소비 혹은 발전함</td></tr>
<tr><td>시작 전류</td><td>중요하지 않음</td><td>소프트-스타터가 사용되지 않으면 중요함</td><td>없음</td><td>없음</td></tr>
<tr><td>사고의 영향</td><td>중요함</td><td>보통 중요하지 않음</td><td>중요하지 않음</td><td>중요하지 않음</td></tr>
<tr><td>동기화 절차 필요</td><td>필요</td><td>불필요</td><td>불필요</td><td>불필요</td></tr>
<tr><td>단독 운전 위험성</td><td>높음(완벽히 보호되지 않는다면)</td><td>낮음. 하지만 역률보상 콘덴서가 들어가면 약간 증가함</td><td>없음</td><td>낮음</td></tr>
</table>

참/고/문/헌

[1] National Grid Company(NGC) website www.nationalgrid.com/uk/. In particular, the 'Seven Year Statement' is very Informative and now includes a large section on 'Embedded and Renewable Generation'.

[2] ER G83/1 is available from the Energy Network Association; www.energynetworks.org.uk.

[3] McGrow, L. 'Beat the system', *IET Power Engineering*, April/May 2006, 28-30.

[4] Jenkins, N., Allan, R., Crossley, P., Crossley, P., Kirchen, D. and Strbac, G. *Embedded Generation,* IEE Power and Engineering Series 31, Institution of Electrical Engineers, London, 2000.

[5] 'Decentralising power: an energy revolution for the 21st century', Greenpeace, 2006.

[6] Povlesen, A.F. 'Distributed power using PV', *Renewable Energy World,* March/April 2003, 63-73.

[7] Godoy Simoes, M. and Farret, F.A. *Renewable Energy Systems,* CRS Press, Boca Rabon, Florida, 2004.

[8] Masters, G.M. *Renewable and Efficient Electric Power Systems,* John Wiley&Sons, Ltd, Chichester, 2004.

[9] Fox, B., et al. *Wind Power Integration-Connection and System Operational Aspects,* IET Power and Energy Series 50, 2007.

CHAPTER 07

전력경제 및 전력시장

7.1 개요

이 장에서는 신재생 에너지와 전력 시장의 경제성에 대하여 알아본다. 우선적으로 기존 형태의 발전원과 신재생 에너지의 자본 비용 및 운전 비용을 비교하는 것에서 시작하도록 한다. 신재생 에너지의 경제적인 변화가 그 고려대상이며, 외부 비용이 소규모 신재생 에너지 발전의 이득과 비용에 따라 고려되고 있는지가 그 전제 조건이 된다.

전력 공급은 다양한 수요를 만족시켜야 하며, 이 때 신재생 에너지가 최종적으로 어떤 식으로 적용되는지에 대해 설명한다. 또한 전력 시장이 독점 시장에서 민영화 시장으로 변화하고 있는 영국(UK)의 신재생 에너지 도입 과정을 설명한다.

마지막으로 전세계적으로 개발이 활발히 추진 중인 신재생 에너지 관련 기술에 대해서도 간략하게 알아보도록 한다.

7.2 발전 비용

7.2.1 건설 비용 및 운용 비용

신재생 에너지의 경제적인 평가를 위해서는 첫째로, 기존 발전소와 신재생 에너지의 건설 비용 및 운용 비용을 비교할 필요가 있다. 신재생 에너지의 설치 비용과 발전 능력은 전세계적으로 비슷하지만 정확한 비용과 발전 능력을 한가지 형태로 규정할 수는 없다. 예를 들어, 풍력과 태양광 에너지의 경우는 발전소의 전력 생산성(kWh/kW)이 각 자원의 특성에 따라서 크게 변화한다. 적도 부근의 태양광 발전은 일반적으로 더 많은 전력의 생산이 가능하며, 이는 스웨덴이나 뉴질랜드에 비해 상대적으로 많다고 할 수 있다. 풍력의 발전량 차이는 더욱 크다. 가장 풍력이 강한 지역은 뉴질랜드, 영국, 남극 대륙(New Zealand, British Isles, Antarctica)이다. 반면에 적도 지역은 평균적으로 낮은 풍속을 보인다.

표 7.1 신재생 에너지와 기존발전소의 가격 및 발전능력에 관한 자료 (Courtesy of David Milborrow)

Technology	Capital cost (€/kW)	O&M costs (€ cents/kWh)	Capacity factor (%)	Fuel cost (€ cents/kWh)
Onshore wind	1000–1500	0.9–1.5	20–50[a]	—
Offshore wind	1500–2000	1.5–3	30–40[a]	—
Biomass (energy crops)	1500–2700[b]	0.9–1.5	70–85[c]	0.5–1.5
Landfill gas	450–1300	1.3–2.7	70–90	—
Municipal waste	2300–6000	4.5–7.5[d]	70–85	[e]
Geothermal	1500–3000	0.75–2.3	75–85	
Photovoltaics	5000–7000	0.15–0.8	8–15	
Gas (CCGT)	450–700	0.3–0.8	85	2.3–3[f]
Coal	1000–1100	0.8–1.5	75–80	1.5–2.3
Nuclear	1700–2300	0.5–1.2	85–90	0.6–1.1

[a]Depends on wind speed.
[b]High cost plant is more efficient.
[c]Production falls after about 15 years.
[d]Depends on the mix of waste.
[e]Cost negative (□4.5–9 € cents/kWh), but steady supply needed.
[f]Gas prices are relatively volatile.

표 7.1에 신재생 에너지 기술과 기존 발전소와 연관되는 주요인을 비교, 요약하였다. 또한, 이 표는 데이터의 변화 방식에 대해서도 표현하고 있다. 연료 비용은 작물을 이용하는 바이오 에너지를 제외하고 대부분의 신재생 에너지 기술에서 '0'를 나타낸다.

표 7.1은 다음과 같은 전력 생산 비용의 세가지 요소를 나타낸다.

1. 자본 비용에는 발전소 비용이 포함된다. 여기는 토지 구매(임차에 해당하는 경우는 운전 비용에 해당), 계통 연계, 초기 조달 자금 등이 해당된다. 자본 비용을 발전 비용으로 전환하는 방법에 대해서는 다음 절에서 설명한다.
2. 운영 및 유지 보수(O&M)비용은 지역 관계 당국이 정한 보험, 임차 및 이자 비용을 포함하며, 운영과 유지 보수에 필요로 하는 노무 비용과 자재 비용까지 포함한다.
3. 연료 비용

7.2.2 전체 발전 비용

자본 비용은 경쟁 시장에서 신용할 수 있는 지표가 아니다. 예를 들어, 복합 가스터빈 발전소 등이 낮은 자본 비용을 가지는 것은 발전 가격이 낮거나 연료 비용이 낮다는 의미가 아니다. 이와 유사하게 지열 발전소는 높은 자본 비용을 가지지만 또한 높은 부하 이용률을 가지며, 따라서 발전 비용은 풍력 및 가스와 비슷해진다. 국가 정책 및 제도는 프로젝트에 대한 융자 및 투자비용회수에 대한 투자자의 기대치에 대한 융자 조건에 중요한 영향을 미친다. 모든 투자가 주(state)에서 이루어지는 지역이나 국영화된 산업 지역과 같은 곳은 동일하게 '0'다. 이것은 재정 자금에 상관없으나 자본 비용은 발전량을 결정하는 프로젝트의 총 비용에 대한 할인율을 나타낼 수 있다. 이 매개 변수의 다른 용어는 test 할인율과 project 이자율이다. 민영화 이전의 영국의 전력 시장 test 할인율은 1990년에 8%였다. 오늘날 덴마크는 변함없이 공공부문 test 할인율을 사용하고 있으며, 약 5~6% 정도이다. 영국과 미국에서는 고정되지 않은 할인율을 적용하고 있는데, 이는 투자자들에게 큰 영향을 미친다. 전반적인 금리는 사실 부채와 자기자본과의 적절한 금리의 상대적인 비율에 따라 결정된다. 가중 평균과 전체 프로젝트의 적절성은 약 11% 정도이다.

발전 비용에 큰 영향을 미치는 다른 매개 변수는 자본 상환 기간이다. 상환 기간이 길면 감가상각과 이자를 충당하기 위한 낮은 연간 지불액으로 발전 비용을 낮출 수 있다. 덴마크에서는 일반적으로 이 기간이 프로젝트의 기대 수명과 종종 일치하는 20년에서 25년으로 설정한다. 민간 부문에서는 감가상각 기간이 다양하며, 일반적으로 12년에서 15년이다.

연간 부과율은 기존 투자 비용의 상환에 이자를 합한 연간 자본 지불에 대한 부분이다. 대표적인 값을 표 7.2에 나타내었다. 연간 부과율이 결정되면 그에 상응하는 발전 비용 요소는 연간 비용을 연간 발전량으로 나누어서 간단하게 구할 수 있다.

표 7.2는 재정 조건이 발전 비용에 대한 자본 비용 요소에 많은 영향을 줄 수 있음을 보여 준다. 가장 높은 이자 기준인 12% 이자율의 경우, 연간 부과율이 가장 낮은 이자율인 5%에 비해 2배까지 증가할 수 있음을 나타낸다. 총 발전 비용에 따른 자본 비용 요소가 작은 가스 발전과 같은 경우, 자본 비용은 발전 비용에 비해

표 7.2 연간 부과율의 대표 값 (Courtesy of David Milborrow)

Interest rate (%)	Repayment period (year)	Annual charge rate	Comments
5	20	0.0802	Used in Denmark
8	20	0.1019	Old 'nationalized industry' UK figures
10	15	0.1315	Possible present-day UK criteria
12	12	0.1614	Applied to investments if seen as more risky

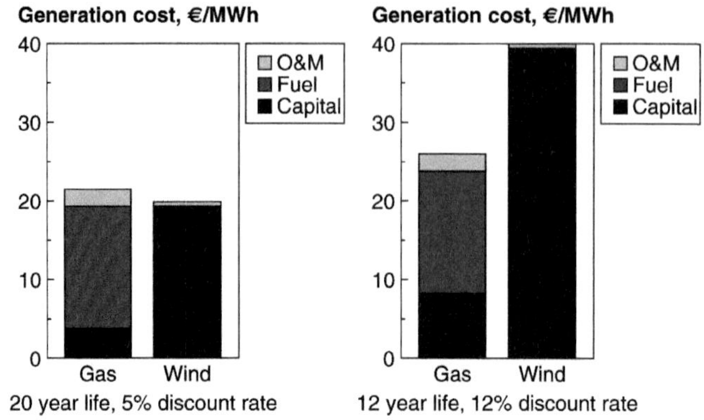

그림 7.1 재정 조건 함수에 따른 발전 비용 (Courtesy of David Milborrow)

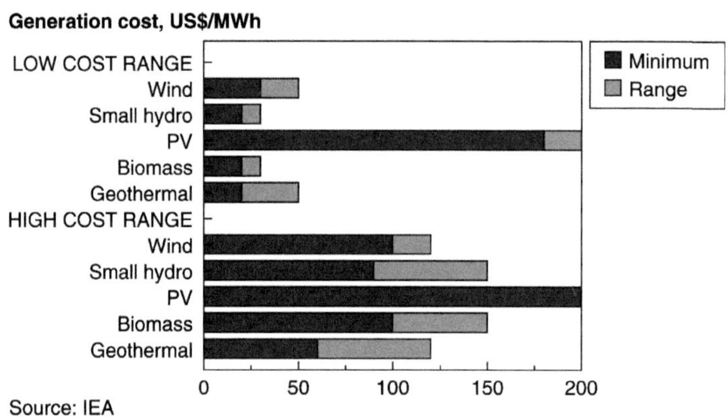

그림 7.2 각 투자비용 신재생 에너지 기술의 범위에 따른 IEA 추정 비용 데이터 (Courtesy of David Milborrow)

그 영향이 매우 작다. 반대로 풍력, 조력, 태양광과 같은 신재생 에너지의 경우에는 자본 비용이 발전 비용의 가장 큰 요소가 되어 그 영향도 매우 커지게 된다.

그림 7.1은 가스와 풍력의 발전 비용을 비교해서 보여 주고 있다. 첫 번째 그림은 표 7.2의 처음에 표시된 기준을 적용한 것이고, 두 번째 그림은 마지막 기준을 적용한 것이다. 이 결과는 공공부문에서 점차 민영화되고 있음을 보여준다. 가격은 상승하였으나 풍력과 같은 자본 집약형 발전소의 효과는 더욱 확연하게 나타난다. 설치 비용과 운영 단계 데이터는 Danish Energy Agency에서 참조하였다[1].

그림 7.1에서는 풍력과 가스 발전만이 비교되었지만, 그림 7.2에서 나타낸 IEA 데이터[2]를 살펴보면 신재생 에너지가 더 큰 비중을 차지하고 있음을 알 수 있다.

따라서 각각의 에너지원의 상대적 시행 가능성은 재정적인 기준이 큰 영향을 준다는 것을 확인할 수 있다.

IEA 데이터에는 조력발전의 파력은 포함하고 있지 않으며, 영국 및 다른 곳에서 관련 연구가 진행되고 있으나 상업적인 비용은 불확실하다. 파력 에너지 단체는 단기적 발전 비용 목표를 약 $80/MWh(€60/MWh)로 제안하고 있다.

7.3 전력시스템에서의 경제적 최적화

7.3.1 다양한 발전 형태

전력 시스템은 일반적으로 다양한 연료를 사용하는 다양한 발전기를 통해 전력을 공급한다. 각 발전기는 각각의 다른 특성을 가지고 있으며 시스템의 특정한 기능에 맞도록 사용된다. 표 7.3은 이 특성을 요약하고 표 2.4(2장)의 형태로 특징을 확장하

표 7.3 기존 발전의 운영 특성

Type of plant	Physical characteristics	Economic characteristics	Role within system
Nuclear	Inflexible; best operated at steady load	Very high capital costs; very low running costs	Steady base load; 75% capacity factor
Gas CCGT	Can be flexible, but with poor load following response	Low capital costs, low running costs; fuel supply contracts dictate running on high load	Steady base load; 80% capacity factor
Coal	Flexible with good load following response	Medium capital costs, medium–high running costs	Demand following, units partly loaded to provide reserve; capacity factor from 20 to 70%
Pumped-storage hydro	Extremely flexible	High capital costs, high marginal costs (see Section 7.3.3)	Rapid response used for 'peak shaving'
Hydro with reservoir	Flexible	High capital costs, low running costs	Base load and demand following if required
Open cycle gas turbine	Flexible	Very low capital costs, very high running costs	'Peak shaving'; capacity factor <<5%

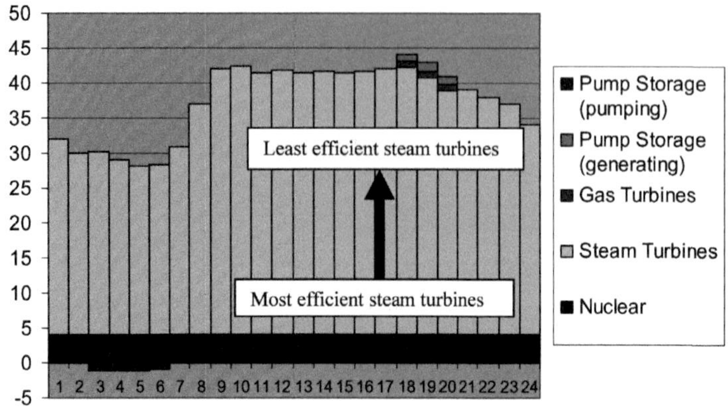

그림 7.3 수요공급을 위한 일반적인 발전 계획

였다.

그림 7.3은 일반적 전력 시스템에서 여러 발전소를 통해 공급되는 시간별 부하를 나타내고 있다. 원자력 발전소는 상대적으로 변동이 없으며, 우선적으로 배치된다. 양수 발전소는 전력 가격이 낮은 밤시간에 저수지를 채운다. 더욱 효율적인 가스와 증기 화력 발전소는 다음 순서로 배치되며 마지막으로는 가스 터빈과 수력 발전소가 첨두 시간대의 수요를 공급하기 위해 가동된다. 다음 절에서는 '최적 경제 급전(optimum economic dispatch)'에 대해 알아보도록 한다.

7.3.2 최적 경제 급전

최적 경제 급전의 목표는 수요의 변화에 응동하는 발전을 통해 공급에 따른 비용을 최소화하는데 있다. 이를 최적 경제 급전(optimum economic dispatch; OED)이라고 하며 지금까지 복잡한 OED방법들이 최소 비용해를 구하고, 많은 공학 기술과 운영 요구 사항 및 제약 조건을 만족시키기 위해 개발되어 왔다. 다음은 단기간을 기준으로 기존의 개별 발전기 및 신재생 에너지를 통해 부하에 대응하는 기본적 개념에 대해 설명하도록 한다.

경제 급전 시, 발전기 운전 비용을 발전소 부하 단계에 따라 선형적인 발전 함수를 가진다고 가정할 때,

$$C_A = K_A + K_A' P_A$$

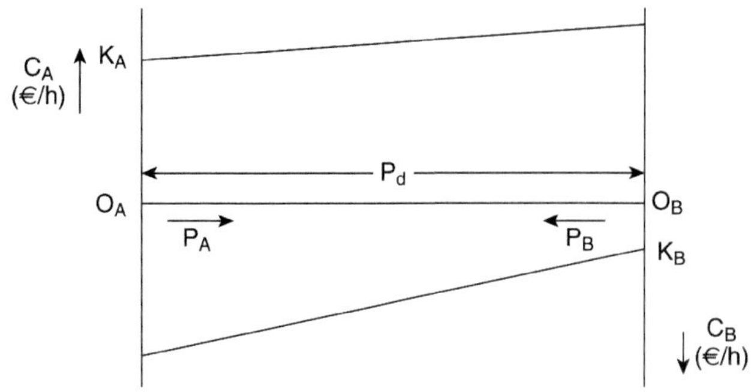

그림 7.4 부하의 우선순위 설명

C_A는 A번째 발전기에 대한 비용(£/h)이며, K_A와 $K_A^{'}$는 각각 발전소의 자본비 연료비 요소를 나타내는 상수이다. 또한, P_A는 발전소에서 보내지는 전력이다. 그림 7.4에서 나타낸 발전기 A의 선형 비용 곡선에서 총 시스템 수요가 P_d일 때 발전기 A와 B사이 부하의 최적 할당을 결정하기 위해서 발전기 B의 축을 180° 회전시켜서 표시하였다. 발전기 A를 나타내는 기존 O_A는 O_B에서 총 부하 $P_d = P_A + P_B$까지의 거리와 같은 곳에 위치한다.

각 곡선을 연결하는 수직선은 주어진 운영 조건하의 비용을 나타내고 있다. 두 대의 발전기를 통한 수요 분배량은 비용이 최소가 되는 지점이다. 그림에서 알 수 있듯이 최소 비용 $C_{\min}$를 만족하는 것은 발전기 A가 가능한 많은 전력을 공급할 때이며, 즉, 최대 발전을 의미한다. 발전기 B는 나머지 부족분을 공급한다.

발전기의 증분 비용은 비용 곡선의 기울기(dC/dP=$K^{'}$)로 나타낼 수 있다. 그림 7.4의 예를 살펴보면, 발전기 A는 매우 낮은 발전 비용과 연료 비용을 가지는 원자력 발전임을 짐작할 수 있으며 따라서 낮은 증분 비용 $K_A^{'}$을 가진다. 반면에 발전기 B는 낮은 자본 비용을 가지나 높은 증분 비용을 가지는 석탄 화력발전임을 짐작할 수 있다.

지금까지 발전기의 공급 방법에 대해 살펴보았다. n개의 발전기가 존재할 때 $K^{'}$을 증가시키기 위한 방법으로는 '우선순위(merit-order)'법을 사용하게 된다. 따라서 리스트 상위 목록부터 각 발전기는 최대 용량으로 가동된다. 그림 7.3은 이러한 발전 계획의 결과는 나타낸다.

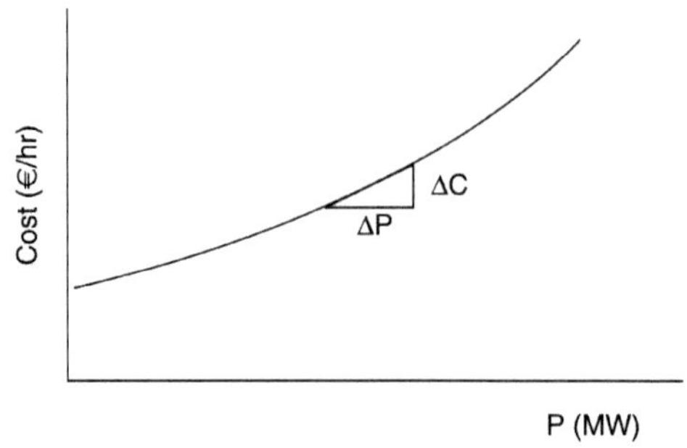

그림 7.5 화력발전기의 일반적인 입출력 곡선

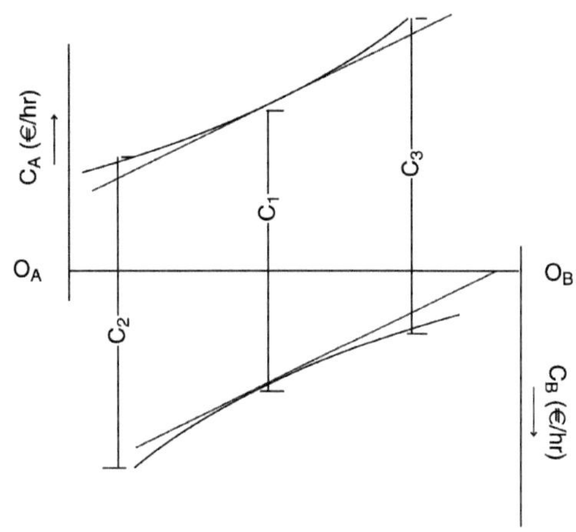

그림 7.6 증분 비용 해의 설명

(Neuenswander, J.R., Modern PowerSystem, Intertext Books, 1973)

위의 내용을 요약하면, 발전기는 낮은 운전 비용에서 우선적으로 발전하여 높은 부하율을 만족하기 위해서 우선순위에 따른 접근 방법을 이용한다는 것을 알 수 있다. 대규모 전력 공급에서 상대적으로 많은 양을 발전하는 발전소를 기저 부하 발전소(base load plants)라고 하거나 우선순위 발전소라고 한다. 운영 비용이 비싼 발전기는 첨두 부하일 때에만 가동되며, 그 발전량도 총 전력량에 비해 상대적으로 작다. 이 발전소를 첨두 발전소(peaking plant)라 한다. 이 두 발전소 사이에 존재하는 발전소는 중간 부하 발전소(intermediate plant)나 중간 순위 발전소라고 한다.

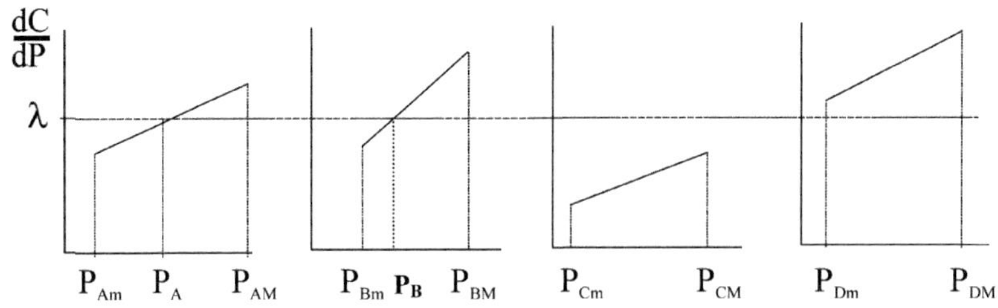

그림 7.7 4개의 발전기에 대한 경제급전

(Neuenswander, J.R. ,Modern Power Systems, Intertext Books, 1973 참조)

7.3.3 동일 증분 비용 급전

우선순위의 원리는 대략적인 발전 계획에서 적정성과 편리성을 제공하기 위함이지만 경제 급전의 도구로서는 부정확한 면이 존재한다. 그 이유는 비용 곡선이 선형이 아니기 때문인데, 그림 7.5와 같이 이를 2차 함수로 나타내어 개선할 수 있다. 이 곡선은 다양한 출력 단계에서 발전소의 전반적 효율을 결정하는데 사용될 수 있다.

앞에서 언급한 대로 여기서는 수요 P_d에 대한 발전기 A와 B의 공급만을 가정하였다. 그림 7.4에서 나타낸 방법을 통해 발전기 A의 곡선은 그림 7.6과 같이 나타낼 수 있으며, 반면에 발전기 B의 축은 180° 회전하게 된다. 발전기 B를 나타내는 기존의 O_B는 O_A에서 총 부하 $P_d = P_A + P_B$까지의 거리와 같은 곳에 위치한다. 각 곡선을 교차하는 수직선들은 주어진 운영 조건에서의 비용을 나타내고 있다. 앞서 본 것과 같이 두 대의 발전기를 통한 수요의 분배는 비용이 최소가 되는 지점으로 볼 수 있다.

수직선 C_1이 두 곡선의 기울기가 동일한 지점을 운영점으로 한다면, C_1의 길이는 각 발전기의 운영에 따른 시간당 운영 비용을 나타낸다. 반면에 C_2, C_3와 같은 다른 운영점에서는 더 높은 비용을 나타낸다. 따라서 가장 경제적인 운영점은 비용 곡선의 기울기(증분 비용)가 두 발전기에서 동일한 지점이다. 이러한 결과는 2개 이상의 발전기를 적용시킬 때도 동일하게 적용된다. 또한, 라그랑지 승수와 같은 수학적 최적화 기법을 통해 증명될 수 있다. 증분 비용이라는 용어는 한계 비용(marginal cost)으로도 나타낼 수 있음에 유의하자.

7.3.4 다수의 발전기와 발전 한계를 고려한 최적 경제 급전

기력 발전기는 발전기 정격(nameplate rating)에 대응하는 출력의 상한치뿐만 아니라, 증기 처리량이 특정한 임계량 밑으로 떨어진 경우 터빈에서 발생하는 캐비테이션(추진기 등의 뒤에 생기는 진공 현상)에 의한 하한치 또한 존재한다. 이 때 하한치는 보통 발전기 정격의 30~50% 사이의 값을 가진다.

2차 식의 비용 곡선을 미분하면 선형 함수(1차 함수)를 갖는다. 그림 7.7은 $P_d = P_A + P_B + P_C + P_D$의 수요를 공급하는 4개의 발전기로 구성된 전력 시스템에 대한 증분 비용 곡선을 나타낸다. (각 발전기는 각각의 상/하한치를 가진다.)

발전기 C의 증분 비용 곡선을 보면, 발전기 C가 운영되는 상/하한치 사이에서의 증분 비용이 다른 발전기들보다 밑에 있음을 볼 수 있다. 따라서 발전기 C는 최대 용량인 P_{CM}까지 발전해야 한다. 그런 후에 새로운 수요, $P_d^{'} = P_d - P_{CM}$는 같은 증분 비용 기준에 따라서 나머지 세 개의 발전기에 분배되어야 한다.

다른 발전기에 비해 더 높은 증분 비용 범위를 가지는 발전기 D는 발전기 A와 발전기 B가 최대 출력으로 발전하는 것이 아닌 부분 발전을 할 때, 요구되는 예비력을 충분히 공급할 수 있는 경우에는 정지되거나, 그렇지 않을 경우 예비력을 공급하기 위해 하한치인 P_{Dm}으로 발전해야 한다.

충분한 예비력은 발전기 D가 하한치로 발전하는 경우에만 공급될 수 있다고 가정하면, 새로운 수요는 다음과 같고,

$$P_d^{''} = P_d^{'} - P_{Dm}$$

이는 발전기 A와 B 사이에서 최적으로 분배되어야 한다.

발전기 A와 B에 수요량(발전량)을 최적으로 분배하기 위해서는, 먼저 그림에서 나타난 λ와 같이 수평선을 선택하자. 수평선의 높이는 그 선이 발전기의 증분 비용 곡선과 만나는 지점인 P_A와 P_B가 다음을 만족할 때 결정되며,

$$P_A + P_B = P_d^{''}$$

발전 한계 범위 내에서 운영되는 발전기의 증분 비용이 같고, 이는 λ와 같음을 의미한다. 이것은 최적 경제 급전 문제를 그래프를 이용하여 찾는 방법이다.

우선순위(Merit order) 계획법은 실제로는 실용적이지 못하다. 발전기의 최소/최대 운영 단계에서 발전기의 증분 비용 차이는, 우선순위 리스트에서 발전기의 평균 운영 비용과 발전기의 최소/최대 운영 단계에서의 평균 운영 비용 차이를 초과할 수도 있다. 따라서 우선순위 기법은 경제 급전을 위한 실용적인 방식이라고는 할 수 없다.

예를 들어 원자력 발전기에 의해 발전되는 총 에너지 비용이 화석 연료 발전에 의한 전체 비용보다 높을지라도, 최적 경제 급전에서는 원자력 발전의 증분 비용이 아주 낮기 때문에, 원자력 발전소가 최대 발전을 하도록 한다. 그 이유는 발전기의 우선순위는 발전소의 건설에 쓰이는 고정 비용의 합과 독립적이기 때문이다. 따라서 원자력 발전소가 건설되어 있고, 이용 가능할 경우 발전기는 낮은 운영 비용으로 인해 최대로 발전하게 된다. 발전소가 건설되었어야 했는지는 또 다른 문제이다. 바이오 에너지를 제외한 신재생 에너지에 의해 공급되는 에너지는 거의 대부분 자본 비용과 관련이 있으며, 증분 비용은 무시할 수 있다고 결론지을 수 있다. 따라서 OED 기법은 모든 시간에 발전기들이 생산할 수 있는 모든 에너지를 공급하기 위하여 증분 비용을 필요로 한다.

7.3.5 공정한 경쟁 가격

신재생 에너지 및 화석 연료를 통한 발전을 비교하기 위하여 발전 비용이 사용되지만, 그 과정이 정확하지는 않으며, 신재생 에너지 가치에 가감하는 다양한 요인이 존재한다. 전력 네트워크에서 새로운 재생 가능한 자원들의 이점은 다음과 같이 표현될 수 있다.

(연료 절감으로 인한 가치) + (외부 비용에서의 절감으로 인한 가치) ±
(분산전원의 이득/손해) + (용량 신뢰도에 대한 가치) − (변동성과 관련된 가치)

- 연료 절감 가치는 간단하게 절감된 연료의 kWh당 가치이다. 2005년 영국에서, 연료 절감 가치는 약 £15~20/MWh에 달했다. 이 가치는 매 시간별로 변하므로, 이것은 1년 평균의 대략적인 추정치이다. 용량 가치의 개념과 변동성으로 인한 그 페널티는 3장에서 설명되었다.
- 외부 비용은 그 활동에 포함되는 구성원과 관계없는 활동에 기여한 가격이다. 모든 전기 발전 기술은 외부 비용과 관련되어 있다. 그리고 화석 연료 발전의

외부 비용은 화석 연료 사용으로 인한 오염 및 배출되는 CO_2로 인한 범지구적 온난화에 기인한다. 경제학자들은 이 비용이 발전 비용에 추가되어야 한다고 하며, 이는 뒤에 탄소세로 정의된다. 하지만 그로 인해 전기 가격이 상승하기 때문에 대부분의 정부는 신재생 에너지 자원에 대신 보너스를 주는 형식을 취한다.

- 분산전원의 이익/불이익: 대다수의 신재생 에너지 자원은 소규모이고, 저전압 배전 네트워크에 연결되어 있다. 즉, 이는 전력 네트워크에서의 손실 감소를 의미한다. 또한, 송전 및 배전 네트워크 강화가 늦어질 수 있음을 의미한다. 이러한 이익의 계산은 지역적으로, 위치적으로 변화하는 복잡한 문제이다[3]. 6장에서 언급한 바와 같이 분산전원의 집중은 수요가 낮은 좁은 지역에서의 배전 손실을 증가시킬 수도 있고, 이는 불이익으로 나타날 수도 있음을 인식하는 것이 중요하다.
- 신재생 에너지 자원의 가변성으로 인한 용량 신뢰도의 평가와 별도의 균형 비용

위의 주제들은 4장에서 소개되었고, 다음 절에서 설명하도록 한다.

7.4 외부 비용

7.4.1 소개

외부 비용은 넓은 의미로 구성원에 의한 활동에 드는 비용이라는 일반적인 합의가 있지만 이를 정의하는데 큰 편차가 있다. 안정적인 전력 공급은 대부분 국가의 기본적인 목표이다. 현재, 그들은 환경 오염에 대한 실질적인 비용과 전기 사업에 드는 비용을 인식하고 있다. 에너지 정책 결정자들은 대부분 국가에서 최종 생산물의 시장 가격에 외부비용을 반영하지 않았을 경우, 발전을 통한 오염 감소 대책을 마련하고 있다. 만일 실제적으로 이것이 실현되면, 화석 연료 기술과 원자력 가격이 상승하여 신재생 에너지 자원은 상대적으로 더 경쟁력을 갖게 된다.

7.4.2 외부 비용의 유형

이용 가능한 절차를 더 면밀하게 찾아보기 전에, 외부 비용 요소에 대해서 살펴보기로 한다. 표 7.4는 지구 온난화 문제를 제외한 일반적인 외부 비용의 목록을 나타낸다. 에너지 공급 및 사용과 관련된 외부 비용은 복잡하며, 이를 간략하게 3가지 부류로 나눌 수 있다.

- 정부에 의한 간접 비용
- CO_2 외의 배출에 의한 건강과 환경에 발생하는 피해 비용
- CO_2에 기인한 지구 온난화 비용

첫번째 범주에는 규제기관과 오염 감찰기구의 비용을 포함하고, 에너지 산업 보조금과 연구 개발 프로그램 비용을 포함한다.

1998년 EU 집행위원회에 의해 발간된 외부비용에 대한 분석[4]을 보면, 독일 석탄 산업을 위한 지원으로 전기 가격에 DEM(독일 마르크화) 0.002/kWh를 추가했다. 풍력발전의 연구 개발에는 약 DEM 0.004/kWh가 소요되는데 비해 원자력 연구 개발에는 DEM 0.0235/kWh를 할당했다.

두번째 범주는 환경과 사람에 피해를 일으키는 오염 물질 배출로 인한 비용을 나타낸다. 이는 전력 생산의 외부비용에서 약 10%를 차지하며 산성비로부터의 피해, 석탄 연료 발전으로부터 배출되는 황과 질소 산화물로부터의 건강피해를 포함하는 넓은 범위의 다양한 영향을 포함한다. 유럽의 연구, ExternE[5]에서 건강에 대한 피해비용은 소득의 손실과 호흡기 질환에 걸린 사람의 입원 비용 산정을 통해서 추정

표 7.4 지구온난화를 제외한, 전력발전으로 인한 외부비용 요소

Local	General
Smut deposition	Acid rain damage
Obscuration of the sun by plumes	to trees and crops
Noise due to plant, coal handling, etc.	to buildings
Noise due to fuel deliveries	to human health
Discharges into watercourses	to fisheries
Plant accidents – human cost	to animals
Smells	Oil spillages – clean-up costs
Dust and fumes	Ash disposal accidents
Heavy metal depositions	Heavy metal depositions
Upkeep of emergency evacuation measures (nuclear)	Leakage from radioactive waste

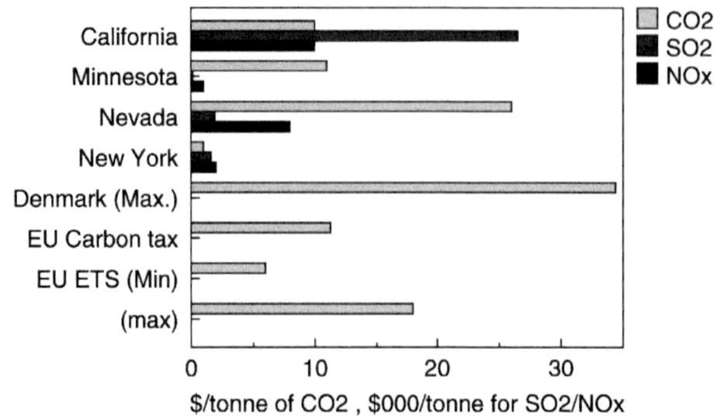

그림 7.8 제안된 배출가스에 대한 세금 (Courtesy of David Milborrow)

된다.

피해와 건강 카테고리에 포함되는 기타 비용은 광산, 해상 석유 및 가스 시추 시설, 원자력 발전소에서 일어날 수 있는 전력 산업 사고다. 서유럽에서 심각한 원자력 사고가 일어날 가능성은 매우 낮지만, 사고가 발생할 경우 그 비용은 매우 클 것이다.

세번째 범주는 지금까지 중에서 가장 크다. 모든 관련된 영향을 포함하는 지구 온난화를 일으키는 온실가스에 대한 외부비용이다. 이 부류는 전세계 전기 소비 중 숨겨진 비용의 약 40~100%를 차지한다. 이는 외부 비용에 대한 논의에서 가장 논쟁이 많은 부분이다. 지구 온난화의 경제적 관계에 대한 추정 범위는 광대하다. 비용은 기후 변화, 홍수, 농업 패턴의 변화와 그 밖에 고려해야 할 필요가 있는 모든 영향과 관련된다.

7.4.3 교토 협정

1997년 교토 협정에서 지구 온난화를 유발하는 인간 활동에 의한 온실 가스 감소 대책을 마련하기 시작했다. 이 협정에서 채택된 조약은 불이행 시 페널티를 부과하는 UN 기후변화협약(UNFCCC)를 통해 국가를 비준한다. 이 협정은 산업국가('Annex1' 또는 'AnnexB' 국가 참고)로부터 2008년에서 2012년 사이에 1990년 수준의 5.2%까지 온실가스 배출을 줄이기 위한 원칙을 만들었다. 온실가스 배출 감소는 대기 중에서 탄소 다이옥신을 흡수하기 위한 숲과 토지(이산화탄소 흡수계)의 개발과 관리를 위해 효율적인 발전 시스템과 산업적 절차인 '국내 측정'을 통해 각

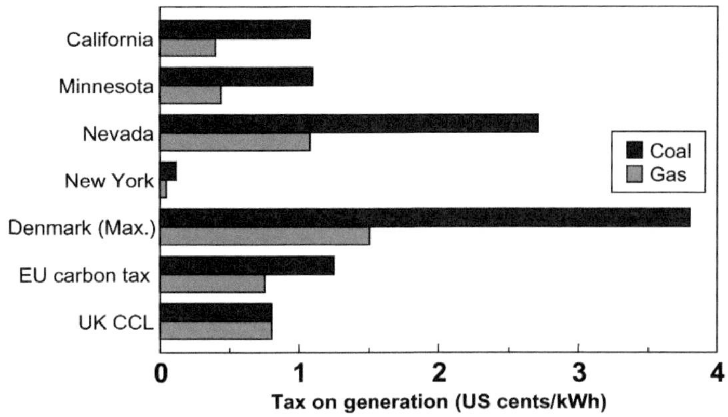

그림 7.9 제안된 발전원별 세금 (Courtesy of David Milborrow)

표 7.5 외부비용의 추정치, 단위 ₤ cents/kWh(Courtesy of David Milborrow)

Category	Coal	Oil	CCGT	Nuclear	Wind
Human health and accidents	0.7–4	0.7–4.8	0.1–0.2	0.030	0.040
Crops/forestry	0.07–1.5	1.600	0.080	Small	0.080
Buildings	0.15–5	0.2–5	0.05–0.18	Small	0.1–0.33 (1)
Disasters				0.11–2.5	
Total, damage	0.7–6	0.7–6	0.3–0.7	0.2–2.5	0.2–0.5
Global warming estimates	0.05–24	0.5–1.3	0.3–0.7	0.020	0.018
Indicative totals	1.7–40	3.7–18.7	0.83–1.86	0.36–5	0.4–1.0

Annex1 국가에서 함께 달성될 수 있을 것이다. 자국적 수단은 배출권 거래(ET), 공동 수행(JI) 및 청정개발체제(CDM)와 같은 국제적인 방법의 사용으로 지원될 수 있다. 교토 협정에 참여하는 국가는 그들의 배출 목표를 달성하기 위한 정책 단위의 수단을 도입해 왔다.

7.4.4 오염에 대한 비용 산정

위에서 언급한 연구는 연료에 따른 각 발전 기술에 벌금이 부과되며 인간과 환경에 대해 전반적으로 잠재적인 피해에 대해 살펴보았다. 이 방법은 석탄과 바람에 대한 외부 비용의 차이를 쉽게 비교할 수 있게 하였다. 그림 7.8을 보면, 미국의 몇 개 주에서 이산화탄소 배출 비용을 $10/톤, 이산화황은 $25,000/톤으로 제안한다.

kWh당 각 오염 물질의 양은 연료에 따라 상이하다. 석탄 연료 발전기는 높은 오염 비중을 가지며, kWh당 1kg의 이산화탄소, 이산화황 및 다른 오염원을 배출한다. 따라서, 그림 7.9에서와 같이 벌금이 가장 높다. 광범위한 해결책에도 불구하고, 석탄 연료 발전에 부과된 외부 비용은 약 1USc/kWh에 달한다. 반면, 가스와 같은 경우에는 벌금이 더 낮다. 표 7.5에 외부비용의 추정치를 요약하였다[6,7].

7.4.5 오염에 대한 가격 책정

오염 비용을 산정하는 것은 쉽지 않으며, 외부 비용을 고려하는 시장 메커니즘을 고안하는 것 또한 문제다. 경제학자들은 이에 대한 해결책으로 탄소세(carbon taxes)를 거론한다. 예를 들어, EU의 탄소세는 석탄의 발전 비용에 약 €18/MWh, 가스에 의한 발전 비용에는 약 €10/MWh의 비용을 더한다. 세금을 관리하는 문제 외에도, 대부분의 주요 주에서 전기 요금의 영향은 매우 심각하다. 그럼에도 불구하고, 네덜란드와 덴마크는 독립적으로 탄소세를 도입해 왔다.

탄소세에 대한 EU의 제안은 실행되지 않을 것 같으나, 탄소 거래는 2005년부터 시작되었다[8]. EU의 배출권 거래 시스템(ETS)은 참여국가에 대해 화석 연료 발전소를 포함한 대규모 발전소로부터 방출되는 탄소량을 제한하였다. ETS의 목적은 교토 협약에 참여하는 국가들이 수 년에 걸쳐서 협약을 이행하고 점진적으로 줄이는 것이다. 실제로, 화석 연료 발전기는 탄소 배출량에 대하여 매년 할당된 허용치를 갖는다. 그리고 그 허용치를 초과하게 되면, 허용치를 초과하지 않은 발전사나 국가 등으로부터 탄소권을 구매해야 한다. 2005년 2월, 탄소권은 이산화탄소의 경우 €10/톤에 거래되었다. 이는 석탄 연료 발전 가격인 €1/MWh의 할증금이며 가스 연료 발전의 약 절반에 해당한다.

외부비용에 대한 또 다른 접근법은, 일부 미국 주에서 선호되는, 미래의 발전기 수요를 평가하는 통합자원계획(Integrated Resource Planning)을 사용하는 것이다.

IRP는 미래의 전기 수요를 충족시키기 위해 다른 옵션을 고려한다. 그리고 최소 비용을 목적함수로 하는 해는 공급 안정도 보장이라는 제약조건 내에서 선택된다. IRP의 이점은, 모든 에너지 공급 옵션을 고려하는 정부의 정책에 따라, 규제 조직은 실제로 어떠한 페널티 없이 외부비용이 적용될 수 있다고 가정한다는 것이다. 이 가정에 의해, 오염 피해에 대한 정확한 금전적 가치, 또는 오염을 일으키는 연료에 대한 부과 비용의 영향을 줄일 수 있다. 이 간단한 방법은 전기 발전에서 오염의 금전적인 가치를 산정하기 위해 요구되는 많은 복잡한 메커니즘을 피할 수 있다. 또한,

이는 발전기가 적재적소에 설치되고, 전기 네트워크가 효율적으로 운영되는 것을 돕는다. 그 결과, 전기의 경쟁 시장은 장기적인 경제적 책임을 목표로 하는 가이드라인 하에서 운영된다. 그러나 이 방법에도 문제가 있다. 최근 캘리포니아와 그 밖의 지역의 연구들이 제기하는 문제는, 이 접근법의 결과는 단순하게 발전기의 유형을 석탄보다 더 낮은 외부 비용을 가지는 가스를 연료로 하는 발전기로 옮기는 것이다. 신재생 에너지는 여러 이점을 갖지만, 현재까지 이를 위한 추가적인 시장 지원은 상대적으로 적다. 그러나 가스는 언제까지나 싸지 않을 것이고, 정부와 대중의 압력은 신재생 에너지 기술 도입을 가속시킬 것이다.

미국과 호주, 그리고 유럽에서는 녹색 가격(green pricing)을 지향하는 추세와 더불어 친환경적인 전기를 선호하고 있다. 소비자들은 녹색 전기(친환경적인 전기)를 위해 더 많은 비용을 지불할 용의가 있다고 한다. 미국의 태평양 북서부 지역에서는, 4%의 요금 증가가 발전기의 20%를 '녹색'으로 만들 수 있다고 한다. 이에 대한 소비자의 초기 반응은 75%가 호의적인 것으로 나타났다. 그러나 녹색 가격은 정부가 전력 시장에서 신재생 에너지를 장려하는 것으로 볼 수 있지만, 공정한 에너지 정책을 위한 대책으로서는 고려될 수 없다. 더욱이 녹색 가격이 반드시 가장 효율적인 시스템을 가져온다고는 볼 수 없기 때문에, IRP는 시장에 통합되어 적용돼야 할 것이다.

외부 비용을 직/간접적으로 반영하는 다른 다양한 방법이 있다. 표 7.6은 이 방법들에 대하여 간단하게 나타낸다. 이러한 지원 메커니즘은 역사적으로 전력 시장의 발전과 신재생 에너지 산업이 발달함에 따라 변하는 경향이 있다.

7.5 분산전원의 효과

7.5.1 네트워크의 다양한 관점에서의 에너지 가치

소규모 신재생 에너지의 경우라도, 분산전원 발전이라는 잠재적인 이점이 있다. 이를 설명하기 위해 간단한 예를 사용하면, 가정집의 지붕에 태양광 발전을 설치하고, 잉여의 전기를 지역 네트워크에 판매한다고 하면, 이웃에게 €11~14cents/kW로 재판매할 수 있다. 여기에는 지역의 33/11kV 변압기를 통한 어떠한 역류도 없을 것이

표 7.6 신재생 에너지 지원에 대한 메커니즘의 요약(Courtesy of DavidMilborrow)

Type	Country	Comments
Non-fossil fuel obligation	UK, IRL, FR	Generators made bids for renewable generation. If successful, they were given contacts for fixed terms
Feed-in tariffs	DE, ES, DK	Fixed payments made for renewable energy schemes. Tends to be expensive, but has been very successful in stimulating growth
Supply side obligations	UK, US states	Tends to be costly (UK), although this depends on precise rules
Production tax credit	USA	Fixed sum (1.8 USc/kWh or 1.4 € cents/kWh) added to generation from renewable plant. Works well, but depends on periodic renewals of mandate
Carbon trading	EU	Premium for renewables depends on quotas for fossil plant. Modest impact at present

고, 그 지역은 보다 적은 정전을 겪게 될 것이다.

이 이론은 단순하지만, 요금 상계제(net metering)를 기반으로 한 원칙이다.

요금 상계제는 미국의 몇몇 공공기업이 신재생 에너지를 통한 발전을 장려하기 위하여 공급 비용의 100%를 보상해 주는 방법이다. 이 방법은 덴마크와 독일에서도 사용되고 있는데, 여기서 신재생 에너지 발전기는 국내 요금의 80~90%를 보상받는다.

미국을 비롯한 여러 국가의 연구에서 볼 수 있듯이 신재생 에너지의 다양한 장점에도 불구하고, 유럽의 여러 국가에 널리 받아 들여지지는 않고 있다[9]. 상당수는 오직 신재생 에너지의 연료 절감 능력에 근거하여, 신재생 에너지의 가치를 산정하는 방법을 고수하고 있다.

비용과 가격, 그리고 전기의 가치는 지역적인 요건에 따라 변할 수 있는데, 먼 지역에 전기를 공급하게 되는 경우, 송전, 배전 네트워크의 비용을 증가시키고, 전력손실을 발생시킨다. 따라서 발전소로부터 멀리 떨어진 지역으로 에너지가 공급되는 경우, 평균 비용 이상의 비용이 발생된다. 기존의 사례에서 볼 수 있듯이 신재생 에너지 발전기는 집중되어 있는 발전기보다 소비자에게 더 가까운 곳에서 에너지를 공급한다. 신재생 에너지 발전기가 공급하는 전기는 지역 네트워크를 통해 전송되기 때문에, 멀리 있는 대규모 화력 발전기에서 공급하는, 실제 발전 비용보다 더 높은 가격으로 판매되는 전기를 대체할 수 있다. 전압 감소에 따른 전기 공급의 가치 증가는 저전압 단계에 연결된 소비자에게 높은 요금으로 반영된다. 그림 7.10에서 설명하고 있는 이 개념은 영국의 전력 시스템에서 다양한 전압 단계에서의 전기 유형별

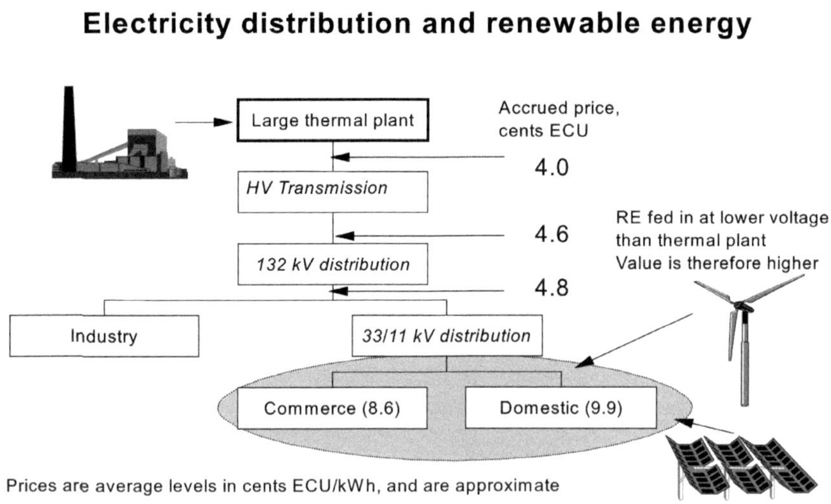

그림 7.10 다양한 전압 레벨에서의 분산전원의 이득

판매가격을 나타낸다.

전력 회사는 모든 지형적, 시간적 요인을 고려하여 비용을 산정하지는 않는다. 전기 가격은 비슷한 조건과 위치를 가진 소비자가 비슷한 금액을 지불하도록 정해진다.

7.5.2 현금 흐름 분석

EU의 재정 지원 연구의 일부로서, 영국과 웨일즈의 전력 네트워크를 통한 현금 흐름을 분석하였다[10]. 이 분석은 전력 네트워크에서 다음의 중요한 지점에서 전기 가격의 평균 수준을 확립하였다:

- 대규모 화력 발전소의 모선
- 높은 전압의 송전 시스템이 끝나는 지점
- 소비자에게 전달되는 지점

또한, 일반적으로 전기 공급은 세가지 단계로 구분된다:

- 발전
- 고전압의 송전(간단하게 '송전')

표 7.7 1993/1994년도 UK ESI에서의 부분별 비용 단위:£ cents/kWh (Courtesy of David Milborrow)

	Fuel	Operating	Depreciation	Profit	Total
Generation	2.03	1.28	0.35	0.35	4.01
Control		0.14	0.01	0.03	0.18
Transmission	0.08	0.11	0.16	0.17	0.52
Distribution	0.31	0.80	0.42	0.58	2.11
Supply		0.26	0.01	0.13	0.40
Total	2.42	2.59	0.95	1.26	7.22

- 배전

공급 체계에서 각 단계의 경우는 비용을 4개의 항목으로 구분한다:

- 연료(송전과 배전 네트워크에서의 손실과 발전을 위해 구매되는 연료의 비용)
- 간접비를 포함한 모든 운영비용을 반영한 운영
- 자본 자산의 가치 저하
- 비용 관점에서의 이득

현금흐름 분석은 1993/1994년도에 실행되었고, 현금 흐름의 분석 결과는 표 7.7에 요약하였다.

7.5.3 분산전원의 가치 - 지역적 문제

송전 제한은 새로운 발전기 추가에 제약으로 작용한다[11]. 영국의 풍력 발전은 스코틀랜드 지역 및 영국 북부 지역의 우수한 풍력 특성으로 인해 북부에서 남부로의 조류 증가를 야기시킨다[12]. 따라서 신재생 에너지의 운영 시간 및 설치 위치에 따라 송전 계통을 확충하기 위한 비용이 확보되어야 한다. 계통 운영자에 따르면, 스코틀랜드에서 6,000MW 용량의 신재생 에너지 연계 시 €23억의 보강비용이 필요할 것이라고 제안하였다.

실제로, 영국 북부와 스코틀랜드에서의 높은 송전 연계 비용은 풍력 발전 연계 사업의 걸림돌로 작용한다. 이는 발전기에 연계된 송전 계통의 고정비에 반영된다. 스코틀랜드의 수력발전에 대한 직접 비용은 €30/kW인 반면, 발전기가 부족한 남서부 지역의 경우 €14/kW로 산출된다 [14].

지역적인 문제는 매우 복잡한 주제이다[3]. 분산전원의 집중은 일부 손실의 감소를 가져오지만, 수요가 적은 지방에서는 배전 손실을 증가시킨다. Cornwall의 11kV 시스템에 연계된 4MW급 10대에 대한 연구는 지역적인 문제에 대한 가치 있는 정보를 제공했다. 이 문제의 복잡성과 영향이 위치에 의존하기 때문에 명백한 결과를 산출하기 어렵다. 영국의 경우, 분산전원으로 인한 이익은 2.3€cent/kWh를 넘지 않으며 이는 매우 낮고, 신재생 에너지의 연계로 인해 송전선 보강을 해야 하는 불이익이 생긴다. 영국 보고서는 스코틀랜드의 6,000MW의 신재생 에너지 설치를 제안했으며 2,000MW 발전기 당 €75억의 보강비용이 든다고 한다.

7.5.4 용량 신뢰도

경제적 측면에서, 신재생 에너지원의 추가적인 문제는 공급원의 용량 신뢰도이다. 이 주제는 3장에서 다루었으며 경제적 측면에서도 다루어 질 수 있다. 앞 장에 언급했듯이, 발전기의 용량 신뢰도는 전력 시스템의 수요가 높아질 때 제공하는 발전기의 능력을 측정하는 것이다. 많은 연구들은 풍력 발전이 화력 발전을 대체할 것이라는 결론을 내리고 있다.

북부 유럽의 풍력 발전 용량 신뢰도는 겨울의 설비 이용률과 같다. 유럽 내 10개국의 연구 결과를 그림 7.11에서 비교하였다. 용량 신뢰도는 풍력 발전기의 설비 이용률에 의존한다.

영국 National Grid Company는 8,000MW의 풍력 발전이 3,000MW의 기존 발전기를 대체하며, 25,000MW의 풍력(20% 보급률) 발전이 5,000MW의 기존 발전기를 대체한다고 한다. 그림 7.12는 연간 설비 이용률에 대한 표준 설비 이용률의 가치를 비교한다. 중앙전력공급소(CEGB)는 독점 전의 연구를 하였고, NGC는 독점 후의 연구를 하였으며, 'SCAR'는 참고문헌[18]에서 언급한다. 풍력 에너지의 연계로 인한 용량 신뢰도는 연간 설비 이용률보다 약 40% 크다. 그러므로, 한 국가의 평균 설비 이용률이 35%라면, 1,000MW의 풍력은 490MW의 화력 발전기를 대체한다. 풍력 발전기의 불확실성에 대한 부분 부하 발전기의 필요로 인해 풍력 에너지 연계의 용량 신뢰도가 감소한다.

비록 여름에는 풍량이 적지만, 그 시간대의 공급지장 발생 확률은 낮다. 그러므로, 그 시간대의 풍력의 비가용성은 연간 확률과 다소 차이가 생긴다. 영국의 태양광 발

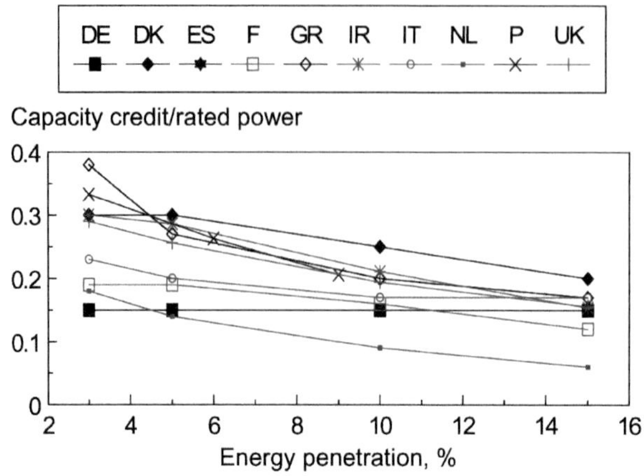

그림 7.11 용량 신뢰도에 대한 연구로부터 얻은 결과의 비교(Courtesy of David Milborrow)

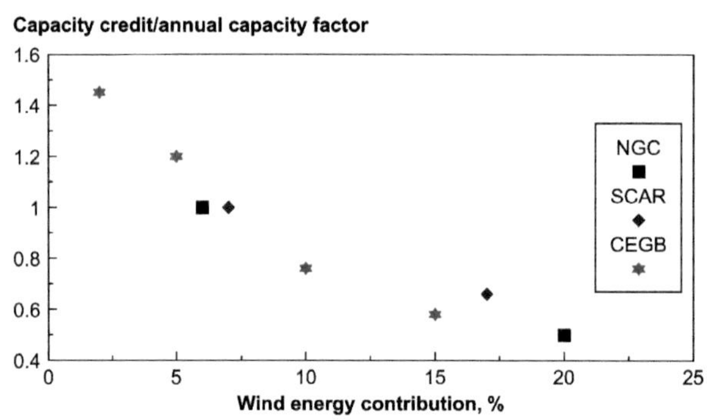

그림 7.12 NGC 시스템 3개의 연구로부터 얻은 용량 신뢰도의 표준 값

전기의 용량 신뢰도는 매우 낮고, 조수 발전기는 평균 용량 신뢰도보다 낮다.

용량 신뢰도가 결정되고 나면 용량의 가치가 평가된다. 새로운 대체 발전 기술인 €700/kW의 복합가스터빈이 있으며, 이 발전기의 연간 자본 대체 가격은 €70/kW이다. 소규모 풍력 에너지 연계의 경우, 용량 신뢰도 가치는 약 0.8€cent/kWh이다.

7.5.5 요약

영국정부는 2020년까지 전기 공급의 20%를 신재생 에너지로 대체하는 것을 목표로 한다. 이는 위의 모든 요인을 고려하여, 수요자에게 전체 추가 가격 측정에 대한 기초를 제공한다. 2003년에 분석한 연구에 따르면, 소비자 전기 요금이 추가적으로 0.3p/kWh(0.45€ cents/kWh)라고 정했다. 풍력 에너지가 신재생 에너지의 대부분을 차지하기 때문에, 풍력 에너지 가격을 통해 미래 동향에 대한 계획을 세웠다고 한다. 펜실베니아주와 아일랜드에 대한 연구에서도 비슷한 분석 결과가 도출되었다[20]. 아일랜드의 연구 결과를 보면, 가스에 비해 풍력의 추가 가격이 낮기 때문에 보다 가치가 있다고 분석하고 있으며, 이를 통해 소비자는 이익을 얻을 것이라고 예상한다.

7.6 신재생에너지에 대한 지원 체계

7.6.1 소개

앞에서는 규제 완화된 시장에서 기존 발전기와 직접 비교하여 신재생 에너지의 가치를 평가했다. 대다수의 국가들은 신재생 에너지의 경쟁력을 둔화시키는 요인으로 다음을 지목하고 있다.

- 변동성: 대부분의 신재생 에너지원은 제어가 어려우며 출력 예측이 어렵다.
- 비용: 현재 신재생 에너지 관련 기술이 성숙하지 못하여, 기존 발전보다 더 많은 비용이 발생한다.
- 외부 비용: 기존 발전기의 외부 비용(오염, CO_2 배출 등)이 아직 정확하지 않으며, 신재생 에너지는 외부 비용 산출이 불가피하다.

정부가 신재생 에너지의 이용 증진을 위해 이행해야 할 부분:

- 개별 신재생 에너지 발전 기술은 출력에 대한 고정 비용을 받고, 공급자/배전사업자는 그 출력을 받아야 하는 전력 매입법의 도입
- 공급자/배전사업자는 신재생 에너지원으로부터 에너지의 일정량을 사용해야 하는 쿼터 제도
- 탄소 거래
- 신재생 에너지 발전기의 투자에 대한 세금 경감

표 7.8 2002년 1월 1일 신재생 에너지원 법령하에서 신재생 에너지 발전사들이 받는 요금

Technology	Tariff (€/MWh)
Small hydro, landfill gas, mines, sewage gas <500 kW	76.7
Biomass <500 kW	101.0
Biomass 500 kW–5 MW	91.0
Biomass >5 MW	86.0
Geothermal <20 MW	89.5
Geothermal >20 MW	71.6
Onshore wind (first five years)	At least 90.0
Onshore wind (after five years)	At least 61.7
Offshore wind (first nine years)	At least 90.0
Offshore wind (after nine years)	At least 61.7
Photovoltaics	481.0

이 절은 이 모든 방법을 수행하고 있는 두 나라, 영국과 독일의 계획 수행에 대해 논의한다. 이 분석은 녹색 전기 판매에 대한 토론을 통하여 쿼터 제도 하에서 녹색 인증의 가치에 의해 만들어진다.

7.6.2 전력 매입법

독일은 영국과 같이 2010까지 신재생 에너지원으로부터 전기의 10%를 발전하는 목표를 1998년에 정했다. 1991년까지, 강제적으로 법적 책임이 주어지는 법을 사용하여 지역 전력사업자들이 신재생 에너지로 모든 전기를 발전하게 하였다. 그 후, 이 법은 지역 망 관리자가 지역 기구 대신에 책임을 지는 것으로 개정되었다. 표 7.8은 신재생 에너지 발전사에 지불되는 요금을 보여준다.

7.6.3 쿼터 제도

≫ 신재생 에너지 의무할당제(RO)

영국의 신재생 에너지 의무할당제는 신재생 에너지를 통한 발전량을 2002/2003년 전력 생산량의 3%, 2010/2011까지 10%로 상향 조정하여 의무화 한다. 공급자가 이를 이행하지 않을 경우, 필요한 공급 부족량에 대하여 £30/MWh(€45/MWh)를 지불함으로써 의무권을 매점해야 한다. 이 가격은 신재생 에너지 의무할당 증명서(ROCs)를 통해서 신재생 에너지 발전에 지급된 포상금과 비교하여 정해진다.

7.6.4 탄소세

≫ 기후변화세

2001년 영국 정부는 기후변화세를 도입했다. 이는 상업용 소비자에게 팔린 모든 에너지에 대한 과세이다. 신재생 에너지원으로부터의 전기는 이 과세에서 면제된다. 면제 계획은 관세 면제 증명서(LEC) 계획에 의해 진행된다. 각 증명서는 상업용 소비자에게 공급하는 전력에 대해 면제될 수 있으며 £4.30/MWh나 €6.50/MWh (2001년 가격)의 가치가 있다. 이 과세는 비록 원자력과 대용량 수력 발전기를 통한 전력에는 면제될 수 없지만 탄소세의 하나로 고려될 수 있다. 이 세금으로부터의 수입은 고용자 국가 보험 분담을 줄이기 위해 다시 사용된다. 따라서 노동자의 세금을 효율적으로 줄여준다. LECs는 신재생 에너지 발전에 의해 거래되는 추가적인 수입의 원천이다.

≫ 환경세 개혁

1999년 4월 1일 에너지 효율과 신재생 에너지원을 증진시키기 위해 독일에서 도입됐다. 전기에 대한 세금의 초기값은 €10.20/MWh에서 매년 €2.60/MWh씩 상승한다. 영국에서 탄소세는 고용주와 고용자에 의해 지급된 법정 연금 보험을 줄임으로써 노동자 세금을 차감하는데 사용된다. 이러한 감소분은 국내 상업과 산업 종사자들을 위해 사용된다. 신재생 에너지원을 통해 발전된 전기는 면세 혜택을 받게 된다.

≫ 세금 경감

복합 화력 발전소, 풍력 발전단지와 바이오가스 발전소의 건설을 장려하기 위해 독일 투자자들은 수입세에 대한 10년이 넘는 투자비의 일정량(10%)을 차감 받는다. 이는 신재생 에너지 발전기의 건설에 대한 세금 경감을 뜻한다.

7.7 전력 거래

7.7.1 소개

본 절에서는 규제 완화된 시스템과 중앙집중적으로 계획, 운영되는 시스템 간의 차이를 설명하고, 최근 전력 시장의 운영 및 구조에 대해 살펴본다.

'녹색 전기' 거래의 개념은 크게 (a)신재생 에너지를 증진시키는 정부 법률과 (b) 소비자 시장의 수요의 생산품으로써의 '녹색 전기' 판매 사업으로 나누어 생각할 수 있다. 영국을 비롯한 몇몇 국가의 경험을 통해 전력 규제 철폐와 녹색 전기 발전을 위한 시장에 대해 소개한다.

7.7.2 영국 전력 공급 산업 (ESI)

≫ 중앙전력공급소(CEGB)

1990년 이전 영국 전체의 ESI는 CEGB에 의해 운영되고 계획됐다. 모든 발전기, 송전선, 배전선, 변전소와 계량기는 CEGB에 의해 독점적으로 운영되고 소유됐다. CEGB가 있는 동안 132kV 이하 지역에 대해서는 배전 계통의 운영을 책임지고 있는 지역 전기 사업자(RECs)가 소비자에게 전력을 공급했다. 이러한 체계는 수 년간 잘 운영되어 왔지만, 실제적으로 소규모의 개인 발전에 대해서는 독점력을 가지고 있었던 것이 사실이다. CEGB는 가격을 낮추고 경쟁을 독려하는 시장 경쟁 체제로의 이행되면서 여러 곳에 팔렸고 새로이 시장 기구가 들어섰다.

≫ 전력 풀

1990년 풀링과 정산 협약(PSA)이 도입되면서 ESI가 민영화되기 시작했다. 발전사는 National Power와 Powergen에서, 원자력은 주 관리 아래에 놓이게 되었다. 지역 전기 사업자(RECs)는 개별적으로 민영화되었고, 해당 지역에 전력을 공급하기 위한 면허가 주어졌다. RECs는 송전 네트워크(275와 400kV)와 웨일스의 양수발전소 운영을 맡고 있는 National Grid Company(NGC)를 소유한다. NGC는 발전소의 급전과 계획을 책임지는 네트워크 운영자이다.

≫ 풀의 운영과 풀 규칙

효율성 및 운영비의 융통성을 반영한 최적 경제 급전 모드에서 계획되던 발전기를 대신해 지금 발전기는 풀에서 하루 전 전력 공급을 위한 입찰을 시행한다. NGC는 입찰을 검사하고 높은 가격 순으로 정렬한다. 그리고 이 목록으로부터 송전 제약과 예비력을 갖추기 위해 30분 동안 수요를 충족시키기 위한 발전기를 선택한다. 이 때, 30분 동안 필요로 하는 가장 비싼 발전기가 그 시간 동안 계통한계가격(SMP)으로 정해진다. 충분한 용량으로 최대 전력 수요에 대한 공급 안정성 확보를 위해 이 가격까지 용량 신뢰도를 추가한다. 이 가격을 풀구입가격(PPP)이라 하며, 입찰가격에 관계없이 30분 동안 참여한 모든 발전기가 받는다. 이 풀 시스템은 균일가 경매라고 알려져 있다.

원자력과 같은 발전기는 매우 낮은 가격에 입찰된다. 만일 입찰이 없더라도 PPP를 지불해야 한다. 가스 계약을 사용하는 복합가스터빈(CCGTs)은 낮은 가격에 입찰할 것이다. 다음으로 낮은 석탄 발전이 그 다음을, 마지막으로 가스 터빈과 양수발전소는 높은 운영비 때문에 높은 입찰 가격이 된다.

모든 발전과 수요를 고려하여 대규모 발전 및 수용가는 매 30분 마다 계량된다. 소규모 소비자는 월, 분기, 반 년 단위로 측정된다. 이러한 데이터를 통해 계통 운영자(SO)는 의사 결정을 하게 된다. 추가적으로, 요금은 송전과 배전 계통의 이용을

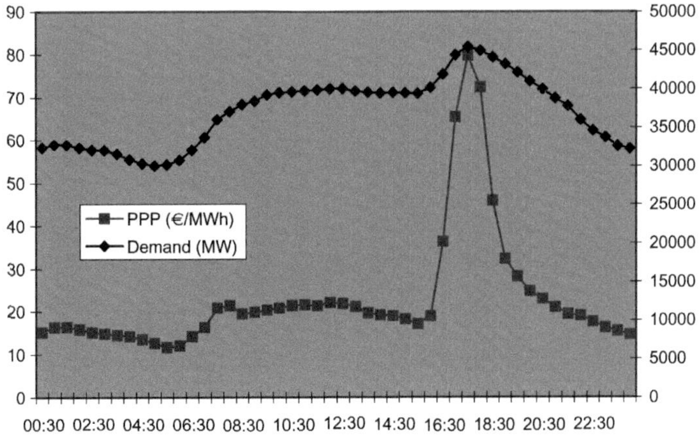

그림 7.13 1999년 11월에 대한 NGC 하루 평균 30분 단위의 수요와 풀 구입 가격

위해 사용된다. 가격과 요금의 배분 과정을 정산이라고 한다.

≫ 연계 매매

그림 7.13은 하루 동안의 가격의 변화를 보여준다. 보여진 가격은 월별 평균 값이다. £100/MWh(€150/MWh)가 넘는 첨두 부하(약 오후 5:30분) 시간에 가격 동요를 잡을 수 있게 보인다. 악천후 시 £250/MWh(€375/MWh)가 넘어간다. 이는 2GW의 첨두 부하 공급자에게 30분 당 £2,500,000(€3,800,000)정도의 가격 동요를 의미한다. 대부분의 공급자는 상당히 작은 여유분을 두고 운영하고, 소비자에게는 고정 요금을 부과한다. 따라서, 추운 계절에 갑작스런 풀 가격의 상승은 공급자의 파산을 야기할 수도 있다. 한편으로 발전사는 고정된 연료 비용을 지불하고 있기 때문에 따듯한 날씨가 오래 지속될 경우 가격 하락에 따라 자본 운용에 문제가 발생할 수도 있다. PSA의 등장 후, 차액 제도가 출현했다. 제도는 통상적으로 1개월 이상의 기간 동안 발전사와 공급자에게 발전과 수요의 가격을 고정시킬 수 있도록 유예한다. 이 계약은 풀 가격 변화에 따른 연계 매매에 의해 이루어진다.

공급자는 소비자 기대 손실/이익 때문에 생기는 변화와 계절 때문에 생기는 변화를 고려하여 한 달 동안 30분 단위로 수요 예측을 한다. 이를 연계 매매 거래량이라 한다. 공급자는 재정 기구인 중개인에게 이 정보를 제공한다. 중개인은 다음 달 가격을 예측하여 계약에 고정비를 제공한다. 공급자는 수요에 대해 30분 단위로 PSP를 지불해야 하며 같은 시간에 PSP가 고정비보다 높으면 중개인은 연계 매매 거래량에 대한 PSP와 고정비 차이만큼 공급자에게 지불한다. 다시 말해서, PSP가 어느 30분 동안에 고정비보다 낮으면, 공급자는 그 차이만큼 중개인에게 지불한다. 이런 방법으로 공급자는 연계 매매 거래량에 대한 고정비를 지급한다. 공급자가 연계 매매 거래량을 예측할 때, 예측량이 너무 높으면 추측상 이익이 생길지라도 공급자는 계약에 대한 차이를 지불한다. 발전기는 같은 방법으로 발전 거래량에 대해 지급받을 가격을 정한다.

예를 들어, 기저 부하나 첨두 부하같이 정해진 계약은 기준 기간, 상태와 계약 유형과 함께 출하 된다. 이를 전기선도협약(EFAs)라 하며, 전력 거래를 통해 사고 판다. 같은 방법으로, 공급자와 발전기는 선도 매매 시장에서 사고 판다. 독립 공급자의 신용 등급이 떨어지고 EFA를 얻지 못하면 이러한 계약의 중요성이 명확해진다.

≫ 규제 완화

민영화에 의해 소비자는 그 지역 REC로부터 전력을 살 수 있다. 그러나, 1992년에 1MW보다 큰 평균 전력을 요하는 소비자는 그 지역 밖의 공급자를 선택할 수 있게 되었다. 1994년에는 공급자를 선택할 수 있는 수용가의 평균 부하량이 100kW까지 줄었다. 결국, 1999년에 모든 소비자는 공급자를 선택할 수 있게 되었다.

같은 시기에, 소규모 독립 발전사와 2군 공급자들이 시장에 참여하면서 National Power, Powergen, Nuclear Electric과 RECs(후에 Public Electricity Suppliers나 PES로 불림)의 독점을 제한하게 된다. 이를 통해 신재생 에너지 발전사와 특정 신재생 에너지 공급자가 시장에 참여할 수 있는 기회를 제공했다. 게다가, PESs는 공급, 배전, 계량과 계량 해석을 개별 사업으로 만들기 위해서 분리되었다. National Power와 Powergen같은 대규모 공급자는 분리하였고 민영화된 기업들과 유사성을 지니고 있었기 때문에 양도했다. 또한, 송전 계통 운영자인 National Grid Company는 독립 회사가 되었다.

≫ 신전력거래협의(NETA)

전력 풀 시스템은 성공적인 규제 완화와 ESI 개설의 한 부분으로서 역할을 하고 있다. 그러나, 비평가들은 풀 가격이 소수의 중요한 발전사에 의해 조종된다고 한다. 사실, 풀 가격의 이러한 조작은 전체 전력 가격을 높일 수 있다. 게다가, 발전사와 공급자는 풀에서 전력을 사거나, 높은 위치에서 쌍방 연계 매매를 하는 대신에 쌍방 계약을 자유로이 할 수 있어야 한다. 더욱이, 3군이 DFCs와 EFAs에서 하는 것만큼 전력 거래를 위해 시장에 들어갈 수 있다는 장점이 있다. 이러한 이유로, 신전력거래협의(NETA)가 2001년 3월에 등장했다.

≫ NETA하에서의 전력 거래

발전사와 공급자는 시스템 운영자와 같은 National Grid에게 하루 전에 발전과 수요에 대한 각 30분간의 정보를 통보해야 한다. 이는 NGC가 이전만큼의 공급과 수요의 유지를 할 수 있도록 한다. 그들이 시장 균형에서 필요한 양이나 참여하는 양의 출력을 변경할 수 있더라도 지금 발전사는 NGC에 의해 급전하는 것보다 자체 급전을 하는 것이 낫다. 발전사는 아직 CEGB 제도 하의 절차와 매우 비슷한 순서로 자체 급전한다. 그러나, 급전 순서는 가격에 의해 정해진다. 또한, 공급자와 발전사는 NETA 중심 시스템에게 그들이 거래하고 있는 계약을 알린다. 이러한 계약은

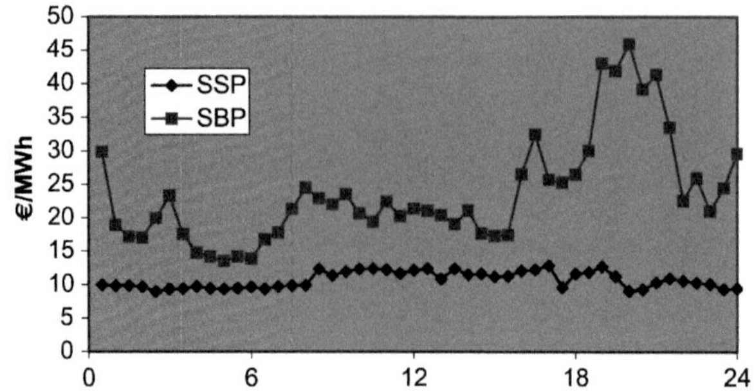

그림 7.14 2002년 3월의 하루 평균 30분 단위 계통 판매 및 계통 구입 가격

실시간으로 1시간 전에 공지해야 하며 이를 창구 마감이라 한다. 공급자는 계약한 양을 연계 매매하기 위해 고정비로 거래한다. 계약한 양과 실제 발전하거나 공급한 양의 차이는 균형 시장에서 정해진 가격으로 현금 지불된다.

공급자와 발전사는 각기 다른 시간 범위에서 계약을 체결하며, 실제보다 한 달이나 그 전에 주어진 가격으로 주어진 전력량을 직접적으로 계약하는 쌍방 계약을 시행한다. 이는 전체 전력 거래량의 90%를 차지한다. 공급자와 발전사가 몇 달 전에 수요나 출력을 정확하게 예측할 수는 없다. 따라서, 약 하루 전에 전력 거래량을 익명으로 사고 판다. 이는 앞에서 언급한 창구 마감까지 이루어져야 한다. 전력의 약 5%는 이 방법으로 거래된다. 남은 5%는 현금 매상이나 불균형 시장을 통해 거래된다.

≫ 불균형 시장

공급자의 실제 수요가 30분 동안 창구 마감 전에 계약한 양보다 많다면, 공급자는 계통구입가격(SBP)으로 계통 운영자에게 차액을 지불해야 한다. 공급자의 실제 수요가 계통판매가격(SSP)보다 적다면 남은 양에 대한 차액을 지급받는다. 이 원리는 계약한 발전량과의 차이에 대해서 계통구매가격을 지불하고, 계약한 출력에서 초과한 발전량에 대한 계통판매가격을 지급받는 발전기에만 해당한다. 일반적으로 계통판매가격은 공급자와 발전사간의 평균 쌍방 계약 가격보다 낮다. 계통판매가격은 일반적으로 공급자와 발전사간의 평균 쌍방 계약 가격보다 높다.

그림 7.14는 2002년 3월 동안의 각 30분간의 평균 SSP와 SBP를 보여준다. 전국의 수요 곡선 모양을 반영하는 SBP가 하루 동안 더 심한 변동을 보이지만 SSP는 한 달 동안 약 £10.70/MWh(€16.10/MWh)이며, SBP는 £23.70/MWh (€35.60/MWh)이다. 이 달의 계약 가격은 약 £15/MWh(€23/MWh)이다. 이러한

비대칭성 가격 때문에 실제 값에 아주 근접한 예측치를 얻기 위해서 공급자와 발전사에 대한 인센티브가 있을 수 있다.

≫ 균형 시장

계통 운영자인 National Grid는 CEGB와 풀의 하루 동안 공급과 수요를 맞추기 위해서 발전기에 출력 변화 지시를 내린다. 이는 균형 시장이라는 또 다른 시장을 사용하여 운영한다. 송전하기 전에 발전기는 추가적인 출력을 내거나 줄이기 위해 입찰한다. 공급자의 경우 수요를 줄이거나 늘리는 입찰을 한다. 창구 마감 후, NGC는 계통의 균형을 유지하기 위해 입찰과 매물을 검토한다. 공급자와 발전사는 그들의 입찰에 대한 지불을 하고 매물에 대한 지급을 받는다. 그러므로, 이러한 유형의 시장은 입찰가 경매라고 한다. 단순하게, 다른 가격이 있더라도 입찰의 가치는 계통 판매가격으로 정해지고 매물의 가치는 계통 구입가격으로 정해진다. 일반적으로, 계통 균형의 전체 가격은 SSP와 SBP을 위한 진행의 균형보다 조금 적다. 이는 두 발전사가 서로 균형이 맞지 않고 이를 각각 지불하기 때문이다. 그러나, 그들의 불균형은 상쇄된다. 초과된 양은 정확하게 총 발전량과 총 수요의 비율로 공급자와 발전사에게 재할당된다.

≫ 영국의 전력거래 및 송전 협약(BETTA)

2005년 4월까지 스코틀랜드의 전체 전력 시장은 추가 지불 및 과잉 시장 가격이라는 비슷한 점이 있음에도 영국과 웨일스와는 다르게 운영했다. 이 날 이후로 두 시장이 NETA로 통합되었다. 또한, 두 개의 스코틀랜드 발전사와 공급자들을 통해 운영되던 스코틀랜드의 송전 네트워크는 영국 전체 송전 네트워크를 책임지는 National Grid에 의해 독립적으로 운영되었다. 이러한 새로운 제도를 영국의 전력거래 및 송전 협약(BETTA)이라고 한다.

7.7.3 다른 국가들의 도매 경쟁 시장

≫ 소개

처음 영국의 웨일즈 지역에 풀 기반(Pool-based) 전력 시장이 도입되었을 때 이는 매우 획기적으로 평가되었다. 이후 다른 국가에서도 전력 풀(power pool)과 쌍방 거래, 선물 시장 및 균형 시장을 기반으로 하는 도매 전력시장이 도입되기 시작했다.

풀 기반 전력 시장의 도입은 넓은 의미에서 전력의 도매 가격을 미리 결정할 수 있다는 뜻이며, 실시간 및 전력을 공급한 이후에도 가격 결정이 가능하다는 것을 의미한다. 사전 가격은 일반적으로 전일(day-ahead) 단계에서 결정되는데, 사실 실제가격과 계획단계의 균형을 위해서 필요한 사전 가격을 기반으로 하는 시장과, 소비자의 전력 수요 및 발전기의 공급량을 정확하게 예측하는 것은 불가능하다. 따라서 계통 운영자는 균형 시장의 실제 가격을 반영하도록 시장의 시스템과 가격의 균형을 위해 호가(bid and offer)매매를 수행한다. 사후(Ex post)시장은 계통 운영에 대한 실제 가격을 반영하며, 따라서 차후의 균형 시장이 필요하지 않다. 일반적으로 계통 운영자는 전일 가격을 공표하여 시장 참여자가 이윤을 최대화하고 비용을 최소화할 수 있도록 한다.

≫ 스칸디나비아의 Nord Pool

스웨덴, 노르웨이, 핀란드와 덴마크의 일부 지역에서는 Nord Pool을 통하여 전력을 거래한다. Nord Pool은 전일 현물 시장, 선도 시장과 선물 시장을 운영하고 있다. 대부분의 전력은 쌍방계약을 통해 거래하며, Nord Pool에서의 거래는 자발적이다. 시장 참여자는 하루 전 각 시간의 현물 시장(쌍방향 거래를 고려) 호가를 제시한다. Nord Pool에서는 수요와 공급 곡선이 교차하는 지점에서 사후 가격을 결정한다. 이에 대한 예를 그림 7.15에 나타내었다.

이 그림은 대표적인 수요와 공급 곡선을 나타내고 있다. 비용이 증가함에 따라서 수요는 감소하는 경향을 보인다. 이와는 반대로 비용이 증가하는 것은 더 많은 발전

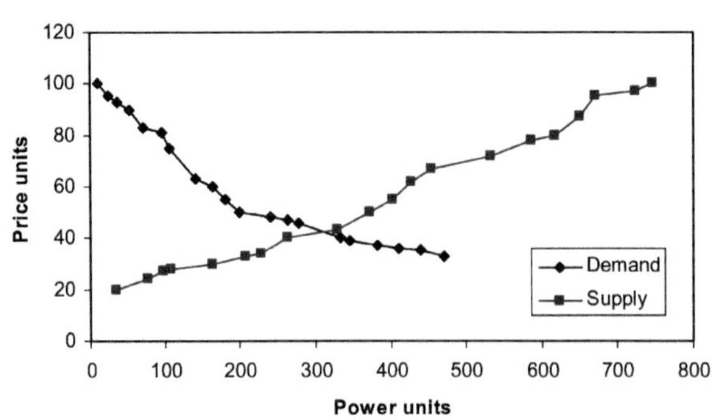

그림 7.15 Nord Pool의 대표적 수요 및 공급 곡선

기가 가동되기 때문에 가격이 높은 발전기가 운전하게 된다는 것을 의미한다. 그림의 예를 보면 균형점에서 발전기는 약 310단위이며 현물 시장 가격은 약 40단위를 나타내고 있다.

전일 13시 30분에 시장 참여자는 입찰을 확인하고 이를 확정해야 한다. 참여 국가의 계통 운영자는 또한 정해진 출력에서의 발전소와 공급자가 입찰하도록 균형 시장을 운영한다. 그 후, 전일 균형 시장 가격은 한계 호가에 따라 시간별로 결정된다. 각 참여자의 불균형 부분은 이 가격으로 모두 결정된다.

≫ 호주

1994년에서 1997년 사이에는 빅토리아주의 VicPool 시장이 운영되었다. 이것은 영국의 전력시장과 매우 흡사한 것으로 계통 운영자는 30분 간격으로 사후 전력 한계 가격을 결정한다. 발전과 수요의 입찰은 일주일 단위로 이루어진다. 참여자는 그들의 호가를 계통 운영자를 통해 가격이 제시되는 하루 전까지 변경할 수 있다. VicPool은 강제적 시장으로, 호주는 현재 국립전력거래소(NEM)를 소유하고 있다. 이 시장에서 발전소와 공급자는 전일 입찰을 수행하며 계통 운영자 NEMMCO는 5분 전에 계통의 사전 한계 가격을 계산하기 위한 계획 프로그램을 가동한다. 계획 수행단계에서의 편차는 보조 서비스(ancillary service)를 통해 보완한다. 효율적인 거래 시간은 30분으로 5분에서 30분까지 평균 시간 가중치와 같은 방법으로 정산가격을 계산한다.

≫ 뉴질랜드

뉴질랜드에서는 사전 가격의 선택적 현물 시장(NZEM)이 운영된다. 참여자는 하루 전에 입찰을 수행한다. 예상가격은 하루 전 15시에 공표되며, 참여자는 급전 2시간 전에 재입찰을 할 수 있다. 쌍방 계약은 시스템 운영자에게 반드시 알려져야 하며, NZEM은 긴급으로 가격을 결정할 수도 있다.

≫ 아르헨티나

발전소와 대규모 소비자는 현물시장 참여를 선택적으로 할 수 있다. 또한 쌍방 계약을 하는 것도 가능하다. 소규모 소비자는 계절별 균등가격에 구매하거나 발전소와의 직접적인 쌍방 계약을 통해 구매하는 것도 가능하다. 계절별 가격은 정부에서 현물가격을 기준으로 6개월 마다 결정되며, 현물 가격은 하루 전 시간당 사전 가격으로 결정된다. 가격은 수요와 공급에 중요한 변화가 있다면 한 시간 전까지 수정이 가능하다. 수력 발전에서는 6개월 마다 물의 가격을 결정하며, 계통 운영자 CAMMESA는 미리 규정된 알고리즘과 연료/물의 입찰가격을 통해 한계 발전 비용을 계산한다.

≫ 캘리포니아

캘리포니아에서는 하루 전의 사전 가격을 결정하기 위해서 선택적 전력거래(PX)를 운영한다. 발전소와 공급자는 참여자가 다섯 번까지 호가를 변경할 수 있는 반복적인 경매를 통하여 하루 전 입찰을 수행한다. 이 과정을 거쳐 PX에서는 제시가격을 공표하고, 이에 따라 참여자의 입찰이 수용된다. PX는 독립 계통 운영자(ISO)에게 최종 전일 계획을 제출한다. 같은 시간에 PX에 참여하지 않은 참여자는 쌍방향 계약을 하였거나 다른 전력 거래소를 통해 거래를 하였으므로, 계획 조정자 (SCs)를 통해 ISO에 계획을 제출한다.

≫ 유럽의 규제 완화된 전력 시장

EU에서 노르웨이, 스웨덴, 핀란드와 영국은 가격 경쟁을 위하여 전력시장을 규제 완화하였다. 1996년에 EU 집행위원회는 다른 EU국가에게 전력시장을 점진적으로 개방할 것을 권고했다. 그 결과, 다른 EU국가는 전력시장 개방에 따른 프로그램을 시작하였고 몇몇 국가는 더 많은 진전을 보이기도 하였다.

EU 몇몇 국가는 단일 구매가 방식(SBM)을 적용하고 있다. 이 방식의 시장에서는 모든 전력 생산자가 단일 구매자(SB)에게 전력을 판매하는 것이 가능하다. 또한 단일 구매자는 전력을 소비자에게 판매를 허락할 수 있는 유일한 권한을 가진다. 생산자는 단일 구매자와 함께 장기 전력구매약관(PPAs)을 입찰한다. 이 체계는 프랑스와 그리스가 잘 적용하였다. 다른 EU국가는 전력 거래, 쌍방 거래 및 균형 시장과 같은 복합 전력 시장으로 전력 계통을 운영하고 있다.

7.7.4 도매 경쟁 시장에서의 신재생 에너지의 가치

≫ 소개

이번 절은 전력시장에서 발전의 다른 형태를 보이는 신재생 에너지 발전의 가치에 대해서 다룬다. 다음 절에서는 전기의 '녹색 가치'에 대한 이슈를 다룰 것이다. 신재생 에너지 발전과 전통적인 발전 사이에는 전력시장에서의 거래에 대한 두 가지 기본적인 차이가 있다.

- 신재생 에너지 발전의 상대적으로 작은 규모
- 대부분의 신재생 에너지 발전의 변동성 또는 제어방법의 부족

첫 번째 주제는 경쟁 시장에서 신재생 에너지 발전기가 작은 용량을 가지는 경향이 있음을 말하고 있다. 적절한 이익을 위하여 전기 공급자는 상대적으로 큰 소비자를 대상으로 하는 수 천 MW의 수요를 담당한다. 하지만 신재생 에너지 발전기는 단지 수십 MW를 생산한다(일부 대단위 풍력 발전 단지는 비교적 큰 전기를 생산할 수도 있다). 예를 들어, 많은 전력거래소들이 1MW 보다 낮은 입찰이나 매매를 수행하고 있지 않기 때문에 신재생 에너지 발전기는 1MW 단위로 거래된다. 따라서 이러한 시장은 상대적으로 현금화하기가 어렵다. 다시 말하면, 이러한 소규모 거래는 시장에서 쉽게 거래되지 않는다는 것이다. 이런 결점은 신재생 에너지 발전으로 생산된 전기의 가치를 하락시키는 경향을 보인다.

두 번째 주제로 추가 지불 및 과잉 공급(top-up and spill)에 대한 균형 시장을 가지는 시장에서 사전 가격을 설정하는 것이 특히 중요하다는 것을 말할 수 있다. 풍력 발전기는 바람의 변화에 따라 출력이 변하며, 정확도는 떨어지지만 그 정도를 예측할 수 있다. 저수지와 같은 저장 장치가 없는 수력 발전기의 경우에는 강수량의 영향을 받는다. 저수지와 같은 저장 장치는 출력 변동을 완화시키는 목적으로 도움이 되지만, 장기간의 가뭄이 이어질 경우 발전 출력 중단의 원인이 될 수도 있다. 바이오 에너지를 이용한 발전은 비록 제어가 가능하긴 하지만 공급 원료에 의존해야 하고 또한 계절의 영향을 받는다. 태양광 발전은 약간의 구름이 존재하는 따뜻한 기후에서 적절한 출력이 예상되지만 구름의 이동에 의해 상당한 출력 변동 가능성이 있다. 파력에 의한 발전은 파도를 만드는 바람에 따라 영향을 받는다. 파도 발생은 바람 에너지를 이용하기 때문에 이에 의한 발전 에너지 변화는 풍력 에너지 변화보다는 완만한 경향이 있다. 조력 발전은 달과 해의 상대적인 위치에 따라 하루를 주기로 그 변화의 폭이 크지만 어느 정도 예측이 가능하다. 바람의 속도 및 방향의 변화와 압력을 통해 기대되는 조수의 범위를 조정할 수 있다.

에너지의 변동성에 대한 내용은 2장과 3장에서 자세히 설명하였으며, 위에서 요약된 내용은 모든 신재생 에너지 자원에 대한 다양한 크기와 시간 척도에 대한 관련된

주제를 설명하고 있다. 이러한 에너지의 변동을 예측하는 방법은 신재생 에너지 발전 자원별로 가지각색이다. 간헐적인 신재생 에너지 발전기가 다른 참여자, 즉 전기 공급자와 쌍방으로 계약되면 그 발전기가 제공하기로 계약한 양과 실제 공급하는 양의 차이가 균형시장으로부터 나타나는 추가 지불 및 과잉 가격에 의해서 계산될 것이다. 이러한 가격 변동은 일반적으로 평균 쌍방 가격과 비교하였을 때 단점으로 적용될 수 있다. 따라서 이러한 시장에서 출력을 정확하게 예상할 수 없는 신재생 발전기는 불리하다고 말할 수 있다.

≫ 사례연구: 쌍방계약과 균형시장에서 전력시장의 소규모 수력 발전기에 대한 영향

소규모 수력 발전기가 참여자가 시간단위로 출력을 쌍방 거래할 수 있고, 균형시장에서 추가 지불 및 과잉 가격으로 불균형을 정산할 수 있는 전력시장에서 거래가 이루어지게 된다. 즉, 추가 지불 및 과잉 시장은 시스템 관리자로부터 요청이 들어오면 짧은 시간 내에 그 출력을 조절할 수 있는 유연한 발전기와 소비자로부터의 입찰과

표 7.9 €15/MWh에 계약한 수력 발전기의 SUP와 TUP 불균형 비용

Hour	Actual (MWh)	Contracted (MWh)	Contract value (€)	SUP (€/MWh)	TUP (€/MWh)	Imbalance cost (€)
1	1.0	1.9	28.50	11.00	23.00	−20.70
2	1.3	1.9	28.50	11.00	21.00	−12.60
3	1.5	1.9	28.50	9.00	20.00	−8.00
4	2.0	1.9	28.50	8.00	23.00	0.80
5	2.0	1.9	28.50	10.00	28.00	1.00
6	2.0	1.9	28.50	12.00	30.00	1.20
7	2.5	1.9	28.50	12.00	35.00	7.20
8	2.5	1.9	28.50	13.00	33.00	7.80
9	2.5	1.9	28.50	13.00	35.00	7.80
10	2.6	1.9	28.50	13.00	37.00	9.10
11	2.8	1.9	28.50	12.00	33.00	10.80
12	2.7	1.9	28.50	11.00	30.00	8.80
13	2.6	1.9	28.50	10.00	28.00	7.00
14	2.5	1.9	28.50	9.00	27.00	5.40
15	2.3	1.9	28.50	9.00	25.00	3.60
16	2.0	1.9	28.50	8.00	24.00	0.80
17	1.5	1.9	28.50	8.00	23.00	−9.20
18	1.4	1.9	28.50	7.00	24.00	−12.00
19	1.5	1.9	28.50	7.00	23.00	−9.20
20	1.6	1.9	28.50	8.00	24.00	−7.20
21	1.5	1.9	28.50	9.00	23.00	−9.20
22	1.3	1.9	28.50	9.00	21.00	−12.60
23	1.2	1.9	28.50	8.00	20.00	−14.00
24	1.4	1.9	28.50	9.00	20.00	−10.00
	46.2	45.6	684.00			−53.40

매매를 반영하여 그에 따라 다른 요금을 부과하게 된다. 수력 발전기는 €15/MWh의 가격으로 24시간 동안, 시간당 1.9MW의 고정된 출력을 내는 공급자와 전일 계약을 한다. 이 수력 발전기의 24시간 동안의 평균 수입[€/MWh]은 얼마인가?

이 질문에 답하기 위해서 24시간 동안 실제 시간별 수력 발전기의 출력과 시간별 추가 지불 및 과잉 가격을 알아야 한다. 표 7.9는 그 필요한 값을 나타낸 것이다.

수력 발전기의 실제 출력은 하루 동안 공급하기로 계약된 1.9MW 이상이거나 그 이하이다. 공급자는 매시간 계약에 의해 1.9MW를 공급받고, 발전 사업자에게 총 €684.00를 지급할 것이다. 하루 동안에 공급한 에너지에 대하여 이 계약은 시장 운영자에게 미리 공지된다. 하지만 수력 발전기의 출력은 매시간별로 측정되고 시장 운영자는 매시간별 출력이 계약내용과 일치하지 않는 것을 확인하게 된다. 따라서 해당 발전기는 출력 부족분을 추가 지불 요금(TUP)으로 보상하고, 잉여분은 과잉 지급 요금(SUP)으로 보상받는다. 대부분 비대칭적인 균형 가격을 갖는 이러한 시장에서 SUP는 일반적인 시장가격보다 낮다고 할 수 있다. 여기에서 부족분과 잉여 에너지의 순 가치는 €53.40의 비용의 가치를 가진다. 이것이 발전기가 계약으로부터 얻는 이득에 더해진다면 하루 동안 해당 발전기는 총 €630.60의 수입을 얻는다. 이 발전기가 계약에 의해 실제 생산한 총 에너지의 양은 46.2MWh이다. 따라서 발전기의 에너지의 순 가치는 총 €13.65/MWh가 된다. 결과적으로 수력 발전기의 부정확한 출력에 대한 부과금은 하루 동안의 쌍방 계약 가격(€15/MWh)의 약 9%라고 할 수 있다.

≫ 사후 가격에 대한 전력시장의 신재생 에너지 거래.

예를 들어, 영국 웨일즈의 풀(pool)과 같은 시장, 즉 같은 수력 발전기가 사후 가격에 의한 시장에서 거래되었다면 거래에 불리한 불균형 가격에 노출되지 않을 것이라고 볼 수 있다. 이러한 강제적인 '풀 시스템'과 '쌍방계약과 균형 시장에서의 시스템'간 주요한 차이점을 알아보면, 이전의 풀 시스템은 모든 참여자에게 전체 시스템에 대한 균형 비용을 적용시킨 반면에 쌍방계약 시스템은 계약된 위치와 비교하여 균형에서 벗어난 참여자에 대해서만 균형 비용을 적용시켰다는 것을 알 수 있다. 모든 전력이 풀시장을 통하여 거래되어야 하기 때문에 일반적으로 강제적인 풀 가격은 균형시장 가격보다 적게 변한다. 그래서 간헐적인 신재생 에너지 발전기에 대한 부과금 또한 적다고 할 수 있다. 하지만 신재생 에너지 발전기가 출력에 대한 고정비를 받기 위해 연계매매를 원하는 경우라면, 연계매매 계약을 하지 않은 어떤 발전기에 대한 풀 가격에 노출될 우려가 있다. 만약 풀 가격이 발전용량의 잉여로 인해 한 기간 동안 갑자기 감소한다면 신재생 에너지 발전기는 손해를 본다는 것을 의미한다.

≫ 녹색전기 마케팅

정부의 법률제정은 신재생 에너지 발전을 장려하는 하나의 방법이지만 그것이 유일한 방법은 아니다. 전력 시장의 개방은 새로운 전력 공급자가 녹색 요금을 소비자에게 제공할 기회를 가질 수 있다. 그러한 녹색 전기는 환경에 대해 책임감을 가지는 소비자에게 '프리미엄 상품'으로 판매된다. 일반적으로 이러한 프리미엄은 녹색 요금으로 부과되는데 이것은 신재생 에너지 발전기를 대상으로 직접적으로 지급될 수도 있고 새로운 신재생 에너지 발전을 지원하기 위해 사용될 수도 있다. 이러한 요금의 시행 현황은 각 나라별로 다양하다. 예를 들어, 영국의 시장 연구를 보면 국내 전기 소비자의 25%, 즉 570만의 가정집에 해당하는 소비자가 녹색 전기 요금에 관심을 가지고 있다. 이는 소비자가 신재생 에너지로 전기를 공급받도록 요금을 조금 더 지불하는 것을 의미한다. 실제로 영국에서는 가정의 1% 이하 소비자만이 녹색 요금으로 전환했지만 독일과 미국 시장에서는 2%에 달하는 결과를 달성했다. 하지만 소비자가 지불할 프리미엄은 아주 적다. 더불어 녹색 전기를 구매한다는 생각으로 전기 공급자를 바꾸는 것은 상대적으로 새로운 개념이라고 할 수 있다. 따라서 녹색 전기 마케팅의 성공 또는 결과에 대한 결론을 내리는 것은 아직 이르다고 판단된다.

참/고/문/헌

[1] Danish Energy Agency, 'Technology data for electricity and heat generating plants', 2004.

[2] International Energy Agency, Renewables for Power Generation, Status and Prospects, OECD, Paris, 2003

[3] IEE Power Division, Economics of Embedded Generation, Institution of Electrical Engineers, London, 1998.

[4] Hohmeyer, O. Social Costs of Energy Consumption, Springer-Verlag,

Berlin, 1998.

[5] 'Externalities of energy (ExternE), European Commission, 1995-99', EUR 16520-25 EN; also 'External costs. EC summary document on the above', published 2003, EUR 20198, The EU page http://euaropa.eu.int/comm/reserch/energy/gp/gp_pubs_en.html has a ling to these and other relevant material.

[6] Roberts, Liss and Saunders, 'Power generation and the environment'. Oxford University Press, 1990.

[7] Lockwood, B. 'The social costs of electricity generation', CSERGE, University of East Anglia, 1992

[8] A full description may be found at http://euaropa.eu.int/comm/environment/climat/emission.htm and on the DEFPA site at http://www.defra.gov.uk/environment/climatechange/trading/eu/.

[9] Wenger, H. and Hoff, T. 'The value of PV in the distribution system – the German grid-support project', PG&ER&D Report 007.5-94.15.

[10] 'REVALUE-the value of renewable electricity', European Commission Project JOR3-CT96-0093.

[11] Laughton, M. 'Implications of renewable energy in electricity supply', IMechE Seminar on Power Generation by Renewables, Professional Engineering Publishing, Bury St Edmunds, 2000.

[12] National Grid, 'National grid and distributed generation-facilitating the future', 2001; www.nationalgrid.com/uk/social&environment.

[13] The Transmission Issues Working Group Final Report, DTI, 2003.

[14] 'Charge change prompts green fears', Power UK, Issue 119, January 2004.

[15] South Western Electricity plc., 'International of Delabole wind farm and south Western Electricity's distribution system', ETSU Report W/33/00266/REP, 1994.

[16] www.dti.gov.uk/energy/renewables/tiwgreport.pdf.

[17] Milborrow, D,J. 'Capacity credits – clarifying the issues', in British Wind

Energy Association 18th Annual Conference, Exeter, 25-27 September 1996, MEP Ltd, London, 1996.

[18] Ilex Energy Consulting Ltd and UMIST, 'Quantifying the system costs of additional renewable in 2020' (The 'SCAR'report), Report commissioned by DTI.

[19] Dale, L., Milborrow, D., Slark and Strbac, G. 'A shift to wind is not unfeasible', Power UK, 2003, 109, 17-25; on BWEA website www.bwea.com.

[20] Harrison, L. 'Wind economics set to beat gas in Ireland', Windpower Monthly, December 2004.

[21] Ruchser, M. 'ENER-IURE Project Phase Ⅲ - analysis of the legislation regarding renewable energy sources in the EU member states', Report concerning electricity in Germany, 2001.

CHAPTER 08

지속가능한 미래 전력 공급 시스템

8.1 소개

우리는 부에 의해 다양하게 구분되는 세상에 살고 있으며, 이는 개인당 사용하는 에너지 소비량의 다양성에도 반영되고 있다. 평균적으로 미국인들은 1년간 대략 13,000kWh의 전력을 사용하는 반면, 아프리카의 저개발지역에서는 평균 50~100 kWh정도의 전력을 사용하고 있다. 실제로, 거의 2억 명에 가까운 사람들이 전기 사용의 혜택을 받지 못하고 있다. 사회 정의 구현 측면 및 빈부의 격차에 의한 사회적 갈등에 해소에 대한 실용주의적 사고의 측면에서 이러한 불균형은 해결되어야 한다.

전 세계적인 전기 공급 시나리오에 따르면, 세계 인구의 일인당 전력 소모는 연간 3,000kWh에 달할 것으로 예상되며, 이는 필연적으로 대규모 발전설비 추가 건설을 필요로 한다. 기존에 사용하던 화석연료와 원자력만으로 이러한 문제가 해결될 수 있을까? 만약, 기후변화가 실제로 일어난다면 이것은 환경적 재앙이고, 사용가능한 석유와 가스의 잔존기간을 단축시킬 것이다. 둘째로 환경적으로 나타나고 있지만 우라늄 공급에 대한 지속적인 수요를 필요로 하게 되고 추가적인 핵폐기물 양 또한 증가할 것이다. 이 핵폐기물을 안전하게 처리하는 것도 문제가 된다.

따라서 실현 가능한 대안은 신재생 에너지원을 개발하여 증가시키는 것과, 결국에는 완벽하게 지속가능한 전기 공급 시스템을 개발하는 것이다. 현재의 한정된 에너지 자원에 대한 탐욕스런 소비로부터의 전환은 대단한 도전이 되겠지만 반드시 직면해야만 한다.

신재생 에너지원들은 다음과 같은 다양한 장점들을 가지고 있다.

- 고갈되지 않는다. 태양이 빛나는 동안 계속 존재한다.
- 자체적으로 생산하므로 다른 나라로부터 수입하는 화석연료의 의존도가 감소한다.
- 실질적으로 무공해이지만, 생산과 처분을 하는 동안 소량의 공해물질 방출이 있을 뿐이다.
- 시간에 따라 다양하게 상호보완이 가능하다.
- 일반적으로 소규모이며, 지리적으로 분산 배치가 가능하며 또한 전기를 필요로 하는 곳에 가까이 배치할 수 있기에 전력 전송 손실과 배전 손실을 줄일 수 있다

- 많은 수의 개별 발전기(신재생에너지원) 조합의 통계적 강인함 때문에 대규모 발전시스템에 비해 시스템 측면에서 보다 강인하다.
- 특히 개발도상국에서 적합하다. 신재생에너지 기술을 기반으로 한 시스템의 개발이 기존 화력 또는 원자력발전 시스템의 개발보다 훨씬 간단하다.

그러나 신재생 에너지원은 상대적으로 새롭고 현재 개발이 진행 중인 기술이기 때문에 다음과 같은 단점들을 가지고 있다.

- 일반적으로, 모두가 그렇지는 않지만, 전력 생산비용이 기존의 에너지원보다 훨씬 비싸다. 하지만 이러한 비교는 외부의 비용을 포함하고 배제함에 따라 달라진다.
- 바이오매스 기반의 발전을 제외하고, 전력의 급전제어가 불가능하다.
- 소규모 분산형 신재생 에너지원들을 수용하기 위한 전기 공급 인프라의 변경 또는 수정이 요구된다.

본 장은 미래 전기 공급 시스템이 요구하는 핵심적인 주요기술에 대해 이해하고자 하는 독자들에게 매우 특별한 흥미를 유발할 것이다. 또 이 장에서는 개별적인 신재생 에너지 기술들의 진화에 대한 기대와 예측 등을 살펴 볼 것이다.

8.2 풍력 발전의 미래

8.2.1 대형 풍력 터빈

최근의 풍력 터빈의 기술은 놀랄 만큼 진보되었다. 최근 5MW 풍력 터빈이 상업적으로 이용가능하게 되었다. 10여년 전 대부분의 풍력발전 제조업자들이 단위기당 600kW를 제공할 당시, 시장에서 가장 큰 풍력 터빈은 단위기당 800kW 정도였다. 1990년대 중반의 34~45m의 블레이드(날개)가 로터에 장착되었지만, 현재는 대부분의 풍력 터빈은 60~90m의 블레이드가 로터에 장착된다. 규모의 경제측면에서, 특히 대규모 해상 풍력 발전설비는 kWh당, 보다 저렴한 단가로 전기를 생산하게 되었다.

제조업자들은 블레이드 피로 현상과 같은 핵심문제와 설계과정에서 자신감을 얻게 되었고 이를 혁신적으로 개선해 나갔고, 결과적으로 풍력발전설비의 대용량화가 급속히 진행되었다. 그러나 이것이 향후 발전을 위한 최선의 방법일까? 혁신의 방향이 단순히 저비용으로 커다란 장치를 개발하는 것은 아닐 것이다. 물질의 강도에 따라 풍력터빈의 크기에 제한이 존재할까? 70년대 중반의 전문가들은 상업적인 풍력 터빈이 처음으로 등장한 이래로 풍력 터빈의 한계 크기에 대해 명확한 한계를 예측했지만 이러한 모든 한계들은 지속으로 극복되고 있다.

그림 8.1에는 네덜란드 로터 블레이드 제조사인 Polymarin Composites사가 이끄는 협의회에 의해 제안된 방사상 모양으로 설계된 10MW의 풍력터빈을 나타내었다. 이 터빈은 ICORASS (Integral Composite Offshore Rotor Active Speed Stall-control)로 160m의 두 개의 블레이드 구성되었고 해상 풍력에 적용된다. 이는 설치 용량에 선형적으로 설치비용이 증가하지 않고 대용량에 대해 상당한 비용 절감을 제공한다. 이 설계방식은 유지보수 및 접근이 용이하지 않은 해상풍력에 대해 상당한 수준의 신뢰도 및 가용성을 제공하는 설계방식이다. 이러한 설계방식의 핵심요소는 허브(hub)내에서 회전기를 직접 운전 구동하도록 통합화하였고, 고정된 블레이드 각을 이용한 정지 전력 제어를 사용하고, 정격 풍속이상에서의 속도 저감을 통한 일정 전력 제어를 위해 영구 자석형 회전기기를 채택하였고, 능동 조향(active yaw drive) 시스템의 설치가 필요 없는 로터 시스템을 채택하였다.

상업적으로 성공할 수 있는 진보된 설계 개념을 논하기에는 이르지만, 확실한 것은 미래의 풍력 터빈은 오늘날의 것에 비해 특히 해상풍력에 대해 고려하게 되면서 대규모로 될 것이고 첨단 복합재료의 사용이 점차 확대될 것이다. 더불어 정교한 상태감시 및 예방 유지보수시스템의 사용이 확대될 것이다.

8.2.2 해상 풍력발전 단지 개발

풍력발전기의 해상 설치는 규모의 경제측면에서 터빈 비용이 많이 절감되는 이점이 있다. 해양환경은 육상보다 풍속이 강하고 결과적으로 많은 에너지를 생산하게 된다. 또한 풍속이 일정하고 돌풍이 적기 때문에 시스템의 통합이 보다 쉬어진다. 지상에 설치된 대용량 풍력발전기는 눈에 띄는 시각적 침해를 종종 유발하지만 해상의 경우는 그렇지 않다. 또한 대형 및 무거운 풍력발전 설비의 육로 운송은 길을 넓히는 등의 보강이 필요하지만 해상으로의 운송은 훨씬 쉽다. 특히 중요한 점은 시각 및 소음 공해가 저감되기 때문에 해상 풍력계획의 승인이 보다 쉬어진다는 것이다. 이러한 장점은 육상 풍력발전의 설치 가능한 장소가 감소하기 때문에 점점 중요하게 인식되고 있다. 현재는 전력계통 연계를 위한 비용 때문에 해상 풍력시스템이 육상 풍력시스템보다 비싸다. 풍력 터빈들의 상호 연결 및 육상으로의 연계를 위해 복잡하고 값 비싼 해저케이블이 요구되기 때문이다. 또한 경우에 따라서는 해상에 변전소 설치를 필요로 하는 경우도 있다. 하지만 해상 변전소가 많이 건립 될수록 예측하지 못했던 문제들을 해결하는 기술의 발전에 따라 운송 및 건설비용이 저감될 것이다. 예를 들면, 육상 풍력 발전기의 경우는 낙뢰가 블레이드 끝단에 내리치는 반면, 해상 풍력 발전기는 블레이드 중앙에 내리치는 경우가 더 많았다. 이러한 상황에 대처하기 위해 현재 블레이드는 재설계되고 있다. 건설 기간의 단축을 위해 풍력 터빈을 설치하는 선박을 개발 중이며, 해상까지 부품들을 가져와 조립을 하고 있다.

또 하나의 주요한 문제는 터빈의 유지보수를 위한 접근성이다. 그래서 대규모의 풍력 터빈은 때때로 플랫폼에 설치된다. 이 플랫폼은 헬리콥터에서 내린 직원들이 업무를 수행할 수 있도록 해준다. 이러한 절차는 많은 비용을 필요로 하기 때문에 풍력발전 설계자들은 뛰어난 신뢰성과 장기의 유지보수 시간을 갖는 풍력 터빈 개발에 힘쓰고 있다. 이미 언급했지만, 지속적으로 터빈의 성능과 피로 상태를 평가하는 정교한 상태 감시 시스템의 사용이 일반화될 것이다. 이러한 시스템은 1~2MW 육상 풍력발전시스템에서는 비용측면에서 상당한 부분을 차지하지만 수십 MW 이상의

그림 8.1 ICORASS 10MW 풍력터빈 예상도

시스템에서는 상대적으로 비용측면에서 작은 부분을 차지하게 되고, 또한 계측장비의 가격 하락으로 인해 이러한 상태 감시 시스템의 설치는 보다 비용 효율적 대안이 되고 있다.

≫ 전력계통 연계

해상 풍력 발전시스템의 용량이 증가함에 따라 전력계통 연계 문제는 새로운 현안으로 대두되고 있다. 풍력 발전시스템의 용량이 증가함에 따라 대용량의 전력이 국가 전력망에 급전되지만 현재의 시스템은 이러한 대용량 급전을 수용할 수 없다. 결과적으로 전력공급망의 확충을 필요로 하게 된다. 또한 시간에 따라 변화하는 풍력 발전의 전력공급은 급전제어가 가능하지 않은 전원에 대한 협조가 요구되는 않았던 전력 관리시스템에 통합되어야 한다. 이러한 시스템 개발의 비용은 상당할 것이며, 요구되는 인프라 투자에 대한 적절하고 새로운 전력 시장 메카니즘의 개발이 요구된다.

오늘날의 육상 풍력 터빈은 일반적으로 700V 정도로 발전을 하고, 풍력 타워 및 너셀의 변압기를 통해 35kV 까지 승압하게 된다. 초기의 풍력 발전시스템은 이와 유사한 구조를 사용하였다. 원거리의 대용량 풍력 발전단지에 대해서는 보다 높은 전압이 요구된다.

네덜란드의 Middelgrunden의 40MW 풍력 발전단지의 전압 단계는 해상으로부터 3km 떨어진 20기의 풍력 터빈으로부터 전력을 공급하기 위해 30kV로 선정되었다. 이와 대조적으로 Horns Rev의 160MW 풍력 발전단지의 전압은 36kV이고 해상으로 15km 이상 떨어진 육상으로 송전을 위해 해상 변전소에서 150kV로 승압된다. 미래에는 해저케이블에 의한 대규모 교류 급전방식의 급전거리는 상당히 제한될 것이다.

≫ 직류 송전 [1, 2]

교류 케이블은 상당히 큰 정전 용량 값을 가지고 있으며 이로 인해 상당히 큰 무효전력을 필요로 한다. 교류 케이블의 정전 용량 값은 케이블의 길이에 비례한다. 따라서 교류전력은 수십 km로 제한되는 교류 케이블의 길이 때문에 고압으로 단거리로 송전된다. 하지만 직류 송전 방식의 케이블은 거리상의 제약이 적다. 또한, 직류 방식은 보다 저렴하고 손실이 적다. 직류 송전 방식은 만약 하나의 케이블이 소실될 경우에도 교류 송전 방식보다 높은 공급 신뢰도를 제공한다.

장기적으로, GW급까지 풍력 발전단지의 용량이 커지고 육상으로의 송전거리는 증가함에 따라 전력계통망과 풍력 발전단지의 전력연계는 직류 송전 방식으로 연계될 것이다. 직류 송전 방식의 비용은 같은 용량의 교류 송전 방식보다 저렴하다. 그러나 현재의 발전기는 교류를 공급하기에 최적으로 설계되어 있고, 교류 송전 방식은 다양한 전압 등급으로 분산된 수용가에 전력을 공급하는데 있어서 아직 까지는 최적이다. 즉 직류 송전 방식은 교류/직류 및 직류/교류의 변환과정이 요구되고 이는 전력전자 컨버터 기술을 통해 이루어진다.

현재 전력계통에서 직류 송전 방식은 대용량 전력의 장거리 가공 송전, 중거리 지중 송전 및 해저 케이블의 송전에 의한 전력공급에 집중적으로 채택되고 있다. 만약 교류 송전 방식에서 대용량 전력을 송전하거나 송전거리가 특정 거리 이상일 때, 직류 송전 방식의 채택에 따른 비용 저감은 추가로 지출되는 컨버터 비용 보다 크다. 교류 급전망 사이의 직류 연계방식에서 직류단 사이의 상호연계 시스템은 서로 비동기이다. 즉, 상호연결 교류 시스템은 같은 주파수로 운전하지 않아도 된다. 그림 4.49에는 직류연계를 통해 계통에 연계된 가변속 풍력 발전시스템을 나타내었다. 기존의 초고압 직류송전(HVDC) 방식은 그림 4.26의 전류형(Line-Commutated) 컨버터를 사용한다. 이러한 컨버터 기술은 충분히 증명된 기술이지만 4.5.5절에 언급된 단점을 가진다.

초고압 직류송전단은 전류형 컨버터보다는 4.5.6절에 언급된 전압형 컨버터를 사용하여 구현될 수 있다. 이러한 기술은 대용량 IGBT 기술의 진보로 가능하게 되었다. 전류형 컨버터와 달리 전압형 컨버터는 정류를 위한 교류전원의 전압이 필요치 않고 유효전력 및 무효전력의 독립제어가 가능하고 교류 계통으로의 고조파 왜곡도 적은 편이다. 전압형 초고압 직류 송전의 또 다른 이점은 컨버터 변환소를 표준화된 단위 용량으로 모듈화하여 건설할 수 있다는 것이다. 이러한 특성 때문에 전력회사는 전압형 초고압 직류 송전 방식을 선호하게 된다. 전압형 초고압 직류 송전 방식은 비교적 해안에 인접한 풍력발전단지에 대해서 교류 송전 방식보다 비용이 고가이지만, 풍력 발전단지의 용량이 커지고 해안으로 부터의 거리가 멀어질수록 전압형 초고압 직류 송전 방식이 선호된다.

그림 8.2에는 전압형 초고압직류 송전 단자의 중요 구성 요소를 나타내었다. 직류 송전 단자는 그림 4.35에서와 같이 3상 IGBT 브릿지로 구성되어 있다. 현재 개발된 IGBT의 제한된 전압 및 전류 용량 때문에, 직류단의 송전용량의 증가를 위해 6개의 "밸브"는 직병렬로 연결된 IGBT로 구성되어 있다. IGBT와 다이오드는 보조모듈에 병렬로 연결되어 있다. StakPak IGBT는 두 개, 세 개, 네 개 및 여섯 개의 보조 모듈로 구성되어 있다. 보조 모듈의 개수는 요구되는 전류 용량에 의해 결정

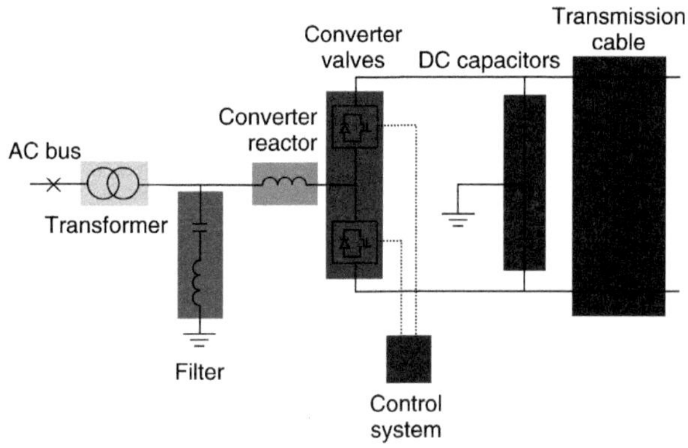

그림 8.2 전압형 초고압 직류 송전시스템의 구조

된다. 고압의 직류전압이 요구되는 대전력급에서는 수백개 이상의 StakPack이 직렬도 연결되기도 한다.

만약 요구되는 직류전압이 교류전압과 일치하지 않는다면, 교류 변압기가 컨버터와 직렬 리액터사이에 추가적으로 사용된다. 일반적인 PWM 스위칭 주파수는 2kHz이다. 교류측에는 고차의 고조파 성분만 발생하기 때문에 간단한 고역통과 필터를 통해 고조파 성분을 제거할 수 있다. 직류측에는 교류 필터 역할을 하는 커패시터가 설치된다. 그림 8.2에는 송전 신뢰도 향상을 위해 양 극성의 중간이 접지되는 양 극성 시스템 구성을 나타내었다. 하나의 극에 사고가 발생하는 경우 나머지 극과 대지귀로를 통해 임시적으로 계속적인 전력전송을 할 수 있다.

이러한 형태의 신뢰도는 3상 교류 시스템에서는 불가능하다. 교류 급전의 과도 정전 이후에도, 초고압직류송전의 비동기적 특성으로 인해 풍력발전 단지의 전압을 끌어올림과 동시에 주파수를 0에서부터 요구되는 풍력터빈의 주파수까지 제어해가면서 기동하는 "Black Starting"이 가능하다.

전압형 초고압직류송전 기술은 빠르게 발전하고 있다. 제조업자들은 조만간 1GW, 직류단 전압 ±300kV 직류 송전 기술을 제공할 것이다. 이러한 기술로 인해 연계 가능한 해상 풍력 발전단지의 용량과 송전거리는 급속하게 증가될 것이다. 가까운 미래에 이러한 기술의 성공여부는 현재 운영중이거나 건설이 고려되고 있는 해상 풍력 발전단지에 대한 연안의 부지 부족이나 풍력시스템의 기술적 성공과 신뢰도에 달려있다.

≫ 대규모 풍력단지에 대한 추가적 요구사항

규모의 경제성 측면에서, 미래의 해상 풍력단지는 현재의 육상 풍력단지보다 수배 이상 커질 것으로 예상되며, 이러한 풍력단지의 발전용량은 기존 화력발전소와 필적할만할 수준이 될 것이다. 결과적으로 해상 풍력발전은 현재 육상 풍력발전에는 요구되지 않았던 부가적 기능의 수행이 요구된다. 이러한 부가적 기능은

- 유/무효 전력제어 기능
- 시스템 주파수 제어 기능
- 전압 제어 기능
- 전력망 사고 등의 비정상 상태에서의 운전 기능
- 전력계통 안정도 보조 기능

이러한 요구 사항들은 풍력터빈 및 풍력단지 제어기능에 대한 상당히 정교한 개선을 요구한다. 현재 대부분의 수 MW급의 풍력 터빈은 이중여자방식의 유도발전기(DFIG)를 사용하여 가변속으로 운전하고 있지만, 몇몇의 전문가들은 엄격한 전력회사의 요구사항을 만족하기 위해서는 이러한 형태의 풍력터빈이 최적이 아니라고 생각하고 있다. 이러한 이중여자방식의 풍력터빈을 모든 전력을 컨버터로 변환하는 풍력터빈과 비교하면, 계통 사고시에 순간적으로 큰 사고전류를 계통 유입시키는 등의 문제가 발생한다.

만약 ICORASS 설계가 미래 풍력터빈 기술을 대표한다면, 영구자석형 동기발전기를 사용하여 전 전력을 컨버터를 통해 변환하는 방식이 사용되고 정격 풍속이상에서는 강제적으로 전력을 제어하기 위한 정지 기능 등이 추가될 것이다. 이는 위에 열거된 전력회사의 요구사항에 포함될 것이다. 아직도 미래의 풍력 터빈 설계에 많은 과제가 남겨져 있다.

≫ 유럽의 직류 슈퍼그리드

전압형 초고압 직류송전방식은 여러 개의 직류단을 가지고 있으며 각각의 단자측에서 양방향으로 전력을 자유로이 제어하고 전송할 수 있도록 운전하고 있다. 이러한 운전모드는 유럽의 직류 슈퍼그리드의 타당성 연구를 더욱더 가속화하였다. 풍력발전원이 대서양, 북해, 발트해에 집중되어 있기 때문에 이러한 전력망의 제안은 매우 비용 효율적이다(참고문헌[3] 참조). 제안된 직류 슈퍼그리드는 스칸디나비아 반

그림 8.3 유럽 직류 슈퍼그리드 개념도

도 아래부터 프랑스까지 배치되고, 독일과 영국, 아일랜드, 스페인까지 연결된다. 이의 개념도를 그림 8.3에 나타내었다. 이러한 사업의 비용은 상당하겠지만, 해상풍력의 커다란 잠재력을 흡수하는 것이 기존의 육상 전력망을 업그레이드 하는 것보다 훨씬 비용 효율적이라고 계산되었다.

또 하나의 이점은 지리학적으로 상당히 광범위한 범위에 걸친 에너지원을 상당한 크기의 에너지원으로 집합하는 것으로, 결과적으로 국소 지역의 출력변동에도 불구하고 강인한 에너지원을 얻을 수 있다는 것이다. 부가적으로 이러한 시스템은 특정 국가의 특정 기간대의 최대 수요전력 등의 전력을 공급할 수 있게 되고 국가간 에너지 거래를 활성화할 수 있는 중간자 역할을 수행할 수도 있게 된다. 이러한 기능은 서로 연계된 국가들의 최대 수요전력의 요구량이 시간적으로 차이가 존재하기 때문에 더욱 매력적인 요소가 된다. 그러나 현재의 초고압 직류송전 기술은 일대일 방식이기 때문에 다단자 초고압 직류송전 기술에 대한 상당한 기술적 개발이 필요하다.

8.2.3 건물 통합형 풍력터빈

특히 북유럽 쪽에서는 집집마다 지붕에 소규모 풍력터빈을 설치하여 쓸 수 있는 가능성에 관하여 뒤늦게 상당한 관심을 보이기 시작했다. 이러한 방식을 열렬히 지지하는 사람들은 도시환경에 설치된 소규모 풍력터빈이 이산화탄소 감소에 상당한 기여를 할 것이라고 주장하고 있다. 그림 8.4에는 전형적인 건물 통합형 풍력터빈의 모습을 나타내었다.

이런 소형 풍력터빈의 설계 및 제조업자가 직면하는 어려움은 MW급 풍력터빈보다 소형 풍력터빈의 kW당 건설비용 단가가 훨씬 높다는 비경제성에 있다. 전형적인 도시 환경에서의 연 평균 풍속은 입지가 좋은 풍력단지의 연 평균풍속의 절반 정도 밖에 되지 않는다. 발전량은 풍속의 세제곱에 비례한다는 법칙으로부터 소형 풍력 발전기로부터 얻어지는 kW당 에너지는 대형 풍력단지에서 얻을 수 있는 에너지의 1/8 정도이다. 이러한 결과 값은 대용량 풍력발전 설비의 높은 허브 위치에서 얻게 되는 빠른 풍속의 이점도 무시한 결과이다. 또한, 도시에서는 건물이나 나무로 인해 난기류가 많이 발생하고, 이러한 난기류는 터빈의 수명과 전력생산에 상당한 영향을 미친다. 긍정적인 측면으로는, 소형 풍력터빈은 대량생산의 경제적 측면에서 볼 때 대량 생산될 때 지금보다 절반의 가격으로 생산이 가능하다. 또한 정부의 보조금을 통해 소형 풍력터빈의 보급을 확대될 수 있다.

일반적으로, 소형 풍력발전의 투자회수 기간이 길기 때문에 현재로서는 대량생산을 통한 소형 풍력발전의 가격 하락은 힘들 전망이다. 추가적으로 잉여전력의 전력

그림 8.4 소형 건물 통합형 풍력터빈

그림 8.5 바레인 세계무역센터

망 판매, 주민의 건설 반대, 건설 승인, 소음 및 진동 등의 문제에 대해서도 고려하여야 한다. 그러나 전력요금이 상승한다면 풍속이 좋은 언덕 등의 고지대와 해안에 위치한 지역에서의 소형 풍력발전은 상당히 경제적일 수 있다.

소형 풍력발전은 전력망으로부터 전력이 공급되지 않은 지역, 보트 및 이동식 주택에 적용되는 경우에는 이미 경제성을 확보하고 있다. 이런 시장은 다른 대안이 되는 대체에너지원으로부터의 전력생산 비용이 비싼 경우에는 이미 성숙되어 있다.

진취적인 건축가들은 빈번한 배관 효과가 있는 건축물 구조에서 발전 에너지 효율을 향상을 할 수 있는 적절한 미래형 디자인을 설계하였다. 이러한 설계의 하나의 예를 그림 8.5에 나타내었다. 이 건축물은 세 개의 터빈 브릿지로 연결된 43층의 사무용 빌딩이다. 각 터빈은 직경 29m 이고 정격용량은 225kW 이다. 이 풍력 터빈들은 바레인의 유명한 세계무역센터의 에너지를 보조적으로 공급하기 위해 설치되었다.

8.3 태양 에너지의 미래

2장에서 이미 언급했지만, 태양 관련 기술은 현재 빠르게 개발 중이고 현재 고비용에도 불구하고 많은 장점을 제공을 하고 있다. 그러나 태양광 발전이 현재의 대용량 전력망에 큰 공헌을 하기 위해서는 기술의 발전과 비용저감이 요구된다. 다음에는 태양 에너지의 개발 가능성에 대해서 설명한다.

8.3.1 PV 기술 개발

현재 태양광 발전 시장은 실리콘 웨이퍼 셀이 주를 이루고 있다. 실리콘 웨이퍼 셀 기반의 태양광 모듈 기술은 최대 20%의 효율을 가지지만, 높은 에너지 밀도로 직접하기 위해서는 상당한 비용이 소요된다. 일반적으로 풍력발전의 에너지 회수기간이 월 단위인데 반해 지역의 정확한 일사량 자원을 바탕으로 한 태양광 발전의 에너지 회수기간은 년 단위이다 (참고문헌 [4, 5] 참조).

박막형 태양광발전은 전기를 보다 싸게 생산할 수 있는 잠재력을 가지고 있다. 상업적으로 상용화된 박막형 태양광 전지는 아몰퍼스 실리콘형 태양전지이다. 최근에는 안정화된 기술이 확보되어 있지만 아직까지는 제한된 시장 점유율을 가지고 있다 [6]. 불행하게도, 박막형 태양전지는 물질의 고유성질에 의해 성능이 제한되고 있고 장기적으로 보면 경쟁력을 기대하기 어려울 것으로 예상된다. 최근에는, CIS(Copper Indium Diselenide)와 CdTe(Cadmium Telluride) 화합물의 이종접합 셀 및 나노결정질 복합 셀에 대한 상업적 관심이 집중되고 있다. 마지막에 언급된 두 가지 태양광 전지는 안정적인 효율 및 개선된 제조공정을 통해 상업적 이득을 제공할 것으로 예상된다. 현재 유리, 금속 및 폴리머 박편 등의 제조공정 기술에 대한 활발한 투자활동이 이루어지고 있다. 업계 전문가들은 10년 이내에 태양전지의 새로운 대량 생산 기술들을 통해 태양전지가 기존의 화력 발전 및 원자력발전에 대해 충분한 시장 경쟁력을 가질 것으로 예상하고 있다.

현재의 계통 연계형 태양광발전은 건축물 지붕에 설치되고 있다. 일본과 독일에는 정부의 상당한 시장 지원 정책에 의한 결과로 1만개 이상의 지붕 설치형 태양광발전 시스템이 설치되었다. 현재 이와 유사한 정책적 프로그램이 미국에서 계획되고 있다.

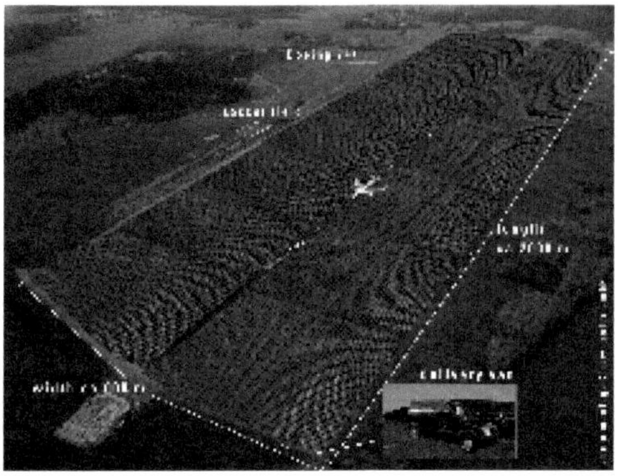

그림 8.6 독일 Walpolenz의 40MW 태양광발전의 컴퓨터 영상

그림 8.7 150MW 태양열 발전 (Karmer Junction, 미국)

초기의 지붕 설치형 태양광발전시스템은 기존의 모듈과 같은 것이 설치되었시만 현재는 "태양광 루프 타일 (PV roof tiles)" 이라고 불리는 형태의 사용이 증가하고 있다. 태양광 루프 타일을 적용하면 기존의 지붕 스타일과 비슷한 형태를 유지할 수 있어서 전통적인 지붕 외관을 유지할 수 있다. 일반 건물의 지붕과 상업용 건물의 평평한 지붕은 태양광발전의 매력적인 설치 장소를 제공하며, 건물의 외벽에도 태양광발전의 설치가 가능하다. 유럽의 도시에서는 건축학적으로 매력적인 건물 외벽에 설치된 태양광발전을 흔히 볼 수 있다. 이러한 건물 일체형 태양광발전에는 열적인 문제가 존재한다. 세심하게 설계하지 않으면, 고정 설비가 태양광발전 모듈의 자연적인 환기를 방해하게 되고, 이로 인해 높은 복사열과 온도 상승에 의해서 태양전지가

과열되어 손상될 가능성이 있다. 하지만 이런 문제는 쉽게 해결가능하다.

다양한 형태의 건물 일체형 태양광 발전이 있음에도 대부분의 대용량 태양광발전 모듈은 시골지역에 설치되고 있다. 10MW 이상의 태양광 발전은 유럽의 일사량 조건이 좋은 지역에 설치되고 있다. 그림 8.6에는 독일의 Walpolenz에 건설중인 전 세계 최대 규모의 태양광 발전소 컴퓨터 영상을 나타내었다. 이 발전소는 110 헥타르의 면적을 차지하고, 정격 용량 40MW, 년간 발전량은 대략 1만 가구에 전력을 공급할 수 있는 40GWh로 예상된다.

8.3.2 태양열 전력 시스템

2장에서 언급한대로, 태양열 발전시스템 또한 개발에 상당한 노력을 경주해왔다. 현재 태양열 발전시스템은 대용량의 경우에 경제성이 있기 때문에 태양광 발전시스템보다 설치 용량이 크다. 그림 8.7에는 캘리포니아의 Karmer Juntion에 설치된 "Parabolic Trough" 형태의 150MW 태양광 발전시스템을 나타내었다. 전 세계 사막의 1% 면적 보다 작은 250×250km의 사막 면적에 태양열 발전시스템을 설치하면 현재 세계가 필요로 하는 모든 전력량을 공급할 수 있을 것으로 계산되었다. 태양열 발전시스템 제조업체들은 이러한 전망에 대해 흥분을 감추지 못하고 있지만 실현 여부는 시간이 지난 후에 알게 될 것이다.

8.4 바이오 연료의 미래

바이오매스는 쉽게 저장할 수 있다는 점에서 미래의 지속가능한 전력 공급 시스템의 중요한 역할을 할 것이다. 연료의 적절한 배치 및 발전소 인근에의 연료저장이 지원되는 바이오 연료에 의한 전기 생산은 급전제어가 가능하므로 급전제어가 불가능한 신재생에너지원의 출력변동 및 부하의 변동을 보상하는데 사용될 수 있다. 하지만 이러한 목적을 달성하기 위한 충분한 바이오 연료가 제공되는지는 의문이다. 발전설비에 필요한 양만큼의 충분한 바이오 연료가 제공되기 위해서는 에너지 작물

생산에 필요한 충분한 대지 면적이 요구된다.

대부분의 국가에서의 바이오매스 자원은 충분한 편이다. 예를 들어 영국에서는 연간 2천만 톤 이상의 바이오매스가 얻어질 것으로 예상되고 있다. 식량 또는 화학적 공정을 거쳐 바이오디젤 및 바이오에탄올에 사용되는 일차 작물과 열원, 전력 및 액체연료의 원료로 사용되는 이차 가공된 바이오매스 목재를 구분하는 것은 매우 중요하다. 일차 생성 기술은 일반적으로 이산화탄소의 배출이 적고, 이차 생성되는 목각섬유 연료공급의 중간 단계이다. 대규모 바이오매스 작물들의 재배가 환경에 미치는 영향에 대해 연구가 필요하다. 현재는 서로 다른 바이오에너지 사슬들이 환경에 미치는 영향의 정도를 정확하게 파악하지 못하고 있다.

또한 고려해야할 사항은 대규모의 바이오에너지 작물의 생산이 식량 생산에 영향을 미치고 있고 이로 인해 원치 않은 곡물 가격의 상승을 초래하고 있다는 점이다. 최근 미국과 중국에서 곡물 가격상승에 대한 영향이 보고되었고, 이는 발전을 위한 연료라기보다 운송수단에 사용되는 액체연료를 생산하기 위해 사용되는 옥수수만 반영한 결과이다.

8.5 수력 및 해양 전력의 미래

소규모 수력 발전의 전력생산이 지역적으로 전력공급에는 공헌하고는 있지만 적합한 설치 장소에 제한이 있고 전체 전력계통에 미치는 영향은 제한적이다. 이러한 상황은 시간이 지나도 변하지 않을 것으로 보인다. 하지만 대규모의 수력 발전은 다른 양상을 띤다. 스위스와 노르웨이 같은 국가에서는 수력발전이 전력공급에 있어서 상당한 비중을 차지하고 있고, 이들의 전력시스템은 이미 이러한 자원 및 특성을 고려하여 설계되어 있다. 전 세계적으로 일부지역의 수력자원은 아직까지 충분한 개발이 이루어지지 않았고 따라서 적절한 계통 인프라를 구축하기 위한 투자에 관심을 기울일 것으로 보인다.

2장에서 언급했었던 조력발전은 거대한 조력 범위를 갖는 지리적인 장소에서 상당한 전력공급을 할 것으로 예상된다. 조력발전을 위한 댐건설 및 터빈 건설에 대한 기술이 이미 확보되었지만 경제성에 대한 의문과 조력발전 건설을 반대하는 등의 문제로 지금까지 조력에너지는 거의 다루어지지 않았다. 일반적으로 대형 조력발전 건설비용의 투자회수기간은 수십 년 이상이라고 알려져 있다. 토목공사의 경우에는 이러한 것이 일반적이라고는 하지만 이러한 계획을 추진하는데 필요한 재정을 조달하기에는 어려움이 많다. 섭금류의 조류 및 야생 생태계에 미치는 지역적 환경 파괴의 부정적 영향에도 불구하고, 화석 연료의 고갈 및 에너지 가격의 상승 시기가 도래하면 대용량 조력발전은 매우 매력적일 수 있다.

최근에는 전력공급의 안전도 및 신뢰도에 대한 관심의 증가로, 비슷한 투자 위험도를 가지는 원자력 산업계에서 조력발전에 대한 재검토가 이루어지고 있다. 원자력발전과 조력발전은 상당한 선행 투자비용이 소요되고 투자회수기간이 상당히 소요된다. 원자력 발전과 마찬가지로, 미래의 장기 전력 수급계획에 조력 발전의 중요한 역할이 기대된다면 정부는 대형 조력발전의 건설을 촉진하는 방안을 강구할 것이다.

생태학적 부정적 영향을 가지는 댐 방식의 조력발전의 대안에 대한 관심도 고려해야 한다. 하나의 대안으로 국제환경단체(FoE)에 의해 제안된 조수석호(tidal lagoons)를 만드는 것이다. 이러한 방식은 댐 방식의 조력발전보다 많은 전력에너지를 생산할 수 있을 뿐만 아니라 환경 친화적이다. 2장에서 언급된 조수 분류(tidal stream)의 신기술은 다양한 지역에 적용이 가능하고, 기술개발의 여지가 많지만 향후 전망이 밝다. 신뢰성있고 비용효율적인 기술들이 광범위하게 개발될 것으로 예상된다. 이러한 기술들은 적정 유속이 존재하는 특정 지리적 지역에 매우 유용할 것이다.

파력발전은 가장 개발이 미비한 신재생 에너지원이다. 하지만 영국의 경우 엄청난 파력발전 자원이 해안선에 분포하고 있다. 2000년 이후 전 세계적으로 다수의 대용량 파력발전 시스템의 시제품이 선보였다. 하지만 이 기술들은 기술적으로 풍력에 15년이나 뒤쳐져 있다. 영국에서는 공해상에 설치되는 Pelamis 파력발전 시스템이 선보였다. 포르투갈, 스코틀랜드 북부의 오크니 섬 및 영국 남서부의 콘월지역에 Pelamis 장치를 사용하는 최초의 상업 파력발전단지의 설치가 계획 중에 있다. 공해상에서 고장 나지 않고 작동 가능하도록 설계하는 것은 상당히 어렵지만 기술자들은 미래에 파력발전으로부터 상당한 전력을 생산할 수 있을 것으로 예상하고 있다.

8.6 분산전원과 미래 전력망

분산전원의 전력계통 연계의 증가에 따라, 전력 시스템 구조의 변화를 요구하는 많은 보고서가 출간되었다. 이 중 주요 보고서인 참고문헌 [7~10]의 내용을 다음에 정리하였다.

8.6.1 배전망 혁명

전통적으로 전력공학자들은 배전계통은 초고압 송전으로부터 부하로 전력이 전송되는 수동적인 망으로 여겨왔다. 최근에는 11kV 배전망에서 수용가의 공급신뢰도를 향상시키는 자동 사고복구 등의 몇몇 능동제어 방식이 소개되고 있다. 일반적으로 배전망은 수동적으로 운영되고 있는 것처럼 보이지만 6장에서 소개된 것처럼 몇몇 전압제어 방식이 적용되고 있다. 이러한 배전망의 모든 변화는 분산전원의 배전망 연계 증가에 관련이 있다.

지난 15년 동안 영국사회에서 소용량 복합가스터빈의 배전망 연계가 점점 더 증가되고 있는 추세이다. 그리고 이러한 비슷한 추세가 다른 지역에서도 진행되고 있는 중이다. 영국 풍력용량의 대부분, 특히 기존에 설치된 소규모 풍력 단지는 11 kV급 배전망에 연계되어 있다. 미국에서는 비상용 디젤발전기의 세트로 구성된 분산전원이 전력망의 부하가 큰 시간대에 안전도 및 신뢰도를 위해 시스템에 통합 운영된다. 더불어 주거 및 상업 지역의 사용을 목적으로 설계된 다양한 용량의 소용량 분산전원(마이크로 복합화력, 태양광 및 마이크로 풍력 등)의 시장이 형성되어 있다. 이러한 추세는 지속될 전망이다. 분산전원의 배전망 연계가 증가함에 따라, 배전망의 새로운 설계 및 운영 기법 개발의 필요성이 증가하고 있다. 전 세계적으로 수용가에게 보다 저렴한 가격으로 안정적으로 전력을 공급할 수 있게 하는 기술적 해결책에 대한 상당히 많은 연구가 현재 진행되고 있다. 계통 사고에 대한 수용가의 정전시간을 단축시키는 동시에 많은 분산전원을 수용하는 능동 및 자동화된 선로 재구성 방안이 예상되는 변화의 방향중 하나이다.

8.6.2 능동 배전망

배전계통 상위의 전력계통은 전압 등급이 높아짐에 따라 능동적으로 제어되고 있다. 예를 들면, 그림 5.11에 나타낸 것처럼, 30/10kV 탭절환 변압기는 저압의 상태를 감시하고 규정범위내로 전압을 유지하기 위해 탭을 자동조정하는 자동 전압조정장치를 갖추고 있다. 송전계통에서는 전압의 적정성, 계통의 안전도 그리고 가능한 경제적으로 운영하기 위해 하위 계통으로의 유효 전력뿐만 아니라 무효전력의 조류를 적절하게 조정하고 있다. 또한 계통 사고시에는 자동 재폐로기를 제어하여 공급 신뢰도를 향상시키고 있다.

능동 제어는 다음의 일부 및 전부의 기능을 연속적으로 수행하여야 한다.

- 시스템 변수의 측정 - 예) 전압, 전류, 유효전력, 무효전력, 주파수 및 네트워크의 구성 등
- 지정된 제어치 또는 조류계산, 상정사고 해석, 경제급전 등의 컴퓨터 해석 결과에 의한 제어치와 계측된 시스템 값과의 비교
- 원하는 제어를 실행하기 위한 제어 요소의 능동 제어 - 예) 동기발전기의 여자 및 입력 제어, 송전선로의 개방 및 폐로
- 능동제어 실행여부의 점검 및 이러한 제어의 실패시 경보 기능

배전망은 굉장히 광범위하다. 예를 들면 영국의 배전망은 290,000km의 가공선로 및 470,000km의 지중케이블로 구성되어 있다. 현재 설치된 대부분의 "수동" 배전망을 "능동" 배전망으로 전환하는 것은 상당한 과제이고 분산전원의 계통연계가 증가될수록 가속화될 것이다.

주목해야할 사실은 선진국가의 배전망은 수 십년에 전에 구축되었고 조만간 새롭게 구축해야할 필요성이 요구되고 있다. 이러한 점은 기존의 오래된 기술을 사용하는 것보다 분산전원을 수용할 수 있는 능력을 가진 새로운 배전망을 설계하게 되는 기회를 제공하고 있다.

영국의 가스 및 전기시장위원회는 배전망 사업자의 RPZ(Registered Power Zone)을 설립하는 것에 대한 인센티브 제도를 확립하였다. RPZ는 배전망 사업자가 분산전원을 배전망에 비용 효율적으로 연계하는 방안을 개발하고 전시하는 일종의 시험 장소이다. RPZ의 전형적인 연구들은 능동 전압제어, 사고 관리 및 전력조류 제어 등이다.

8.6.3 분산 전원의 배전망 연계 문제점

배전망에 분산전원이 도입되게 되면 다음과 같은 기술적 문제점이 발생한다.

≫ 전류 고장

도심지역의 배전망은 가능한 높은 단락용량을 가지도록 설계되어 있다. 이러한 설계는 부하변동에 따라 소비자의 전압을 가능한 공칭전압에 유지도록 하는데 매우 유리하다. 경제성의 이유로 배전용 변압기, 차단기 및 케이블의 정격용량은 각각의 설비의 최대부하에 근접하게 설계된다. 따라서 설비용량과 최대부하사이에 아주 작은 여유분이 있게 된다. 만약 분산전원이 배전망에 연계되면 단락용량이 증가하게 되고 각 설비의 용량이 초과되는 경우가 발생한다.

≫ 전압 등급

분산된 소비자에게 전력을 공급하는 방사상 배전망에서, 일반적으로 경제성의 이유로 배전망 말단의 선로는 가느다란 선종을 사용하게 된다. 만약 분산전원이 장 긍장 배전선로의 말단에 설치되면 말단의 전압을 규정 범위 이상으로 상승시키는 경우가 종종 발생한다.

≫ 배전망 신뢰도

분산전원의 배전망 연계에 따라 연계 전 배전망의 공급신뢰도를 유지할 수 있도록 하는 분산전원의 연계 표준이 확립되어야 한다. 그러나 이는 연계 가능한 분산전원의 연계 용량과 발전기 형태를 제한할 수 있다. 배전망에 사고가 발생하였을 경우, 분산전원이 단독으로 정전구간의 특정 지역에 전력을 공급할 가능성이 존재한다. 이러한 경우, 분산전원이 배전망의 신뢰도를 향상 시킬 수 있다. 이러한 운전모드는 능동제어를 요구한다.

≫ 안정도

사고 상황에서 계통은 비정상태가 되고 분산전원의 동특성 때문에 연속되는 진동이 발생하고 이러한 진동으로 일부 계통이 계통으로부터 분리될 수 있다. 분산전원의 동특성을 알고 있다면 안정도 해석을 계통 연계 전에 수행하여야 한다. 만약 안정도 해석 결과 불안정이 판단된다면 제어시스템 이론을 통해 전력망의 안정화를 위해 제어시스템을 개선하여야 한다.

8.6.4 기술적 연계 문제에 대한 대안

≫ 연계 표준

현재의 분산전원 연계 표준은 상당히 엄격하고 보수적이다. 새로운 연계 표준은 수요 패턴과 분산전원 발전의 확률적 특징을 고려하여 수립되어야 한다. 이러한 연계 표준은 분산전원에 적용되는 불이익 및 연계 비용을 줄이는 방향으로 기존의 연계 표준보다 관용적으로 수립되어야 한다.

≫ 전력전자 기술의 적용

지난 십여 년 동안 대전력 전력전자 분야의 상당한 발전이 이루어졌다. 이러한 기술개발의 결과로 교류 전력계통의 유연성을 증가시키는 새로운 설비가 개발되어 왔다. 이러한 설비들은 유연송전시스템(FACTS) 설비로 지칭되고 전력계통 공학자에게 새로운 기회 및 도전을 제공하였다. 이러한 시도는 전력계통의 전압 및 안정도에 영향을 주지 않으면서 현재 송전선로의 용량을 가능한 확장하려는 시도에서부터 시작되었다. 송전 설비의 용량을 증설하기 위해서는 송전설비를 보강하고 증설하는 것이지만 경제성 및 환경적 요인에 의해 종종 제한되어 왔다.

유연송전시스템 설비는 전력전자소자 기반으로 SVC, 싸이리스터로 제어되는 캐퍼시터 뱅크, 위상 조정변압기, 상간 전력제어기 및 UPFC 등으로 매우 다양하다. 이러한 설비는 분산전원의 연계를 보조하는데 사용될 수 있으며 향후에 분산전원의 연계를 위해 많이 적용될 것으로 보인다.

분산전원의 특성상 이의 전력계통 연계를 위해서 PWM 방식의 전력변환기 등의 전력전자 컨버터를 사용한 계통연계를 사용한다. 이런 연계방식은 분산전원의 에너지원을 최대한 활용하기 위해서 뿐만 아니라 원활한 계통연계를 위해 표준으로 규정되어야 한다. 이러한 연계방식의 분산전원이 연계된 배전망의 전압은 감시 계측되고 이것은 무효전력 제어를 통해 제어할 수 있다. 분산전원 연계 지점의 유효전력 주입은 배전계통 운영 등의 제약에 따라 종종 제한될 수 있다. 또한 계통사고 상황에서는 계통에 공급하는 고장전류를 적절히 제한할 수 있다. 더불어 연계구간이 정전되는 것을 감지할 수 있고 배전망 운영자와 협조하여 연계구간이 복구되었을 경우 동기 투입을 통한 계통 연계를 수행할 수 있다.

이러한 강력한 능동적 제어를 위해서는 상당한 정보처리기술과 통신이 필요하다. 능동 제어시스템은 분산전원과 분산전원, 유연송전시스템 설비, 탭절환 변압기사이의 통신망을 통해 적절한 제어가 이루어지도록 개발되어야 한다. 필요한 통신망은 현재의 인터넷망을 통해 제공받을 수 있다.

≫ 단독운전

분산전원이 연계된 배전계통이 능동적으로 관리되면, 사고로 인해 일부 구간이 정전이 되더라도 이론적으로 자동으로 부하의 수요과 공급의 균형을 유지할 수 있다. 이러한 운영방안은 정전구간의 주파수를 공칭주파수로 유지하는 기능 및 사고 제거 뒤 고립된 구간을 계통에 재 연계하는 기능 등의 정교한 제어기법을 필요로 한다. 이러한 단독운전기능은 수용가의 공급신뢰도를 향상시키지만 이를 위해서는 복잡한 소프트웨어 및 하드웨어가 요구된다. 이러한 운영방안의 필요성은 소비자가 경험하는 전력 공급신뢰도에 결정적으로 달려있다. 만일 신뢰도가 높은 경우, 연간 1회 정도의 짧은 정전이 발생한다면, 그때는 이러한 단독운전의 혜택에 대한 의문이 생길 수 있다.

≫ 동적부하

3.8.3절에서 주파수 조정의 수단으로서의 동적부하를 소개하였다. 이의 적용을 위한 필수 요건은 전력계통 주파수의 정확한 계측이다. 전체 전력계통 수급에 동적부하의 제어가 적용된다. 또는 지역 배전망 요구조건을 만족하기 위해 이 기술을 사용할 가능성이 있다. 급전선 말단 수용가들의 동적부하 전체를 계통 주파수 제어를 위해 사용할 수 있다. 예를 들면 동적부하는 지역 분산전원의 출력변동에 대응하거나 시스템의 안전도 유지를 위해 보조할 수 있다. 오랜 시간동안 전력 시스템 영역에서 논의되었던 이러한 수요관리에 대한 관심이 고조되고 있다.

≫ 에너지 저장장치

최근 전력계통에서는 에너지 저장장치의 적용가능성에 대한 관심이 고조되고 있다. 이 기술들은 다양하고, 서로 다른 기술개발 단계에 있다. 이는 배터리, 고속 플라이휠, 슈퍼 커패시터 및 재생 연료전지 등 다양하다. 에너지 저장장치는 수요와 공급의 변동성에 대한 완충 역할을 제공함으로써 분산전원을 보조할 수 있다. 인버터 연계형 분산전원의 사용이 증가함에 따라, 이러한 에너지 저장장치는 배전계통을 보조하는데 사용할 수 있다.

가정용 수용가에서 태양광, 연료전지, 마이크로 터빈 등의 분산전원 및 고효율 가전기기 등의 광범위한 사용으로 에너지 자립이 가능하게 된다. 이러한 기술들이 에너지 저장장치와 결합되면 배전계통은 간헐적인 에너지 수요를 공급하는 최소의 인프라만 갖추는 시스템으로 변하게 될 것이다. 부하율이 10~20정도인 단독 수용가의 에너지 자립화는 여러 수용가를 군집으로 하여 에너지 자립화를 달성하는 것보다 비용 효율적이지 못하다. 서로 다른 부하 패턴을 가지는 수용가를 군집함으로써 얻어지는 부하패턴의 평균효과 때문에, 수용가를 군집하는 "마이크로 그리드"가 미래 전력망의 대안중의 하나가 될 것이다.

≫ 마이크로 그리드

마이크로 그리드는 가정, 대학, 상업 및 공업용 수용가 등의 소규모 공동체로 구성되어 있다. 마이크로 그리드의 중요한 개념은 전력손실이 최소화되도록 수용가와 소용량 분산전원이 근접해 위치해 있다는 것이다. 마이크로 그리드 내에 설치된 분산전원의 발전용량은 수요를 공급할 능력을 갖추어야 한다. 마이크로 그리드는 태양광 발전 및 풍력발전 등의 재생에너지원을 통합적으로 사용함으로써 실질적으로 환경적 이점을 제공한다. 마이크 그리드는 겨울동안 대부분의 열원을 생산하는 마이크로 복합 화력발전기와 여름동안 전기에너지를 공급하는 태양광발전에 상당히 의존적이고 에너지 저장장치도 적용되어 되어야 한다. 즉 마이크로 그리드 내의 수요를 공급할 수 있도록 하는 분산전원의 조합이 매우 중요하다.

≫ 가상 발전소

가상 발전소는 새로운 개념이다. 가상 발전소에 대한 *Wikipedia*의 정의에 의하면, 중앙급전제어에서 전체적으로 제어할 수 있는 마이크로 터빈, 풍력발전, 소형 수력발전 및 비상발전기 등의 분산전원의 클러스터를 지칭한다. 이러한 분산전원의 전체적인 제어로 이론적으로 전력계통의 수요 공급 및 주파수 제어가 가능하다. 그러나 상당히 광범위하게 분산되어 있는 분산전원을 통합하여 제어하는 것은 상업적 합의가 뒷받침되어야 한다. 그리고 이러한 가상 발전소의 전체적인 제어는 국소 지역의 전력 및 전압제어와 상충될 것이다. 현재 이러한 문제점에 대한 연구가 진행 중이지만 아직까지는 이러한 접근법에 관련된 명확한 합의점이 없다.

8.7 결론 [11,12]

국가 및 지역 전력계통의 계량 시스템 및 규제 합의는 전 세계적으로 대규모로 설계되었다. 중앙 급전식 발전소는 소규모의 분산전원을 수용하기 위해 향후 20년 정도 구조적으로 개편되어야 할 것이다 [11].

순간정전은 결점이 아니고 기존의 신뢰도 개념에서는 단점이 아니다. 아주 잠깐 동안의 최대 부하를 공급하기 위해서 필요한 발전설비는 항상 준비되어 있어야 되고, 이로 인해 발전설비 및 계통 설비의 과도한 투자가 요구된다. 이러한 상황이 지속되어 왔지만 혁신적인 정책에 의해 변화될 것이다 [12].

풍력발전이라는 새로운 기술을 기존의 전력계통에 적용하는 것은 억지로 끼워 넣는 것에 가까웠고, 이러한 상황에서 전력계통이 제대로 동작하는 것을 기대하는 것은 무리였다. 전력계통 운영자는 새로운 기술을 기존의 낡은 기술과의 공통적인 특성을 찾아 적용하여 운영하려고 할 것이다. 얼마나 어리석은 일인가? 만약 우리가 효과적으로 혁신적인 기술 개발을 이루려면, 혁신을 위해 근본적인 전력시스템의 변화와 조정이 필요하다[12].

정보통신기술(IT)의 급속한 발전에 비해 전력시스템의 발전 속도는 매우 더딘 편이었다. 그 한 가지 이유로 전력 계통 설비의 수명 주기가 10년 단위 이상이기 때문이다. 사실상, 다양한 IT 기술은 좀처럼 전력계통에 영향을 주지 못했다. 흥미롭게도 오랜 시간 지연되었던 기술의 발전이 신재생에너지원에 의한 계통 영향에 대한 절박함에 의해 촉발되었다. 분산 배치되고 출력의 변동성이 많은 분산전원의 특성으로 인해 전력계통의 최적 조류 및 전력품질을 유지하기 위해 지능적으로 제어되는 전력전자 하드웨어가 필요하게 되었다. 이러한 기술 혁신은 기존에는 얻지 못했던 전력

계통의 제어 가능성 및 유연성을 증대시킬 것이다. 대부분 국가의 배전계통은 구축된지 최소 40년 정도 되었고 향후 10년에 걸쳐 교체되어야 한다. 즉 새로운 기술들을 도입할 수 있는 기회가 생긴 것이다.

전통적으로 전력시스템은 급전 가능한 발전기를 통해 수용가의 부하조건을 그 즉시 충족하는 운영 정책에 의거 운영되어 왔다. 분산전원의 계통 연계가 증가함에 따라 이러한 운영 정책은 수용가의 불편을 초래하지 않도록 변화되어야 한다. 수요측의 유연성은 소비자들이 자신의 부하 프로필을 지연 가능한 부하를 통해 조정할 수 있는 것을 요구한다. 이는 지능적 제어, 소비자의 자발적인 참여를 위한 시간제 요금 및 직접부하제어 등을 요구한다. 만약 수요를 공급에 맞출 수 있도록 이동시킬 수 있다면, 발전설비의 가용성이 부하의 소비패턴에 영향을 주게 될 것이다. 이전에는 부하의 소비 패턴이 발전설비의 가용성에 영향을 주었다. 이러한 전력시스템에서의 '기저부하'는 현재와 같이 중요시 되지 않을 것이다.

능동 배전망은 현재의 배전망보다 상당히 더 복잡하다. 또한 이러한 시스템을 구축하고 관리하는 것은 새로운 기술을 필요로 한다. 미래의 전력계통에서는 계통 전체에 걸쳐 분산전원이 상당히 많이 연계 될 것이고 이의 능동적 제어가 구현될 전망이다.

결론적으로 미래 전력계통의 전력생산, 송전 및 배전의 방식에 대한 전반적인 재설계가 필요하다. 이러한 시스템에서는 출력변동이 빈번한 발전기와 양방향의 전력조류가 일반적일 것이다. 이러한 재설계는 새로운 기술의 채택뿐만 아니라 전력계통 공학자의 생각의 전환을 요구한다. 이 책에서는 현재 극미한 부분을 차지하고 있는 신재생 에너지가 미래의 실질적인 부분이 되기까지, 전력 시스템이 어떻게 진화할 것인지에 대해 기초적인 원리를 다루기 위해 노력하였다.

참/고/문/헌

[1] A readable overview of HVDC technology can be found in the ABB site www.abb.com/hvdc.

[2] Jacobson, B. et al. 'HVDC with voltage source converters and extruded cables for up to ±300kV and 1000MW', CIGRE Paper B4-105, 2006.

[3] O'Connor, E. 'European unity, a vision for sustainable power in Europe', Renewable Energy World, March-April 2006, 124-127.

[4] Danish Wind Energy Association website www.windpower.org.

[5] Gagnon, L., Berlanger, C. and Uchiyama, Y. 'Life-cycle assesment of electricity generation options', Energy Policy, 2002, 30,14.

[6] van Sark, W.G.J.H.M., Brandsen, G.W., Fleuster, M. and Hekkert, M.P. 'Analsis of the silicon market: will thin films profit?' Energy Policy, June 2007, 35 (6), 3121-3125.

[7] 'Dcentralising power: an energy revolution for the 21st century', Greenpeace Publication, 2006.

[8] 'Planning of the grid integration of wind energy in Germany onshore and offshore up to 2020', DENA Study, 2005.

[9] Markvart, T. and Arnold, R. 'Microgrids: power systems for the 21st century', Ingenia, http://eprints.soton.ac.uk/23738/.

[10] 'Network management systems for active distribution networks', DTI Study No. KEL00310, 2004.

[11] 'Our common future', Energy White Paper, DTI, UK, p. 16.

[12] Awerbuch, C. 'Decentralisation, mass-customisation and intermittent renewables in the 21st century: resturcturing our electricity networks to promote decarbonisation', Tyndall Working Paper Series, March 2004, pp. 14 and 13.

CHAPTER **부록**

기초 전력공학 개념

A.1 도입

이 부록은 발전, 송전 그리고 전기 에너지의 이용에 관한 매우 기본적인 내용을 다루고 있다. 그러나 좋은 기초 전기공학 교과서로는 부족할 것이다. 배경지식이 없는 독자들은 이 주제와 관련해 대표적인 좋은 교과서 중에서 관련 있는 장을 선택해서 공부해야 한다. 예를 들면 참고문헌 [1]은 필수적일 것이다.

이 부록은 대학에서 전기를 부전공으로 공부한 독자들을 위한 것으로, 그들의 기억을 새롭게 되살려 줄 것이다. 그들이 접했던 전기는 전자회로 및 장치를 이해하는 방향으로 접근되어 있었던 것이다. 이 점은 트랜지스터와 컴퓨터의 발명 이래로 전기공학의 주요 관심이 에너지 관련 교육보다는 통신과 제어분야이었기 때문이다. 그러므로 전기에 대해 적당한 지식이 있는 독자들은 전력 시스템 공학자들이 몇 년에 걸쳐 개발한 발상과 관습적 이론에는 익숙하지 못할 수도 있다. 이런 경우 이 부록이 유용하게 도움이 될 것이다.

전력 시스템에서의 발전에서 소비에 이르기까지 에너지의 흐름이 효율적이기 위해서는 에너지 손실이 최소가 되어야 한다. 일정한 전압을 공급할 필요가 있으므로 시스템 접합 및 교점에서 고압 및 저압 한계가 정해진 한도 내에서 바람직한 에너지 전송이 이루어져야 한다. 이러한 요구사항들이 전력 시스템 공학에서 특별하고 정확한 분석개념을 유도해 내었다.

A.2 에너지의 발생과 소비

전기회로에서 전력을 계산할 때는 관례적인 정의를 이용하여 시작 한다. 그림 A.1 에서 박스는 전력 시스템 망에서 볼 수 있는 단일 또는 집합 장치를 나타낸다. 전기회로 해석에서 소문자는 항상 전압, 전류 및 전력 값의 변수로 사용되며, 이것들은 순시값을 취하게 된다. 전압 ν_{AB}는 단자 B에 대한 단자 A의 순시 전위차를 나타낸다. 만약 A 전위가 B 전위 보다 높다면 ν_{AB}는 양이며 ν_{BA}는 -ν_{AB}이다. i_{AB}는 소자를 지나 A 에서 B로 흐르는 전류로 정의될 것이다. 만약 전류가 양전하를 A 에

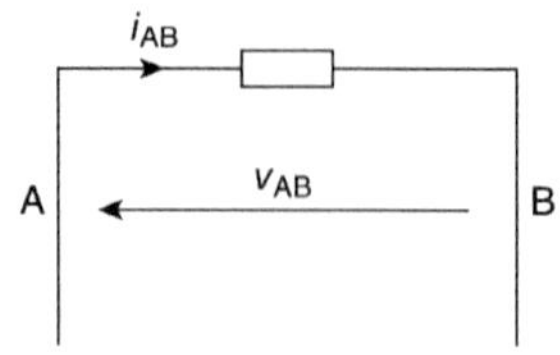

그림 A.1 회로 소자

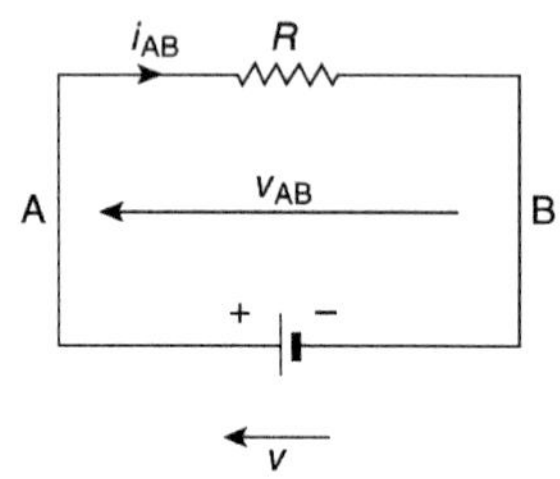

그림 A.2 DC 회로 예

서 B로 전달하면 i_{AB}는 양이라 하고 i_{BA}는 $-i_{AB}$ 이다.

전기에서 전력은 전압과 전류의 곱으로 주어진다. 그림 A.1의 소자에서 순시전력 p는

$$p = \nu_{AB} i_{AB} \tag{A.1}$$

그림 A.1은 이러한 단일 포트로 알려져 있는 단순 회로 내에서 기준전압과 전류방향을 정의하였다. 단일 포트 내에서 기준방향을 설정할 때는 회로를 향해 AB 단자를 보는 방법으로 정한다. 만약 ν_{AB}와 i_{AB}가 둘 다 양이라면 p 또한 양이며 소자는 전력소비 또는 전력의 흡수점이다. 이러한 단순한 사실은 그림 A.2의 단순 DC 회로를 관찰함으로써 확인해 볼 수 있다. 여기서 회로소자는 단순저항과 그림과 같은 극을 갖는 배터리에 연결된 단자 AB이다. 이러한 DC 여자에서 순시값은 정상 상태값과 같다 : ν_{AB}와 i_{AB}는 이 경우 둘 다 양이며, 저항에서 전력 p는 소비되고 비가역적으로 열로 전환된다. 그림 A.3은 그림 A.2와 동일하나 배터리가 그림 A.1에서 처럼 박스내의 하나의 소자로 간주된다. 따라서 AB단자를 위로 향하기보다는 아래로 향하도록 보았고 결과적으로 전류 i_{AB}가 역방향을 가진다. 배터리를 통과하는 전류 i_{AB}는 이제 음이고 ν_{AB}는 여전히 양이며, 따라서 식 (A.1)은 배터리에서의 전력이 음의 값을 가짐을 말해준다. AB 사이에 선을 그었을 경우, 저항을 향하여 보았을 때 전력은 접속면으로 들어가고 있으며 즉, 전력은 양의 값을 가진다.

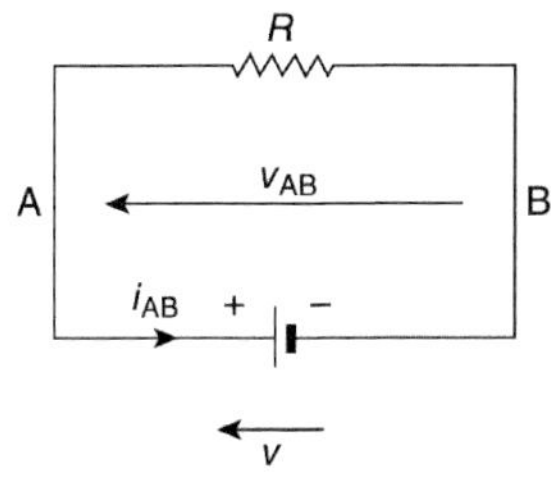

그림 A.3 DC 회로 예

그러나 배터리 방향으로 보았을 때는 전력은 접속면으로 나오고 있고 즉, 전력은 음의 값을 가진다. 요약하자면, 소자에서의 전력은 전류가 소자의 전위가 높은 곳에서 낮은 곳으로 전류가 흐르고 있을 때 소비되며 양의 값을 가진다. 만약 반대 경우라면, 전력은 음의 값을 가지며 소자는 전력을 발생하게 될 것이다. 이런 모든 것은 DC회로들을 다룰 때는 자명하지만 v_{AB}와 i_{AB}가 사인파와 같이 연속적으로 변화하는 양과 관련 된다면 전력은 어떻게 될 것인가?

A.3 왜 AC를 사용하는가?

어떤 경우에서 AC는 DC보다 실제적인 이점을 가지고 있지 않다. 열의 형태로 전기에너지가 소비되는 응용분야에서는 전류의 극성 또는 방향은 무의미하다. 그러나 AC는 발전기, 전동기 그리고 전력전송 시스템을 구성하는데 있어 DC보다 더 효율적이거나 유연성을 가시므로 대전력 응용분야에서 전 세계적으로 월등히 많이 사용되어 지고 있다. 4.2절에서는 어떻게 AC가 회전하는 기계-전기 에너지 변환기로부터 발생되는가를 보여준다.

AC발전기와 전동기는 상대적으로 구조가 간단하므로 더 큰 신뢰성과 낮은 제조단가라는 결과를 만들었다. 그러나 DC보다 우월한 AC의 추가적인 중요성이 있다. 만일 두 상호 유도 코일 중에서 한 코일이 AC로 여자되었다면 AC전압은 인접한 코일에 유도된다. 이 장치는 변압기로 알려져 있고 그 동작방법은 4.3절에서 자세히 설명되어 있다. 변압기의 근본적인 중요성은 한 코일에서 다른 코일로 단계별로 전압을 높이거나 낮추는 능력이다. 1장의 1.4절에서 설명한 것처럼, 변압기의 능력으로 인하여 송전과 배전 영역에서는 DC보다 AC가 유리하다.

A.4 AC파형

실제로 AC발전기는 그 의도와 목적이 순수한 사인파 전압을 발생시키도록 설계되었다. 전력망에서 순수 사인파를 사용하는 것이 좋은 이유는 사인파는 미분 혹은 적분했을 때 결과적으로 자신이 복제되는 유일한 파형이기 때문이다. 후에 보여 지는 것처럼, 변압기를 포함한 전력 시스템 요소들은 사인파로 여자된다. 따라서 파형의 모양은 회로망을 지나는 동안 유지된다. 추가적으로 3상 전동기는 오직 사인파 형태의 AC공급으로 동작했을 때 가장 효율적이며 일정 토크를 발생한다. 주파수f인 정현전압은 해석적으로 $\nu = \hat{V} sin\omega t$로 표현되며, $\hat{V}$는 사인파의 최대값이고 $\omega = 2\pi f$이다. 앞으로 AC가 언급될 때는 파형이 정현형태라는 것을 의미한다. AC 측정에서 문제는 AC의 양이 얼마나 크고 작은지를 표현하는 것이다. 전압과 전류의 양이 일반적으로 안정적인 DC에서는 회로의 어떤 부분에서든 전압 혹은 전류의 크기를 표현하는 것에 문제가 없다.

AC 양의 크기(혹은 진폭)를 표현하기 위한 방법은 그것의 최대값 $\hat{V}$을 측정하는 것이다. 그러나 전력측정을 할 때 AC파형의 값을 표현하는 가장 좋은 방법은 유용한 작업을 수행할 수 있는 능력에 관한 값으로 표현하는 것이다. 이것을 수행하는 방법은 'DC등가' 측정값으로 AC파형의 값을 표현하는 것이다. DC 등가치는 같은 저항에서 같은 양의 열에너지 소비를 발생하는 DC전압 혹은 전류값이다. DC 등가치를 만드는 수학적인 방법은 제곱 평균값(RMS)로 알려져 있고 전기 기초교재에서도 찾아 볼 수 있다. 이 책에서는 AC전압 혹은 전류의 RMS 값을 이태릭체 대문자로 표기할 것이다. 예를 들면 V, I이다. 사인파에서 RMS값과 최대값과의 관계는 다음과 같다.

$$V = \sqrt{2}\,\hat{V} = 0.707\hat{V} \tag{A.2}$$

따라서 230V 가정용 전압의 최대값은 325V이다.

A.5 회로 소자들의 AC 응답

전력망은 주로 발전기, 송배전선, 변압기와 소비자로 구성되어 있다. 이러한 구성 요소들은 세 개의 기본소자 즉, 저항 R, 인덕턴스 L 그리고 커패시턴스 C의 조합으로 되어 있다. 부가적으로 발전기는 움직이는 도체와 자계의 상호작용에 의해 내부적으로 AC전압을 유도한다. 이러한 전자기 작용은 기계 에너지가 전기 에너지로 변환되는 구조이다. 독특하게 태양광전지 발전시스템에서는 전자기의 도움 없이 바로 전기 에너지로 변환된다. AC전원 전압은 망에서 모든 전류 흐름을 제한하고 전송망에 걸쳐서 발전기에서 소비자로 전력 분배를 결정한다. 기존의 발전기나 재생에너지 발전기를 구성하는 망에서 에너지의 흐름은 키르히호프 법칙을 이용해서 파악할 수 있다. 그러나 이를 위해 이미 알고 있는 세 가지 기본 구성요소에 의한 AC전류의 흐름을 방해하는 성질을 이해해야 한다. 달리 말해, 각 구성 요소에 대한 AC전압과 전류 사이의 관계(옴의 법칙)를 결정할 수 있어야 한다.

A.5.1 저항

저항 R에서의 옴의 법칙은 다음과 같은 선형관계이다.

$$i = \frac{\nu}{R} \tag{A.3}$$

여기서, ν(볼트) 와 i(암페어)는 전압과 전류의 순시값이다. 그림 A.4는 다음의 인인가된 AC전원의 전압과 저항 R로 구성되는 회로에서 발생하는 전류 i의 그림을 보여준다.

$$\nu = \hat{V}\sin\omega t \tag{A.4}$$

식 (A.3)으로 부터 전류는 다음과 같이 주어진다.

$$i = \frac{\hat{V}}{R}\sin\omega t \tag{A.5}$$

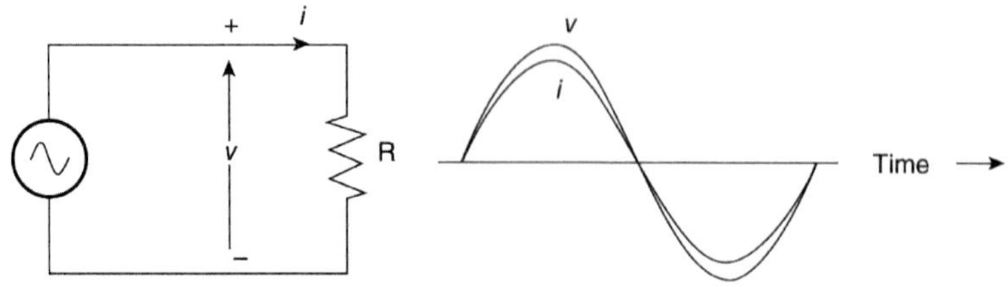

그림 A.4 AC 전압에 의해 여자된 저항

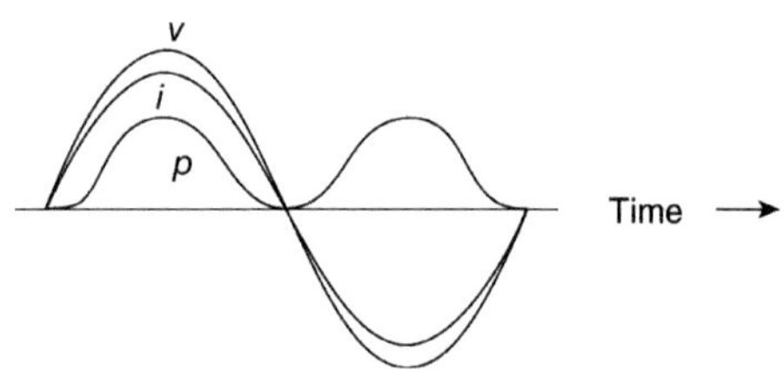

그림 A.5 저항 소자에서의 전력

식(A.1) 에 의한 순시전력은 다음과 같다.

$$p = \nu i = \frac{\widehat{V}^2}{R} sin^2 \omega t = 2\frac{V^2}{R}\sin^2\omega t = \frac{V^2}{R}(1-\cos 2\omega t) \qquad (A.6)$$

여기서 V는 AC전압의 RMS값이다.

식 (A.6)은 그림 A.5에 그려져 있다. 이것은 평균값 V^2/R의 두 배 주파수를 가지며 시간 축 위쪽에 위치함을 알 수 있다. 이것은 저항에서 열로 변환된 전력이 전류 방향에 의존하지 않는다는 명백한 증거이다. 순수 저항소자에서 전력을 계산하는 것은 다음과 같은 식이 사용되는 것으로 결론지을 수 있다.

$$P = \frac{V^2}{R} = RI^2 = VI \qquad (A.7)$$

A.5.2 인덕턴스

인덕터는 저항과 같은 특성을 가지고 있지 않다. 저항은 그것을 통과하는 전자의 흐름을 방해(전류에 비례하여 전압을 강하시킨다.)하는 것에 반해, 인덕터는 전류의 변화율에 직접 비례하는 전압강하에 의해 전류의 변화를 방해한다.

인덕턴스 L(Henry)에 대한 옴의 법칙은 선형관계라기 보다는 미분에 따른다.

$$\nu = L\frac{di}{dt} \tag{A.8}$$

인덕턴스 L을 갖는 인덕터를 통과하는 정현전류를 $i = \hat{I} sin\omega t$ 라 가정하자. 식 (A.8)에 이것을 적용하면 $\nu = (\omega L)\hat{I}\cos\omega t = \hat{V}\cos\omega t$로 주어지며,

$$\hat{V} = (\omega L)\hat{I} \tag{A.9}$$

이다.

그림A.6은 인덕터에 대한 전압/전류 관계를 보여준다. 코사인파로 표현되는 전압은 전류 사인파보다 90° 앞선다. 전압은 전류에 90° 앞서거나 전류가 전압에 같은 양만큼 뒤진다. 일반적으로 AC파형이 90° 만큼 위상이 변위된다면, 이 파형들은 서로에 대해 직각(quadrature)이라 말한다. 전압이 아래와 같이 표현된다면

$$\nu = \hat{V}\sin\omega t \tag{A.10}$$

전류는 $i = \hat{I} sin(\omega t - \pi/2)$ 형태를 가지며, 식 (A.9)에 의해 다음과 같이 된다.

$$i = \frac{\hat{V}}{\omega L}\sin(\omega t - \frac{\pi}{2}) \tag{A.11}$$

순시전력은

$$p = \nu i = \hat{V}\hat{I}\cos\omega t \sin\omega t$$

이다.

그리고 식 (A.9)를 거쳐

$$p = (\omega L)\widehat{I^2} sin\omega t \cos\omega t = (\omega L)I^2 2\sin\omega t \cos\omega t = (\omega L)I^2\sin 2\omega t \tag{A.12}$$

여기서 I는 전류의 RMS이다.

식 (A.12)은 그림 A.7에 표현되어 있다. 여기서 전력은 저항의 경우와 같이 주파수가 두 배가 되며, 시간 축에 대해 완전대칭이다. 이것은 완전한 인덕터(권선 저항이 없는 것)는 결국 총 전력전달과는 무관하다는 것을 의미한다. 전력이 양인 기간에서는 인덕터는 연결된 망으로부터 전력을 흡수하고 자계형태로 저장한다. 전력이

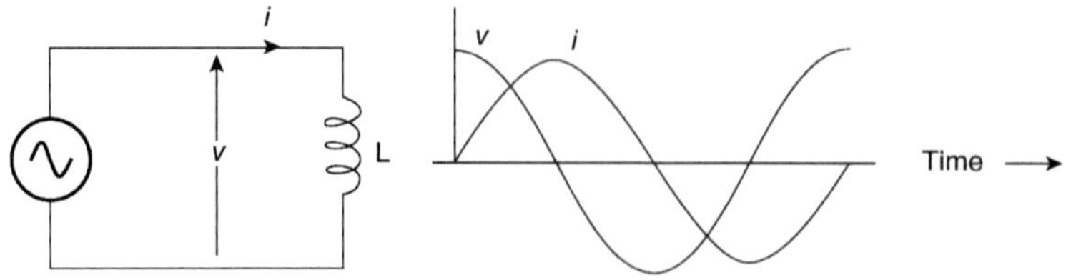

그림 A.6 AC 전압에 의해 여자된 인덕터

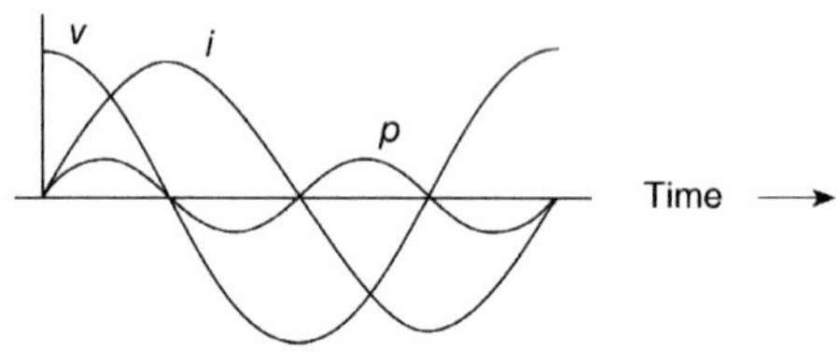

그림 A.7 인덕터 소자에서의 전력

음인 기간에서는 저장된 에너지는 전원으로 회수된다. 인덕터는 순환주기의 일부 전기에너지를 소비하거나 흡수하도록 동작하며 나머지 순환주기 동안 에너지 발생기로 동작한다고 결론지을 수 있다.

전력 시스템의 목적은 전력을 발전기로부터 소비자에게 전달하기 위함이며, 후에 이 에너지를 유용하게 열, 빛 기계적이나 화학적 전력 또는 IT시스템을 구동하기 위해 사용한다. 인덕터와 관련된 전력은 이러한 목적을 위함은 아니다. 이것은 시스템 구성소자 간 진동하는 전력으로 구성되어 있다.

A.5.3 커패시턴스

커패시턴스는 새로운 전위로 충전하거나 방전하는 동안 전류를 끌어내거나 공급함으로써 전압의 변화를 방해한다(그림 A.8). 커패시터를 지나는 전자의 흐름은 커패시터 양단의 전압의 변화율에 비례한다.

커패시턴스 C(Farad)에 대한 옴의 법칙은 다음과 같은 미분 관계가 있다.

$$i = C\frac{d\nu}{dt} \tag{A.13}$$

만약 아래와 같은 정현전압

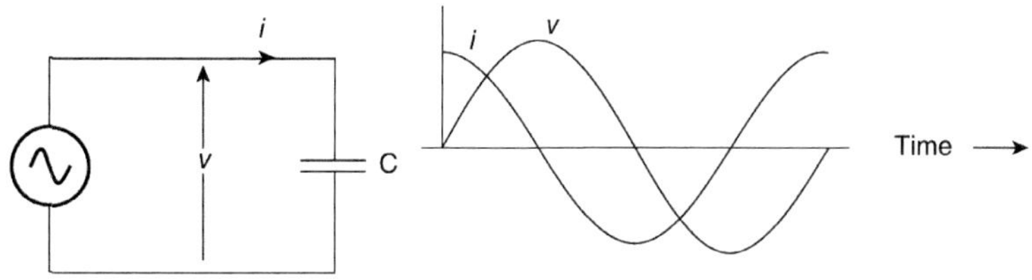

그림 A.8 AC 여자된 커패시터

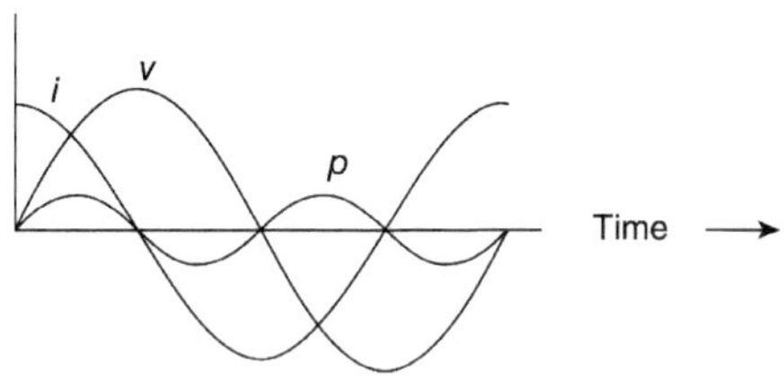

그림 A.9 커패시터 소자에서의 전력

$$\nu = \hat{V} sin\omega t \tag{A.14}$$

이 커패시터에 인가된다면, 식 (A.13)로부터 전류는 다음과 같이 된다.

$$i = (\omega C)\hat{V}\cos\omega t = \hat{I} sin(\omega t + \frac{\pi}{2}) \tag{A.15}$$

여기서

$$\hat{I} = (\omega C)\hat{V} \tag{A.16}$$

전류는 전압에 위상이 90° 앞서거나 또는 전압이 전류에 위상이 90° 뒤진다.

간단한 커패시터 회로를 전력곡선에 의해 그 특성을 표현했고(그림 A.9), 순수 인덕터의 특성과 유사하다.

커패시터는 또한 저장소자이며, 전압의 변화를 방해하는 동안 전력을 소비하지 않고 단순히 전력을 흡수하거나 방출한다. 마지막으로 강조해야 할 한 가지는 전압파형에 대해 보았을 때 그림 A.7과 A.9의 정현전력 파형이 항상 반대라는 것이다. 다시 말하면 인덕터 내의 전력이 양인 기간 동안은 커패시터내의 전력은 음으로 서로 반대이다. 이것은 중요한 사실로 후에 다시 논의될 것이다.

A.6 페이저

앞선 회로해석에서 변동하는 AC전압, 전류 그리고 전력은 정현 시변함수로 표현된다.

단일 회로소자에서 이러한 양들의 관련성을 아는 것이 우선 필요하다. 실생활에서 전력회로는 그러한 소자들의 조합으로 구성되어 있고 해석을 위한 전용 도구가 필요하다.

선형거리나 온도와 같은 1차원을 표현하기 위한 종류의 정보들을 스칼라 양이라 부른다. 예를 들어 배터리에 의한 전압은 스칼라 양이다. 그러나 AC전류 회로해석 시에는 전압과 전류는 1차원 양과는 거리가 있다. 차라리 이러한 양들에서는 그것들이 동적이므로(방향과 진폭이 동시에 변하는) 2차원을 가진다. 따라서 2차원 양을 표현할 수 있는 수학적인 기법이 필요하다. 복소수는 동시에 진폭과 위상의 두 차원을 나타낼 수 있는 유일한 수학적 표현이다. 복소수의 도식적 표현이 페이저로 알려져 있다.

각도가 어떤 의미를 갖기 위해서는 일반적인 기준 있어야 한다. 이 경우 그림 A.10에서 우측으로 일직선은 0°로 생각하고, 각도는 반시계방향으로 움직이는 방향을 양으로 하여 계산한다. 페이저의 길이는 AC파형의 크기(혹은 진폭)를 나타낸다. 파형의 크기가 커질수록 페이저의 크기도 상응하여 커진다. 페이저의 각도는 위상, 즉 시간 축에서 기준으로 동작하는 파형과 기준하는 파형사이의 위상변위이다. 이 책에서 페이저는 굵은 대문자로 표시한다. 예를 들면 $\mathbf{A}$이다. 그림 A.10 에서 페이저 $\mathbf{A}$는 크기 A와 페이저 각도 θ를 가진다. 크기와 각도에 의한 페이저 표현은 극형식이다. 그림 A.10 에서 페이저 $\mathbf{A}$의 극형식은 $\mathbf{A} = A\angle\theta$로 표현한다. 회로에서 파형의 위상은 항상 공급 전압파형을 고려하여 나타낸다.(임의로 0°로 표기한다) 하나 이상의 AC전압전원이 있다면, 회로 내 모든 다른 측정을 위해 이러한 전원 중 하나를 임의로 선택하여 위상의 기준으로 한다. 위상은 절대적 속성이기보다는 항상 두 파형 사이의 상대적인 측정값이다.

그림 A.11에서 $\mathbf{A}$와 $\mathbf{B}$는 전압과 전류 파형을 나타내며, (a)는 저항, (b)는 인덕터, (c)는 커패시터에 대한 그림이다. (d)는 인덕터와 커패시터에서 전력의 반대 위상관계를 나타낸 것이다.

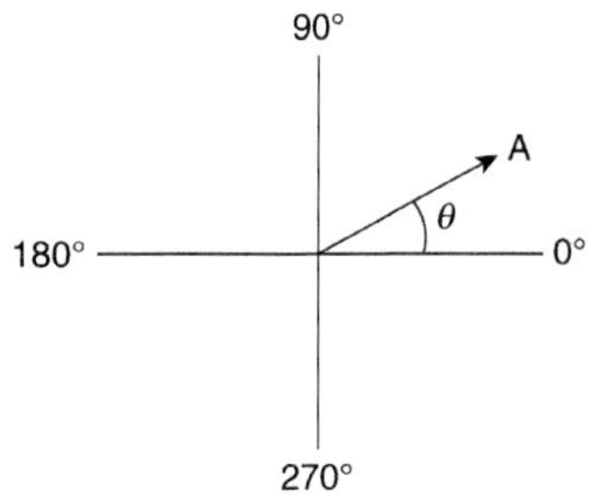

그림 A.10 복소수의 Argand diagram

A.7 페이저 추가사항

동상 혹은 반대 위상이 아닌 페이저가 더해지면, 그것들의 크기는 스칼라 양과는 상당히 다르게 합산된다. 그림 A.12는 그러한 추가사항의 예를 보여준다.

실제적으로 페이저는 기계적 시스템에서 속도나 힘을 표현하는 벡터와 같은 방법으로 더해진다. A.4 절에서 설명한 것처럼 AC파형의 유효값은 RMS 값이다. 특별

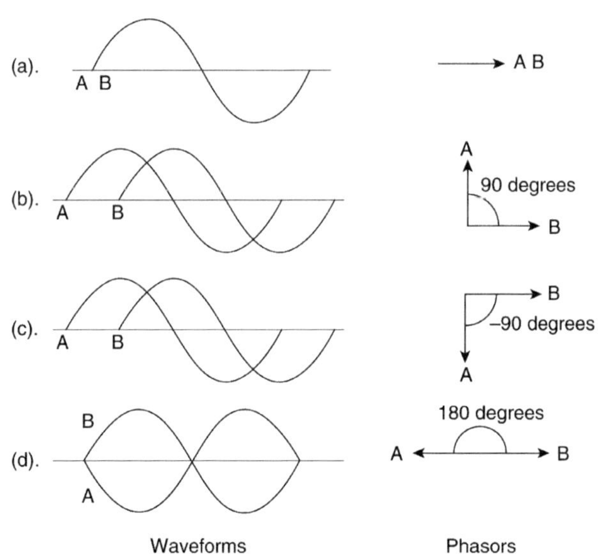

그림 A.11 AC 양의 페이저 표현

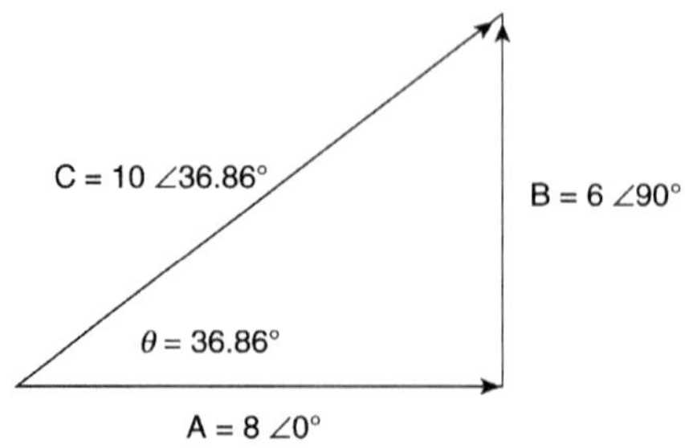

그림 A.12 페이저의 합

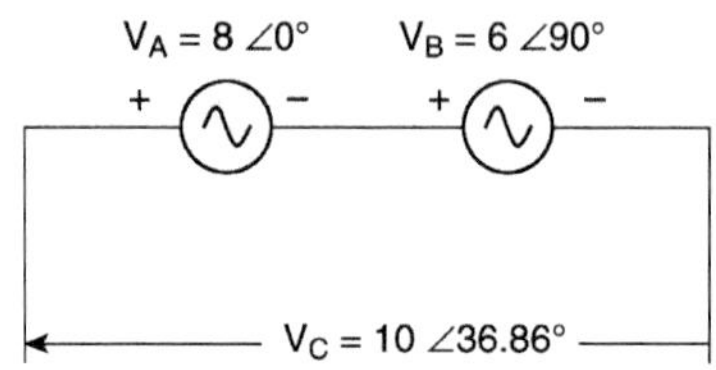

그림 A.13 AC 전압의 합

히 언급하지 않는 이상 AC양은 항상 그것들의 RMS값으로 크기를 나타내고 대문자로 표현한다. 예를 들면 $\boldsymbol{V}$와 $\boldsymbol{I}$는 일반적인 RMS값으로 나타낸다.

$$\nu = \sqrt{2}\, V\sin(\omega t+\phi) = \hat{V}\sin(\omega t+\phi) \text{ 그리고 } i = \sqrt{2}\, I\sin(\omega t+\theta) = \hat{I}\sin(\omega t+\theta)$$

여기서 $\hat{V}$ 와 $\hat{I}$는 최대값이며, ϕ 그리고 θ는 기준 정현파에 대한 위상각이다.

만약 두 AC전압이 그림 A.13에서 처럼 직렬로 연결되어 더해진다면, 전압의 크기는 DC에서 스칼라 전압처럼 직접 더하거나 빼지 않는다. 대신 이 전압들은 복소량으로 취급해서 삼각법 형식으로 더한다. 위상각 0° 인 8[V]에 위상각 90° 인 6[V](양쪽 모두 RMS)를 더하면 위상각 36.86° 를 가진 10[V]가 된다.

시변 정현파 양을 표현하는 페이저 특성은 전원과 R, L 그리고 C소자의 조합을 포함하는 복소 AC회로들 내의 전력흐름 계산에 있어 매우 중요하다.

A.8 직각좌표법

단순한 전기 회로망은 페이저 다이어그램으로 분석할 수 있다. 이것은 더 복잡한 회로가 포함될 때는 계산이 길어지며 실질적인 망에서는 불가능하다. 페이저는 복소수를 이용하여 수학적으로 표현될 수 있으며 회로들은 페이저를 그리는 힘든 작업 없이 대수 조작으로 분석할 수 있다. 두 가지 기본적인 복소수 표현 방법에는 앞에 설명했던 극좌표와 직각좌표 또는 데카르트법이 있다.

직각좌표법에서 복소수는 각각 수직과 수평 요소들로 표기된다. 수직과 수평 차원으로 구분하기 위해 수직은 소문자 j 접두어를 붙인다. 수평과 수직 페이저 요소는 각기 실수와 허수로 알려져 있다.

그림 A.14는 복소평면을 보여주며 직각좌표에서 표현되는 어떤 페이저도 그려낼 수 있다. 독자들은 수학교과 과정을 통해 $j=\sqrt{-1}$ 이고, 따라서 $j \times j = -1$임을 알고 있어야 한다. 복소평면에서 이것의 기하학적 의미는 j가 곱해지면 페이저가 반시계 방향으로 90° 로 회전하는 것이다.

그림 A.15에서 크기 V와 위상 각 θ를 갖는 페이저 $\boldsymbol{V}$는 직각좌표법 혹은 극좌표에서 $\boldsymbol{V} = a + jb = V \angle \theta$로 표현할 수 있다. 직각좌표법과 극좌표 사이의 변환은 다음을 통해 이행된다.

$$V = \sqrt{a^2 + b^2} \text{ 그리고 } \theta = \tan^{-1}\frac{b}{a}$$

극좌표에서 직각좌표법으로 변환하기 위해서는

$$a = V\cos\theta \text{ 그리고 } b = V\sin\theta$$

의 과정을 거친다.

$\boldsymbol{V} = V(\cos\theta + j\sin\theta)$로 쓰는 것 또한 가능하다. 오일러(Euler) 이론으로 알려진 유명한 표현은 $\cos\theta + jsin\theta = e^{j\theta}$이다; 따라서 극형식 상의 V에 대한 대체 표현은

$$\boldsymbol{V} = Ve^{j\theta} \qquad \text{(A.17)}$$

이다.

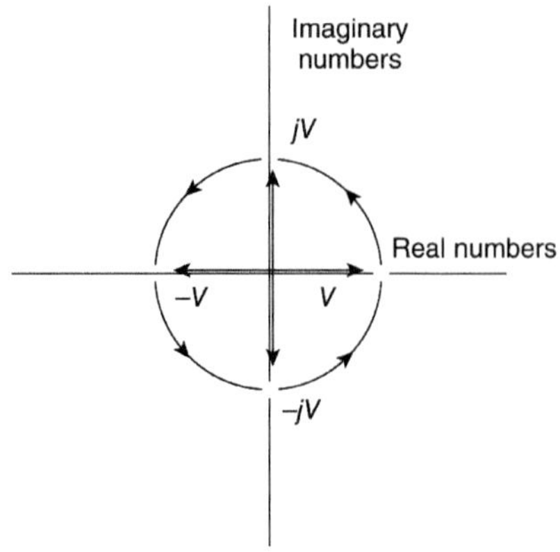

그림 A.14 복소수 평면

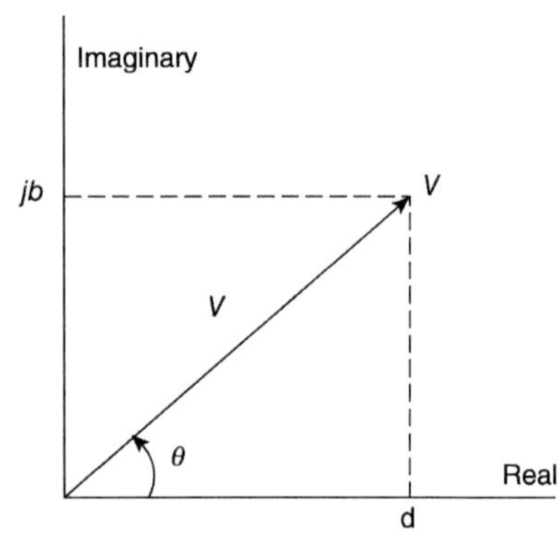

그림 A.15 직각좌표법–극좌표 변환

복소수의 가감을 포함한 회로 계산은 직각좌표계를 이용하여 수행된다. 곱셈과 나눗셈이 필요할 때 극좌표가 더욱 편리하다. 복소수가 논리적 수학적 체계이므로 스칼라 수와 같이 사칙연산 및 제곱, 역변환 등이 가능하다.

직각좌표법에서 복소수를 이용한 덧셈과 뺄셈은 쉽다. 덧셈에서 실수 요소들은 실수만의 합으로 계산되고, 허수 요소들은 허수만의 합으로 계산된다. 뺄셈에서 같은 방식으로 차를 계산한다. 극좌표에서 복소수를 곱할 때는 복소수들의 크기를 곱하고 각도를 더하여 전체 크기와 위상각을 결정한다. 나누기에서는 크기를 나누고 위상각을 뺀다. AC회로에서 계량 측정치는 극좌표로 계산된 값의 크기와 일치한다. AC 회로에서 직각좌표법으로 표현된 복소수 양은 계산상의 편리함에도 불구하고 직접 관련이 없고 실험적 등가치이다.

DC회로 해석에서 적용된 규칙과 법칙들, 즉 옴의 법칙, 키르히호프 법칙과 회로망 해석법들은 전력계산의 예외를 제외하고는 AC회로 해석에도 적용이 가능하다. 유일한 조건은 모든 변수들은 위상과 크기를 고려한 복소수 형태로 표현이 되어야 하고. 모든 전압과 전류들의 주파수는 같아야 한다는 것이다.(그들의 위상 관계가 일정하기 위해서)

A.9 리액턴스와 임피던스

이제 AC전류 흐름에 저항 또는 반대라고 묘사하게 될 세 가지 회로 소자를 이용한 표현들을 소개하고자 한다. 이것은 페이저 전압을 결과적으로 얻어지는 페이저 전류로 나누어 구해진다. 그 전압을 기준 페이저로 두며 극좌표법이 사용될 것이다.

A.9.1 저항

식 (A.4)를 식 (A.5)로 나누면

$$\text{저항에 의한 저항성} = \frac{V\angle 0^\circ}{I\angle 0^\circ} = R\, ohm$$

이 된다.

이 관계는 매우 난순하다. 저항을 지나는 전류를 구하기 위해 페이저 전압을 저항으로 나누기만 하면 된다. 전류와 전압은 동상이다.

A.9.2 인덕턴스

식 (A.10)를 식 (A.11)로 나누면

$$\text{인덕턴스에 의한 저항성} = \frac{V\angle 0^\circ}{I\angle -90^\circ} = \frac{V\angle 0^\circ}{V/(\omega L)\angle -90^\circ}$$

$$= \omega L \angle 0^\circ - (-90)^\circ = X_L \angle 90^\circ = jX_L \; ohm \tag{A.19}$$

$jX_L = j\omega L = j2\pi fL$은 유도성 리액턴스로 알려진 양이며 주파수 f[Hz]인 전압이 L[Henry]의 인덕턴스에 인가될 때 전류의 흐름에 대한 저항성을 표시한다. 인덕터 소자에서 전압에 대해 전류의 위상이 90° 뒤지는 것은 복소수 j를 사용하는 것이 편리하다. 코일로 이루어진 리액터에 대한 과정에서 허수라는 것은 없다. 그러나 후에 보이는 것과 같이 리액턴스에 j 복소수를 할당하는 것이 큰 도움이 된다.

A.9.3 커패시턴스

식 (A.14)를 식 (A.15)로 나누면

$$\text{커패시턴스에 의한 저항성} = \frac{V\angle 0^\circ}{I\angle 90^\circ} = \frac{V\angle 0^\circ}{V\omega C\angle 90^\circ}$$

$$= \frac{1}{\omega C} \angle 0^\circ - 90^\circ = X_C \angle -90^\circ = -jX_C \; ohm \tag{A.20}$$

$-jX_C = -j/(\omega C) = -j/(2\pi fC)$은 용량성 리액턴스로 알려진 양이며 주파수 f[Hz]인 전압이 C[Farad]의 커패시턴스에 인가될 때 전류의 흐름에 대한 저항성을 표시한다. 전류에 대해 위상이 90° 앞섬을 $-$j를 이용해 리액턴스로 표현하는 것이 편리하다.

A.9.4 임피던스

이제 두 소자를 직렬로 연결하고 이의 효과를 살펴볼 것이다. 예를 들어 그림 A.16의 회로를 보도록 하자. 저항은 주파수에 관계없이 AC전류에 5Ω의 저항을 가지는 반면에 인덕터는 50Hz 주파수의 전류에 $2\pi fL = 6.282\,\Omega$의 저항을 가진다. 저항기의 저항은 실수 $(10 + j0\Omega)$이고 인덕터의 저항은 허수 $(0 + j6.282\,\Omega)$이다. 연결된 두 소자의 전류에 대한 저항성은 두 소자 크기의 복소합과 동일하다. 이 저항성을 간결하게 표현하기 위해 저항이나 리액턴스 보다 더 포괄적인 용어가 필요하다. 이 용어가 임피던스 Z로 알려진 복소수이며, 역시 저항이나 리액턴스와 같은 옴

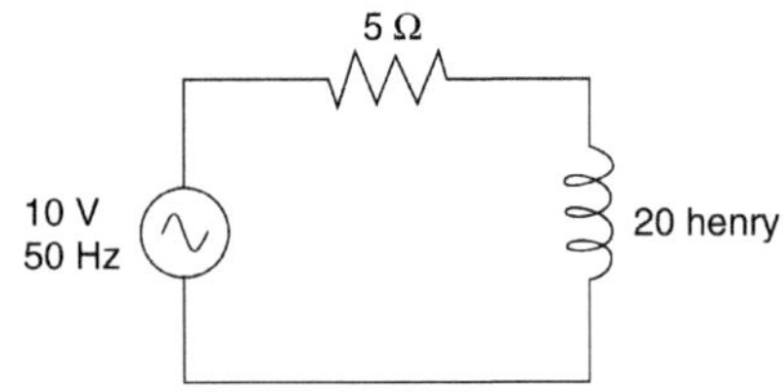

그림 A.16 직렬 AC 회로

단위를 가진다. 위의 예에서 전 회로의 임피던스는

$$Z = (10 + j0) + (0 + j6.282) = 10 + j6.282 \text{ 혹은 } 11.81\angle 32.137^\circ$$

이다.

임피던스는 옴의 법칙에서 저항과 유사한 형식으로 전압 및 전류에 관련되어 있다.

$$V = IZ \tag{A.21}$$

여기서, 그 양은 복소형태로 표현된다.

임피던스는 저항보다 더 전자의 흐름에서의 저항성을 포괄적으로 나타낸 표현이다. AC회로에서 어떤 저항과 리액턴스도 각각 혹은 연결(직렬/병렬)하여 단일 임피던스로 표현할 수 있다. 회로에서 전류를 계산하기 위해 먼저 위상각이 0인 전압원이 필요하다. 저항성 및 유도성 임피던스의 위상각은 항상 0° 와 90° 이고, 전압 혹은 전류에 대한 위상각은

$$I = \frac{V}{Z} = \frac{10\angle 0^\circ}{11.81\angle 32.137^\circ} = 0.846\angle -32.137$$

이다.

뒤지는 위상각이 단지 32.137° 이나 순 유도성 회로처럼 전류 사인파는 전압 사인파보다 위상이 뒤진다.

DC회로 해석에 적용되는 것과 같은 규칙이 AC회로에 적용된다.[규칙: 스칼라 형식 보다 복소형식으로 표현하고 계산해야 할 량(量)들에 관련한 절차]

위상변위가 계산에서 적절하게 표현되는 한 DC회로에 대해 AC회로 분석방법은 근본적인 차이는 없다.

이제 R, L 그리고 C 를 포함한 직렬회로 복소 임피던스의 일반적인 표현은

$$Z = R + jX = R + jX_L - jX_C = R + j(X_L - X_C) = Z \angle \theta \tag{A.22}$$

여기서,

$$Z = \sqrt{R^2 + (X_L - X_C)^2} \quad \text{그리고} \quad \theta = \tan^{-1}\frac{X_L - X_C}{R}$$

인가된 전압이 V라면 회로 내의 전류는 $I = V/Z$ 이다. 병렬요소 Z_1, Z_2, Z_3 등을 포함한 회로에서 등가 임피던스는

$$Z = \frac{1}{1/Z_1 + 1/Z_2 + 1/Z_3} \tag{A.23}$$

이다.

A.10 AC회로내의 전력

전력 시스템 망에서 전력 흐름의 연구에 대한 기초가 세워 졌으며, A.2절에서 전력발생과 소비에 대한 개념을 살펴보았다. 시간 내에서 일정하거나 DC성질을 가지는 양을 고려할 때 그 개념은 매우 확실하다. 앞으로 발전기와 R, L, C 소자로 된 부하를 포함한 회로내에 ν_{AB}와 i_{AB}가 정현파일 때 무엇이 발생하는 가에 대한 논의가 진행될 것이다. 순수 저항성 또는 리액티브 소자들에 대한 이러한 물음의 부분적인 해답은 있다. 혼합된 회로에서는 전력은 진동성분만이 아닌 평균치를 가지며 시간 축에 대해 두 배의 주파수를 갖는 경향이 있다.

그림 A.17은 저항성-유도성 소자를 가진 회로 내의 전압, 전류 그리고 전력을 보여주고 있다. 예상한 것과 같이 전류는 전압에 0° 이상 90° 이하의 위상각만큼 뒤진다. 전력은 전압과 전류의 순시값의 곱이며, 양 과 음의 값을 갖는다. 순환주기의 일정 부분 동안 소자들은 전력소비로, 나머지 부분은 전력발생으로 동작한다. 장시간에 걸쳐 소자가 전력소비인지 발생인지를 결정하는 것은 적분의 기호이다.

$$P = \frac{1}{T}\int_t^{t+T} p\,dt \tag{A.24}$$

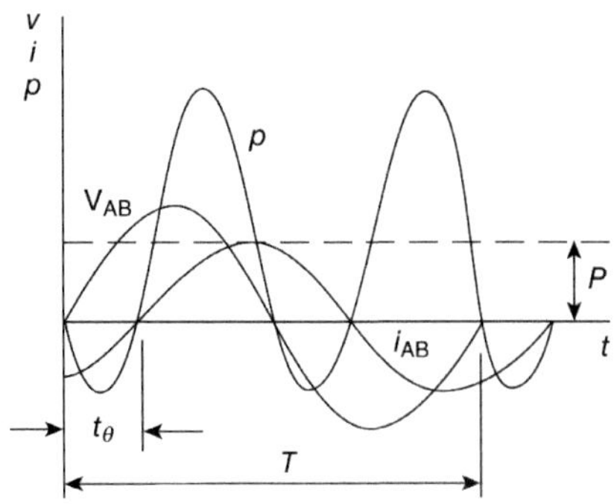

그림 A.17 혼합된 회로에서의 전력

$\nu_{AB} = \hat{V}\sin\omega t$ 그리고 $i_{AB} = \hat{I}\sin(\omega t - \theta)$로 두면,

$$p = \nu_{AB} i_{AB} = \hat{V}\sin\omega t\ \hat{I}\sin(\omega t - \theta)$$

등가 삼각법을 이용하면,

$$p = \frac{1}{2}\hat{V}\hat{I}\cos\phi - \frac{1}{2}\hat{V}\hat{I}\cos(2\omega t - \theta)$$

최대값을 RMS 값으로 변환하기 위해 식 (A.2)를 이용하면,

$$p = VI\cos\phi - VI\cos(2\omega t - \theta)$$

이 표현을 식(A.24)의 적분형태로 대입하고 구간 적분하면

$$P = VI\cos\theta \tag{A.25}$$

두 번째 항은 대칭 정현파를 나타내며, 주기 T 기간에 걸친 평균값은 0이다.

식(A.25)는 전력 시스템 공학에서 중요한 의미를 가진다. VI 곱은 피상전력으로 알려져 있고 볼트-암페어 단위를 갖는다. $\cos\theta$ 항은 역률 그리고 θ는 역률각으로 알려져 있다. 피상전력과 역률의 곱은 유효전력 P가 되고 와트 단위를 갖는다. 역률은 전압과 전류가 동상인 경우 즉, 순수 저항성 소자(식 (A.7))일 때 1이다. 이런 조건에서 볼트-암페어는 와트와 동일하다.

두 RMS 스칼라양의 곱이 양이 될 때는 피상전력도 항상 양이 된다. (식 A.25)의 부호는 다음을 따른다, 즉, 소자가 전력을 소비 혹은 발생하는지는 오직 $\cos\theta$의 부호에 의존한다는 사실이다. 이것은 그림 A.17에서 전류 사인파 i_{AB}의 위상 변위각 θ가 커지면 전력파형 p가 시간 축에 점차 대칭을 이룸에 따라 평균전력 P는 감소함을 확인할 수 있다.

θ가 $90°$에 도달할 때, $\cos\theta = 0$ 그리고 $P = 0$ 이다. $\theta > 90°$에서 평균전력은 반대 부호를 가지며 소자는 전력을 소비하기 보다는 발생할 것이다. $-90° < \theta < 90°$에서 소자는 부하로 $90° < \theta < 270°$에서 소자는 전력의 발생으로 동작한다. $\theta = 90°$ 혹은 $\theta = -90°$일 때 소자는 각기 순수 인덕터나 커패시터로 동작하며, 전력을 발생하거나 소비하지 않는다.

`

A.11 무효전력

식 (A.12)에서 인덕터의 순시전력은 $p = (\omega L)I^2 \sin 2\omega t$로 주어진다. $\omega L = X_L$로 알려져 있고 , 따라서 변동전력의 최대값은 다음과 같다.

$$I^2 X_L = \frac{V^2}{X_L} = I^2 Z \sin\theta = I^2 \frac{V}{I} \sin\theta = Q = VI\sin\theta \tag{A.26}$$

Q는 유효전력 $P = I^2 R$과 유사함 때문에 무효전력으로 알려져 있는 량이다. 리액티브 볼트-암페어 단위는 VAR로 표기하고 'vars'로 읽는다. 무효전력 Q는 전력 시스템에서 중요하게 고려된다. 소자 간 실제로 전송되는 에너지를 나타내는 평균전력 값이 0이 됨에도 불구하고 전력 시스템 망에서 불가피한 요소이다. 이러한 전송은 송전선에서 추가 에너지 손실 및 전압변동의 결과를 가져오므로 중요하다.(때때로 부하측 단자전압에 불리한 영향을 미친다)

유효전력에 대한 식 (A.25)에서와 같이 식 (A.26)의 $\sin\theta$ 부호는 Q가 양 또는 음인지를 나타낸다. $0° < \theta < 180°$에서 전류는 전압에 뒤지고, $\sin\theta$는 양이며, 유효전력 표기법과 유사하며, 소자는 소비 또는 무효전력의 싱크(sink)라 한다. $0° > \theta > 180°$에서 전류는 전압에 앞서며, $\sin\theta$는 음이고, 소자는 Q의 발생자라 한다. 용량성 리액턴스에서

$$Q = -I^2 X_C = -\frac{V^2}{X_C}$$

이다.

전체 개념은 그림 A.18에 도식적으로 그려져 있고, 그림 A.14에서의 복소평면과 유사하다. 기준 페이저 전류를 가진 V의 위치는 P와 Q 항으로 구성된 전력 시스템 소자의 성질을 잘 정의한다. 1사분면은 P와 Q의 소비하는 소자를 나타낸다. 즉 저항성-유도성 소자이고 반면에 4사분면은 저항-용량성 소자를 나타낸다. 2 와 3사분면은 유효전력의 발생을 의미하며 AC발전기와 같은 유효성분을 포함한다. 4장에서 동기기로 알려진 장치를 소개할 것이다. 동기기는 4사분면의 동작을 포괄한다.

A.12 복소전력

그림 A.18의 V와 I페이저는 그림 A.19(b)에서 다시 삼각형 형식으로 보여준다. 기준전류를 갖는 회로에 인가된 전압V는 저항에서의 전압 V_R과(전류와 동상) 리액터에 인가된 전압 V_X(전류에 90° 앞선다)의 페이저 합과 같다. 만일 각 전압 페이저 크기를 I 로 나누면 그림 A.19(a)의 삼각형과 같은 임피던스 삼각형이 구해진다. 각 전압의 크기에 전류 I를 곱하면 또 하나의 같은 삼각형인 전력 삼각형이 구해지고 그림 A.19(c)에 나와 있다. 이 삼각형의 대각선이 이전에 보았던 피상전력이다. 피상전력 S $[VA]$는 실수부 $P = VI\cos\theta[\mathrm{W}]$ 와 허수부 $\mathrm{Q} = \mathrm{VI}\sin\theta$

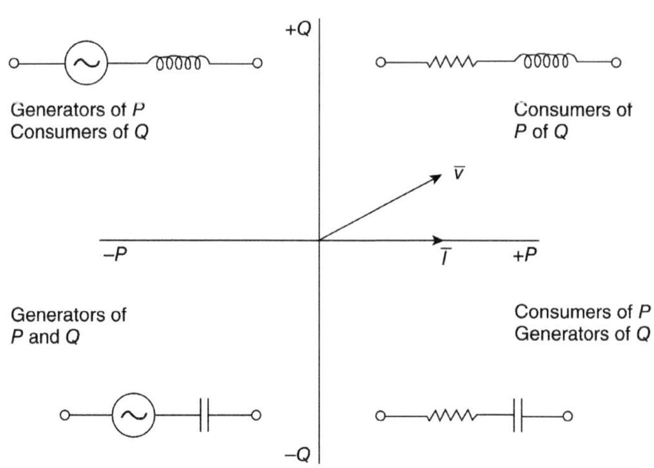

그림 A.18 4사분면

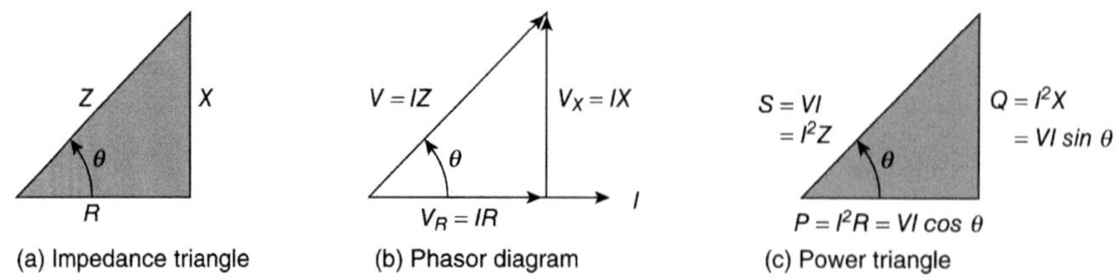

그림 A.19 복소전력 삼각형

[VAR] 로 그려질 수 있다. 따라서 복소전력 $\boldsymbol{S}$ 는 다음과 같이 정의된다.

$$\boldsymbol{S} = VI\cos\theta + jVI\sin\theta = P + jQ \tag{A.27}$$

위 세 가지 삼각형에서 역률각 θ는 같다.

이제, 인가된 전압과 그로 인한 전류로 부터 복소전력이 공급되어 진다. 그림 A.20의 요소에서 전압 및 전류 페이저는 일반적으로 지수 형식으로 표현된다.

$$\boldsymbol{V_{AB}} = V_{AB}e^{j\alpha} \quad \text{그리고} \quad \boldsymbol{I_{AB}} = I_{AB}e^{j\beta}$$

여기서 α와 β는 V_{AB} 및 I_{AB}가 기준 페이저에 앞서는 위상각이다. $\alpha > \beta$이라 가정하면, V_{AB}가 I_{AB}에 앞서는 각도(역률각)는 $(\alpha - \beta)$이다.

두 페이저 곱에서 복소전력이 주어지는 것은 합리적으로 보인다. 이를 수행해 보면

$$V_{AB}e^{j\alpha}I_{AB}e^{j\beta} = V_{AB}I_{AB}e^{j(\alpha+\beta)} = V_{AB}I_{AB}\cos(\alpha+\beta) + jV_{AB}I_{AB}\sin(\alpha+\beta)$$

이 된다.

불행하게도 이 곱은 잘못된 결과를 가져왔다. 이를 대체할 곱에서는 각의 부호를 무효화한 전류 페이저의 공액값 I_{AB}^* 를 사용하여야 한다.

$$\boldsymbol{S} = \boldsymbol{V_{AB}}\boldsymbol{I_{AB}^*} = V_{AB}e^{j\alpha}I_{AB}e^{-j\beta} = V_{AB}I_{AB}e^{j(\alpha-\beta)}$$

$$= V_{AB}I_{AB}\cos(\alpha-\beta) + jV_{AB}I_{AB}\sin(\alpha-\beta)$$

이것은 정확한 결론을 제공하며, 복소전력은 다음과 같이 공식화된다.

$$\boldsymbol{S} = \boldsymbol{VI^*} = P + jQ \tag{A.28}$$

어떤 망 요소를 나타내는 전압과 전류, P 그리고 Q 의 기준 방향이 그림 A.20에 나타나 있다. 만일 $\boldsymbol{V_{AB}}$ 와 $\boldsymbol{I_{AB}}$ 의 복소곱의 결과인 P와 Q를 소자가 소비한

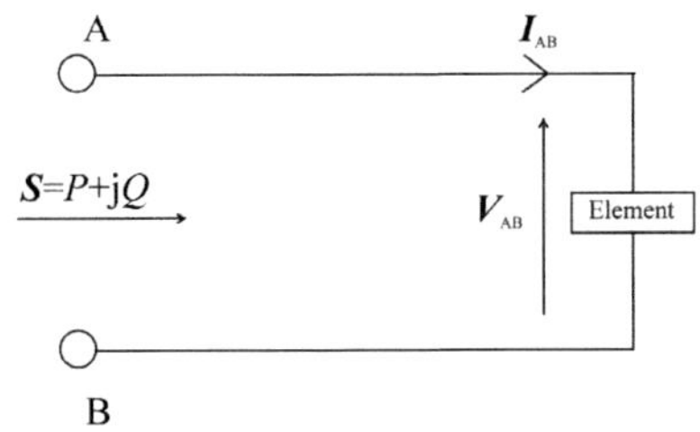

그림 A.20 V, I, S 그리고 Q에 대한 기준방향

다면, 그 소자는 그림 A.18에서와 같이 1사분면에서 동작한다. 4장, 5장 그리고 6장에서는 소자의 성질에 의하여 4사분면 중 어디에서 동작하는가를 보여줄 것이다.

A.13 유효전력과 무효전력의 보존

AC시스템에서 전압 및 전류와 달리 유효전력은 스칼라양이다. 전열기와 유도 전동기가 부하단자에 연결되어 있다면, 주 전원으로부터 흡수되는 전 유효전력은 두 구성요소 유효전력의 합이다. 물론, 이것에는 에너지 보존법칙이 요구된다.

유효전력의 보존과 유사하게, 비슷한 개념이 무효 전력에 적용된다. 인덕터와 커패시터로 구성된 소자가 흡수하는 전 무효전력은 그 소자의 무효전력 합과 같다. 인덕터의 무효전력 Q가 커패시터의 무효전력 Q보다 크다면 전력 시스템 망에서 $L-C$ 조합으로 무효전력을 공급한다. 용량성 무효전력Q 가 유도성 무효전력Q 보다 크다면 무효전력이 전력 시스템 망으로 공급된다. 첫 번째 경우에 $L-C$ 조합은 무효전력 Q의 순 소비자이며, 두 번째 경우에는 발생자이다.

이러한 개념들은 다음 식으로 요약되며, 정상상태 조건하에서 전력 시스템 망의 불특정 마디나 제한된 부분 혹은 전체에 적용된다.

$$P_{entering} - P_{leaving} - P_{loss} = 0 \Rightarrow \sum P = 0$$

$$Q_{entering} - Q_{leaving} - Q_{loss} = 0 \Rightarrow \sum Q = 0 \qquad \text{(A.29)}$$

P_{loss}와 Q_{loss}는 전송 시스템에서 흡수되는 P와 Q이다.(다음 절을 보라)

5장에서는 전력 시스템 망의 전력흐름 계산에 있어서 식 (A.29)의 근간이 되는 개념이 필요하다는 것을 보여준다.

A.14 무효전력 조류의 영향 - 역률개선

그림 A.21은 송전선을 통해 발전기에서 직렬 인덕턴스와 저항으로 나타낸 소비자까지 에너지를 전달하는 과정을 회로로 나타낸 것이다. 이렇게 표현한 이유는 5장에서 설명한다.

소비자는 P_L와 Q_L 둘 다 흡수한다. 발전회사 측은 부하 및 전송선에 P_L와 손실전력 I^2R_t 을 공급해야는 것은 물론이고(R_t는 전송선의 저항이다), 부하에 Q_L와 송전선에 흡수되는 무효전력 I^2X_t도 공급해 주어야 한다. 따라서 전송손실은 Q_L의 양에 크게 영향을 받는다.

이를 알아보기 위해, 부하가 P가 아닌 Q를 흡수하는 인덕터만으로 구성되어 있다고 가정하자. 이 경우 소비자 측에서는 킬로와트시를 기록하는 전력량계가 0를 지시하지만 전송선에서는 전류에 의하여 발전회사 측이 공급해야 하는 I^2R_t이 발생한다. 이것은 분명히 발전회사 측이 대다수의 소비자들에게 흡수되는 무효 전력Q에 대해 비용을 부과하는 특별한 방법으로 원하지 않는 상황이다.

추가적으로 발전회사 측은 거의 일정한 전압으로 전력을 공급해야 할 의무가 있다. 5장에서 $X_t > R_t$인 송전선에서는 소비단자 측 전압 V_L이 P보다 Q에 특히

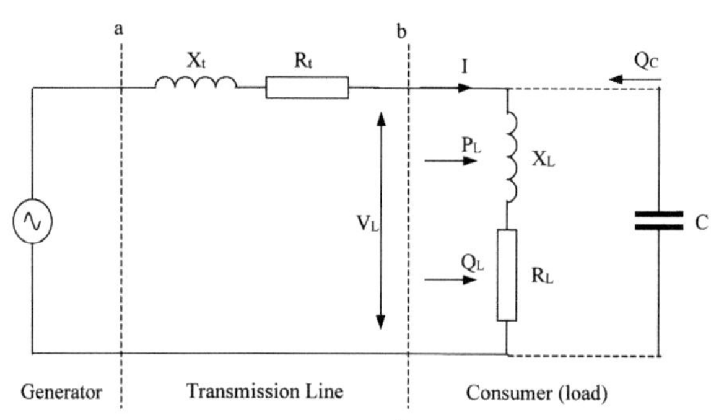

그림 A.21 간단한 전송 시스템

민감함을 보여준다. 발전회사 측이 최소한의 Q로 소비자에게 P를 사용하도록 장려하는 것이 확실하다.(즉, 가능한 발전소의 역률에 근접한 역률이 되도록 함)

만약 커패시터 C 가 부하단자에 연결되어 $Q_C = Q_L$인 무효전력을 발생하게 되어 있다면, 소비자는 발전회사 측에게 일정한 역률을 가지는 것처럼 보일 것이다. 발전회사 측은 그러한 조정을 통해 송전선 저항 R_t에 의한 손실을 최소화하고 소비자 측 전압 변동을 최소화 할 수 있을 것이다. 그러한 커패시터는 발전하는 전력 시스템이나 전력전송 망에 전략적으로 무효전력을 제공하기 위해 널리 사용된다.

이런 논의는 왜 전력 시스템 장비들이 P나 Q 보다 피상 전력[VA] 항에 관련되어 있는 지를 강조해 준다. 예로서 그림A.21의 송전선을 보면 이 선은 공칭 전송전압V_L을 견딜 수 있도록 설계된 절연물에 가설되어 있다. Km 당 고유저항 값을 가지는 도체로 구성되어 있으며 정격전류가 흐를 때 발생하는 열에 의한 선의 확장이 현가선의 처짐이 최저점을 초과하지 않도록 선정된 선이다. 공칭전압에서 정격전류를 흡수하는 순 유도성 부하에서 송전선은 유효한 전력송전을 하지 않음에도 부하가 최대로 걸릴 수 있다.

A.15 3상 AC

전력 시스템은 거의 전 세계적으로 3상 AC이다. 단상에 비해 이것은 발전기에서 송전선 및 소비자 측 설비에 이르기까지 모든 전력 시스템 설비에 큰 에너지 절약을 가져온다[1]. 3상은 4장에 설명되어 있는 것과 같이 동기 발전기와 유도 발전기에서 필요한 회전자계를 공급해 준다.

그림 4.2에서 보인 3상 발전기를 이용하여 6개의 선으로 소비자에게 전력을 공급

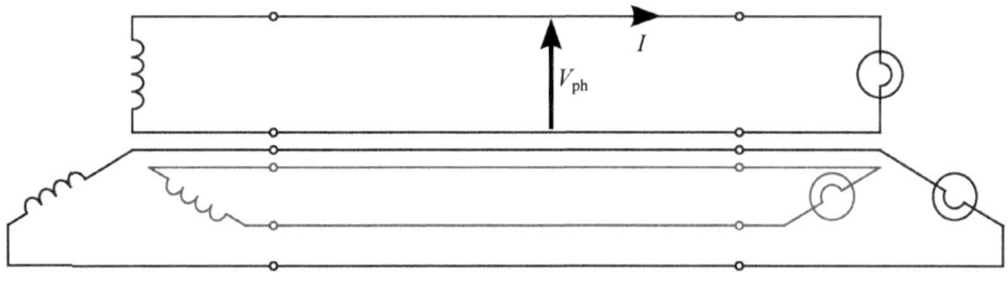

그림 A.22 6개의 선이 3개로 분리된 3상회로

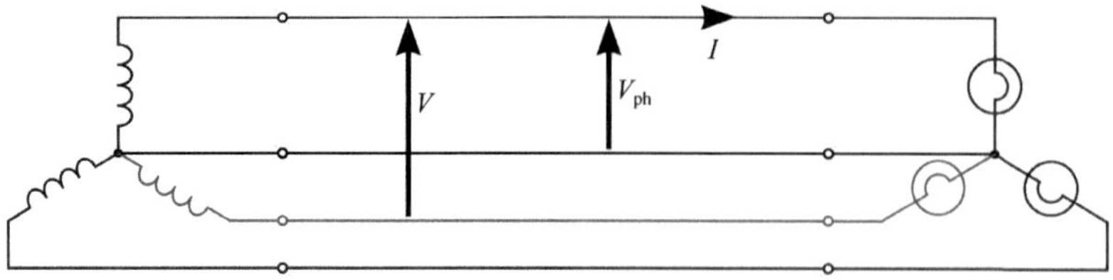

그림 A.23 3상 4선 회로

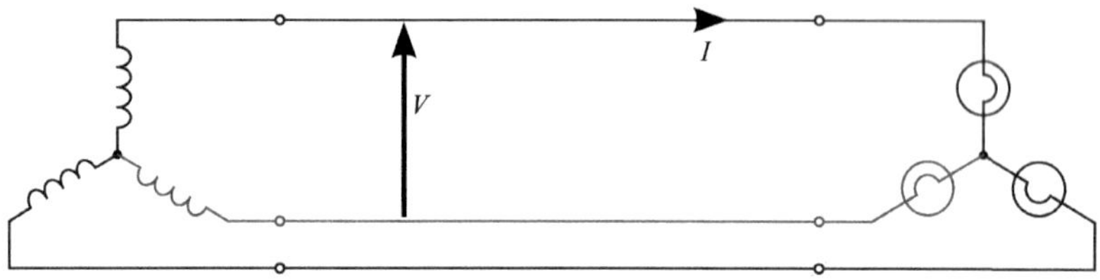

그림 A.24 3상 3선 회로

하는 3상 회로를 그림 A.22에 보인다. 120° 간격으로 떨어진 기호의 방향은 전압의 방향이 각 전압의 상대적인 페이저를 나타냄을 뜻한다. 전압 V_{ph}는 상전압이며 다른 두 상에서도 같은 크기의 전압이 측정된다. 그러한 시스템은 완벽하게 회전자계를 만들어 낼 수 있으나 6개의 선은 크게 비효율 적이다.

그림 A.22에서 함께 묶여 있던 세 개의 도체가 그림 A.23에서는 중성선으로 불리는 한 공통도체로 회귀되도록 합쳐져 있다. 이러한 방식으로 결합된 회로에서의 전압은 어떤 두 외부 선 사이에서 측정할 수 있다. 이는 선간전압 혹은 간단히 선전압이라 하며 어느 두 선을 택하든 그 크기는 편리하게도 같다.

3상 AC를 논할 때는 상전압 보다는 선전압을 사용하는 것이 관습이다. 따라서 그림 A.23의 선전압은 V로 나타낸다(첨자 없음). 페이저 도식을 기하학적으로 관련시켜 생각하면 다음이 주어진다.

$$V = \sqrt{3}\,V_{ph}$$

여기서 V는 선전압이고 V_{ph}는 상전압이다. 4선 방식은 전력 시스템의 저전압 배전 부분에서 매우 널리 이용된다.(그림 1.12) 예를 들면 $V = 400\,V$이고 $V_{ph} = 230\,V$인 경우이다.

3상 시스템이 완벽하게 평형을 이룰 때에는 3상 전류의 크기는 동일하고 정확히

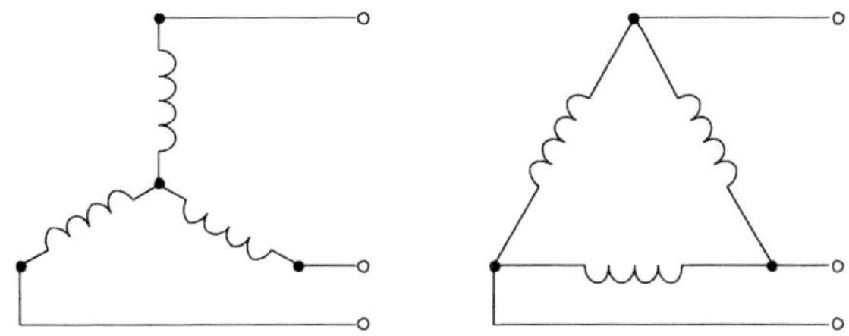

그림 A.25 성형결선과 델타결선

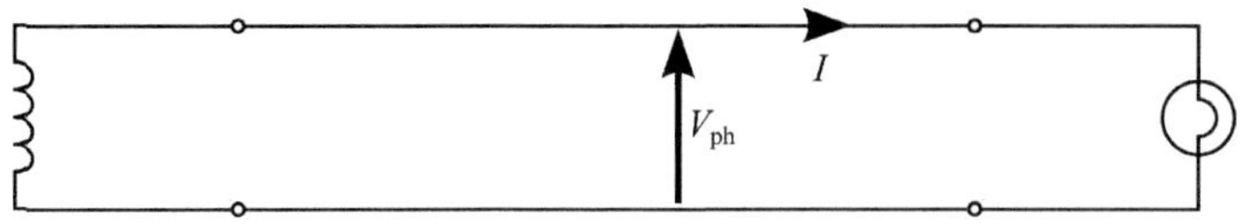

그림 A.26 계산을 위한 단상회로

120° 간격의 각도를 가진다. 따라서 이 전류의 페이저 합은 0이며, 중성선 전류도 0이 된다. 이 경우 중성선은 제거할 수 있으며 그림 A.24에서 나타낸 것처럼 시스템은 단지 3개의 선으로 동작한다. 실제에서는 3상의 완벽한 평형이 절대적으로 요구되지 않는다. 3상이 불평형 조건으로 동작할 수도 있으나, 이것은 언제나 바람직하지 않으며 확실히 이해하기가 더 어렵다. 불평형 동작이 언급되었으나 필요상 일반적으로 이 책에서는 평형 동작으로 가정한다. 3상 공급은 더 높은 고압, 말하자면 $11kV$나 그 이상의 전압에서 널리 볼 수 있다. 3상 발전기의 세 권선은 그림 A.25에서 보는 것처럼 각각 성형 혹은 델타형으로 결선될 수 있다. 3상 부하 및 변압기는 유사하게 설계되어 있으며, 어떤 3상 시스템에서도 성형결선과 델타결선이 혼합형을 띠는 것이 일반적이다. 성형결선 구조는 4선 방식을 위한 중성선을 제공한다. 델타결선은 오직 세 개의 외부 연결선을 가진다. 특히 불평형과 고장 조건에 대해서 성형결선과 델타결선에 관계된 미묘한 장점과 단점이 있으나, 그러한 문제들은 이 책에서는 다루지 않는다.

3상이 완벽하게 평형을 이루고 있다면 1상을 고려하여 계산을 수행하는 것이 타당하고 정확하다. 이 점을 염두에 두면 그림 A.26에서 보는 것처럼 그림 A.25의 3상회로는 단상으로 줄일 수 있다.

각 상의 전력은 전 전력의 삼분의 일이며, 앞에서 언급했듯이 $V=\sqrt{3}\,V_{ph}$이다. 3선 방식 혹은 내부가 델타결선으로 되어 있는 시스템에 대해서도 앞의 방법을 사용하면 타당하고 정확하다.(그 시스템에 대한 중성선과 기준전압을 생각하자) 또한 전

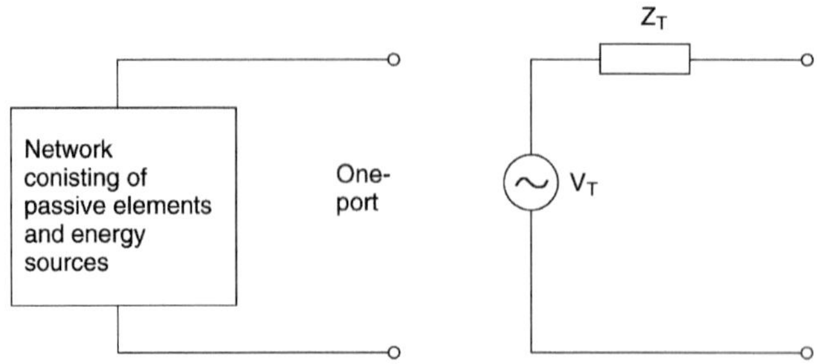

그림 A.27 테브넌 등가회로

류 I는 앞의 모든 그림에서 동일하다. 선전류와 상전류는 이 내용 상에서는 차이가 없다. 델타결선에서 전류를 비교하면 $I_l = \sqrt{3}\, I_{ph}$ 이다

A.16 테브닌 등가회로(Thevenin Equivalent Circuit)

그림A.1의 단일포트 회로를 초기에 R,L 혹은 C 를 포함하는 수동적인 망이라 가정했다. 이와는 반대로, 능동망은 에너지원을 포함한다. 더 간단한 등가회로로서 능동망을 의미있게 표현하는 것이 테브닌 이론의 기본개념이다. 이 이론은 수동소자와 에너지원으로 구성된 어떤 망도 이상적 전원 V_T (테브닌 전압)과 직렬로 연결된 임피던스 Z_T(테브닌 임피던스)로 대치할 수 있음을 말한다. V_T는 2단자 망의 개방회로 전압이며 Z_T는 개방 회로전압을 단락 회로전류로 나눈 비이다. 이 등가성은 전력 시스템 해석에 상당히 유용하며 그림 A.27에서 보여 진다. 이 이론의 증명은 참고문헌[1]이나 회로망 이론을 다룬 다른 서적에서 찾을 수 있다.

참/고/문/헌

[1] Smith, R.J. and Dorf, R.C. Circuits, Devices and Systems, John Wiley & Sons, Ltd, Chichester, 1992.

찾아보기

역자 소개

차준민 대진대학교 공과대학 전기공학과 교수

국경수 전북대학교 공과대학 전기공학과 교수

김진오 한양대학교 공과대학 전기생체공학부 전기공학전공 교수

박한석 부경대학교 공과대학 전기공학과 교수

안민철 군산대학교 공과대학 전기공학과 교수

오용택 한국기술교육대학교 정보기술공학부 전기공학과 교수

최장영 충남대학교 공과대학 전기공학과 교수

최준호 전남대학교 공과대학 전기공학과 교수

허 견 연세대학교 공과대학 전기전자공학과 교수

도서출판 **그 린**

신재생에너지 – 전력시스템 연계

인지

초판 발행일 ▶	2011년 2월 25일
재판 발행일 ▶	2017년 2월 25일
저자 ▶	LEON FRERIS DAVID INFIELD
역자 ▶	차준민 · 국경수 · 김진오 · 박한석 · 안민철 오용택 · 최장영 · 최준호 · 허 견
발행처 ▶	도서출판 그린
발행인 ▶	윤 덕 우
출판등록 ▶	제8-161호(1995. 5. 3.)
주소 ▶	서울시 서대문구 연희동 219-20 (우)120-828
전화 ▶	02) 333-2574, 2575
Fax ▶	02) 333-2561
E-mail ▶	greenpress@greenpress.co.kr
Homepage ▶	http://www.greenpress.co.kr

정가 : 25,000원

ISBN : 978-89-5727-145-2

※ 무단 복제를 금함. 잘못된 책은 바꾸어 드립니다.